詳説 Deep Learning
実務者のためのアプローチ

Josh Patterson, Adam Gibson　著

本橋 和貴　監訳

牧野 聡、新郷 美紀　訳

本書で使用するシステム名、製品名は、いずれも各社の商標、または登録商標です。
なお、本文中では ™、®、© マークは省略している場合もあります。

Deep Learning
A Practitioner's Approach

Josh Patterson and Adam Gibson

Beijing · Boston · Farnham · Sebastopol · Tokyo

©2019 O'Reilly Japan, Inc. Authorized Japanese translation of the English edition of Deep Learning.
©2017 Josh Patterson and Adam Gibson. All rights reserved. This translation is published and sold
by permission of O'Reilly Media, Inc., the owner of all rights to publish and sell the same.

本書は、株式会社オライリー・ジャパンが O'Reilly Media, Inc. の許諾に基づき翻訳したものです。日
本語版についての権利は、株式会社オライリー・ジャパンが保有します。

日本語版の内容について、株式会社オライリー・ジャパンは最大限の努力をもって正確を期していま
すが、本書の内容に基づく運用結果について責任を負いかねますので、ご了承ください。

息子たち Ethan と Griffin、Dane に本書を捧げます。
進め、粘り強く、そして果敢に。
——J. Patterson

日本のAIコミュニティの方々へ

『詳説 Deep Learning——実務者のためのアプローチ』を読んでいただきありがとうございます。この本の著者の1人（Adam）が日本を拠点に活動しているという事実をご存じですか？ 2015 年から日本の AI コミュニティの拡大を見てきましたが、ここ数年にわたる成長には本当にワクワクしています。

AI の適用は成長し続け、この道のりの一端を我々が担っていることを幸せに感じています。本書が読者の方々にとって自社内で機械学習をスタートさせるきっかけとなれば幸いです。また、読者の方々が実アプリケーションでの機械学習を実務者として適用するための理解を改めたり深めたりする機会になることも期待しています。

本書を読む上で、読者の多くは「なぜ Java なのか」とか「なぜ JVM なのか」と不思議に思うかもしれません。本書はエンタープライズ向けのアプリケーションに重点を置いているためです。それらの多くは Java ベースです。Spark、Kafka、Elastic Search やその他の有名なインフラストラクチャーのプロジェクトは JVM 用に記述されています。

2013 年にさかのぼる DL4J の開発の背後にある主なアイデアは、研究と商用の間のギャップを埋めるためのエンタープライズ向けのアプリケーションに注力することでした。Keras のような他の Python ベースからのモデルのインポートに注力することでこの理念を構築してきました。

我々は Chainer フレームワークも認識していて、エコシステム内の ONNX 形式を介して、日本で好まれている Python フレームワークとも統合したいと思っています。

我々は読者の方々が本書を楽しんで読んでいただき、近い将来、読者の方々と一緒に仕事ができることを心待ちにしています。

Adam Gibson

監訳者まえがき

　近年のディープラーニングの発展には目を見張るものがあります。コンピュータービジョンや自然言語処理、レコメンデーション、自動運転、はたまたゲームの世界などの幅広い領域においてディープラーニングが応用され、華々しい研究成果が毎日のようにニュースとして流れてきています。TensorFlow、Keras、PyTorch、Chainerなど、研究開発向けの優れた Python ベースの開発フレームワークの存在もこの成功の一翼を担ってるかと思います。しかし、ディープラーニングのモデルを本番環境へデプロイする際の方法論にはまだ確固たるものはなく、実務者の方々がそれぞれ試行錯誤しているのが現状です。

　その理由の 1 つは、エンタープライズ企業などで用いられているような堅牢性が求められるシステムの開発で用いられる言語と、高速なトライアンドエラーを必要とするディープラーニングの開発で用いられる言語との違いがあるかと思います。DL4J（Deeplearning4j）はその名の通り、Java や Scala などの JVM 言語とともに用いることができるディープラーニングフレームワークです。Hadoop や Spark といったビッグデータ分析基盤をネイティブにサポートしており、簡単に連携することができます。本書では DL4J を用いたさまざまなディープラーニングモデルの訓練の方法や、Spark を用いて訓練を分散的にスケールさせる方法について解説しています。

　DL4J の最新のバージョンでは、本書の原書が執筆された時点では存在しなかった非常に便利な機能も追加されています。TensorFlow や Keras などで開発したモデルの DL4J へのインポート機能も追加されました。開発は Python、運用はJava、といった役割分担をするのも良いでしょう。SameDiff という、TensorFlowや PyTorch などの他ライブラリとの互換性を高めるための自動微分ライブラリや、Arbiter というハイパーパラメーター最適化支援ツールも追加されました。現在、DL4J プロジェクトは Eclipse 財団による支援を受けながら活発に開発が続けられて

います。

　まずはディープラーニングの入門書として本書をお勧めします。実務者のための独自のアプローチで解説された本書はまた、他の入門書とは異なった気づきを与えてくれるでしょう。次のステップとしてはぜひ DL4J プロジェクトのサイトにアクセスし、最新情報をキャッチアップすることをお勧めします。DL4J は、ディープラーニングを取り巻く現在の情勢に合わせて進化し続けています。

2019 年 7 月吉日

スカイマインド株式会社　**本橋 和貴**

まえがき

本書の内容

1章から4章では、実務者である読者に十分な理論と原理について解説し、以降の解説を読み進めていくための基盤を提供します。そして5章から9章ではこの基盤の上に立って、DL4Jを使ったディープラーニングを実践していくための手順を紹介します。具体的には、以下のトピックについて解説します。

- 深層ネットワークの作成
- 高度なチューニングの手法
- さまざまな型のデータのベクトル化
- Sparkを使ったディープラーニングのワークフローの実行

DL4JとDeeplearning4j
DL4JとはDeeplearning4jの略称であり、両者はいずれも同じツール群を指します。本書ではどちらの語も使用しますが、意味は同じです。

このような構成にしたのは、ディープラーニングについて十分な「理論的基礎」と実運用レベルのワークフローを作れるほどの「実践」を両立した書籍のニーズを感じたためです。本書でのハイブリッドなアプローチは、このような要件を満たしています。

「1章 機械学習の概要」は、機械学習一般についての概念や、ディープラーニングに固有の事柄についての解説です。本書を読み進めていく際に必要な知識を、ここで

学びます。本書をできる限り多くの読者に読んでもらうために、このような初心者向けの復習（あるいは入門的な解説）を加えました。

「2章　ニューラルネットワークとディープラーニングの基礎」では「1章　機械学習の概要」で学んだ概念を元に、ニューラルネットワークの基礎を解説します。ニューラルネットワークに関する理論を主に扱いますが、わかりやすい解説を心がけました。「3章　深層ネットワークの基礎」ではさらにここまでの知識を活用し、ニューラルネットワークが深層ネットワークへと発展していく様子を説明します。そして「4章　深層ネットワークの主要なアーキテクチャー」では、深層ネットワークのアーキテクチャーを4つ紹介し、以降の章のための基礎とします。

「4章　深層ネットワークの主要なアーキテクチャー」までに学んだ手法を使い、「5章　深層ネットワークの構築」ではJavaによるコード例をいくつか作成します。「6章　深層ネットワークのチューニング」と「7章　特定の深層ネットワークのアーキテクチャーへのチューニング」は、一般的なニューラルネットワークのチューニングの基礎と、各アーキテクチャーに特化したチューニング方法についての解説です。これらはプラットフォームに依存していないため、どんなディープラーニングのライブラリにも適用できます。「8章　ベクトル化」ではベクトル化の手法を概観し、DL4JのETL（抽出、変換、ロード）とベクトル化のワークフローを扱うツールDataVecの利用法を学びます。「9章　Spark上でDL4Jを用いて機械学習を行う」では締めくくりとして、SparkとHadoopの上でネイティブにDL4Jを利用する方法を解説します。読者が自身のSparkクラスターで利用できる実際の例を3つ紹介します。

重要ではあるけれどもここまでの内容にうまくフィットしないトピックについては、付録の中で解説しています。主なトピックは以下の通りです。

- 人工知能
- DL4JのプロジェクトでのMavenの利用
- GPUの活用
- ND4JのAPI
- その他

実務者とは

データサイエンスという言葉に明確な定義はなく、特に近年ではさまざまな意味で使われています。今日のコンピューターサイエンス関連の用語の多くと同様に、デー

タサイエンスや人工知能（AI）といった言葉が指す世界は広く、あいまいです。これは主に、機械学習という世界がほぼすべての学問分野と何らかの関連を持っているためです。

このように広範な相互関連は、90年代のWorld Wide Webでも見られました。HTMLがさまざまな分野を結びつけ、多くの人々をテクノロジーの世界へと引き込みました。同様に機械学習の世界でも、エンジニアや統計学者、アナリスト、そしてアーティストといったあらゆる種類の人々が、次々と議論に加わっています。本書の目標は、ディープラーニングあるいは機械学習を広く知らしめ、可能な限り多くの人々に理解してもらうことです。

もしもこのトピックに興味を持ち、本書を手に取ってくれたなら、きっとあなたは実務者です。そして本書はあなたに適しているはずです。

対象とする読者

本書では、まず小さなコード例を作成してこれを発展させていくという手法はとりません。最初に基礎となる理論を紹介し、ディープラーニングという世界の全体像を知ってもらいます。

エンタープライズの実務者として簡単にでも知っておくべき重要な事柄が、多くの書籍では省かれているということを我々は懸念しています。ビジネスにおける機械学習の経験に基づいて、入門レベルの実務者が知っていなければならないと考える内容を最初に配置しました。読者がディープラーニングのプロジェクトに対して、より良く貢献できるようになるための知識を提供します。

「1章　機械学習の概要」と「2章　ニューラルネットワークとディープラーニングの基礎」を読み飛ばして、いきなりディープラーニングの基礎に進むという読み方も可能です。しかし、ディープラーニングはこれらの章で解説する原則の上に成り立っています。より高度なトピックへとスムーズに進んでいくために、先頭の2つの章が役立つはずです。ここからは、読者のバックグラウンドに応じた読み進め方をいくつか提案します。

エンタープライズでの機械学習の実務者

このカテゴリーに属する読者は、さらに2つに分類できます。

xiv | まえがき

- データサイエンティスト
- Java エンジニア

データサイエンティスト

このグループの読者はすでにモデルを構築したことがあり、データサイエンスの分野に通じていることでしょう。読者がここに当てはまるなら、おそらく「1 章　機械学習の概要」は読み飛ばしてもよく、「2 章　ニューラルネットワークとディープラーニングの基礎」も軽く読む程度で十分です。深層ネットワークの基礎を早く知りたいと願っているであろう読者には、「3 章　深層ネットワークの基礎」から読み始めることをお勧めします。

Java エンジニア

機械学習のコードを実運用のシステムに統合するという作業が、Java エンジニアに課されていることが多いのではないでしょうか。このグループの読者は、「1 章　機械学習の概要」から読み始めるのがよいでしょう。データサイエンスの世界で使われる用語への理解が深まるはずです。また、「付録 E　　ND4J API の使用方法」も読者の興味を引くと思われます。モデルのスコア計算のコードを統合する際には、ND4J の API を直接利用するのが一般的です。

企業のエグゼクティブ

本書の査読者の中には、フォーチュン 500 の大企業のエグゼクティブも含まれています。ディープラーニングの分野で起こっていることをより良く理解するという点で、彼らは本書を評価してくれました。その中の 1 人は、「学生時代以来久しぶりにこの分野に触れたが、「1 章　機械学習の概要」は良い復習になった」と述べています。読者がエグゼクティブなら、まず「1 章　機械学習の概要」に目を通して用語に慣れておくことをお勧めします。API やコードを多用している章は、読み飛ばしてもかまわないでしょう。

研究者

研究者である読者にとっては、「1 章　機械学習の概要」と「2 章　ニューラルネットワークとディープラーニングの基礎」は大学院までに習った内容のはずです。スキップしてしまってもかまいません。一方、ニューラルネットワーク一般あるいはアーキテクチャーごとのチューニングに関する章は興味を持って読んでもらえると思

います。これらの情報は研究に基づいており、個々のディープラーニングの実装にまたがる話だからです。JVM（Java 仮想マシン）上での高性能な線形代数の処理に興味があるという読者には、ND4J に関する説明も興味深いでしょう。

表記上のルール

本書では、次に示す表記上のルールに従います。

太字（Bold）
  新しい用語、強調やキーワードフレーズを表します。

等幅（`Constant Width`）
  プログラムのコード、コマンド、配列、要素、文、オプション、スイッチ、変数、属性、キー、関数、型、クラス、名前空間、メソッド、モジュール、プロパティ、パラメーター、値、オブジェクト、イベント、イベントハンドラー、XML タグ、HTML タグ、マクロ、ファイルの内容、コマンドからの出力を表します。その断片（変数、関数、キーワードなど）を本文中から参照する場合にも使われます。

等幅太字（**`Constant Width Bold`**）
  ユーザーが入力するコマンドやテキストを表します。コードを強調する場合にも使われます。

等幅イタリック（*`Constant Width Italic`*）
  ユーザーの環境などに応じて置き換えなければならない文字列を表します。

ヒントや示唆を表します。

ライブラリのバグやしばしば発生する問題などのような、注意あるいは警告を表します。

サンプルコードの使用について

　本書のサンプルコードは https://github.com/kmotohas/oreilly-book-dl4j-examples-ja から入手できます。

　本書の目的は、読者の仕事を助けることです。一般に、本書に掲載しているコードは読者のプログラムやドキュメントに使用してかまいません。コードの大部分を転載する場合を除き、我々に許可を求める必要はありません。例えば、本書のコードの一部を使用するプログラムを作成するために、許可を求める必要はありません。なお、オライリー・ジャパンから出版されている書籍のサンプルコードを CD-ROM として販売したり配布したりする場合には、そのための許可が必要です。本書や本書のサンプルコードを引用して質問などに答える場合、許可を求める必要はありません。ただし、本書のサンプルコードのかなりの部分を製品マニュアルに転載するような場合には、そのための許可が必要です。

　出典を明記する必要はありませんが、そうしていただければ感謝します。Josh Patterson、Adam Gibson 著『詳説 Deep Learning —— 実務者のためのアプローチ』（オライリー・ジャパン発行）のように、タイトル、著者、出版社、ISBN などを記載してください。

　サンプルコードの使用について、公正な使用の範囲を超えると思われる場合、または上記で許可している範囲を超えると感じる場合は、permissions@oreilly.com まで（英語で）ご連絡ください。

メモ

　Java のコード例の多くで、`import` 文は省略しています。コードの全文については、本書のリポジトリに掲載しています。DL4J や ND4J、DataVec などの API は次の Web サイトで確認できます。

　http://deeplearning4j.org/documentation

　本書のリポジトリの URL は以下の通りです。

　https://github.com/kmotohas/oreilly-book-dl4j-examples-ja

まえがき | **xvii**

DL4J ファミリーのツール群についての情報は、次の Web サイトで取得できます。

http://deeplearning4j.org

意見と質問

本書（日本語翻訳版）の内容については、最大限の努力をもって検証、確認していますが、誤りや不正確な点、誤解や混乱を招くような表現、単純な誤植などに気がつかれることもあるかもしれません。そうした場合、今後の版で改善できるようお知らせいただければ幸いです。将来の改訂に関する提案なども歓迎いたします。連絡先は次の通りです。

株式会社オライリー・ジャパン
電子メール japan@oreilly.co.jp

本書の Web ページには次のアドレスでアクセスできます。

https://www.oreilly.co.jp/books/9784873118802
http://shop.oreilly.com/product/0636920035343.do（英語）
https://github.com/kmotohas/oreilly-book-dl4j-examples-ja（コード）

オライリーに関するその他の情報については、次のオライリーの Web サイトを参照してください。

https://www.oreilly.co.jp/
https://www.oreilly.com/（英語）

謝辞

Josh

私よりもはるかに賢い仲間たちが、本書を形作るのを手助けし、原稿にコメントしてくれました。DL4J ほどの大きさのプロジェクトが、勝手に進んでいくということはありません。コミュニティーのエキスパートや Skymind のエンジニアたちは、本書でのアイデアやガイドラインの多くを組み立ててくれました。

MLConf で出会った Adam とともに、後に DL4J になるコードをハックしたことが本書につながるとは想像もできませんでした。私は DL4J のスタートから関わってきていますが、Adam は私よりもはるかに多くのコードを書いています。彼による DL4J プロジェクトへの貢献に、大きな感謝を表したいと思います。JVM 上でディープラーニングを行うというアイデアを貫徹したことや、初期の不確かな時期を乗り越えたことにも感謝します。ND4J は良いアイデアだという彼の見込みは正しいものでした。

執筆というのは長く孤独な道のりです。Alex Black による多大な貢献に感謝します。彼は本書を査読しただけでなく、付録を執筆してくれました。ニューラルネットワーク関連の文献に対する彼の博識は、本書を細かい点まで作り込んでくれました。そして、すべての事柄の正しさを確認したのも彼の功績です。特に、彼がいなければ「6 章　深層ネットワークのチューニング」と「7 章　特定の深層ネットワークのアーキテクチャーへのチューニング」は半分も書けなかったと思います。

Susan Eraly は損失関数についての解説を構成するとともに、付録も寄稿しました。本書中の数式の多くは、彼女の正確さの恩恵を受けています。また、詳細な査読のコメントもいただきました。Melanie Warrick は、本書の草稿への査読で中心的な役割を果たしてくれました。フィードバックだけでなく、CNN（畳み込みニューラルネットワーク）のはたらきに関する覚え書きも提供してくれました。

David Kale はたびたび本書を査読し、ネットワークの詳細や論文への参照に目を光らせてくれました。彼は対象とする読者を理解した上で、常にアカデミックな視点から厳密さを追求しました。

James Long は、本書に含めるべきあるいは除外するべき内容についての私の不平不満にいつも耳を傾けてくれました。現場の統計学者としての経験を生かし、本書に実践の視点を与えてくれました。複雑なトピックの伝え方について明確な答えが見つからないときに、彼は反響板のように複数の角度からの議論を提供してくれました。David Kale と Alex Black が数学的な正確さを喚起するのに対して、James は読者

を数式でがんじがらめにしないようにあえて反対の立場をとることもありました。

Vyacheslav "Raver" Kokorin は NLP（自然言語処理）や Word2Vec の実例を作成する際に、深い洞察を与えてくれました。

Skymind の CEO である Chris Nicholson から得たサポートについても、忘れるわけにはいきません。本書を実現させるために隅々まで協力し、必要な時間やリソースを提供してくれました。

付録を寄稿してくださった、以下の皆様にも感謝します。Alex Black（誤差逆伝播・DataVec）、Vyacheslav "Raver" Kokorin（GPU）、Susan Eraly（GPU）、Ruben Fiszel（強化学習）。執筆の各段階で、Grant Ingersol、Dean Wampler、Robert Chong、Ted Malaska、Ryan Geno、Lars George、Suneel Marthi、Francois Garillot そして Don Brown をはじめとする方々にも査読をしていただきました。皆様が本書で誤りを見つけたら、それはひとえに私の責任です。

卓越した編集担当の Tim McGovern にも感謝します。数年にわたり、章が 3 つも増えてしまった本書のプロジェクトに辛抱強く付き合い、さまざまな意見をくれました。本書を正しく完成させるために彼が示した道筋に、大きな感謝を贈ります。

本書へと続く私のキャリアに影響を与えてくれた皆様にも感謝します。私の両親 Lewis と Connie、Dr. Andy Novobiliski（大学院）、Dr. Mina Sartipi（学位論文のアドバイザー）、Dr. Billy Harris（大学院でのアルゴリズムの教官）、Dr. Joe Dumas（大学院）、Ritchie Carroll（openPDC の開発者）、Paul Trachian、Christophe Biscigli、Mike Olson（Cloudera へのリクルーティング）、Malcom Ramey（本気のプログラミングの仕事を提供）、テネシー大学チャタヌーガ校、Lupi's Pizza（院生時代の食糧を提供）。

最後になりましたが、毎日夜遅くまで、ときには休みにも作業することに我慢してくれた妻 Leslie と息子たち Ethan、Griffin そして Dane にも感謝します。

Adam

何度ものレビューを通じて本書に貢献してくれた、Skymind の私のチームに感謝します。立ち上げのころの馬鹿げた提案にも付き合ってくれた Chris には、特に感謝します。

MLConf で Josh に出会ったことをきっかけに、DL4J は 2013 年に生まれました。そして、世界中で使われるプロジェクトへと成長しました。そのおかげで私も世界中を回ることになり、文字通り私の世界が大きく広がりました。

最初に、本書の大部分を担当した共著者 Josh Patterson に感謝します。本書を賞

賛してもらえるなら、そのほとんどは彼に向けられるべきです。私がコードを作成し、新機能に合わせてコンテンツを更新している間、彼は夜間にも休日にも本書を世に出すための努力をしていました。

Josh も述べていたように、私のチームメイトたちは数学的な検証に貢献してくれました。昔からチームに参加している Alex や Melanie そして Vyacheslav "Raver" Kokorin にも、最近加入した Dave らにも感謝します。

Tim McGovern はオライリーのコンテンツに関する突飛な考えを聞いてくれました。本書のタイトルを私に付けさせてくれたのも彼です。

目次

日本の AI コミュニティの方々へ ………………………………………………	vii
監訳者まえがき ……………………………………………………………………	ix
まえがき ……………………………………………………………………………	xi

1章　機械学習の概要 ……………………………………………………………	**1**
1.1　学習する機械 ………………………………………………………………	1
1.1.1　機械が学習するには ………………………………………………	2
1.1.2　生物学というヒント ………………………………………………	5
1.1.3　ディープラーニングとは …………………………………………	6
1.1.4　ちょっと寄り道 ……………………………………………………	8
1.2　課題の定義 …………………………………………………………………	9
1.3　機械学習の背後にある数学：線形代数 …………………………………	9
1.3.1　スカラー ……………………………………………………………	10
1.3.2　ベクトル ……………………………………………………………	10
1.3.3　行列 …………………………………………………………………	11
1.3.4　テンソル ……………………………………………………………	11
1.3.5　超平面 ………………………………………………………………	11
1.3.6　重要な数学的演算 …………………………………………………	12
1.3.7　データからベクトルへの変換 ……………………………………	13
1.3.8　連立方程式を解く …………………………………………………	14
1.4　機械学習の背後にある数学：統計 ………………………………………	17
1.4.1　確率 …………………………………………………………………	18

	1.4.2	条件付き確率	20
	1.4.3	事後確率	21
	1.4.4	分布	22
	1.4.5	標本と母集団	25
	1.4.6	再抽出の手法	25
	1.4.7	選択の偏り	25
	1.4.8	尤度	26
1.5	機械学習のしくみ		26
	1.5.1	回帰	26
	1.5.2	分類	29
	1.5.3	クラスタリング	30
	1.5.4	未学習と過学習	30
	1.5.5	最適化	31
	1.5.6	凸最適化	33
	1.5.7	勾配降下法	34
	1.5.8	確率的勾配降下法	36
	1.5.9	準ニュートン法による最適化	37
	1.5.10	生成モデルと識別モデル	38
1.6	ロジスティック回帰		38
	1.6.1	ロジスティック関数	39
	1.6.2	ロジスティック回帰の出力を理解する	40
1.7	モデルの評価		41
	1.7.1	混同行列	41
1.8	機械学習への理解を深める		45

2章　ニューラルネットワークとディープラーニングの基礎 … 47

2.1	ニューラルネットワーク		47
	2.1.1	生物のニューロン	49
	2.1.2	パーセプトロン	52
	2.1.3	多層フィードフォワードネットワーク	57
2.2	ニューラルネットワークの訓練		64
	2.2.1	誤差逆伝播学習	65
2.3	活性化関数		74

	2.3.1	線形	74
	2.3.2	シグモイド	75
	2.3.3	tanh	76
	2.3.4	ハード tanh	76
	2.3.5	ソフトマックス	76
	2.3.6	修正線形	78
2.4	損失関数		80
	2.4.1	損失関数の記法	81
	2.4.2	回帰分析での損失関数	82
	2.4.3	分類のための損失関数	84
	2.4.4	再構成のための損失関数	87
2.5	ハイパーパラメーター		88
	2.5.1	学習率	88
	2.5.2	正則化	89
	2.5.3	モーメンタム	90
	2.5.4	スパース度	90

3章　深層ネットワークの基礎　　91

3.1	ディープラーニングの定義		91
	3.1.1	ディープラーニングとは	91
	3.1.2	この章の構成	104
3.2	深層ネットワークのアーキテクチャーに共通の要素		105
	3.2.1	パラメーター	106
	3.2.2	層	106
	3.2.3	活性化関数	107
	3.2.4	損失関数	109
	3.2.5	最適化アルゴリズム	110
	3.2.6	ハイパーパラメーター	114
	3.2.7	ここまでのまとめ	120
3.3	深層ネットワークの構成要素		120
	3.3.1	RBM	122
	3.3.2	オートエンコーダー	129
	3.3.3	変分オートエンコーダー	132

xxiv | 目次

4章 深層ネットワークの主要なアーキテクチャ 135

4.1 教師なしの事前訓練済みネットワーク 136

    4.1.1 DBN 136

    4.1.2 GAN 140

4.2 畳み込みニューラルネットワーク（CNN） 144

    4.2.1 生物学からの着想 146

    4.2.2 直感的な解説 146

    4.2.3 CNN のアーキテクチャーの概要 148

    4.2.4 入力層 150

    4.2.5 畳み込み層 150

    4.2.6 プーリング層 161

    4.2.7 全結合層 162

    4.2.8 その他の CNN の適用例 162

    4.2.9 有名な CNN 163

    4.2.10 ここまでのまとめ 164

4.3 リカレントニューラルネットワーク 164

    4.3.1 時間という次元のモデル化 165

    4.3.2 3次元の立体的入力 168

    4.3.3 マルコフモデルではない理由 170

    4.3.4 一般的なリカレントニューラルネットワークの
アーキテクチャー 171

    4.3.5 LSTM ネットワーク 172

    4.3.6 ドメインごとの適用例と混合ネットワーク 182

4.4 リカーシブニューラルネットワーク 184

    4.4.1 ネットワークのアーキテクチャー 184

    4.4.2 リカーシブニューラルネットワークのバリエーション 184

    4.4.3 リカーシブニューラルネットワークの適用例 185

4.5 まとめとさらなる議論 185

    4.5.1 ディープラーニングは他のアルゴリズムを時代遅れにするか ... 186

    4.5.2 最適な手法は問題ごとに異なる 186

    4.5.3 どのような場合にディープラーニングが必要か 187

目次 **xxv**

5章　深層ネットワークの構築 ———————————————— **189**

5.1　深層ネットワークを適切な問題に適用する ———————————— 189

　　5.1.1　表形式のデータと多層パーセプトロン ———————————— 190

　　5.1.2　画像と畳み込みニューラルネットワーク ———————————— 190

　　5.1.3　時系列のシーケンスとリカレントニューラルネットワーク ————— 192

　　5.1.4　ハイブリッドネットワーク ——————————————————— 194

5.2　DL4J のツール群 ——————————————————————————— 194

　　5.2.1　ベクトル化と DataVec —————————————————————— 194

　　5.2.2　ランタイムと ND4J ——————————————————————— 195

5.3　DL4J の API での基本的な考え方 ———————————————————— 197

　　5.3.1　モデルの読み込みと保存 ————————————————————— 197

　　5.3.2　モデルへの入力データを取得する ————————————————— 198

　　5.3.3　モデルのアーキテクチャーのセットアップ ————————————— 199

　　5.3.4　訓練と評価 ——————————————————————————— 200

5.4　多層パーセプトロンのネットワークで CSV データをモデル化する ———— 201

　　5.4.1　入力データのセットアップ ———————————————————— 204

　　5.4.2　ネットワークアーキテクチャーを決定する ———————————— 204

　　5.4.3　モデルを訓練する ———————————————————————— 207

　　5.4.4　モデルを評価する ———————————————————————— 208

5.5　手書き数字を CNN でモデル化する ——————————————————— 209

　　5.5.1　LeNet を Java で実装したコード ————————————————— 209

　　5.5.2　入力画像の読み込みとベクトル化 ————————————————— 212

　　5.5.3　LeNet のネットワークアーキテクチャー —————————————— 212

　　5.5.4　CNN を訓練する ———————————————————————— 217

5.6　リカレントニューラルネットワークを使い、シーケンスデータを
モデル化する ——————————————————————————————— 217

　　5.6.1　LSTM を使ってシェイクスピア風の文章を生成する ————————— 218

　　5.6.2　LSTM を使ってセンサーからの時系列シーケンスを分類する —— 228

5.7　オートエンコーダーを使った異常検出 ————————————————— 235

　　5.7.1　オートエンコーダーの Java コード例 ——————————————— 235

　　5.7.2　入力データのセットアップ ———————————————————— 239

　　5.7.3　オートエンコーダーのネットワークアーキテクチャーと訓練 —— 240

xxvi | 目次

	5.7.4	モデルを評価する	241
5.8		変分オートエンコーダーを使って MNIST の数字を再構成する	242
	5.8.1	MNIST の数字を再構成するコード	243
	5.8.2	VAE のモデルの検討	247
5.9		自然言語処理へのディープラーニングの適用	250
	5.9.1	Word2Vec を使い、単語の埋め込み表現を学習する	250
	5.9.2	段落ベクトルによる文の離散表現	257
	5.9.3	段落ベクトルを使って文書を分類する	262

6章　深層ネットワークのチューニング　269

6.1		深層ネットワークのチューニングに関する基本的な考え方	269
	6.1.1	深層ネットワークを構築する際の直感的な考え方	270
	6.1.2	ステップバイステップのプロセスを直感的に理解する	272
6.2		入力データとネットワークアーキテクチャーの対応付け	273
	6.2.1	ここまでのまとめ	274
6.3		モデルの目標と出力層の関連付け	275
	6.3.1	回帰分析モデルでの出力層	275
	6.3.2	分類モデルでの出力層	276
6.4		層の数、パラメーターの数、メモリ	280
	6.4.1	フィードフォワードの多層ニューラルネットワーク	280
	6.4.2	層とパラメーターの数をコントロールする	282
	6.4.3	メモリ使用量を概算する	284
6.5		重みを初期化する手法	287
6.6		RNN での重みの直交初期化	289
6.7		活性化関数の利用	289
	6.7.1	活性化関数のまとめ	291
6.8		損失関数を適用する	292
6.9		学習率を理解する	294
	6.9.1	パラメーターに対する更新の比率を利用する	295
	6.9.2	学習率についての推奨事項	296
6.10		スパース度が学習に与える影響	299
6.11		最適化手法を適用する	300
	6.11.1	SGD のベストプラクティス	301

目次 | xxvii

6.12	並列化や GPU を使って訓練を高速化する	302
	6.12.1 オンライン学習と並列繰り返しアルゴリズム	303
	6.12.2 DL4J での SGD の並列化	306
	6.12.3 GPU	310
6.13	エポック数とミニバッチのサイズ	311
	6.13.1 ミニバッチのサイズでのトレードオフ	312
6.14	正則化の利用法	313
	6.14.1 正則化項としての事前知識	314
	6.14.2 最大ノルム正則化	315
	6.14.3 ドロップアウト	315
	6.14.4 正則化に関する他のトピック	318
6.15	不均衡なクラスの扱い	319
	6.15.1 クラスに対するサンプリングの手法	320
	6.15.2 重み付き損失関数	321
6.16	過学習への対処	322
6.17	チューニングの UI でネットワーク統計量を利用する	323
	6.17.1 重みの誤った初期化を発見する	326
	6.17.2 シャッフルされていないデータの検出	328
	6.17.3 正則化での問題を検出する	330

7章　特定の深層ネットワークのアーキテクチャーへの　チューニング　　333

7.1	CNN（畳み込みニューラルネットワーク）	334
	7.1.1 畳み込みアーキテクチャーでの主なパターン	334
	7.1.2 畳み込み層の構成	338
	7.1.3 プーリング層を設定する	345
	7.1.4 転移学習	346
7.2	リカレントニューラルネットワーク	348
	7.2.1 ネットワークへの入力データと入力層	349
	7.2.2 出力層と RnnOutputLayer	350
	7.2.3 ネットワークを訓練する	351
	7.2.4 LSTM でのよくある問題を解決する	353
	7.2.5 パディングとマスキング	354

xxviii | 目次

	7.2.6	マスキングによる評価とスコア付け	356
	7.2.7	リカレントニューラルネットワークのアーキテクチャーの変種	357
7.3	制限付きボルツマン機械		358
	7.3.1	隠れユニットと入手可能な情報のモデル化	359
	7.3.2	異なるユニットを利用する	360
	7.3.3	RBM で正則化を行う	361
7.4	DBN		362
	7.4.1	モーメンタムを利用する	362
	7.4.2	正則化を利用する	363
	7.4.3	隠れユニットの個数を決定する	364

8章　ベクトル化　　365

8.1	機械学習でのベクトル化入門		365
	8.1.1	なぜデータをベクトル化するのか	366
	8.1.2	表形式の生データの属性を扱う方針	370
	8.1.3	特徴量の作成と正規化の手法	372
8.2	ETL とベクトル化に DataVec を利用する		381
8.3	画像データをベクトル化する		382
	8.3.1	DL4J での画像データの表現	383
	8.3.2	DataVec を使った画像データとベクトルの正規化	385
8.4	連続データをベクトル化する		387
	8.4.1	連続データの主なソース	388
	8.4.2	DataVec を使って連続データをベクトル化する	389
8.5	ベクトル化でテキストを扱う		395
	8.5.1	単語バッグ	397
	8.5.2	TF-IDF	398
	8.5.3	Word2Vec と VSM を比較する	403
8.6	グラフを取り扱う		404

目次 | xxix

9章　Spark 上で DL4J を用いて機械学習を行う …………… **407**

9.1　DL4J を Spark や Hadoop と併用する ………………………… 407

　9.1.1　コマンドラインで Spark を操作する ………………… 410

9.2　Spark の実行に対する設定とチューニング ………………… 414

　9.2.1　Mesos 上で Spark を実行する ……………………… 414

　9.2.2　YARN 上で Spark を実行する ……………………… 416

　9.2.3　Spark における一般的なチューニングの指針 ………… 419

　9.2.4　Spark 上の DL4J ジョブをチューニングする ……… 424

9.3　Spark と DL4J 向けに Maven の POM をセットアップする ………… 426

　9.3.1　pom.xml ファイルに記述する依存先のテンプレート ……… 428

　9.3.2　CDH 5.x 向けの POM ファイルをセットアップする ………… 432

　9.3.3　HDP 2.4 向けの POM ファイルをセットアップする ………… 433

9.4　Spark と Hadoop でのトラブルシューティング ……………… 434

　9.4.1　ND4J での主な問題 …………………………………… 434

9.5　Spark 上での DL4J の並列実行 ……………………………… 436

　9.5.1　Spark 上で訓練を行う最小限の例 …………………… 438

9.6　Spark 上の DL4J のベストプラクティス …………………… 441

9.7　Spark での多層パーセプトロンの例 ………………………… 442

　9.7.1　Spark で多層パーセプトロンのアーキテクチャーを
　　　　　セットアップする ………………………………… 446

　9.7.2　分散型の訓練とモデルの評価 ………………………… 446

　9.7.3　DL4J の Spark ジョブをビルドし実行する ………… 448

9.8　Spark と LSTM でシェイクスピア風の文章を生成する ……… 449

　9.8.1　LSTM のネットワークアーキテクチャーをセットアップする … 452

　9.8.2　訓練し、進捗を管理し、結果を理解する ……………… 453

9.9　Spark 上の畳み込みニューラルネットワークで MNIST を
　　　モデル化する ……………………………………………… 454

　9.9.1　Spark ジョブを構成し、MNIST データを読み込む ………… 456

　9.9.2　LeNet の CNN アーキテクチャーをセットアップして
　　　　　訓練する ……………………………………………… 457

xxx | 目次

付録 A　人工知能とは何か？ ·· **461**

A.1　これまでの物語 ··· 462

　　　A.1.1　ディープラーニングの定義 ······························ 463

　　　A.1.2　人工知能の定義 ·· 463

A.2　今日の AI で、興味を駆り立てているのは何か？ ··········· 472

A.3　冬は来ている ··· 474

付録 B　RL4J と強化学習 ··· **475**

B.1　序文 ··· 475

　　　B.1.1　マルコフ決定過程 ··· 475

　　　B.1.2　用語 ··· 476

B.2　異なる設定 ··· 477

　　　B.2.1　モデルフリー ··· 477

　　　B.2.2　観測の設定 ·· 478

　　　B.2.3　シングルプレイヤーと対戦ゲーム ····················· 478

B.3　Q 学習 ·· 479

　　　B.3.1　方策とそれに続くニューラルネットワーク ·········· 480

　　　B.3.2　方策反復 ··· 481

　　　B.3.3　探索と活用 ·· 485

　　　B.3.4　ベルマン方程式 ··· 487

　　　B.3.5　初期状態のサンプリング ································· 488

　　　B.3.6　Q 学習の実装 ··· 488

　　　B.3.7　$Q(s, a)$ のモデリング ··································· 490

　　　B.3.8　経験再生（Experience Replay） ···················· 490

　　　B.3.9　畳み込み層と画像前処理 ······························· 491

　　　B.3.10　履歴の処理 ··· 493

　　　B.3.11　ダブル Q ラーニング（Double Q-Learning） ····· 494

　　　B.3.12　クリッピング ··· 494

　　　B.3.13　報酬のスケーリング ····································· 495

　　　B.3.14　優先再生（Prioritized Replay） ··················· 495

B.4　グラフ、可視化、平均 Q ·· 495

B.5　RL4J ·· 497

B.6　結論 ··· 500

目次 | xxxi

付録 C　誰もが知っておくべき数値 ……………………………………… **501**

付録 D　ニューラルネットワークと誤差逆伝播：数学的アプローチ … **503**
D.1　導入 ……………………………………………………………………… 503
D.2　多層パーセプトロンの誤差逆伝播 ……………………………………… 505

付録 E　ND4J API の使用方法 ………………………………………… **509**
E.1　設計と基本的な使い方 …………………………………………………… 510
　　　E.1.1　NDArray の理解 ……………………………………………… 510
　　　E.1.2　ND4J の汎用構文 …………………………………………… 512
　　　E.1.3　NDArray の動作の基礎 …………………………………… 514
　　　E.1.4　データセット ………………………………………………… 519
E.2　入力ベクトルの生成方法 ………………………………………………… 520
　　　E.2.1　ベクトル生成の基礎 ………………………………………… 520
E.3　MLLibUtil の使用方法 ………………………………………………… 522
　　　E.3.1　INDArray から MLLib ベクトルへの変換 ……………… 522
　　　E.3.2　MLLib ベクトルから INDArray への変換 ……………… 522
E.4　DL4J を用いたモデル予測 ……………………………………………… 522
　　　E.4.1　DL4J と ND4J を一緒に使用する方法 ………………… 522

付録 F　DataVec の使用方法 ………………………………………… **525**
F.1　機械学習へのデータのロード方法 ……………………………………… 526
F.2　多層パーセプトロンへの CSV データのロード方法 ………………… 528
F.3　畳み込みニューラルネットワーク用の画像データのロード方法 ……… 529
F.4　リカレントニューラルネットワーク用のシーケンスデータの
　　　ロード方法 ……………………………………………………………… 532
F.5　データの加工方法：DataVec を用いたデータラングリング（操作） … 533
　　　F.5.1　DataVec の加工：重要な概念 …………………………… 534
　　　F.5.2　DataVec の加工機能：一例 ……………………………… 535

付録 G　DL4J をソースから利用 ……………………………………… **539**
G.1　Git がインストールされていることの確認 …………………………… 539
G.2　主要な DL4J の GitHub プロジェクトのクローン方法 …………… 540

xxxii | 目次

| G.3 | ZIP ファイルを使用したソースのダウンロード方法 | 540 |
| G.4 | ソースコードから構築するための Maven の使用方法 | 540 |

付録 H DL4J プロジェクトのセットアップ方法 541

H.1	新たな DL4J プロジェクトの作成方法	541
	H.1.1 Java	542
	H.1.2 Maven での作業方法	542
	H.1.3 IDE	544
H.2	他の Maven POM の設定方法	545
	H.2.1 ND4J と Maven	545

付録 I DL4J プロジェクト用の GPU の設定 547

I.1	バックエンドの GPU への切り替え	547
	I.1.1 GPU の選択	547
	I.1.2 マルチ GPU システム上での学習	548
I.2	異なるプラットフォーム上の CUDA	549
I.3	GPU 性能の監視方法	549
	I.3.1 NVIDIA システム管理インタフェース	550

付録 J DL4J インストールのトラブルシューティング 551

J.1	以前のインストール	551
J.2	ソースコードからインストールする際のメモリエラー	551
J.3	Maven のバージョンが古い	552
J.4	Maven と PATH 変数	552
J.5	誤った JDK バージョン	552
J.6	C++ とその他の開発ツール	552
J.7	GPU の監視	553
J.8	JVisualVM の使用方法	553
J.9	Clojure の使用方法	553
J.10	予防策	554
	J.10.1 他のローカルリポジトリ	554
	J.10.2 Maven の依存性のチェック	554
	J.10.3 依存性の再インストール	555

	J.10.4 他の何かが失敗した場合 …………………………………	555
J.11	異なるプラットフォーム …………………………………………	555
	J.11.1 macOS …………………………………………………………	555
	J.11.2 Windows ……………………………………………………	555
	J.11.3 Linux …………………………………………………………	557
参考文献	………………………………………………………………………	559
索引	…………………………………………………………………………	563

1章
機械学習の概要

霧のようなニュアンスを凝縮し、真実を手に入れます。
—— Neal Stephenson, 『Snow Crash』

1.1 学習する機械

　ここ数十年の間に、機械学習への関心は爆発的に高まっています。コンピューターサイエンスのカリキュラムや産業界のイベントそして新聞の紙面では、毎日のように、機械学習という文字が見られます。このような機械学習への言及の中で、多くは実際にできることとできてほしいことを混同しています。機械学習とは本質的に、アルゴリズムを使って未加工のデータから情報を取り出し、何らかのモデルとして表現するというしくみです。このモデルを使い、別のデータについて推論が行われます。

　ニューラルネットワークは、機械学習のモデルの一種であり、50年以上の歴史があります。ニューラルネットワークでの基礎的な構成要素はノードと呼ばれます。哺乳類の脳にあるニューロンを大ざっぱに模倣する形で設計されました。各ノードの間の接続も実際の脳に基づいて設計されており、これらの接続は訓練と呼ばれるプロセスを通じて洗練されていきます。ニューラルネットワークの詳しいしくみについては、2章と3章で解説します。

　1980年代中ごろから90年代初頭にかけて、ニューラルネットワークのアーキテクチャーについて大きな進歩が多数見られました。しかし、良い成果を得るためには大量の時間とデータが必要でした。そのせいで普及は妨げられ、ブームは沈静化しました。その後2000年代に入ると、コンピューターの能力が指数的に向上しました。以前には不可能だったテクニックが、カンブリア期の生物のように爆発的に出現しまし

2 | 1章　機械学習の概要

た。ディープラーニングもこの流れの中で誕生し、機械学習のコンペの多くで好成績を収める有力な選択肢へと成長しました。今日もなおブームは続き、機械学習に関する議論の随所でディープラーニングという語が見られます。

　ここからは、ディープラーニングをより詳細に定義していきます。本書を手に取った読者、つまり実務者が以下のことをできるように、本書は設計されています。

- 線形代数と機械学習について、重要な基礎的部分の概観
- ニューラルネットワークの基礎の概観
- 深層ネットワークの主な 4 つのアーキテクチャーの学習
- 本書のサンプルコードを使い、各種の実践的な深層ネットワークを実行

めざしたのは、実践的で扱いやすいコンテンツです。まずは、機械学習の基礎について手短に解説し、以降の解説をより良く理解するために必要な概念をいくつか紹介します。

1.1.1　機械が学習するには

　機械が学習するための方法を定義する前に、そもそも「学習する」とはどういうことなのか定義する必要があります。日常用語での学習とは、「勉学や体験あるいは指示を通じて、知識を獲得すること」とでも定義できるでしょう。もう少し範囲を狭めて、機械学習とは「アルゴリズムを使って、サンプルとして与えられたデータの中から構造の表現を発見すること」と定義することにします。未加工のデータに含まれる情報を表す何らかの構造を、コンピューターが学習します。構造の表現とはモデルと同義であり、元のデータから取り出した情報が保持されます。このような構造あるいはモデルを使い、未知のデータを予測するのです。構造（モデル）はさまざまな形式で表現できます。例をいくつか示します。

- 決定木
- 線形回帰
- ニューラルネットワークでの重み

　既知のデータにルールを適用して未知のデータを予測する方法は、モデルの種類ごとに異なります。決定木では木構造としてルールの集合が表現され、線形回帰のモデルでは入力データを表現するパラメーターの集合が生成されます。

ニューラルネットワークには、パラメーターベクトルと呼ばれるデータ構造が含まれます。パラメーターベクトルが表すのは、ネットワーク内の各ノード間の接続に対する重みです。この種のモデルについて、後ほど詳しく解説します。

機械学習とデータマイニング

データマイニングという言葉も数十年にわたって使われていますが、機械学習での多くの用語と同様に誤解や誤用がしばしば見られます。本書では、データマイニングとは「データから情報を取り出すこと」だと定義します。機械学習との違いは、生のデータから構造表現を取得する際にアルゴリズムを使うと述べているか否かです。簡潔に言うなら、データマイニングとは以下のようなものです。

- 概念を学習するために、
    - 生のデータサンプルを用意する
- サンプルは行またはインスタンスの集合として構成する
    - つまり、データの中に何らかのパターンが見られる
- これらのパターンの中から、コンピューターが概念を発見する
    - 発見には、機械学習のアルゴリズムが使われる

全体として、以上のようなプロセスがデータマイニングだと考えられます。

IBM やスタンフォード大学に在籍し、AI（人工知能）のパイオニアである Arthur Samuel は次のように機械学習を定義しています。

> 明示的にプログラムしなくても学習できる能力をコンピューターに与える研究分野。

Samuel はチェッカーゲームをプレイするソフトウェアを作成しました。そこでの方針は、盤面の配置と勝ち負けの確率を関連付けるというものでした。勝ちまたは負けにつながるパターンを探索し、最も望ましいものを認識して強化するという基本的な方針は、今日も機械学習や AI の基礎を支えています。

自らの目標を達成するために機械が学習するという概念は、数十年にわたって我々を魅了し続けています。このことを最もうまく言い表しているのが、近代 AI の父

である Stuart Russell と Peter Norvig が著書『Artificial Intelligence: A Modern Approach』で述べた以下の文でしょう。

> （生物であれ機械であれ）どうしてこのように鈍く小さな脳が、自分よりもはるかに大きく複雑な世界を知覚し、理解し、予測し、操作できるのでしょうか。

この引用文は、学習という概念が自然界で発見されたプロセスやアルゴリズムに着想を得ていることを示唆しています。ディープラーニングの立ち位置を図示したのが**図1-1**です。AIと機械学習そしてディープラーニングの関係はこのようになっています。

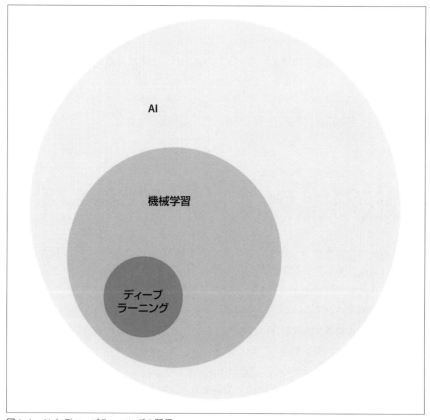

図1-1　AIとディープラーニングの関係

AIという研究分野は幅広く、長い歴史を持ちます。AIの一部である機械学習の、さらに一部がディープラーニングです。ここからは、ディープラーニングのもう1つのルーツ、つまり生物学からの着想について考えてみます。

1.1.2　生物学というヒント

生物学的ニューラルネットワーク（つまり脳）は、およそ860億個のニューロンから構成されます。そしてそれぞれのニューロンが、多数の他のニューロンと相互接続しています。

脳内での複雑な接続
研究者たちは、人間の脳には少なく見積もっても500兆以上の接続があると考えています。一方、人工のニューラルネットワークに関しては、現在最大のものでもこの数字に近づいてさえいません。

情報処理という観点から見ると、生物のニューロンは刺激を発する要素だと言えます。情報を処理し、電気的あるいは化学的な信号として送受信します。生物のニューロンは、脳だけでなく中枢神経系の脊髄や末梢神経系の神経節にとっても主要な部品です。この後紹介するように、人工のニューラルネットワークは生物のニューラルネットワークよりもはるかに単純です。

生物と人工物の比較
生物のニューラルネットワークは、人工的なものよりもずっと（桁違いに）複雑です。

人工のニューラルネットワークは、2つの点で脳のしくみを模倣しています。1つは、人工的なニューロン（ノードとも呼ばれます）がニューラルネットワークにおける最も基本的な構成要素であるという点です。人工のニューロンは脳内のニューロンを元にモデル化されており、入力を受け取ると活性化されるという点も共通です。そして入力される信号の一部は他のニューロンに渡されますが、その際に変換が行われることもあります。ニューラルネットワークでの変換の詳細については、この章の中で解説していきます。

もう1つは、意味のある信号だけを他のニューロンに渡せるようにするための訓練が可能だという点です。脳のニューロンも、自身にとっての大目標の達成に役立つ信

6 | 1章 機械学習の概要

号だけを渡しています。以上の2つの点に基づいて、これから人工的なニューラルネットワークを組み立てていきます。ビットと関数を用いて生物学上のニューラルネットワークをモデル化できていることに気づくでしょう。

コンピューターサイエンスが生物学から得たヒント

　ニューラルネットワーク以外にも、生物学がコンピューターサイエンスに影響を与えている例はいくつか見られます。50年ほどの間に、コンピューターへの応用をめざして次のような自然界のトピックについて研究が行われてきました。

- 蟻
- シロアリ[1]
- ハチ
- 遺伝的アルゴリズム

　例えば蟻のコロニーは、どの個体も単一障害点にならないような強力な分散コンピューティングのためのヒントとして研究対象になりました。最適に近い解を求めて、蟻たちは頻繁に作業を切り替えて負荷分散を試みています。ここでは、定量的なスティグマジーといったメタヒューリスティックスが使われています。蟻のコロニーでは、ゴミ処理や防衛、巣作り、食糧探しなどの作業が最適に近い人員配置の下で行われます。割り振りは相対的な需要に基づいて行われますが、個々の蟻が直接調整を行うわけではありません。

1.1.3　ディープラーニングとは

　ディープラーニングはここ10年ほどの間に、ゆっくりとその形を変えてきました。結果として、ディープラーニングというものを定義するのは難しくなってしまいました。有力な定義の1つでは、ディープラーニングは「3つ以上の層を持つニューラルネットワーク」を扱う、としています。しかし、この定義ではディープラーニングの概念が1980年代からあるという誤解を招くおそれがあります。ニューラルネット

---

[1]　Patterson. 2008. "TinyTermite: A Secure Routing Algorithm" (http://scholar.utc.edu/theses/184/)、Sartipi and Patterson. 2009. "TinyTermite: A Secure Routing Algorithm on Intel Mote 2 Sensor Network Platform." (http://www.aaai.org/ocs/index.php/IAAI/IAAI09/paper/viewFile/235/1030)

ワークが近年のめざましい成果を収めるためには、処理能力の向上だけでなくネットワークとしてのアーキテクチャーの進化も必須だったと筆者は考えます。具体的には次のような点が挙げられます。

- ニューロン数の増加
- 層やニューロン間でのより複雑な接続
- 訓練に利用可能な計算能力の爆発的増加
- 自動的な特徴量抽出

本書では、以下の4つの基本的ネットワーク構造に基づいて多数のパラメーターや層を持ったニューラルネットワークをディープラーニングとして定義します。

- 教師なしの事前訓練済みネットワーク（Unsupervised Pretrained Network）
- 畳み込みニューラルネットワーク（Convolutional Neural Network）
- リカレントニューラルネットワーク（Recurrent Neural Network）
- リカーシブニューラルネットワーク（Recursive Neural Network）

これらのアーキテクチャーには変種もあります。例えば、畳み込みとリカレントが組み合わされたニューラルネットワークも考えられます。しかし本書でターゲットとするのは、この4つのアーキテクチャーです。

ディープラーニングと従来の機械学習のアルゴリズムを比較した場合、自動的な特徴量抽出も大きな利点の1つです。特徴量抽出とは、データセットの中でどの特徴量がデータへのラベル付けの指標として確からしく利用できるかを判断するプロセスです。かつての機械学習の実務者たちは、データを分類するために数ヶ月そして数年あるいは数十年も費やして網羅的な特徴量の集合を手作業で作成していました。しかし、2006年に起こったディープラーニングの革命の結果、最新の機械学習アルゴリズムの進歩によってこうした人力の苦労は無用になりました。入力を分類するための重要な特徴量が、自動的に蓄積されるようになったのです。ほぼすべての種類のデータに対して、ディープラーニングは最低限のチューニングや人手の作業だけで従来のアルゴリズムを上回る精度を達成しました。ここでのネットワークつまり深層ネットワークは、データサイエンティストたちを骨折り苦労から解放し、より意味のある作業へと専念させてくれました。

1.1.4 ちょっと寄り道

近年に例を見ないほど、ディープラーニングはコンピューターサイエンスの世界に浸透しています。その背景として、ディープラーニングが機械学習のモデル化にとびきりの精度を示していることとともに、コンピューターサイエンティスト以外も引きつけるデータ生成のしくみも挙げられます。例えば、ディープラーニングを使った絵画の生成です。ある画家の作品を使って深層ネットワークを訓練すると、任意の写真を元にしてその画家が描いたかのような画像を生成できます。

図1-2　画家のスタイルが適用された画像。Gatys ら、2015 年[†2]

これをきっかけに、「機械は創造的になれるのか」あるいは「そもそも創造とは何か」といったさまざまな哲学的論争が引き起こされました。これらの問いへの答えは、各自で後ほど考えてみることをお勧めします。季節が移り変わるように、機械学習もゆっくりとしかし確実に進化を続けてきました。ある日ふと、機械がテレビのクイズ番組で優勝したり、囲碁のチャンピオンを破ったりしていることに気づいたでしょう。

機械が賢くなり、人間レベルの知能を持つ日は来るのでしょうか。そもそもAIとは何であり、どこまで強力なものになるのでしょうか。これらの問いへの答えはま

[†2] Gatys et. al, 2015. "A Neural Algorithm of Artistic Style." (http://arxiv.org/pdf/1508.06576v1.pdf)

だなく、本書でも答えが明かされることはないでしょう。我々が本書でめざすのは、ディープラーニングの実践を通じて機械の知性の断片を示し、今日の環境に浸透させていくことです。

AI についての深い議論
AI についてより良く知りたい読者は、「付録 A　人工知能とは何か？」を参照してください。

1.2　課題の定義

機械学習を適用する際の基礎について学ぶには、最初の問いかけを正しく設定するのが近道です。以下の事柄を定義してみましょう。

- 情報あるいはモデルを抽出しようとしている、入力のデータは何か
- 与えられたデータに対して、どのようなモデルが最も適切か
- そのモデルに基づいて、新しいデータからどのような答えを引き出したいか

これら3つの問いに答えたら、モデルを組み立てそして望む情報を与えてくれるような機械学習のワークフローを定義できるでしょう。より良いワークフローをめざし、機械学習の実践のために知っておくべき重要な概念についてこれから紹介します。そして、それぞれがどのような役割を果たしているか明らかにし、ニューラルネットワークとディープラーニングへの理解を深めたいと思います。

1.3　機械学習の背後にある数学：線形代数

機械学習やディープラーニングの根底にあるのが線形代数です。モデルを作成するための数式を解く際に、線形代数は基盤となってくれます。

線形代数への入門としては、James E. Gentle による Matrix Algebra: Theory, Computations, and Applications in Statistics (http://mason.gmu.edu/~jgentle/books/matbk/index.html) をお勧めします。

この分野での重要な考え方について、これからいくつか紹介します。まずは、**スカ**

10 │ 1章　機械学習の概要

ラーという基本的な概念からです。

1.3.1　スカラー

　数学的な文脈でスカラー（scalar）という用語を用いるとき、ここではベクトルの要素を表します。スカラーは実数値であり、ベクトル空間を表すフィールドの要素でもあります。

　一方コンピューターの世界では、スカラーは変数と同義です。シンボルの名前に関連付けられた、記憶領域上の位置を表します。この位置には、**値**（value）という何らかの情報が保持されます。

1.3.2　ベクトル

　本書ではベクトルを次のように定義します。

　　n を正の整数としたとき、ベクトルは、要素あるいはスカラーと呼ばれる n 個の数からなる順序付きの集合または配列（n 組とも呼ばれます）を表します。

　ベクトル化（vectorization）という処理を行うと、ベクトルのデータ構造を生成できます。ベクトルに含まれる要素の数のことを、ベクトルのオーダーあるいは長さと呼びます。ベクトルは n 次元空間での座標の表現にも利用できます。空間的な解釈では、原点からベクトルが表す座標へのユークリッド距離はそのベクトルの長さに相当します。

　数学の文章では、ベクトルは次のようにして表現されます。

$$x = \begin{bmatrix} x_1 \\ x_2 \\ x_3 \\ \cdots \\ x_n \end{bmatrix}$$

次のように表現されることもあります。

$$x = \begin{bmatrix} x_1, x_2, x_3, \ldots, x_n \end{bmatrix}$$

ベクトル化にはさまざまな方法があります。処理の手順もさまざまで、出力される

モデルの効率も異なります。生のデータからベクトルへの変換というこのトピックについては、この章の中で再び触れます。そして「5章 深層ネットワークの構築」で、改めて詳しく解説します。

1.3.3 行列

行列とは、同じ次元（要素の数）のベクトルが集まったものとして考えられます。つまり、行と列の2次元からなる配列として行列をとらえることができます。

n 個の行と m 個の列からなる行列を、$n \times m$ 行列と呼びます。**図1-3** では、例として 3×3 の行列を示しています。線形代数や機械学習にとって、行列は根幹となるデータ構造です。この章を読み進めていくうちに実感できるでしょう。

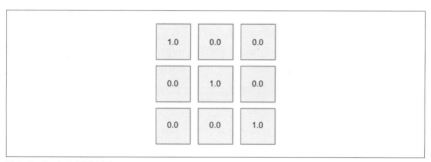

図1-3　3×3 の行列の例

1.3.4 テンソル

基本的な意味としては、**テンソル**（tensor）は多次元の配列を表します。ベクトルよりも一般的な数学的構造です。ベクトルはテンソルの子クラスだと言うこともできます。

テンソルでは、行は y 軸方向に広がり、列は x 軸方向に広がります。それぞれの軸は次元を表しますが、テンソルではさらに多くの次元が扱われます。また、テンソルには階数という概念があります。スカラーの階数はゼロで、ベクトルの階数は1です。行列の階数は2です。そして階数が3以上だと、（狭義の）テンソルだとみなせます。

1.3.5 超平面

さらに知っておいたほうがよい概念として、**超平面**（hyperplane）と呼ばれるもの

12 | 1章　機械学習の概要

があります。幾何学で使われる用語であり、対象の空間よりも次元数が1つ少ない部分空間を意味します。例えば3次元空間では、超平面は2次元です。そして2次元の空間にとっては、超平面は1次元の線になります。

　超平面を使うとn次元の空間を2つに分割できるため、分類などの課題に利用できます。後ほど述べるように、超平面のパラメーターに対する最適化は線形モデルにおける主要な概念です。

1.3.6　重要な数学的演算

　続いては、線形代数での知っておくべき主な演算を紹介します。

1.3.6.1　ドット積

　機械学習の分野では、**ドット積**（dot product）という演算がしばしば行われます。ドット積はスカラー積あるいは内積とも呼ばれます（以下、内積と呼びます）。この演算は、同じ次元のベクトルを2つ受け取り、1つの値を返します。ベクトル内のそれぞれの要素について、同じ位置にあるもの同士を掛け合わせた積が合計されます。数学的詳細については（今は）避けますが、この1つの値には多くの情報がエンコードされています。

　例えば、それぞれのベクトルに含まれる各要素の値がどの程度大きいかを表す指標として内積は使われます。大きな値が含まれるベクトル同士では内積は大きくなり、小さな値が含まれるなら内積も小さくなります。また、**正規化**（normalization）というプロセスによってこれらのベクトルの相対的な値が明らかになっている状況では、内積は両者がどの程度似ているかの指標となります。2つの正規化されたベクトルの内積は**コサイン類似度**（cosine similarity）と呼ばれます。

1.3.6.2　要素ごとの積（element-wise product）

　線形代数の演算の中では、**要素ごとの積**（アダマール積）もよく使われています。この演算は、2つの同じ次元のベクトルを受け取って、さらに同じ次元のベクトルを返します。それぞれの要素の値は、元の2つのベクトルの中で対応する位置にある値の積です。

1.3.6.3　外積

　テンソル積とも呼ばれます。行ベクトルと列ベクトルという2つの入力が与えられたとき、列ベクトル中の1つの要素を、行ベクトルのすべての要素と乗算することに

1.3 機械学習の背後にある数学：線形代数 | **13**

よって出力の行列での行が作られます。この処理が列ベクトルのすべての要素について行われます。

1.3.7 データからベクトルへの変換

　機械学習やデータサイエンスの分野では、あらゆる種類のデータが分析されます。必須の要件の1つに、それぞれの種類のデータをベクトルとして表現できなければならないというものがあります。例えば機械学習では、テキストや時系列、音声、画像、動画などのデータが扱われます。

　しかし、なぜデータを未加工のまま学習アルゴリズムに与えないのでしょうか。ここでの問題は、機械学習とは線形代数に基づいて一連の数式を解くものだという点です。そして（通常）これらの数式では入力として浮動小数点数が求められているため、生データを浮動小数点数に変換する手段が必要になります。この後すぐ、これらの数式を解く流れを紹介します。よく使われている、アイリスの花のデータセット（http://archive.ics.uci.edu/ml/datasets/Iris）には次のような未加工データが含まれています。

```
5.1,3.5,1.4,0.2,Iris-setosa
4.9,3.0,1.4,0.2,Iris-setosa
4.7,3.2,1.3,0.2,Iris-setosa
7.0,3.2,4.7,1.4,Iris-versicolor
6.4,3.2,4.5,1.5,Iris-versicolor
6.9,3.1,4.9,1.5,Iris-versicolor
5.5,2.3,4.0,1.3,Iris-versicolor
6.5,2.8,4.6,1.5,Iris-versicolor
6.3,3.3,6.0,2.5,Iris-virginica
5.8,2.7,5.1,1.9,Iris-virginica
7.1,3.0,5.9,2.1,Iris-virginica
```

　次のようなテキストも、未加工データの例の1つです。

```
Go, Dogs. Go!
Go on skates
or go by bike.
```

　これら2つはデータの種類が異なりますが、機械学習で求められる形式へのベクトル化が必要だという点は共通です。いずれかの時点で入力データを行列に変換する必要はありますが、いったん中間的な表現形式へと変換するというやり方も考えられます。例えば以下に示す svmlight 形式を利用できます。このように、シリアル化された疎（スパース）なベクトルに近い形式のデータを機械学習のアルゴリズムへの入力

14 │ 1章　機械学習の概要

とします。

```
1.0 1:0.750 2:0.417 3:0.702 4:0.565
2.0 1:0.667 2:0.500 3:0.915 4:0.696
2.0 1:0.458 2:0.333 3:0.809 4:0.739
0.0 1:0.167 2:0.979 3:0.021
2.0 1:1.000 2:0.583 3:0.979 4:0.826
1.0 1:0.333 3:0.574 4:0.478
1.0 1:0.708 2:0.750 3:0.681 4:0.565
1.0 1:0.917 2:0.667 3:0.766 4:0.565
0.0 1:0.083 2:0.583 3:0.021
2.0 1:0.667 2:0.833 3:1.000 4:1.000
1.0 1:0.958 2:0.750 3:0.723 4:0.522
0.0 2:0.750
```

このような形式のデータは、行列とラベルを表す列ベクトル（各行の先頭にある数値がラベルに対応します）として容易に読み込めます。2つ目以降のインデックスが付いた数値は「特徴量」を表しており、実行時に行列内の適切な位置に挿入されます。そして機械学習のプロセスの中で、さまざまな線形代数の演算が行われることになります。このようなベクトル化の手法については、「8章　ベクトル化」でより詳しく解説します。

「機械学習ではなぜ、（疎な）行列としてデータを表現する（ことが多い）のか」という質問をよく耳にします。この理由を理解するために、少し寄り道して連立方程式を解くということの基礎について考えてみましょう。

1.3.8　連立方程式を解く

線形代数では、次のような形式の1次方程式が解かれます。

$$Ax = b$$

ここでの A は、入力データの行ベクトルの集合からなる行列を表します。b は、行列 A のそれぞれの行ベクトルに対するラベルを表す列ベクトルです。先ほどの疎な行列の例から先頭の3行を取り出し、線形代数の行列形式で表現すると次のようになります。

列1	列2	列3	列4
0.750	0.417	0.702	0.565
0.667	0.500	0.915	0.696
0.458	0.333	0.809	0.739

1.3 機械学習の背後にある数学：線形代数 | **15**

　これらの数値は方程式の中での A を表します。そしてそれぞれの独立した値や各行の値が、入力データでの特徴量とみなされます。

特徴量とは

　機械学習での特徴量とは入力の行列 A に含まれる列の値で、独立変数として利用されるものを表します。元のデータから特徴量を直接取り出せることもありますが、ほとんどの場合は何らかの変換を行ってモデル化に適した形式のデータを生成します。

　例として、4つの異なるテキストのラベルが付いた入力の列を用いて考えてみましょう。まず、すべての入力データをスキャンし、使われているラベルにインデックス（例えば0、1、2、3とします）を割り当て、各インデックスのデータに対して最大値と最小値を求めます。そして各データ値について、ラベルのインデックスに基づいて値を 0.0 から 1.0 の間へと正規化します。この種の変換は、機械学習でモデル化に関する問題をより良く解決するために大きく役立ちます。ベクトル化の変換手法についてはさまざまなものがあり、「5章　深層ネットワークの構築」で改めて解説します。

　与えられたデータ行の各列について、出力 b またはそれぞれの行のラベルを与えてくれるような予測関数の係数を見つけることが目標です。先ほど見た、シリアル化された疎なベクトルでのラベルは次のようになります。

```
ラベル
1.0
2.0
2.0
```

　先に述べた係数は、x 列のベクトル（**パラメーターベクトル**とも呼ばれます）になります。この様子を図示したのが**図1-4**です。

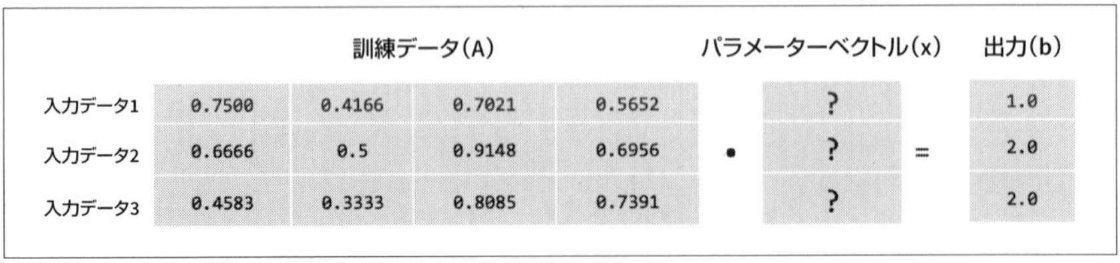

16 | 1章　機械学習の概要

	訓練データ(A)				パラメーターベクトル(x)	出力(b)
入力データ1	0.7500	0.4166	0.7021	0.5652	?	1.0
入力データ2	0.6666	0.5	0.9148	0.6956	?	2.0
入力データ3	0.4583	0.3333	0.8085	0.7391	?	2.0

図1-4　方程式 $Ax = b$ の図解

　方程式の解を次のように直接表現できるパラメーターベクトル x が存在する場合に、この線形系は「無矛盾（consistent）」であると言います。

$$x = A^{-1}b$$

　$x = A^{-1}b$ という式を記述することと、実際に解を求めることとは異なります。この式は、解そのものを表現しているだけです。変数 A^{-1} は行列 A の逆行列であり、**逆行列化**（matrix inversion）という手法を使って求められます。すべての行列に逆行列があるわけではないため、逆行列を計算せずに方程式を解く方法が望まれます。このような方法の 1 つが**行列分解**（matrix decomposition）です。例えば、連立 1 次方程式を解く際には A に対して LU 分解というしくみが適用され、行列分解が行われます。ここからは、より一般的な連立 1 次方程式の解法について見ていきます。

1.3.8.1　連立 1 次方程式の解法

　連立 1 次方程式の一般的な解法は 2 つあります。1 つ目は**直接法**（direct methods）と呼ばれ、アルゴリズム的には計算の回数が一定だということがわかっています。もう 1 つは、**反復法**（iterative methods）と呼ばれます。ここでは、複数回の近似と終了条件とを通じてパラメーターベクトル x を導きます。直接法は、すべての訓練データ（A と b）を 1 台のコンピューター上に読み込める場合に効果を発揮します。直接法の例としてよく知られているのが**ガウスの消去法**（Gaussian Elimination）と**正規方程式**（Normal Equations）です。

1.3.8.2　反復法

　データがコンピューター 1 台のメインメモリに収まらない場合に、反復法は特に有効です。個々のデータをディスクから順に読み込んで処理を行うため、メモリサイズよりもはるかに大きなデータをモデル化できます。今日の機械学習で使われてい

る反復法の典型的な例として、**確率的勾配降下法**（Stochastic Gradient Descent、SGD）が挙げられます。「3章　深層ネットワークの基礎」で紹介する、**共役勾配法**（Conjugate Gradient Methods）や**交互最小 2 乗法**（Alternating Least Squares）も使われています。また、単にローカルに存在するデータを読むだけではなく、データセットがクラスター上に分散しているスケールアウトのシナリオでも反復法の有効性が示されています。ここでは、各マシン上でモデル化のエージェントが計算したパラメーターベクトルが定期的に集計され、その結果がエージェントに反映されます。詳しくは「9章　Spark 上で DL4J を用いて機械学習を行う」で解説します。

1.3.8.3　反復法と線形代数

　数学の視点から見ると、以上のアルゴリズムを使って入力のデータセットを操作できることが望まれます。このためには、生の入力データを行列 A に変換する必要があります。データをベクトル化しなければならないというのは、このような線形代数からの要件に基づいたものです。ベクトル化のための具体的な方法については、本書全体のサンプルコードを通じて示していきます。ベクトル化の手法の選択は、学習のプロセスの成果にも影響を与えます。後ほど詳しく述べますが、ベクトル化に先立つ前処理もモデルの正確さに影響します。

1.4　機械学習の背後にある数学：統計

　この章を読み進めるためには、ある程度の統計学の知識も必要です。ここでは、以下のような基本的概念を説明することにします。

- 確率
- 分布
- 尤度

　記述統計学（descriptive statistics）と推計統計学（inferential statistics）の基本的な関係についても知っておきましょう。記述統計学では次のような用語が使われます。

- ヒストグラム
- 箱ひげ図

18 | 1 章　機械学習の概要

- 散布図
- 平均
- 標準偏差
- 相関係数

推計統計学では、標本から母集団へと一般化するためのテクニックが使われます。
以下のような用語が用いられます。

- p 値
- 信頼区間

確率と推計統計の関係は以下の通りです。

- 確率は母集団から標本の推論（演繹）
- 推計統計は標本から母集団の推論

特定の標本が母集団について何を表しているかを知るためには、標本抽出に伴う不
確実性について理解する必要があります。

統計学一般について、他の本ですでに詳しく解説されている内容を長々と繰り返す
つもりはありません。本格的な統計学のレビューではなく、重要なトピックについて
読者を適切な資料へと誘導できるような解説をめざします。予防線はこの辺で終わら
せて、まずは統計学での確率という概念の定義を解説することにします。

1.4.1　確率

事象 E が発生する確率を、ゼロから 1 までの数値として定義します。この値がゼ
ロなら、事象 E が発生する可能性がないという意味になります。1 なら、E が必ず発
生するという意味です。多くの場合には確率は浮動小数点数として表されますが、代
わりにゼロから 100 までのパーセンテージとして表現されることもあります。ゼロ
未満や 100 を超えるパーセンテージは不正です。例えば 0.35 という確率は、35 パー
セントと表すこともできます（$0.35 \times 100 = 35$）。

確率について説明する際の典型的な例が、公正なコインを投げて表と裏がそれぞれ
何回になるか観察するというものです（ここでは、どちらも確率は 0.5 とします）。
標本空間は与えられた試行回数でのすべての結果を表すため、標本空間そのものの確

率は必ず 1 になります。コインの例では表が出なければ必ず裏が出るため、それぞれ
の確率（0.5 と 0.5）を加えると標本空間の確率の総和、つまり 1 を得られます。事
象の確率は次のように表記します。

$$P(E) = 0.5$$

読み方は以下の通りです。

事象 E の確率は 0.5 です

確率とオッズの違い

統計学や機械学習の経験が浅い実務者はしばしば、確率とオッズという言葉の
意味を混同しています。以降の解説に進む前に、ここで両者の違いを明確にして
おくことにします。
事象 E の確率は次のように定義されます。

$$P(E) = (E \text{ の場合の数})/(\text{全体の場合の数})$$

例えば、52 枚のトランプのカードの中から 4 枚ある A のカードを引く確率は
次のようになります。

$$4/52 = 0.077$$

一方、オッズの定義は以下のようになります。

$$(E \text{ の場合の数}) : (E \text{ 以外の場合の数})$$

つまり、A のカードを引くという事象のオッズは次のように求められます。

$$4 : (52 - 4) = 1/12 = 0.0833333\ldots$$

両者の違いは分母（全体の場合の数か、対象以外か）にあります。統計学上は
両者が明確に異なるということを、理解できたでしょうか。

20 | 1章　機械学習の概要

　ニューラルネットワークやディープラーニングの分野では、確率が中心的な役割を果たしています。深層ニューラルネットワークの主な2つの機能は特徴量の抽出と分類ですが、これらのいずれにも確率が関わっています。統計に関するより幅広い解説が必要なら、Boslaugh と Watters による O'Reilly の書籍『Statistics in a Nutshell: A Desktop Quick Reference』（http://shop.oreilly.com/product/0636920023074.do）をお勧めします。

さらなる確率の定義：ベイズ統計と頻度論

　統計学には**ベイズ統計**（Bayesianism）と**頻度論**（Frequentism）という2つの異なるアプローチがあります。両者の基本的な違いは、確率の定義にあります。

　頻度論によると、測定の繰り返しというコンテキストの中では確率だけに意味があります。我々が何かを測定すると、機材などの影響を受けて結果が若干変動します。何回も測定を行った際に、ある値の頻度はその値が測定される確率を示しています。

　ベイズ統計のアプローチでは確率の概念が拡張され、何らかの仮説の確からしさについても扱うことができます。確率を使うと、測定結果がどうなるかについての知識を表現できます。ベイズ統計では、事象についての知識は本質的に確率へと結びついています。

　頻度論では、変数を推計するために何度も何度も実験を繰り返す必要があります。一方、ベイズ統計では変数についての「信念」（数学用語での「分布」）を扱います。新しい情報を得るたびに、「信念」が更新されていきます。

1.4.2　条件付き確率

　ある事象が発生しているという条件下で別の事象が発生する確率を、**条件付き確率**と呼びます。次のように表記します。

$$P(E \mid F)$$

E と F の意味は以下の通りです。

- E は条件付き確率を求めようとしている事象
- F はすでに発生した事象

例えば、健康的な心拍数の人は集中治療室で死亡する可能性が低いということを次のように表現できます。

$$P(集中治療室での死亡 \mid 不健康な心拍数) > P(集中治療室での死亡 \mid 健康な心拍数)$$

2つ目の事象 F は条件と呼ばれることもあります。機械学習やディープラーニングでは、条件付き確率は大きな関心を持たれています。複数の出来事がいつ発生し、それぞれがどのように関わり合っているかが重要なためです。機械学習での条件付き確率も、次の式で表現されます。

$$P(E \mid F)$$

E はラベルで、F は E が予測される対象についてのいくつかの属性を表します。例えば、集中治療室で患者ごとに対して行った測定の結果（F）を元にして死亡という事象（E）を予測します。

ベイズの定理

条件付き確率の有名な適用例として、ベイズの定理（あるいはベイズの公式）が知られています。医学の分野ではベイズの定理を使い、ある疾病についての検査結果が陽性だった患者が実際に罹患している確率を計算しています。

ベイズの公式は次のように定義されます。A と B は任意の事象を表します。

$$P(A \mid B) = \frac{P(B \mid A)\,P(A)}{P(B)}$$

1.4.3 事後確率

ベイズ統計では、何らかの証拠を考慮した上でのランダムな事象の条件付き確率を事後確率と呼びます。実験から収集された証拠をランダム変数として扱い、この条件下での未知の数量の確率分布が事後確率の分布として定義されます。後ほど紹介する

22 │ 1章　機械学習の概要

ソフトマックスという活性化関数ではこの考え方が取り入れられており、生の入力値が事後確率に変換されます。

1.4.4　分布

　確率分布とは、ランダム変数の確率的構造を詳細に記述したものです。統計学では、データの分布の様子を仮定するということを通じてデータについて推論を行います。観測された値が分布の中にどの程度の頻度で現れるか、そして分布内の点と値はどう対応するかといった内容を明示するような数式が求められます。よく見られる分布の1つに、**正規分布**（**ガウス分布**や**ベルカーブ**とも呼ばれます）があります。データセットが分布にある程度近ければ、理論的な分布に基づいた仮定を置いてデータを操作できるため、しばしばデータセットを分布にフィットさせます。

　分布には**連続的**（continuous）なものと**離散的**（discrete）なものの2種類があります。離散分布には、特定のいくつかの値しか持たないデータが含まれます。一方、連続分布には範囲内の任意の値が含まれます。連続分布の例は正規分布で、離散分布の例は二項分布です。

　正規分布では、指定された条件の下で統計量の標本分布（標本平均など）が正規に分布していることを仮定できます。**図1-5**は正規分布を表すグラフの例です。ガウス分布という別名は、18世紀の数学者であり物理学者でもあるKarl Gaussにちなんだものです。正規分布は平均と標準偏差によって定義され、基本的にすべて同じ形状です。

　機械学習では次のような分布もよく現れます。

- 二項分布
- 逆ガウス分布
- 対数正規分布

　機械学習での訓練データの分布は、モデルを作成するためのベクトル化の方法を判断する際に重要です。

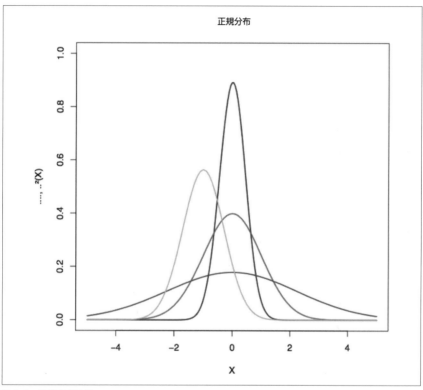

図1-5　正規分布の例

中心極限定理

標本が十分に大きい場合、標本平均の標本分布は近似的に正規分布に従います。これは、標本を抽出した母集団の分布にかかわらず成り立つ性質です。

つまり、平均の近似的な正規性に基づいた検定を元にして統計的な推論を行えます。母集団については、正規分布に従っている必要はありません。

コンピューターサイエンスでは、非正規分布の母集団から一定サイズの標本を繰り返し抽出するようなアルゴリズムでこの性質が活用されます。正規分布から抽出した標本のヒストグラムを描くと、実際にこの効果を確認できます。

ロングテール型の分布（ジップ分布、べき乗則、パレート分布など）は、高頻度の現象が、漸近的に減衰するような低頻度の現象と同時に起こるような場合に現れます。このような分布は1950年代にBenoit Mandelbrotによって発見され、編集者Chris Andersonの書籍『The Long Tail: Why the Future of Business is Selling Less of More』を通じて広く知られるようになりました。

例えば小売店での売り上げランキングでは、少数の商品に極端な人気が集まり、他の商品の売り上げは少量です。このような頻度のランキング（主に、人気や売上数など）の分布はべき乗則に従っていることがよくあります。これらはロングテール型の分布です。

ロングテール型の分布は次のような状況でも見られます。

地震の被害
地震の規模が大きくなると、被害も大きくなります。そのため、より悪いケースの分布がシフトします。

穀物の収穫
過去に例がない量になることもありますが、モデルは平均値付近に収束するのが一般的です。

集中治療室での処置後の死亡率予測
集中治療室内で起こったのとはまったく関係ないことが、死亡率に影響を与えます。

これらの例は、分類の問題に属するという点で本書にとって重要です。ほとんどの統計的モデルは、大量のデータを元にした推測を必要としています。意味のある事象が分布のテール部分で発生しているのに、これを訓練用の標本データに取り込めなかったとしたら、モデルは期待する成果を収められないでしょう。ニューラルネットワークなどの非線形モデルでは、このことの影響がさらに大きくなります。このような状況は、「標本内・標本外」問題（"in sample/out of sample" problem）の特殊な形態と考えられます。経験を積んだ機械学習の実務者も、ゆがめられた訓練データでは好成績だがより大きなデータへの汎化に失敗すると気づいて驚くといったことがよくあります。

ロングテール型の分布は、標準偏差の5倍も離れた事象の本当の可能性を扱います。訓練データでの事象の表現を正しく獲得し、訓練データへの過学習を防ぐよう注

1.4 機械学習の背後にある数学：統計 **25**

意しなければなりません。この方法については、後ほど過学習に関して取り上げる際にも詳しく議論します。また、「6章 深層ネットワークのチューニング」のチューニングの項でも触れます。

1.4.5 標本と母集団

実験の中で調査やモデル化の対象とするすべての単位を、データの母集団として定義します。例えば、調査の母集団として「テネシー州でのすべての Java プログラマー」といったものを定義できます。

データの標本は母集団の部分集合です。標本抽出の偏り（誤った抽出方法のせいで、標本の分布がゆがめられること）がないように、データを正確に表現することが望まれます。

1.4.6 再抽出の手法

統計学での再抽出手法として、**ブートストラップ法**（bootstrapping）と**交差検証**（cross validation）の2つが知られています。これらは機械学習にとっても有用です。機械学習でのブートストラップ法とは、ある標本の中からランダムに抽出を行い、クラスごとの標本サイズが均一な別の標本を生成するということを意味します。均一ではないクラスを含むデータセットをモデル化する際に、この手法が役立ちます。

交差検証（**回転推定**（rotation estimation）とも呼ばれます）は、訓練データのモデルの汎化能力を見積もるために使われます。ここでは、訓練用のデータセットを N 個の単位に分割し、それぞれを訓練グループとテストグループに振り分けます。訓練グループに含まれる単位を使って訓練を行い、その後にテストグループの単位を使ってモデルをテストします。2つのグループを何度もローテーションし、すべての組み合わせを網羅するまで繰り返します。分割の数に決まった値はありませんが、10分割がうまく機能するということが経験的に知られています。データの一部を別にとっておき、訓練の際に利用するというのも一般的です。

1.4.7 選択の偏り

選択の偏り（selection bias）とは、ランダム化が不適切なために標本がゆがめられ、モデル化対象の母集団を正しく表さないような標本抽出の手法に関して使われる用語です。データセットを再抽出する際には、選択の偏りについて認識しましょう。選択の偏りの影響を受けたモデルは、より大きな母集団でのデータに対する精度が低

26 | 1章　機械学習の概要

くなります。

1.4.8　尤度

　ある事象が発生する見込みを、確率の値を特定せずに表現したいとします。このような場合に使われる非公式な言葉が**尤度**（likelihood）です。発生する可能性がかなりあるけれども、発生しないかもしれない事象に対して使われるのが一般的です。事象に影響を与えるような、未観測の要因があるかもしれません。くだけた議論では、尤度は確率と同じ意味です。

1.5　機械学習のしくみ

　線形連立方程式についての解説で、$Ax = b$ を解くということの基礎を明らかにしました。機械学習は本質的に、この方程式での誤差を最小化するためのアルゴリズム的手法に基づいています。そして、ここで使われるのが**最適化**（optimization）です。

　最適化では、列ベクトル（パラメーターベクトル）x の値を変化させ、実際の値に最も近い出力を得られるようにするということが行われます。損失関数によって、ネットワークから生じた誤差（実際の出力に基づく。今回の例での出力は列ベクトル b）が算出されます。そして、重みの行列中のそれぞれの重みが調整されます。それぞれの重みについての損失の一部に影響を与える誤差の行列は、重み自身と掛け合わせられます。

　確率的勾配降下法については、機械学習での主要な最適化手法として後ほどさらに議論します。そして以降の章では、これらの概念を他の最適化アルゴリズムと組み合わせます。正則化や学習率などのハイパーパラメーターに関する基礎についても解説します。

1.5.1　回帰

　回帰（regression）とは、実数の出力値の予測を試みる関数のことです。独立変数の値を元に、従属変数の値が推定されます。最もよく知られているのが**線形回帰**（linear regression）で、線形連立方程式のモデル化に使用したのと同じ概念に基づいています。線形回帰での目標は、x と y の関係を表す関数を見つけることです。既知の x の値について、正確らしい y の値を予測します。

1.5.1.1　モデルのセットアップ

　線形回帰モデルの予測とは、パラメーターベクトル x から得られた係数と、入力ベクトルから特徴量として得られた入力変数との線形結合です。次のようなモデル化が可能です。

$$y = a + Bx$$

　ここでの a は y 切片を表し、B は入力の特徴量を表します。x はパラメーターベクトルです。

　この式を展開すると次のようになります。

$$y = a + b_0 \times x_0 + b_1 \times x_1 + \cdots + b_n \times x_n$$

　線形回帰を使って解く問題の簡単な例として、月間の走行距離からガソリン代を予測するというものがあります。ここでは、ガソリンスタンドでの支払い額が運転した距離の関数として表現されます。これら2つの量を記録し、次のような関数を定義するというのが理にかなっています。

$$ガソリン代 = f(走行距離)$$

　この関数を使えば、距離に応じてガソリン代を合理的に予測できるようになります。このモデル f では走行距離が独立変数で、ガソリン代が従属変数です。

　線形回帰のモデルの適用例として、他には次のようなものが考えられます。

- 身長の関数として体重を予測する
- 家の面積を元に価格を予測する

1.5.1.2　線形回帰の可視化

　線形回帰を可視化すると、散布図の中でできるだけ多くの点の近くを通る直線を発見することとして表現できます（**図1-6**）。

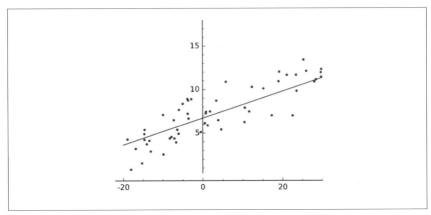

図1-6　線形回帰と散布図

　フィッティングとは、y の測定値あるいは実際の値に近い値を出力できる関数 $f(x)$ を定義することです。$y = f(x)$ のグラフは散布図の座標の近くに描かれます。これらの座標は従属変数と独立変数の組です。

1.5.1.3　線形回帰モデルとの関連付け

　上の関数は、以前に紹介した方程式 $Ax = b$ に関連付けられます。ここでの A は、モデル化対象のすべての入力データが持つ特徴量（先ほどの例での体重や面積）です。それぞれの入力データは、行列 A の中で 1 つの行として表現されます。列ベクトル b は、A のすべての入力データに対する出力を表します。誤差関数と最適化の手法（確率的勾配降下法など）を使うと、予測結果と真の出力との誤差を最小化できるような一連のパラメーター x を発見できます。

　以前にも述べたように、確率的勾配降下法ではパラメーターベクトル x について解くべき要素が 3 つあります。

データについての仮説
　　パラメーターベクトル x と入力の特徴量の内積（前述）

コスト関数
　　予測値と実際の値の 2 乗誤差

更新関数

2乗誤差の損失関数（コスト関数）の導関数

　線形回帰では直線しか扱えませんが、曲線によるフィッティングは他のどんなケースにも対応できます。主なものとして、x の次数が2以上の曲線が使われています。機械学習が「曲線フィッティング（curve fitting）」と呼ばれることがあるのはこのためです。完全なフィッティングが行われたなら、散布図上のすべての点を通る線が描かれるでしょう。しかし、一般的に完全なフィッティングはとても悪い成果です。以前にも述べたように、訓練データに対してのみ過剰に訓練されており、未知のデータに対する予測の力がほぼないためです。言い換えるなら、汎化能力が低いということになります。

1.5.2　分類

　分類（classification）とは、いくつかの入力の特徴量に基づいて出力のクラスを定義し、このクラスを使ってモデル化を行うことを指します。線形回帰が数量を出力するのに対して、分類は種別を出力します。分類での従属変数 y の値は、数値ではなくカテゴリーです。

　最も基本的な分類の形態は、2値分類です。ここでは出力は1つで、出力のラベルつまりクラスもゼロと1の2つしかありません。0.0と1.0の間の浮動小数点数を出力して、完全に確実ではない分類を表現することも可能です。この場合には、しきい値（通常は0.5）を設けて2つのクラスを区別する必要があります。文献では、これらのクラスをポジティブな分類（例えば1.0）とネガティブな分類（例えば0.0）のように表現することがよくあります。「1.7　モデルの評価」で、このトピックについて再び議論します。

　2値分類には以下のような例があります。

- ある人が病気にかかっているかどうか判断する
- スパムメールの判定
- 通常の商取引なのか詐欺的行為なのかを判定する

　ラベルは2つとは限りません。N 個のラベルを定義してそれぞれのスコアを算出し、最も高スコアのものを出力のラベルとして採用するということもあります。ニューラルネットワークにも出力が1つ（2値分類）のものと複数のものがあるので、

後ほど改めてこのトピックについて詳しく解説することにします。ロジスティック回帰やニューラルネットワークの全体的な構造についての議論の中でも、分類が登場することになるでしょう。

レコメンド
レコメンドとは、類似したユーザーの傾向や過去の閲覧履歴に基づいて項目を提案することです。レコメンドのアルゴリズムの一例としてよく知られているのが、Amazon.com によって広められた**協調フィルタリング**（Collaborative Filtering）です。

1.5.3　クラスタリング

クラスタリングは教師なし学習の手法の1つです。距離を算出することを通じて、類似の項目が徐々に近くに集まるようにします。このプロセスが完了すると、n 個の重心の周囲に最も密集している項目は該当のグループに属しているということになります。機械学習でのクラスタリングには、K 平均法というアルゴリズムがよく使われています。

1.5.4　未学習と過学習

最適化のアルゴリズムでは、まず未学習（underfitting）の解決が試みられます。以前にも述べたように、データを正しく近似していない線をより良く近似させることが目的です。**図1-7** の左側のように、湾曲している散布図で直線が描かれるのは典型的な未学習の例です。

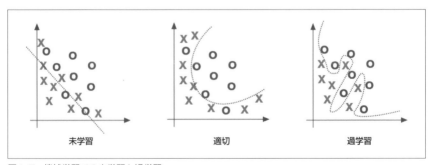

図1-7　機械学習での未学習と過学習

過剰なフィッティングは過学習（overfitting）という正反対の問題を引き起こします。未学習状態の解決が主目的ですが、データへの過学習を防ぐためにも多くの工夫が行われてきました。データセットに対して過学習のモデルは、訓練データに対する誤りの率は低いのですが、本来の対象である母集団全体に対しては適切に汎化されていません。

データの分布形状の可能性について考えると、過学習に関する別のとらえ方が明らかになります。これから線を描こうとしている訓練用のデータセットは、より大きな未知のデータから抽出された標本にすぎません。予測を可能にしたいなら、より大きなデータにもフィッティング可能な線を描かなければなりません。標本は大きなデータセットを大まかに表現しているのだと考えるべきです。

1.5.5 最適化

以前に述べた、重みを調整してデータをより良く推測できるようにするためのプロセスは**パラメーターの最適化**（parameter optimization）と呼ばれます。このプロセスは科学的な手法に似ています。仮説を組み立て、実際のデータと照合し、その結果に従って仮説を改良あるいは置き換えるといった手順を何度も繰り返し、実世界の事象をより正確に表現することをめざします。

重みの集合はすべて、入力の意味に関する仮説を表しています。つまり、あるラベルの意味に対して入力がどのように関連しているのかということが表されます。ネットワークへの入力と目的のラベルとの関連を推測し、その結果を重みとして表現します。すべての重みとその組み合わせは、問題に対する仮説空間として表現されます。最善の仮説を組み立てるということは、この仮説空間を探索することに相当します。ここで使われるのが誤差と最適化のアルゴリズムです。入力のパラメーターが多ければ多いほど、問題の探索空間は大きくなります。どのパラメーターが重要でどれは無視するべきかという判断が、学習の作業の中で多くを占めています。

決定境界と超平面
本書での「決定境界（decision boundary）」とは、線形モデル化でのパラメーターベクトルによって作られる n 次元の超空間を意味します。

機械学習では、コスト（実際のデータポイントからの距離）を求めて線をデータに近づけるということがとても重要です。すべてのポイントからの距離を合計し、これを最小化することによって線をデータに適合させていきます。線上の点 x と、対応す

るターゲットの点 y との距離が合計されます。3次元なら、山や谷のある誤差空間を想像できるでしょう。ここで使われるアルゴリズムは、目をつぶって坂道を進む登山者のようなものです。勾配降下法をはじめとする最適化のアルゴリズムによって、進むべき適切な方向が登山者に指示されます。

ネットワークによる予測（$\hat{b}$。A と x の内積）と、テスト用データセットの中の正解（b）との差を最小化するような重みを見つけるのが目的です。図1-4でもこのことについて紹介しています。ここでのパラメーターベクトル x が、重みに相当します。ネットワークの精度は入力とパラメーターの値に影響され、正確になるまでのスピードもハイパーパラメーターの値に依存します。

ハイパーパラメーター

機械学習では、モデルのパラメーターとは別に訓練の効率を上げるためのパラメーターもあります。これら両者に対してチューニングが必要です。後者は**ハイパーパラメーター**と呼ばれ、学習アルゴリズムを使った訓練の中で最適化の関数やモデルの選択に影響を与えます。

収束

収束（convergence）とは、すべての訓練データに対して誤りを最小にできるようなパラメーターベクトルを最適化アルゴリズムが発見することです。異なるパラメーターをいくつか試しながら、解へと徐々に収束していきます。

機械学習の最適化では、以下の3つが主要な構成要素です。

パラメーター
　　ネットワークが推定するデータ分類方法を定めるために、入力を変換する値

損失関数
　　それぞれのステップで、どの程度うまく分類を行えたか（つまり、どれだけ誤差を小さくできたか）を算定する関数

最適化関数
　　最小の誤差へとネットワークを誘導する関数

続いて、最適化の一種である凸最適化について見ていきましょう。

1.5.6 凸最適化

凸最適化（convex optimization）では、学習のアルゴリズムは凸関数の誤差関数を扱います。x 軸が 1 つの重みを表し y 軸がそのコストを表すなら、x 軸上のある点でコストはゼロになります。その両側では急激にコストが上昇し、最適な重みから離れていきます。

図 1-8 のように、コスト関数を上下逆に表現することも可能です。

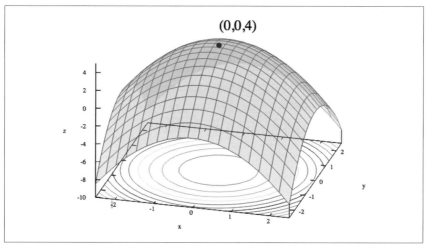

図 1-8　凸関数の可視化

パラメーターをデータと関連付けるもう 1 つの方法として、**最尤推定**（MLE、maximum likelihood estimation）と呼ばれるものがあります。ここでは、パラメーターが横軸で尤度が縦軸の放物線に沿って処理が行われます。放物線上の点は、あるパラメーターが与えられた際のデータの尤度を表します。MLE での目標は、さまざまなパラメーターに対して処理を繰り返し、与えられたデータの尤度が最大になるようなパラメーターの組を発見することです。

ある意味では、最大の尤度と最小のコストは表裏一体です。2 つの重みに対する誤りは、3 次元空間上に表現できます。大きな紙の四隅を持ったときと同じような、お椀状のグラフが描かれます。この曲面の傾きは、パラメーターを調整するべき方向のヒントを与えてくれます。勾配降下法の最適化アルゴリズムに関する解説の中で、この点について改めて議論します。

1.5.7 勾配降下法

　勾配降下法（gradient descent）では、ネットワークによる予測の質（重みつまりパラメーターの値の関数として表現されます）を地形にたとえることができます。山になっている部分は、該当するパラメーターでの予測の誤差が大きくなることを表します。逆に谷の部分では、誤差は小さくなっています。重みの初期値として、この地形の中から1点を選びます。ドメインごとの知識に基づいて（例えば花の種類を分類するネットワークでは、花の色よりも花びらの長さのほうが重要です）、重みの初期値を選択することができます。重みの初期値をランダムに設定して、ネットワークにすべての処理を任せるということも可能です。

　そして可能な限り速く、誤差の小さな谷の部分へと重みを移動させていきます。勾配降下法などの最適化アルゴリズムでは、それぞれの重みについての坂の傾きを検出できます。つまり、下りの方向を認識できるということです。勾配降下法では重みの変化による誤差の変化を算出し、谷に向かって1歩進みます。傾きは損失関数の導関数を使って求められます。図1-9のように、勾配は最適化アルゴリズムにとって次の1歩の方向を示しています。

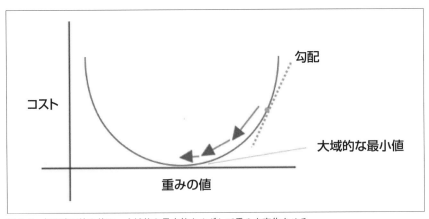

図1-9　勾配降下法を使い、大域的な最小値をめざして重みを変化させる

　導関数は関数の値の変化率を表します。凸最適化では、対象の関数の導関数がゼロになる位置を求めます。この位置は関数の**停留点**（stationary point）あるいは**最小点**（minimum point）とも呼ばれます。ここでの関数の最適化とは、（コスト関数が反転していなければ）関数の最小化ととらえることができます。

勾配とは

勾配とは、1次元の関数の導関数を多次元の関数 f へと一般化したものです。関数 f に対する n 個の偏微分のベクトルとして表現されます。大きさがその方向へのグラフの傾きである関数で、勾配は最も増加率が大きい方向を示すため、最適化にとって有用です。

勾配降下法では、導関数を求めることによって損失関数の傾きを算出します。微積分学でよく使われるやり方です。2次元の損失関数では、導関数は単に放物線上の点での接線の傾き（タンジェント）を表します。つまり、(y の変分）÷（x の変分）です。

三角関数を知っているなら、タンジェントは単なる比だとわかるはずです。直角三角形で、隣辺（水平方向の変化）に対する対辺（垂直方向の変化）の比に対応しています。

我々は曲線を、常に傾きが変化する線であると定義します。曲線上の点の傾きは、その点での接線によって表現されます。傾きを表すには点が2つ必要ですが、曲線上の1つの点だけで傾きを正確に求める方法について考えてみましょう。導関数を発見するには、まず曲線上で少し離れた2点を結ぶ直線について傾きを計算し、2点間の距離をゼロに近づけていきます。数学的にはこれは**極限**（limit）と呼ばれます。

損失を計算し、誤差が減少する方向へ重みを変化させるという手順を繰り返し、これ以上誤差が減少しないという点をめざします。そして到達した谷底の点が、最も精度が高い重みに対応します。線形モデル化では一般的な凸状の損失関数を利用する場合、存在するのは大域的な最小値だけです。

線形モデル化は、パラメーターベクトル x について解くべき3つの要素を使って表現できます。

- データについての仮説。例えば、モデル上での予測に利用する数式
- コスト関数。損失関数とも呼ばれる。例えば、誤差の2乗和
- 重みの更新関数。損失関数の導関数を利用する

仮説は、学習によって獲得したパラメーター x と、分類や実数値（回帰）を出力す

るための入力つまり特徴量との組み合わせとして表現されます。コスト関数は、損失関数での大域的な最小値からどの程度離れているかを示しています。そして損失関数の導関数を更新関数として使い、パラメーターベクトル x を変更します。

損失関数の導関数を求めると、損失曲線上のゼロの位置に近づくには x の各パラメーターをどの程度調整すればよいかわかります。これらの数式が線形回帰とロジスティック回帰（分類）のそれぞれでどのように使われているかについて、後ほど再び解説します。

一方、非線形の問題では常にきれいな損失曲線を描けるとは限りません。非線形的な仮説の地形には、谷が複数ある可能性があります。勾配降下法では、現在いる場所が最も低い谷なのか、より高い谷の中での最低地点なのかわかりません。最も低い谷の最低点は**大域的な最小値**（global minimum）と呼ばれ、これ以外の谷での最低点は**極小値**（local minimum）と呼ばれます。勾配降下法で極小値に到達した場合、そこから抜け出せなくなってしまいます。この問題は勾配降下法というアルゴリズムが抱える欠点の1つです。「6章 深層ネットワークのチューニング」でハイパーパラメーターや学習率について検討する際に、この欠点を克服する方法を紹介します。

勾配降下法には課題がもう1つあります。それは、正規化されていない特徴量に関するものです。正規化されていない特徴量とは、まったく異なる尺度を使って測られる特徴量のことです。ある次元が100万単位で測定され、別の次元は小数として測定されていたとしたら、誤差の最小化のために最も急な傾きを発見するのが難しくなります。

正規化の扱い
「8章 ベクトル化」では、ベクトル化というコンテキストの中で正規化の手法について詳しく検討します。この問題についてのより適切な対処法もいくつか紹介します。

1.5.8　確率的勾配降下法

勾配降下法では、勾配を求めてパラメーターベクトルを更新する際に、すべての訓練データに対する全体的な損失を計算します。一方、確率的勾配降下法（Stochastic Gradient Descent）では訓練データごとに勾配を計算し、パラメーターベクトルを更新します。その結果、学習が高速化され、並列化（後述）も可能になります。バッチ全体を使った勾配降下法を近似したのが確率的勾配降下法です。

1.5.8.1　ミニバッチの訓練と確率的勾配降下法

　確率的勾配降下法の一種として、訓練データ全体は使わないけれども複数のデータを使って勾配を計算するというものがあります。この手法はミニバッチサイズの確率的勾配降下法の訓練と呼ばれ、訓練のインスタンスが1つだけの場合よりも性能が高いことが知られています。また、確率的勾配降下法にミニバッチを適用すると収束がスムーズになります。それぞれのステップで、より多くのデータを使って勾配が計算されるためです。

　ミニバッチのサイズが大きいと、算出される勾配の値は訓練データ全体を使った真の勾配に近くなります。その結果、計算効率の向上というメリットを得られます。ミニバッチのサイズが小さすぎる（例えば訓練データのうち1レコードだけ使う）場合、ハードウェアを効率的に利用できません。GPUが使われている場合には、特に非効率的です。しかし、過度にミニバッチのサイズを大きくしても効率は上がりません。場合によっては、通常の勾配降下法を使えばより少ない計算量で同じ勾配を得られるためです。

1.5.9　準ニュートン法による最適化

　準ニュートン法による最適化とは、一連の「線形探索」を伴う反復的なアルゴリズムです。他の最適化手法と比べて特徴的なのは、探索の方向を選ぶやり方です。後の章で、具体的な手法について解説します。

ヤコビアンとヘッシアン

　ヤコビアン（Jacobian）とは、ベクトルについての1次導関数を含む $m \times n$ の行列です。

　ヘッシアン（Hessian）とは、関数の2次導関数からなる正方行列です。多くの変数を持つ関数で、局所的な曲率を表現するのに使われます。ヘッセ行列（Hessian matrix）はニュートン法を利用した大規模な最適化で使われます。ヘッセ行列の各要素が局所的なテイラー展開の2次の項に対する係数であるためです。しかし実際には、必要な計算量が多すぎてヘッシアンを求められないことがよくあります。このような場合には、代わりに準ニュートン法を使ってヘッシアンが近似されます。例えば、「2章　ニューラルネットワークとディープラーニングの基礎」で解説するL-BFGSなどが準ニュートン法の最適化アル

38 | 1章　機械学習の概要

ゴリズムとして利用されます。

　ヤコビアンやヘッシアンの詳細については本書では触れませんが、このような概念の存在とより広い機械学習の世界での位置付けを把握しておくことが望まれます。

1.5.10　生成モデルと識別モデル

　作成するモデルの種類に応じて、異なる種類の出力を得られます。主要な種類として、**生成**モデル（generative model）と**識別**モデル（discriminative model）の2つがあります。生成モデルでは、データの生成方法を把握した上で特定の種類の応答あるいは出力を行います。識別モデルはデータの生成方法には関知せず、単に入力された信号の分類あるいはカテゴリーを返します。識別モデルはクラス間の境界を正しくモデル化することに特化しているため、生成モデルよりも詳細な境界の表現が可能です。機械学習で分類を行う際には、識別モデルが一般的に使われます。

　識別モデルは**条件付き**確率分布 $p(y \mid x)$ を学習しますが、生成モデルは**結合**確率分布 $p(x, y)$ を学習します。$p(y \mid x)$ の分布は、入力 x を受け取って出力あるいは分類 y を返します（識別という名前はこの点に由来します）。$p(x, y)$ の分布を学習する生成モデルでは、ある入力の下での見込みが高い出力が生成されます。生成モデルは一般的に、データ内のわかりにくい関係をとらえる確率的グラフィカルモデルとして用意されます。

1.6　ロジスティック回帰

　ロジスティック回帰（logistic regression）は、線形モデル化での分類手法としてよく知られています。2値分類でも複数のラベル（多項ロジスティック回帰）でもうまく機能します。技術的には、ロジスティック回帰は従属変数がカテゴリーつまり「分類」を表す回帰モデルです。2値ロジスティックモデルは、1つ以上の入力値の集合（独立変数あるいは「特徴量」）に基づいて2値の応答の確率を推定する際に使われます。入力として与えられた予測変数の下に、カテゴリーの統計的確率が出力されます。

　線形回帰と同様に、ロジスティック回帰でのモデル化の問題も $Ax = b$ の形式で表現できます。ここでの A は、モデル化対象のすべての入力データでの特徴量（「体

重」「面積」など）です。それぞれの入力レコードは、A の中で1つの行に対応します。そして列ベクトル b は、それぞれの入力に対する出力を表します。コスト関数と最適化の手法を使い、予測全体について実際の結果との差が最小になるような一連のパラメーター x を発見します。

ここでも、確率的勾配降下法を使って最適化の問題を解くことにします。パラメーターベクトル x の発見のために、3つの要素が必要です。

データについての仮説
$$f(x) = \frac{1}{1 + e^{-\theta x}}$$

コスト関数
「最尤推定」

更新関数
コスト関数の導関数

今回の入力は独立変数（入力の列あるいは「特徴量」）から構成されます。そして出力は従属変数（例えば「ラベルのスコア」）です。ロジスティック回帰の関数は入力値を重みと組み合わせ、出力の可能性を判定すると考えれば理解しやすいでしょう。ここからは、ロジスティック関数について詳しく見てみます。

1.6.1　ロジスティック関数

ロジスティック回帰では、**ロジスティック関数**つまり「仮説」を次のように定義します。

$$f(x) = \frac{1}{1 + e^{-\theta x}}$$

この関数がロジスティック回帰にとって役立つのは、正負の無限大にわたる任意の入力を 0.0 から 1.0 までの値へと関連付けることができるためです。その結果、出力を確率として扱えるようになります。**図1-10** はロジスティック関数のグラフです。

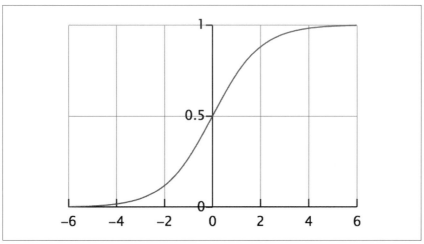

図1-10　ロジスティック関数のグラフ

　この関数は 0.0 から 1.0 までの**連続対数シグモイド関数**（continuous log-sigmoid function）として知られています。「2.3　活性化関数」で、この関数が再び登場します。

1.6.2　ロジスティック回帰の出力を理解する

　ギリシャ文字のシグマ（σ）を使ってロジスティック関数を表すことがよくあります。2次元のグラフでの x と y の関係が、細長くなびいた s の字に似ているためです。最大値と最小値は、漸近的にそれぞれ 1 とゼロに近づきます。

　y が x に関するシグモイド関数またはロジスティック関数として表される場合、x が増加すると y は 1/1 に近づきます。$e^{-\infty}$ はほぼゼロであるためです。反対に x がゼロよりも小さくなっていくと、$(1 + e^{-\theta x})$ の値は大きくなります。そしてその逆数の値はゼロに近づいていきます。

　ロジスティック回帰での $f(x)$ は、入力 x が与えられた場合に y が 1 つまり真である確率を表します。例えば電子メールのスパム判定を行っていて、$f(x)$ の値が 0.6 だったとしましょう。これは y が 60 パーセントの確率で 1 だということを表し、対象のメールがスパムである確率は 60 パーセントであるとわかります。機械学習とは既知の入力から未知の出力を推測するための手法であると定義するなら、ロジスティック回帰のモデルでのパラメーターベクトル x は推測の強さや確かさを規定すると言えます。

ロジット変換
ロジット関数はロジスティック関数(「ロジスティック変換」)の逆関数です。

1.7 モデルの評価

　モデルの評価は以下のような手順で行われます。まず、モデルがどの程度正しく分類を行えたか理解します。そして、特定のコンテキストの下での予測の価値を評価します。モデルが行った予測全体での正しさが問題になることもあれば、特定の種類の予測を他よりも正しく行うことが重要だという場合もあります。ここからは無害な陽性や有害な陰性、不均衡なクラス、予測に対するアンバランスなコストなどのトピックを取り上げます。まず、モデルを評価するための基本的なツールである**混同行列**について見てみましょう。

1.7.1　混同行列

　混同行列(confusion matrix)は**混同表**(table of confusion)とも呼ばれ、分類器による予測と実際の結果(ラベル)の組み合わせが示されたものです(**図1-11**)。ある時点で与えられた正解と照らし合わせて、モデルや分類器がどの程度正しく機能しているかを把握するために使われます。

	P' (予測)	N' (予測)
P (実際)	真陽性	偽陰性
N (実際)	偽陽性	真陰性

図1-11　混同行列

42 | 1章　機械学習の概要

これらの値を得るためには、以下の条件に適合する場合の数を数えます。

- 真陽性
  - 予測が真
  - ラベルが真
- 偽陽性
  - 予測が真
  - ラベルが偽
- 真陰性
  - 予測が偽
  - ラベルが偽
- 偽陰性
  - 予測が偽
  - ラベルが真

古典的統計学では、偽陽性と偽陰性はそれぞれ第 1 種過誤（type I error）そして第 2 種過誤（type II error）と呼ばれます。これらの値をチェックすると、正しい予測の割合といった単純な指標だけにとどまらず詳細なモデルの分析が可能になります。また、上の 4 つの値は以下のような別の指標値の算出にも使われます。

```
正解率: 0.94
適合率: 0.8662
再現率: 0.8955
F1 値:  0.8806
```

この 4 つの値は、機械学習のモデルを評価する際によく使われます。それぞれの意味についてはこの後すぐに解説することにして、続いてはモデルの感度と特異度の評価に関する基礎を紹介します。

1.7.1.1　感度と特異度

感度（sensitivity）と**特異度**（specificity）とは、2 値分類のモデルを評価するための指標です。真陽性の割合は、陽性に分類した入力のレコードのうち正しかったものの頻度を表します。これは感度あるいは再現率（recall）と呼ばれる指標で、次の式のように定義されます。例えば、実際に病気にかかっている患者のうち、どの程度を陽性と判定したかを知ることができます。感度を使うと、モデルがどの程度偽陰性を

回避できたかわかります。

$$感度 = 真陽性/(真陽性 + 偽陰性)$$

一方、陰性と分類した患者が実際に病気にかかっていないのであれば、それは真陰性と呼ばれます。この割合を使った指標が特異度です。特異度は、モデルがどの程度偽陽性を回避できたかを知りたい場合に使われます。

$$特異度 = 真陰性/(真陰性 + 偽陽性)$$

多くの場合、感度と特異度のトレードオフを考慮する必要があります。例として、深刻な疾患を判定するモデルについて考えてみましょう。本当に病気にかかっている患者を見逃すと大きな損失が発生するため、より頻繁に疾患を検出するかもしれません。このようなモデルは、特異度が低いということになります。重い病気は患者だけでなく周囲の人々にとっても脅威です。したがって、このような状況やその結果に対して感度が高いと言えます。理想的な世界では、100 パーセントの感度と 100 パーセントの特異度がともに達成されるでしょう。つまり、すべての疾患が検出され、健康な人はみな健康と判定されます。

1.7.1.2　正解率

正解率（accuracy）とは、一定量に対する測定の結果が実際の値にどの程度近いかを表したものです。

$$正解率 = (真陽性 + 真陰性)/(真陽性 + 偽陽性 + 偽陰性 + 真陰性)$$

クラス間の不均衡が強い場合、正解率はモデルの質について誤った情報を伝えてしまうことがあります。単純にすべてをより大きいほうのクラスに分類するだけで、高い正解率を得られてしまうからです。そのようなモデルでは、より小さなクラスや、稀な事象を予測できません。これでは、モデルを実際に運用した際の本当の価値を示したものにはなりません。

1.7.1.3　適合率

科学や統計学のコンテキストでは、同じ条件下で測定を繰り返した場合に同じ結果が得られる割合のことを適合率（precision）と呼びます。適合率は**陽性的中率**

（positive prediction value）とも呼ばれます。日常会話では大きな違いはありませんが、科学的手法の枠組みの中では正解率と適合率は別のものです。

$$適合率 = 真陽性/(真陽性 + 偽陽性)$$

正解率は高くても適合率が低かったり、その逆になったりすることもあります。両方ともに低いあるいは高いということもあるでしょう。両方が高い値になれば、その測定は妥当だと言えます。

1.7.1.4　再現率

再現率は感度と同義です。**真陽性率**（positive rate）または**ヒット率**（hit rate）とも呼ばれます。

1.7.1.5　F1 値

F1 値（F 値、F 尺度）も、2 値分類でのモデルの正しさを表す指標の 1 つです。次のように、適合率と再現率の調和平均として定義されます。

$$F1 値 = 2 \times 真陽性/(2 \times 真陽性 + 偽陽性 + 偽陰性)$$

F1 値は 0.0 から 1.0 までの値になります。0.0 が最も悪いスコアで、1.0 が最善のスコアを意味します。主に情報検索の分野で、モデルがどの程度意味のある情報を取得できたかを表現するために使われます。機械学習の分野でも、全体的なモデルの性能を表す指標として F1 値が使われています。

1.7.1.6　コンテキストとスコアの解釈

モデルを評価し、ここまでに述べた指標をどのように使うべきか判断する際に、コンテキストが一定の役割を果たします。多くのデータセットではクラスあるいはラベルがアンバランスであり、このアンバランスさというコンテキストは指標の選択に大きな影響を与えます。このような状態はさまざまなドメインで見られます。

- Web でのクリックの予測
- 集中治療室での死亡率の予測
- 詐欺行為の検出

これらのコンテキストでは、単に全体だけを見て「何パーセントが正しかった」と評価することはモデルの価値を見誤らせる原因になります。2012 年の PhysioNet Challenge (https://physionet.org/challenge/2012) でのデータセットが該当します。

このデータセットの目標は、「2 値分類器を使って病院内での**死亡率**を正確に予測する」ということでした。データセットをモデル化する際に課題となったのは、生存を予測すること自体は簡単だったという点です。患者が生存したというデータが多数を占めたためです。死亡を正確に予測するというのが、ここでの本当の狙いでした。実世界の医療というコンテキストでは、死亡を予測するということに最大の価値があります。このイベントでのスコアは次のようにして算出されました。

$$スコア = \min(適合率, 再現率)$$

このスコアには、ほとんどの場合に患者が生存すると予測して F1 値を稼ぐという行為を防ぎ、患者の死期の予測に専念させようという意図が込められています。これは医療にとっても重要なことです。コンテキストがモデルの評価方法を変えるというのは、このようなことなのです。

> **クラスの不均衡に対処する方法**
> 「6 章 深層ネットワークのチューニング」で、アンバランスなクラスを扱うための実践的な手法を紹介します。分類や回帰分析というコンテキストで、クラスの不均衡や誤差の分布が示すいくつかの様相を明らかにします。

1.8　機械学習への理解を深める

この章では、機械学習を実践する際に求められる主な事柄を紹介しました。以下の数式を中心として、モデル化にとって重要な数学的概念を明らかにしました。

$$Ax = b$$

また、行列 A で特徴量を表現するということに関する主要な考え方や、パラメーターベクトル x を変更する方法、結果をベクトル b にセットする方法なども解説しました。目的関数でのスコア（または「損失」）を最小化するために、パラメーターベクトル x を更新するための基本的な手法もいくつか学びました。

本書を読み進めるにつれて、これらの概念が拡張されていきます。ニューラルネットワークやディープラーニングもこれらの基礎の上に成り立っていることを見ながら、行列 A の作成や、最適化手法に基づくパラメーターベクトル x の更新、訓練中の損失の測定などでより複雑な手法を取り入れていきます。続く「2 章　ニューラルネットワークとディープラーニングの基礎」ではまず、これまでの知識を元にしてニューラルネットワークの基礎を学びます。

2章
ニューラルネットワークと
ディープラーニングの基礎

頭を地面に、両足は空中に
そのままスピンしてごらん
頭はつぶれちまう
でも空っぽさ
そしたら不思議に思うだろう
俺の心はどこにある？って
—— The Pixies,『Where is My Mind?』

2.1　ニューラルネットワーク

　ニューラルネットワークとは、人間の脳と特性の一部を共有する計算モデルです。シンプルな構成要素が多数存在し、中央からの管理を受けずに並列に作業を行います。各要素間の重みは、ニューラルネットワークで長期的に情報を保持するための主要なしくみとして機能します。重みを更新することが、新しい情報を学習するための主な方法です。

　「1章　機械学習の概要」では、一連の数式を $Ax = b$ という形でモデル化しました。ニューラルネットワークのコンテキストでも行列 A は入力データで、列ベクトル b は A の各行に対応する結果あるいはラベルを表します。ニューラルネットワーク内の接続の重みは、パラメーターベクトル x として表されます。

　ニューラルネットワークのふるまいは、そのアーキテクチャーごとに異なります。アーキテクチャーは主に以下のような要素によって定義されます。

- ニューロンの数
- 層の数
- 層間の接続の形式

　最も広く知られており、理解も容易なのがフィードフォワード型の多層ニューラルネットワークです。1つの入力層、1つ以上の隠れ層、そして1つの出力層から構成されます。ニューロンの数は層ごとに異なってもかまいません。そしてそれぞれのニューロンは、直前と直後の層に含まれるすべてのニューロンに接続しています。各層のニューロンの接続は、**図2-1**のように非循環グラフを形成します。

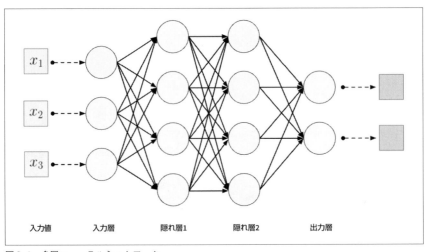

図2-1　多層ニューラルネットワーク

　十分な数のニューロンさえあれば、フィードフォワード型の多層ニューラルネットワークはどんな関数でも表現できます。これは一般的に、**誤差逆伝播学習**（backpropagation learning）というアルゴリズムを使って訓練が行われます。そこではニューラルネットワークの出力の誤差を最小化するために、「1章　機械学習の概要」で紹介した勾配降下法を使って内部の接続の重みを調整します。

局所解と誤差逆伝播
誤差逆伝播の結果、局所解に陥ってしまうこともあります。ただし一般的には、誤差逆伝播はうまく機能します。

　かつては、誤差逆伝播は低速だと考えられていました。しかし近年では並列処理やGPU（graphics processing unit）の性能が向上し、ニューラルネットワークでの誤差逆伝播の利用が再び注目を集めるようになりました。

　各種の文献やネット上には、ニューラルネットワークと人間の知性との関連についてさまざまな思い上がりのはなはだしい言葉や批判が述べられています。本書では多量の無益な情報を排除し、人工のニューラルネットワークの元になった生物学的発想についてまず考察します。

機械論的観点からの知性
我々は必ずしも、すべての入力が何かを表すような厳密な木構造を作成しているわけではありません。外界から受け取る部分的であいまいな情報を元にしてモデルを組み立てるということも可能です。そしてここから、完全に確かなものではない相対的な推論が得られます。
20世紀初頭には、知性に対する機械論的な見方が支配的でした。そこでは、我々の脳と外界は2つの歯車のように決定論的にかみ合っており、明確な入力が明確な出力をもたらすと考えられていました。しかし、上に述べたニューラルネットワークの考え方は、従来の機械論的見方とは異なります。不完全であり矛盾することもある情報を元に、我々は進むべき道を見つけて行動するのです。ニューラルネットワークと同じように、人間の脳は確率に基づいて推論を行います。

　まずは生物のニューロンについて簡単に解説し、続いて近年のニューラルネットワークの先駆けになった**パーセプトロン**（perceptron）を紹介します。パーセプトロンへの理解に基づき、フィードフォワード型の多層パーセプトロンにも対応する人工的ニューロンへの進化を明らかにします。この章では読者つまりニューラルネットワークの実務者たちに、よりクールな深層ネットワークのアーキテクチャに踏み込んでいくための基礎知識を提供します。

2.1.1　生物のニューロン

　生物のニューロンは神経細胞であり、すべての動物の神経系を構成する基礎的な機

能単位です。ニューロンは互いに通信します。シナプスを介して、細胞間を次々と電気化学的刺激が受け渡されていきます。刺激が十分に強く、化学物質がシナプスのすき間を通り抜けた場合にのみ、この受け渡しが発生します。刺激の強さがしきい値を超えなかった場合には、化学物質は発生しません。

神経細胞は主に以下の要素から構成されます（**図2-2**）。

- 細胞体
- 樹状突起
- 軸索
- シナプス

ニューロンは神経細胞から成り立っています。この神経細胞には細胞体が含まれ、細胞体の中には複数の樹状突起と1つの軸索があります。軸索は数百にも分岐することがあります。樹状突起は細い構造で、細胞体から突き出しています。軸索は細胞体から延びる特殊な突起を持つ神経繊維です。

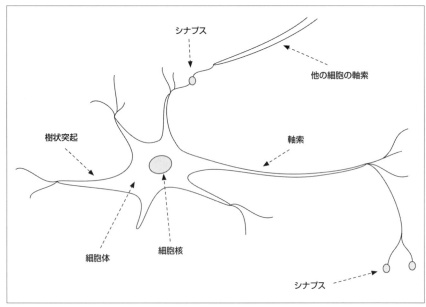

図2-2　生物のニューロン

2.1.1.1 シナプス

シナプスは軸索と樹状突起を連結する役割を持ちます。大多数のシナプスは、ある\
ニューロンの軸索から別のニューロンの樹状突起へと信号を送ります。ニューロンに\
樹状突起がない場合や、ニューロンに軸索がない場合、軸索と別の軸索とを接続する\
シナプスがない場合は例外です。

2.1.1.2 樹状突起

神経細胞を取り巻く生い茂ったネットワークの中で、樹状突起は細胞体から線維を\
派生させています。細胞は樹状突起を通じて、接続している近隣のニューロンから信\
号を受け取ります。それぞれの樹状突起は、自らの重みに応じて信号の値を乗算でき\
ます。その結果として、受け取った信号の化学物質に対するシナプスの神経伝達物質\
の割合を増減できます。

2.1.1.3 軸索

軸索は、メインの細胞体から延びる 1 本の長い線維です。樹状突起よりも長く、細\
胞体の直径の 100 倍にあたる 1 センチメートルもの長さに及ぶのが一般的です。最終\
的に軸索は分岐し、他の樹状突起に接続します。膜間の電圧変化が**活動電位**（action\
potential）を発生させることを通じて、ニューロンは電気化学的パルスを送信でき\
ます。この信号は細胞の軸索に沿って伝播し、他のニューロンとの接続を活性化させ\
ます。

2.1.1.4 生物学的ニューロンでの情報の流れ

電位を増加させるシナプスは**興奮性**（excitatory）と呼ばれ、減少させるものは**抑\
制性**（inhibitory）と呼ばれます。また、入力された刺激に対応して長期的に接続の\
重みが変化することを**可塑性**（plasticity）と呼びます。ニューロンは時間の経過とと\
もに新しい接続を発生させることもあれば、移動（migration）することもあります。\
このような接続の変化のしくみが、脳での学習のプロセスの原動力になっています。

2.1.1.5 生物から人工へ

心の基礎的な構成要素に対して、動物の脳は責任を負っていることがわかっていま\
す。そして脳の基本的な要素については研究と理解が進んでいます。脳の各位置の機\
能を明らかにし、ニューロン間を移動する信号を追跡する方法も明らかにされてい

ます。

畳み込みニューラルネットワークと哺乳類の視覚系
次の章で、畳み込みニューラルネットワーク（CNN、Convolutional Neural Network）という深層ネットワークを紹介します。CNN の各層での画像の表現形式は、脳が視覚情報を処理する際の方法に似ています（http://bit.ly/2sOwuo5）。この研究は興味深いものですが、CNN が哺乳類の脳の活動を完全に近似しているというわけではありません。

ただし、これらの非集中型の要素が思考や「意識の座」の基盤としてどのように機能しているのかという点については、まだ十分に理解されていません。

意識の座
脳が「意識の座」として理解されるようになったのは 18 世紀のことです。そして 19 世紀後半には、動物の脳内の部位とそれぞれの機能が対応付けられるようになり、さらに理解が進みました。かつては意識は心臓に宿るとされており、さらに以前には脾臓が「意識の座」であると考えられていました。

生物のニューロンの基礎について理解できたら、次にこれをモデル化しようとする初期の試みについて見てみましょう。ここではパーセプトロンというしくみが生まれました。

2.1.2　パーセプトロン

パーセプトロンとは、2 値分類に使われる線形モデルの 1 つです。ニューラルネットワークの研究分野では、パーセプトロンは人工的なニューロンだと考えられています。活性化関数としてはヘヴィサイドの階段関数が使われます（詳しくは後述）。パーセプトロンの前身となったのが、1943 年に McCulloch と Pitts が発表した TLU (Threshold Logic Unit) です。TLU は AND と OR の論理関数を学習できます。パーセプトロンの訓練には教師ありの学習アルゴリズムが使われます。TLU とパーセプトロンはともに、生物のニューロンから発想を得ています。

2.1.2.1　パーセプトロンの歴史

パーセプトロンは 1957 年に、Cornell Aeronautical Laboratory の Frank Rosenblatt (https://en.wikipedia.org/wiki/Frank_Rosenblatt) によって考案さ

れました。開発はUS Office of Naval Researchの資金提供を受けて行われました。『New York Times』は次のようにパーセプトロンを紹介しました。

> 海軍はパーセプトロンについて、電子式計算機の芽生えとなることを期待しています。歩き、話し、見て、書き、自己再生産し、自らの存在を意識できるようになるでしょう。

これは明らかにやや時期尚早な予想でした。機械学習やAIの有望さについても、同様の誇張は何度も見られました。初期のパーセプトロンは、ソフトウェアプログラムではなく物理的な機械に実装される傾向がありました。最初のソフトウェアとしての実装はIBM 704向けに行われ、後にMark I Perceptronに実装されました。

また、McCullochとPittsは1943年にニューロンの活動を分析し、しきい値と重み付きの総和を利用した基本的な概念を明らかにしています[†1]。こうした概念が、その後のパーセプトロンなどのモデルでも重要な役割を果たしています。

Mark I Perceptron
Mark I Perceptronは、軍事用途での画像認識を目的としてアメリカ海軍によって設計されました。400個の光電管がマシン内の人工ニューロンに接続され、重みは電位差計を使って実装されていました。重みの更新は電動機を通じて物理的に行われました。

2.1.2.2　パーセプトロンの定義

パーセプトロンとは、線形モデルに基づく2値分類器です。図2-3のように、入力と出力の関係はシンプルです。n個の入力にそれぞれ重みを乗算し、これらの合計を「最終的な入力」としてしきい値のある階段関数に渡します。パーセプトロンでは一般的に、しきい値が0.5のヘヴィサイド関数が使われます。この関数は入力に応じて、実数のバイナリ値（ゼロまたは1）を1つ返します。

[†1] McCulloch and Pitts. 1943. "A logical calculus of the ideas immanent in nervous activity." (http://www.cse.chalmers.se/~coquand/AUTOMATA/mcp.pdf)

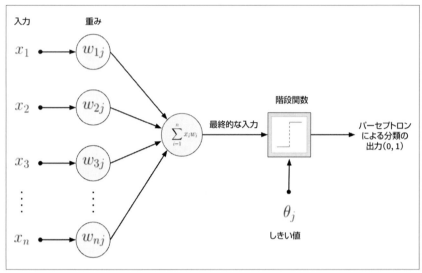

図2-3 1層のパーセプトロン

判断の決定境界と分類の出力は、ヘヴィサイド関数を使って次のようにモデル化できます。

$$f(x) = \begin{cases} 0 & x < 0 \\ 1 & x \geq 0 \end{cases}$$

活性化関数（今回はステップ型のヘヴィサイド関数）に渡される最終的な入力値を求めるために、入力と接続の重みとの内積を計算します。これは**図2-3**の左側で行われている処理に相当します。この処理の内容と、それぞれのパラメーターについての説明を**表2-1**に示します。

表2-1 最終的な入力を算出するためのパラメーター

パラメーター	説明
$\mathbf{w}$	接続の重みを表す実数のベクトル
$\mathbf{w} \cdot \mathbf{x}$	内積 $\left(\sum_{i=1}^{n} w_i x_i\right)$
n	パーセプトロンへの入力の個数
b	バイアスの項。入力値からは影響を受けない。決定境界を移動させる役割を持つ

階段関数つまり活性化関数からの出力はパーセプトロンとしての出力でもあり、入力値の分類を表します。バイアスの値が負の場合、1 という分類の出力を得るためには、学習された重み付きの和がずっと大きな値になる必要があります。ここでのバイアスの項は、モデルにとっての判断の決定境界を移動させるためのものです。入力値がバイアスの項に影響することはありませんが、パーセプトロンの学習アルゴリズムを通じてバイアスの値も学習されます。

1層のパーセプトロン
ニューラルネットワークの研究では、パーセプトロンについて「1 層のパーセプトロン」という呼び方のほうが広く使われています。後に現れた「多層パーセプトロン」と区別するためです。

線形分類器としては、1 層のパーセプトロンはフィードフォワードニューラルネットワークの一群の中で最もシンプルな形態です。

パーセプトロンと生物のニューロンとの関係
我々は脳のしくみを完全にモデル化できてはいませんが、パーセプトロンは生物のニューロンを模してモデル化されています。シナプスが他の生物的ニューロンに情報を渡す際と似たやり方で、パーセプトロンも重み付きの接続を介して入力を受け取ります。

2.1.2.3　パーセプトロンの学習アルゴリズム

パーセプトロンの学習アルゴリズムは、すべての入力レコードが完全に正しく分類されるようになるまでパーセプトロンの重みを繰り返し更新するというものです。学習に使用する入力データが線形的に分離できない場合、このアルゴリズムは終了しません。線形的に分離できるとは、データセットを 2 つのクラスへと明確に分割可能な超平面を発見できるという意味です。

訓練の開始時に、重みのベクトルは小さな乱数値または 0.0 に初期化されます。そして図2-3 のように入力レコードを 1 つずつ受け取り、分類を計算して出力し、実際のラベルと照合します。分類を算出する際に、それぞれの列（特徴量）の値は重みと組み合わされます。ここでの n は入力と重みの次元数を表します。最初の入力はバイアスの入力であり、バイアス値に影響を与えないように常に 1.0 にします。この図では、最初の重みはバイアス項に対応付けられています。入力ベクトルと重みのベク

トルの内積を求めることによって、先ほど紹介した活性化関数への入力値を得られます。

　分類が正しければ、重みは変更されません。間違っていた場合には、正しくなるように重みが調整されます。我々が行うオンライン学習では、個々の訓練データごとに重みが更新されます。すべての入力が正しく分類されるまで、以上の手順が繰り返されます。線形的な分離が不可能なデータセットでは、訓練のアルゴリズムは終了しません。このようなデータセットの例として XOR 論理関数が挙げられます（**図2-4**）。

x_0	x_1	y
0	0	0
0	1	1
1	0	1
1	1	0

図2-4　XOR 論理関数

　基本的な（1 層の）パーセプトロンは、XOR 論理関数をモデル化できません。初期のパーセプトロンのモデルが抱える根本的な制約が、ここに表されています。

2.1.2.4　初期のパーセプトロンでの制約

　当初の見込みに反して、パーセプトロンは認識可能なパターンが限られているということがわかりました。非線形的（つまり、データセットを線形的に分離できない）問題を解けないという当初の制約は、ニューラルネットワークの世界では致命的だとみなされました。1969 年に Minsky と Papert によって書かれた書籍『Perceptrons』（https://en.wikipedia.org/wiki/Perceptrons_(book)）でも、1 層のパーセプトロンが持つ制約が示されています。しかし、多層パーセプトロンなら XOR をはじめとする多くの非線形的な問題を解けるということは広くは知られていませんでした。

第一次 AI 冬の時代：1974 – 1980
多層パーセプトロンが持つ能力への理解が不十分だったために、その後およそ 10 年間はニューラルネットワークへの関心や投資が幅広く失われました。1980 年代中ごろに誤差逆伝播が普及し（考え方自体は 1974 年に Webos によって発見されています）、ニューラルネットワークが再び脚光を集めることになりました。

2.1.3　多層フィードフォワードネットワーク

　多層フィードフォワードネットワークとは、1 つの入力層、1 つ以上の隠れ層、そして 1 つの出力層からなるニューラルネットワークです。それぞれの層には 1 つ以上の人工的ニューロンが含まれます。これらのニューロンは従来のパーセプトロンに似ていますが、ネットワーク内での各層の役割に応じて活性化関数が異なります。多層パーセプトロンでそれぞれの層が果たす役割については、後ほど解説します。まずは、1 層のパーセプトロンでの制約をきっかけとした人工的ニューロンの進化について詳しく見てみることにしましょう。

2.1.3.1　人工的ニューロンの進化

　多層パーセプトロンでの人工的ニューロンを前身であるパーセプトロンと比較すると、利用可能な活性化層の種類という点で柔軟性が向上しています。ここでのニューロンのはたらきは**図 2-5** のようになります。

　この図は 1 層のパーセプトロンを表した**図 2-3** に似ていますが、活性化関数がより一般化されています。これから人工的ニューロンについて学んでいくのにつれて、この図も詳細化されていきます。

ニューロンという言葉について
以降の本書全体を通じて、「ニューロン」という言葉は**図 2-5** の人工的ニューロンを指すものとします。

　活性化関数への最終的な入力は、以前と同様に重みと入力の特徴量との内積です。活性化関数を変えられるので、異なる種類の出力を行えるようになります。これまでのパーセプトロンでは、区分線形関数（ヘヴィサイドの階段関数）だけが使われていました。しかしこれからは、ニューロンがより複雑なアクティベーションを表現できるようになります。

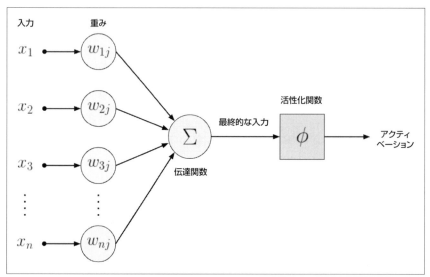

図2-5　多層パーセプトロンでの人工的ニューロン

ニューロンへの入力

ニューロンは**図2-6**のように、接続の重みに応じて入力を無視することも、活性化関数に渡すこともできます。入力の接続の重みが0.0の場合、入力は無視されます。活性化関数も、アクティベーションの値としてゼロを出力することによって該当のデータを除外できます。

この図からわかるように、ニューロンへの最終的な入力は、接続に入ってくるアクティベーションと接続の重みを乗算したもので表現できます。入力層は特定のインデックスにある特徴量を受け取るだけで、活性化関数は線形です（特徴量の値がそのまま渡されます）。隠れ層への入力は、他のニューロンからのアクティベーションです。数学的には、ニューロンへの最終的な入力（重み付きの入力の合計）は次のように表現されます。

$$input\_sum_i = \mathbf{W}_i \cdot \mathbf{A}_i$$

$\mathbf{W}_i$ はニューロン i へのすべての入力に対する重みを表すベクトルです。そして $\mathbf{A}_i$ は、i に入力されるアクティベーションの値を表すベクトルです。この式に対して、層ごとに追加されるバイアスの項を加味すると次のようになります。

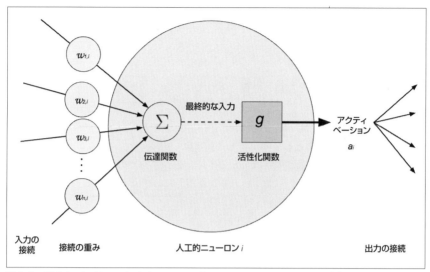

図2-6 多層パーセプトロンによるニューラルネットワークでのニューロンの詳細

$$input\_sum_i = \mathbf{W}_i \cdot \mathbf{A}_i + b$$

ニューロンからの出力値を算出するには、次の式のように最終的な入力を活性化関数 g に渡します。

$$a_i = g(input\_sum_i)$$

これを展開すると次のようになります。

$$a_i = g\left(\mathbf{W}_i \mathbf{A}_i + b\right)$$

この値がニューロン i のアクティベーションになります。他のニューロンへの接続を通じて次の層に渡され、接続の重みによる乗算を経て入力値が決定されます。

論文では、ニューロンからの出力が次のように表現されることがよくあります。

$$h_{\mathbf{w},b}(\mathbf{x}) = g(\mathbf{w} \cdot \mathbf{x} + b)$$

この記法は先ほど定義したものとは若干異なります。説明しようとしている概念は同じであり、複数の記法があるのだということを知っておいてください。

活性化関数としてシグモイド関数を使うなら、g は次のようになります。

$$g(z) = \frac{1}{1+e^{-z}}$$

この関数から出力される値の範囲は、ロジスティック回帰の関数と同じように $(0, 1)$ です。

活性化関数としてのシグモイド関数
ここで活性化関数としてシグモイド関数を紹介したのは、歴史的な事情からです。本書を読み進めていくとわかるように、シグモイド関数は近年あまり使われなくなりました。

あるデータから何か情報を生み出したいとき、そのデータが入力として渡されます。重みとバイアスの値は、アクティベーションを発生させるか否かを規定するものです。パーセプトロンと同様に、それぞれのニューロンでの重みやバイアスの値を変更するための学習アルゴリズムが用意されています。訓練のフェーズでは、ネットワークによる学習に応じて重みとバイアスが変化します。ニューラルネットワークでの学習アルゴリズムについては、この章の中で後ほど解説します。

生物のニューロンは、受け取ったすべての電気化学的刺激を受け渡すわけではありません。それと同様に、人工的ニューロンも信号を渡すだけのワイヤーやダイオードではなく、選択的であるように設計されています。受け取ったデータに対してフィルタリングや集計そして変換が行われ、特定の情報だけがネットワーク内の次のニューロンに渡されます。フィルタリングや変換などが行われるにつれて、多層パーセプトロンによる大きなニューラルネットワークというコンテキストの中で、生データは有益な情報へと変化します。このことがもたらす効果については、後ほど改めて解説します。

受け取れる入力の種類（2値または連続値）と、出力のために使われる変換つまり活性化関数の種類とによってニューロンは定義されます。DL4Jでは、1つの層に含まれるニューロンはすべて同じ活性化関数を利用します。

接続の重み

ニューラルネットワークにおける接続の重みは、それぞれのニューロンへの入力に乗算される係数です。乗算によって、入力は増幅あるいは減衰します。ニューラル

ネットワークの一般的な表記方法では、重みは数学的グラフでの2点間を結ぶエッジとして直線や矢印を使って表現されます。また、ニューラルネットワークを数式で表現する際には、多くの場合は接続を w と表記します。

バイアス

バイアスとは、入力に加算されるスカラー値です。それぞれの層で、入力の強さにかかわらずいずれかのノードが活性化されることを保証するために使われます。信号が少ない場合でもネットワークに活動を促し、学習を発生させるという役割があります。これにより、ネットワークは新しい解釈やふるまいを試行できるようになります。一般的には b と表記され、重みと同様に学習のプロセスの中で更新されていきます。

活性化関数

ニューロンのふるまいを規定しているのが活性化関数です。ここで入力が伝わっていくことを**順伝播**(forward propagation) と呼びます。活性化関数は入力、重み、バイアスを受け取って変換します。この変換の結果が、次のノードの層での入力になります。ニューラルネットワークで使われている（すべてではありませんが）多くの非線形的変換では、データがゼロから1あるいは -1 から1といった扱いやすい範囲に収められます。あるニューロンから別のニューロンにゼロ以外の値を渡すことを**活性化**と言います。

アクティベーション
アクティベーションとは、それぞれの層から次の層に渡される値のことです。各ニューロンの活性化関数からの出力がアクティベーションとして使われます。

「2.3 活性化関数」で、さまざまな種類の活性化関数を紹介し、それらがニューラルネットワークという広いコンテキストで果たす一般的な役割を見ていきます。

活性化関数とその重要性
活性化関数とその使われ方は、今後もほぼすべての章で繰り返し議論されることになります。DL4J ライブラリは層ベースのアーキテクチャーを採用しており、さまざまな種類の活性化関数を利用できます。

2.1.3.2　生物のニューロンとの比較

議論を少し元に戻して、人工的ニューロンの元になった生物のニューロンについて考えてみましょう。人工的ニューロンは、どの程度生物のニューロンに近づいたのでしょうか。樹状突起による入力の接続や、細胞体での合計の算出といった概念は人工的ニューロンにも対応が見られます。活性化関数のふるまいも、生物のニューロンの軸索で行われているのと同様です。

比較の限界
繰り返しになりますが、生物のニューロンは依然として人工的ニューロンよりも複雑です。生物のニューロンのはたらきをより良く理解するために、現在も研究が続けられています。

2.1.3.3　フィードフォワードニューラルネットワークの構造

人工的ニューロンとパーセプトロンとの違いを理解できたので、多層フィードフォワードニューラルネットワークの構造の理解も進むはずです。ここではニューロンが層と呼ばれるグループにまとめられています。層という観点から見ると、多層ニューラルネットワークには次のような要素があります。

- 1つの入力層
- 1つ以上の全結合による隠れ層
- 1つの出力層

図2-7 が示すように、丸で表される各層のニューロンは隣接した層のすべてのニューロンに接続（全結合）しています。

ほとんどの場合、同じ層のニューロンは同じ種類の活性化関数を利用します。入力層への入力は、未加工のベクトルです。その他の層では、入力は直前の層にあるニューロンからの出力（アクティベーション）です。データはネットワーク内を順方向に進むのに従って、接続の重みや活性化関数の影響を受けて変化していきます。ここからは、それぞれの層について詳しく見てみることにしましょう。

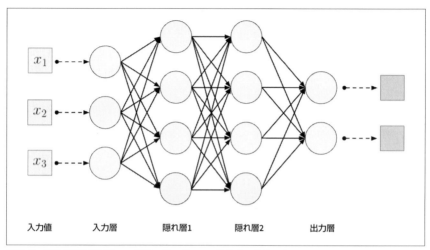

図2-7 全結合型の多層フィードフォワードニューラルネットワーク

入力層

　この層では、入力データを表すベクトルがネットワークに取り込まれます。一般的に、入力層のニューロンの数はネットワークに入力される特徴量の数と一致します。入力層に続くのは、次に紹介する1つ以上の隠れ層です。古典的なフィードフォワードニューラルネットワークでは、入力層は次の隠れ層と全結合しています。入力層が全結合しないようなネットワークの構造も考えられています。

隠れ層

　フィードフォワードニューラルネットワークには1つ以上の隠れ層が含まれます。層間の接続の重みは、ニューラルネットワークが生の訓練データから抽出して学習した情報のエンコードを表しています。1層のパーセプトロンからなるネットワークでは非線形関数をモデル化できませんでしたが、これを可能にする上でキーになるのが隠れ層です。

出力層

　モデルによる回答や予測は、出力層から得られます。ニューラルネットワークのモデルを使って入力の空間を出力の空間に対応付けると考えるなら、出力層は入力層からの入力に基づいて出力を行います。ニューラルネットワークの設定によって、最終

64 | 2章 ニューラルネットワークとディープラーニングの基礎

的な出力は異なります。回帰分析であれば実数値が出力され、分類であれば確率の集合が出力されます。出力の形式を決定するのは、出力層のニューロンで使われる活性化関数です。分類を行う場合は、一般的に**ソフトマックス**(softmax)または**シグモイド**(sigmoid)のいずれかが使われます。これらの活性化関数の違いについては、この章の中で改めて議論します。

層間の接続

全結合のフィードフォワードネットワークでは、前の層のすべてのニューロンは次の層のすべてのニューロンに接続しています。誤差逆伝播のアルゴリズムを使ってこれらの接続の重みを徐々に変更し、最善の解を探します。1章の線形代数についての説明で、機械学習のプロセスとは誤差を最小化するためにパラメーターベクトルを最適化することだと述べました。このパラメーターベクトルを重みに置き換えれば、重みを数学的に理解できるでしょう。

フィードフォワードニューラルネットワークの基本的な構造についての解説は以上です。ここからは、誤差逆伝播の訓練のしくみや活性化関数についてより詳しく検討します。そして最後に、よく使われる損失関数やハイパーパラメーターを紹介します。

2.2 ニューラルネットワークの訓練

十分に訓練されたニューラルネットワークでの重みは、信号を増幅してノイズを減衰させます。重みの値が大きければ、信号とネットワークからの出力との間に強い相関があることになります。また、より大きな重みと関連付けられた入力は、ネットワーク上でのデータの解釈に大きな影響を与えることになります。

重みが使われるすべての学習アルゴリズムでは、重みとバイアスを調整するというプロセスが実行されます。いずれかの重みを増やし、別の重みを減らすことによって、該当する部分の情報の重要度を上下させます。その結果、どの予測因子(特徴量)がどの出力に関連しているかをモデルが学習し、それに沿って重みやバイアスを調整できるようになります。

ほとんどのデータセットでは、特定の特徴量と特定のラベルとの間に強い相関が見られます。例えば、家の広さは価格に関連しています。ニューラルネットワークはこのような関係を盲目的に学習できます。まず入力と重みに基づいて推測を行い、その

結果がどの程度正確だったかを測定します。確率的勾配降下法（SGD）などの最適化アルゴリズムでの損失関数は、推測が正しかった場合はネットワークに報酬を与え、誤っていた場合はペナルティーを与えます。つまり SGD によって、悪い推測を避けて正しい推測を行うことが促進されます。

学習のプロセスには別の視点もあります。ラベルが理論を表し、特徴量の集合がその理論を支える証拠を表すと考えてみましょう。そうすると、ネットワークは理論と証拠の相関を立証しようとしているとみなせます。モデルが解こうとしているのは、「この証拠はどのような理論を明らかにするのか」という問いへの回答です。以上の点を踏まえて、ニューラルネットワークと併用されることが最も多い**誤差逆伝播学習**（backpropagation）というアルゴリズムについてこれから紹介します。

2.2.1　誤差逆伝播学習

ニューラルネットワークのモデルの誤りを減らそうとするプロセスの中で、誤差逆伝播は重要な役割を果たしています。誤差逆伝播について解説する前に、フィードフォワードニューラルネットワークの中を情報がどのように流れているか思い出してみてください。誤差逆伝播学習を表す数式や疑似コードだらけの世界に飛び込む前に、まずはこの学習アルゴリズムのしくみを理解しておきましょう。

誤差逆伝播学習の起源

誤差逆伝播学習は 1969 年に、Bryson と Ho によって考案されました。しかし 1980 年代半ばに注目を集めるようになるまでの間、ニューラルネットワークに関する研究と実践いずれの分野でもほぼ無視されていました。

2.2.1.1　アルゴリズムの着想

誤差逆伝播の学習アルゴリズムは、パーセプトロンの学習アルゴリズムに似ています。ネットワークを順方向に辿り、入力データから出力を算出します。出力がラベルと一致している場合、何もする必要はありません。一致しなかった場合には、ネットワーク内の接続の重みを調整する必要があります。

ニューラルネットワークでの一般的な学習を表す例として、**例 2-1** のような疑似コードについて考えてみましょう。

例2-1　ニューラルネットワークの訓練を行う疑似コード

```
function neural-network-learning( training-records ) returns network
    network <- 重みを (ランダムに) 初期化する
    start loop
        for each example in training-records do
            network-output = neural-network-output( network, example )
            actual-output = example に関連付けられているラベル
            { example, network-output, actual-output } に基づいて
                ネットワークの重みを更新
        end for
        すべてのデータが正しく予測されるか、終了条件を満たしたら end loop
    return network
```

　ここでキーになるのが、誤りの責任を原因となった重みへと分配することです。パーセプトロンの学習アルゴリズムでは、出力に影響を与える重みが1つしかなかったため、大きな問題にはなりませんでした。一方、多層フィードフォワードネットワークでは、1つの出力につながる入力の重みは多数あります。それぞれの重みが複数の出力に影響するため、より賢い学習アルゴリズムが必要となります。

　誤差逆伝播では、それぞれの重みによる誤差への寄与を分散するために、現実的なアプローチがとられています。パーセプトロンでの学習アルゴリズムに似ていますが、入力の訓練データに関連付けられたラベル（つまり真の出力）とネットワークから出力された値との誤差を最小化することが求められます。次は、ほとんどのニューラルネットワーク関連の資料が利用している誤差逆伝播の数学的記法を紹介します。

多層ネットワークでの学習アルゴリズムに関する注意

多層ニューラルネットワークでの学習アルゴリズムは、大域的な最適解への収束が保証されていません。また、とても効率的だというわけでもありません。これは、訓練データから一般の関数を学習するということが、最悪の場合には事実上不可能である（intractable）と考えられるために生じる直接的な影響です。しかし実際にやってみると、ハイパーパラメーターのチューニングを適切に行えば学習アルゴリズムは適切に機能します。

2.2.1.2　誤差逆伝播の詳細

　本書のほとんどの部分では、多くの数式を読者に投げかけるようなことは避けています。しかし、本書での解説の多くは誤差逆伝播の基本的な概念に基づいています。そこで誤差逆伝播についてだけは、概念を数式のレベルまで踏み込んで解説し、より良い理解を促したいと思います。

2.2 ニューラルネットワークの訓練 | 67

記法について

本書で紹介する記法は、機械学習に関する学会論文や著名な書籍で使われているものと同様です。読者が理解しやすい形で記法を解説できていればと思います。また、読者がこれから多数読むであろうニューラルネットワークやディープラーニング関連の資料を理解するきっかけになれば幸いです。

先ほどの図の中で、入力層と最初の隠れ層に着目してみましょう（**図2-8**）。

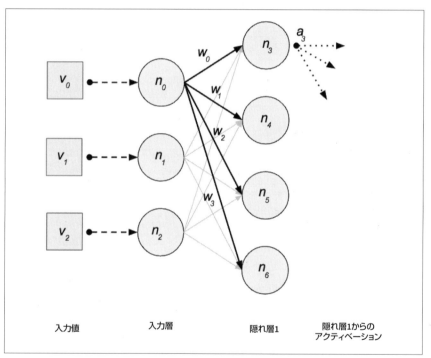

図2-8　多層ニューラルネットワークを拡大したもの。各要素にラベルを追加

この**図2-8**は、多層ニューラルネットワークを表した以前の図を拡大し、説明を追加したものです。以降の誤差逆伝播に関する説明全体を通じて、ここでの記法を利用していきます。それぞれの表記の意味は**表2-2**の通りです。

68 | 2章　ニューラルネットワークとディープラーニングの基礎

表2-2　ニューラルネットワークでの記法

記号	意味
i	ニューロンのインデックス番号
n_i	インデックス番号 i のニューロン
j	ニューロン i に接続している、直前の層のニューロンのインデックス番号
a_i	ニューロン i のアクティベーション（出力）
$\mathbf{A}_i$	ニューロン i に入力されるアクティベーションのベクトル
g	活性化関数
g'	活性化関数の導関数
Err_i	訓練データについてのネットワークからの出力と、実際の出力値との差
$\mathbf{W}_i$	ニューロン i への接続の重みを表すベクトル
$W_{j,i}$	ニューロン j から i への接続の重み
$input\_sum_i$	ニューロン i への入力の重み付きの和
$input\_sum_j$	直前の層にあるニューロン j への入力の重み付きの和（誤差逆伝播で使われる）
α	学習率
Δ_j	ニューロン j についての誤差の項
Δ_i	ニューロン i についての誤差の項。$Err_i \times g'(input\_sum_i)$ で表される

　アルゴリズムを説明するための準備として、誤差逆伝播学習を表す疑似コード（**例2-2**）を見てみましょう。

例2-2　重みを更新する誤差逆伝播のアルゴリズム

```
function backpropagation-algorithm
    ( network, training-records, learning-rate ) returns network
    network <- 重みを（ランダムに）初期化する
    start loop
        for each example in training-records do
```

            // 入力データに対する出力を算出します
            `network-output <- neural-network-output( network, example )`

            // 出力層のニューロンについての誤差を算出します
            `example_err <- target-output - network-output`

            // 出力層への接続の重みを更新します
            $W_{j,i} \leftarrow W_{j,i} + \alpha \times a_j \times Err_i \times g'(input\_sum_i)$

            `for each subsequent-layer in network do`

                // それぞれのノードでの誤差を算出します
                $\Delta_j \leftarrow g'(input\_sum_j) \sum_i W_{j,i} \Delta_i$

                // 該当の層への接続の重みを更新します
                $W_{k,j} \leftarrow W_{k,j} + \alpha \times a_k \times \Delta_j$

```
            end for

        end for
    ネットワークが収束したら end loop
    return network
```

疑似コードでの損失関数について

例2-2 の疑似コードでは、この章で後ほど解説する損失関数は明確には呼び出されていません。一般的な実務者にとっては、このようにアルゴリズムとして誤差逆伝播を表現するのが最も理解しやすいだろうと考えたためです。数学指向の読者は、「付録 D　ニューラルネットワークと誤差逆伝播：数学的アプローチ」における数学的な解説を参照してください。

ここでは、Err_i の項は損失関数の導関数に依存しています。平均 2 乗誤差（MSE）を使っているため、導関数が差として機能します。

2.2.1.3　誤差逆伝播の疑似コードを理解する

例2-2 には以下の入力が与えられています。

ネットワーク
　　多層フィードフォワードニューラルネットワーク

訓練レコード
　　訓練用のベクトルと対応する出力の対の集合

学習率
　　更新の係数（ギリシャ文字のアルファで表記されることがよくあります）

アルゴリズムの先頭でニューラルネットワークを初期化し、入力データに対するループを開始します。このループは、終了条件を満たすかエポック数（データセット全体への 1 回の処理が 1 エポック）の最大値に到達するまで繰り返されます。ループ内ではまず、現在の入力データに対する現在のネットワークの出力が計算されます。この出力を、入力に関連付けられている実際の出力と比較し、誤差（example_err）を算出します。

これで、出力層への接続の重みを更新するための準備ができました。

出力層の重みの更新

出力層の重みは次のようにして更新されます。

$$W_{j,i} \leftarrow W_{j,i} + \alpha \times a_j \times Err_i \times g'(input\_sum_i)$$

この更新規則は、ニューラルネットワーク内のすべてのニューロン間接続に適用されます。出力層への接続を抜き出したのが図2-9です。

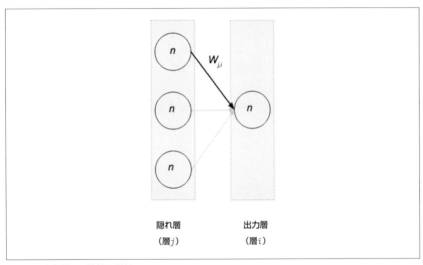

図2-9　出力層への接続の更新

この図をさらに詳しく見ると、前の隠れ層から現在のニューロン i に接続している j との間の重みが処理対象だとわかります。j からのアクティベーションに、学習率 α（後述）が乗算されます。この入力は、ニューロン j への最終的な入力を求めてアクティベーションを計算することで得られます。

ニューロン i の活性化関数への入力となる重み付き和を計算するために、入力の重みのベクトル $\mathbf{W}_i$ とアクティベーションのベクトル $\mathbf{A}_i$ の内積を求め、バイアスの項の値を加算します。

$$input\_sum_i = \mathbf{W}_i \cdot \mathbf{A}_i + b$$

ニューロン j のアクティベーションは次のように計算されます。

2.2 ニューラルネットワークの訓練

$$a_j = g(input\_sum_j)$$

ニューロン i でのデータ e についての誤差の項は、Err_i と表現されます。活性化関数の導関数は $g'(x)$ であり、ニューロン i への最終的な入力に対して適用されます。

$$g'(input\_sum_i)$$

この更新の規則はパーセプトロンの更新に似ており、違いは入力値そのものではなく前の層からのアクティベーションを使うという点だけです。また、この規則には活性化関数の勾配を求めるための導関数が含まれています。

誤差の項をさらに表現する

すでに述べたように、$g'(z)$ は活性化関数の導関数を表します。誤差の項は Δ_i と表現されることが多く、その内容は次のようになります。

$$\Delta_i = Err_i \times g'(input\_sum_i)$$

これを使えば、重みの更新の関数を次のように表現することもできます。

$$W_{j,i} \leftarrow W_{j,i} + \alpha \times a_j \times \Delta_i$$

これは疑似コードの内側のループで記述されていたものと同じです。これから解説します。

重みの空間での勾配降下法
勾配が誤差の曲面を表すような重みの空間で、我々は誤差逆伝播によって勾配降下法を行おうとしています。この曲面は、入力された特徴量の誤りをニューラルネットワーク上での重みの値の関数として表現しています。

誤差の値を伝播するための新しい規則

Δ の値を伝播する際の規則は、次のように表せます。

$$\Delta_j \leftarrow g'(input\_sum_j) \sum_i W_{j,i} \Delta_i$$

これが、入力層と隠れ層の間の重みを更新するための新しい規則になります。

隠れ層の更新

　誤差逆伝播のアルゴリズムでは、隠れ層を入力層の方向に辿りながら各層の間の接続を更新していきます。2つの隠れ層の接続に着目した図が**図2-10**です。

　これらの接続を更新するには、先ほどの分配された誤差に対して、前の層からのアクティベーションつまり入力と学習率を乗算します。

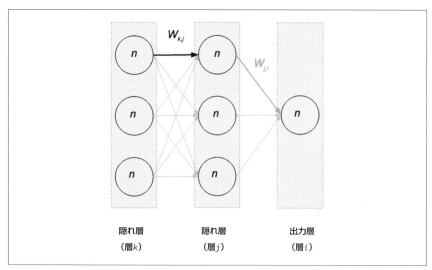

図2-10　隠れ層の間の接続

　この値を現在の重みに加えたものが、新しい重みになります。

$$W_{k,j} \leftarrow W_{k,j} + \alpha \times a_k \times \Delta_j$$

　誤差の原因とされた重みやバイアスについては値が小さくなり、信号が弱められます。一方、正しい回答を支持するような重みやバイアスについては値が大きくなります。このように最適な状態への調整は、少しずつ繰り返し行われます。

誤差逆伝播と分配された誤りの責任

　誤差逆伝播を通じて行われるのは、ネットワーク内を逆方向に向かって誤りの「責任」を分配していくことです。現在のノードに入力を送った隠れ層のノードはそれぞれ、順方向の接続先のニューロンによる誤りに対してある程度の責任を負っています。

　最初の隠れ層は、生の特徴量ベクトルを入力として受け取ります。以降の層ではすべて、直前の層のニューロンでのアクティベーションが入力になります。しかし、出力層よりも手前の隠れ層では誤差を適切に分配しなければなりません。誤差逆伝播を使うと、隠れ層のノードと出力層のノードとの間の接続の重みに応じて Δ_i の値を分割できます。

　先ほど紹介したように、Δ_j は次のように算出されます。

$$\Delta_j = g'(input\_sum_j) \sum_i W_{j,i} \Delta_i$$

　この式では、現在の層にある各ニューロン i について誤差の値 Δ_i を受け取り、入力される接続の重みと活性化関数の導関数の値とを乗算します。その結果、直前の層のノードに対応する分割された誤りの値が算出され、この層への接続を更新するために使われます。以上のアルゴリズムを層ごとに繰り返し、ネットワーク内のすべての層を更新します。

　これらの学習のステップの大きさ、あるいはそれぞれの繰り返しの中で変更される重みの大きさを調整する係数は**学習率**（learning rate）と呼ばれます。学習率の値は我々が定義するものであり、ネットワークの性能を表す指標ではありません。この章でハイパーパラメーター一般について議論する際に、学習率について改めて触れることにします。

誤差逆伝播とミニバッチ確率的勾配降下法

　「1 章　機械学習の概要」で、ミニバッチと呼ばれる SGD の変種を紹介しました。これはそれぞれのデータを 1 つずつ使ってモデルを訓練するのではなく、

複数のデータをまとめた形で訓練を行う手法です。ミニバッチと誤差逆伝播を組み合わせれば、ニューラルネットワークでのSGDを使った訓練を改善できます。

内部では、ミニバッチ中のそれぞれのデータについての勾配が平均されます。すべてのデータに対して順方向に計算を行い、出力されるスコアを線形代数の行列演算のバッチとして取得します。それぞれの層で逆方向の処理を行う際には、各層で勾配の平均値が計算されます。このように誤差逆伝播を行うことによって、勾配をより良く近似でき、ハードウェアの利用効率も高まります。

第二次 AI 冬の時代：1990 年代初頭
1980年代末から1990年代初頭にかけて、エキスパートシステムやLISPマシンといったテクノロジーが過剰に宣伝されました。そして、これらはいずれも期待に添う成果を示しませんでした。Strategic Computing Initiativeはこの時期の終わりに、新たな支出を中止しました。第5世代コンピューターは目標を達成できませんでした。

2.3 活性化関数

ある層のノードからの出力を次の層（出力層も含む）に伝える際に、活性化関数が使われます。活性化関数の入力と出力はともにスカラーで、ニューロンからのアクティベーションを生成します。ニューラルネットワークの隠れたニューロンに対して、非線形的なモデル化能力を与えることが活性化関数の目的です。多くの活性化関数はロジスティックな変換に分類でき、S字に似たグラフが描かれます。このような分類の関数は**シグモイダル**（sigmoidal）と呼ばれます。シグモイダルな関数はいくつかあり、その中の1つがシグモイド関数です。ニューラルネットワークでよく使われている活性化関数をいくつか見ていきましょう。

2.3.1 線形

図2-11のような線形変換は、基本的には恒等変換です。$f(x) = Wx$のように、独立変数と従属変数との間に直接的な比例の関係があります。事実上、この関数は信号をそのまま通過させます。

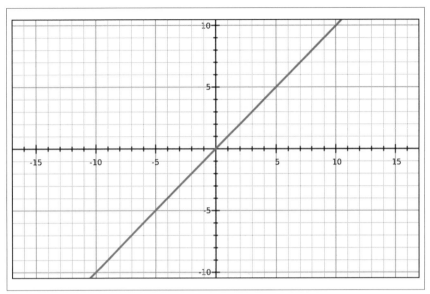

図2-11　線形の活性化関数

このような活性化関数は、ニューラルネットワーク入力層で使われます。

2.3.2　シグモイド

すべてのロジスティック変換と同様に、シグモイド関数を使うとデータ中の極端な値や外れ値が小さな値へと変換されます。値そのものを削除するわけではありません。**図2-12** での縦線（y 軸）が、判断の境界になります。

シグモイド関数は、ほぼ無限に広がる独立変数の値をゼロから1の間のシンプルな確率へと変換してくれる機械です。ほとんどの場合、出力値はゼロか1にとても近い値になります。

シグモイドの出力を理解する
シグモイドの活性化関数は、それぞれのクラスについての独立した確率を出力します。

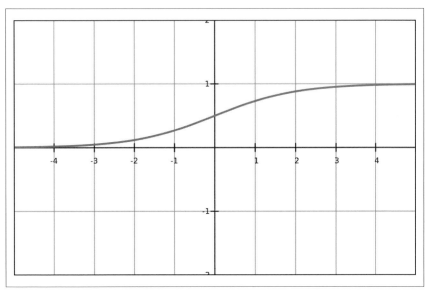

図2-12 シグモイドの活性化関数

2.3.3 tanh

tanh（タンチと読みます）は双曲線関数の1つで、**図2-13**のようなグラフが描かれます。タンジェントが直角三角形での対辺と隣辺の比を表すのと同じように、tanhは双曲線でのサインとコサインの比を表します（$\tanh(x) = \sinh(x)/\cosh(x)$）。シグモイド関数とは異なり、tanhによって正規化された値の範囲は-1から1になります。tanhのメリットは、負の値をより容易に扱えるという点です。

2.3.4 ハードtanh

tanhと同様に、ハードtanhでも正規化された値の範囲が厳密に定まっています。1より大きな値はすべて1になり、-1より小さな値はすべて-1になります。この結果、判断の境界を限定でき、よりロバストな活性化関数が定義されます。

2.3.5 ソフトマックス

ソフトマックスは（2値分類ではなく）連続データに適用でき、判断の境界を複数指定できます。このような点で、ソフトマックスはロジスティック回帰を一般化したものだと言えます。複数クラスのラベル付けがされているシステムを扱うことが可能

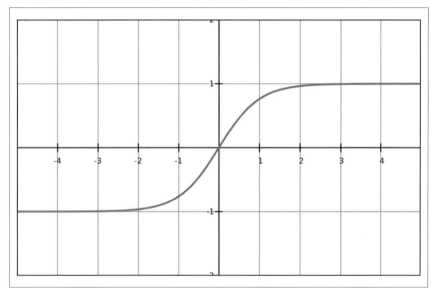

図 2-13　tanh の活性化関数

であり、分類器の出力層でソフトマックス関数がよく使われます。

ソフトマックスの出力を理解する
ソフトマックスの活性化関数は、相互排他的な出力クラスについての確率分布を返します。

ソフトマックスの出力層という概念とその使い方を示すために、例を 2 つ紹介します。まず、複数クラスのモデル化の問題で、最もスコアの高いクラスにだけ関心があるという場合について考えてみます。この場合は、ソフトマックスの出力に対してargmax() 関数を適用すれば、望む結果を得られます。

多重分類の扱い
1 つの出力に複数の分類を含めたい場合（例えば「人」と「自動車」など）には、出力層としてソフトマックスは使われません。代わりにシグモイドの出力層を使い、すべてのクラスの確率を独立に出力します。

ラベルの数が多い場合（例えば数千個）、ソフトマックスの変種である**階層的ソフ**

トマックスという活性化関数が使われます。ここでは、ラベルが木構造へと再編成されます。それぞれのノードでソフトマックス分類器が訓練され、分類のための分岐が指示されます。

2.3.6　修正線形

修正線形（rectified linear）の活性化関数には、入力が一定値以上の場合にのみノードが活性化されるという興味深い特徴があります。入力がゼロ以下の場合には、出力はゼロです。このしきい値を超えると、従属変数との間に線形的な関係が見られるようになります。この関数は $f(x) = \max(0, x)$ と表現でき、グラフは**図2-14**のようになります。

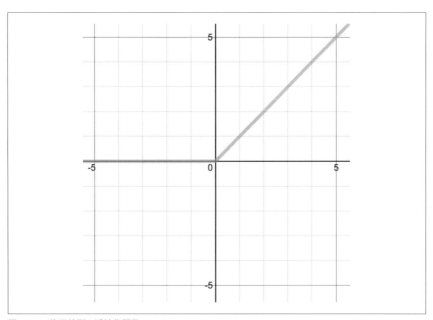

図2-14　修正線形の活性化関数

ReLU（Rectified Linear Unit）はさまざまな状況でうまく機能することが証明されており、現時点での最高水準（state-of-the-art）です。ReLUでの勾配はゼロか定数のどちらかであるため、勾配消失・勾配爆発問題に対して有効です。活性化関数としてシグモイドを使う場合と比べて、ReLUは訓練での性能が高いことが実際に示さ

れています。

ReLU の活性化関数による過度な効率性
シグモイドや tanh の活性化関数と比べて、ReLU には勾配消失問題の影響を受けないという長所があります。活性化関数としてハードマックス（max 関数）を使う場合、層からのアクティベーションの出力は疎になります。ReLU の活性化関数を使った深層ネットワークは、事前訓練の技術を用いなくてもうまく訓練できるという研究が示されています。

2.3.6.1 Leaky ReLU

「ReLU の死（dying ReLU）」という問題を軽減するために、Leaky ReLU という手法が考えられました[†2]。$x < 0$ の場合の値をゼロにせず、小さな負の傾斜（例えば 0.01 前後）を設定します。実際にこれを使った成功例もいくつか見られますが、成果に一貫性が見られないという問題も抱えています。数式は以下のようになります。

$$f(x) = \begin{cases} x & \text{if } x > 0 \\ 0.01x & \text{otherwise} \end{cases}$$

2.3.6.2 ソフトプラス

この活性化関数は、ReLU をなめらかにしたものであると考えられます。ReLU との比較を表したのが**図2-15**です。

ソフトプラスは $f(x) = \ln[1 + \exp(x)]$ という数式で表現され、グラフの形状は ReLU に似ています。しかし ReLU とは異なり、ソフトプラスはグラフの全域にわたって微分可能であり、微分の値はゼロになりません（http://www.jmlr.org/proceedings/papers/v15/glorot11a/glorot11a.pdf）。

[†2] Li, Karpathy, "CS231n: Convolutional Neural Networks for Visual Recognition" (Course Notes). http://cs231n.stanford.edu や http://cs231n.github.io を参照してください。

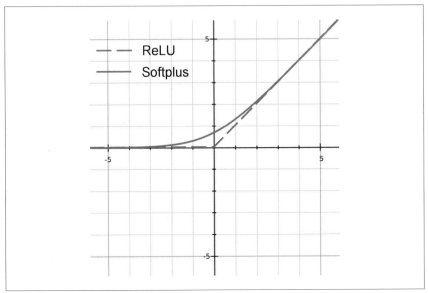

図2-15 ReLUとソフトプラスの可視化

2.4 損失関数

　損失関数の値は、与えられたニューラルネットワークが訓練によってどの程度理想的な状態に近づいているかを表します。ここではシンプルな考え方が取り入れられています。まず、ネットワークから観測された予測の誤差について、指標となる値を算出します。そしてデータセット全体についてこの値を集計し、平均を求めることによって、ニューラルネットワークと理想との差を1つの値として表現します。

　理想的な状態を追求するということは、誤差によって生じる「損失 (loss)」を最小化するようなパラメーターつまり重みとバイアスを探すことです。損失関数を通じてこのように考えると、ニューラルネットワークの訓練を最適化の問題としてとらえ直せるようになります。ほとんどの場合、これらのパラメーターを解析的に得るのは不可能です。しかし、勾配降下法のような繰り返しに基づく最適化アルゴリズムを使えば、大抵は十分に近似できます。ここからは、使用頻度の高い損失関数について概要を紹介します。必要に応じて、それぞれの機械学習での起源と結びつけた解説も行います。

2.4.1 損失関数の記法

これから紹介する数式は、以下の記法に基づいています。

- ニューラルネットワークの訓練のために収集されたデータセットについて、N をサンプル内の要素（一連の入力と対応する出力）の数とする
- 収集された入力と出力の種類について考える。それぞれのデータポイントには、入力や出力として固有の特徴量が記録されている。収集された入力での特徴量の数を P、観測された出力での特徴量の数を M とする
- 収集された入力と出力のデータを (X, Y) と表現する。入力は P 個の値からなるコレクションで、出力は M 個の値からなるコレクションである。このような入力と出力の組が N 個用意される。データセット中で i 番目の組を X_i と Y_i で表す
- ニューラルネットワークからの出力を $\hat{Y}$ とする。これはネットワークが Y の値を予測したものであり、ここにも M 個の特徴量が含まれる
- ニューラルネットワークが入力 X_i を変換して $\hat{Y}_i$ を出力することを、$h(X_i) = \hat{Y}_i$ と表現する。重みとバイアスへの依存を強調するために、後でこの表記を少し変更する
- 出力での j 番目の特徴量を表す際には、j を添字で表記する。各行がそれぞれのデータポイントで、各列がそれぞれ固有の特徴量に対応するような行列が想定されている。つまり、y_{ij} は収集された i 番目のサンプルに含まれる j 番目の特徴量に対応する
- 損失関数は $L(W, b)$ と表現する

与えられたデータの下で、最後の記法は損失関数が W と b だけに依存していることを示しています。これらはそれぞれニューラルネットワークでの重みとバイアスを表します。この依存性はとても重要です。ある層の数や設定の下で、与えられたデータを使って訓練するなら、損失関数の値はネットワークの状態つまり重みとバイアスによってのみ決定するのです。これらを変動させれば、損失も変動します。特定の入力に合わせて変動させれば、それに対応して出力も変動します。

つまり $h(X) = \hat{Y}$ という数式は、重みとバイアスの組によって条件付けられます。そこで、この式を $h_{W,b}(X) = \hat{Y}$ と書き換えることにします。損失関数に取り組む準備がこれで整いました。

2.4.2 回帰分析での損失関数

ここでは、回帰モデルに適した損失関数を取り上げます。

2.4.2.1 平均2乗誤差の損失

実数値の出力が必要な回帰モデルでは、2乗を使った損失関数が使われます。線形回帰では最小2乗法が広く使われているのと同様です。例として、出力の特徴量を1つだけ予測する場合（$M = 1$）について考えてみましょう。予測の誤りは2乗され、すべてのデータポイントでの平均が計算されます。次の式で示されるように、平均2乗誤差（Mean Squared Error、MSE）はシンプルで明快です。

$$L(W, b) = \frac{1}{N} \sum_{i=1}^{N} (\hat{Y}_i - Y_i)^2$$

M が1より大きく、ある入力の特徴量に対して複数の特徴量を予測する場合ではどうでしょうか。その場合、期待される Y と予測された $\hat{Y}$ はいずれも、順序付きの数値の集合つまりベクトルです。

損失関数について
損失関数は期待と予測との違いを1つの数値へと凝縮して表現します。対象がベクトルであってもかまいません。

MSE の損失関数にはバリエーションがあります。次のようなものも考えられます。

$$L(W, b) = \frac{1}{N} \sum_{i=1}^{N} \frac{1}{M} \sum_{j=1}^{M} (\hat{y}_{ij} - y_{ij})^2$$

線形代数に詳しい読者なら、ここでの内側のシグマがユークリッド距離の2乗を表していると気づくでしょう。実際に、こうした語を使って MSE が表現されることもあります。データセットのサイズ N とネットワークが予測する特徴量の数 M は、ともに定数です。したがってこれらは単に係数であり、例えば学習率の調整といった別の目的としてとらえることができます。DL4J などを含む多くのユースケースでは、数式の簡便さのために M を除去して単に2で割るということが行われています。このことによるメリットは、誤差逆伝播での勾配というコンテキストでより明確になります。次の式は、DL4J ライブラリが回帰分析の際に利用している MSE です。

$$L(W, b) = \frac{1}{2N} \sum_{i=1}^{N} \sum_{j=1}^{M} (\hat{y}_{ij} - y_{ij})^2$$

MSE は凸の損失関数なのか
技術的には、MSE は凸の損失関数です。しかし、ニューラルネットワークの隠れ層を扱う際には、凸の性質は失われます。複数のパラメーター値の集合から、同じ損失の値が導かれることがあるためです。

MSE の最適化
MSE の最適化は、平均値の最適化と同義です。

2.4.2.2　その他の回帰分析向け損失関数

　MSE は広く使われていますが、外れ値の影響をとても受けやすいという問題があります。損失関数を選択する際には、外れ値について考慮する必要があります。投資先の株の銘柄を選ぶ場合には、外れ値を考慮に入れるでしょう。しかし、家を買うときにはおそらく考慮されません。家の場合に最も重要なのは、大多数の人々が払うのはどの程度なのかという点です。つまり、関心の対象は平均よりも中央値です。

平均絶対誤差の損失

　同様の考え方で、MSE の代替として平均絶対誤差（Mean Absolute Error、MAE）という損失関数も考案されています。次のようにして算出されます。

$$L(W, b) = \frac{1}{2N} \sum_{i=1}^{N} \sum_{j=1}^{M} |\hat{y}_{ij} - y_{ij}|$$

　ここでは単純に、データセット全体について誤差の絶対値の平均が計算されます。

平均 2 乗対数誤差の損失

　回帰分析では平均 2 乗対数誤差（Mean Squared Log Error、MSLE）という損失関数も使われます。

$$L(W,b) = \frac{1}{N}\sum_{i=1}^{N}\sum_{j=1}^{M}(\log \hat{y}_{ij} - \log y_{ij})^2$$

平均絶対百分誤差の損失

最後に紹介するのは平均絶対百分誤差（Mean Absolute Percentage Error、MAPE）です。

$$L(W,b) = \frac{1}{N}\sum_{i=1}^{N}\sum_{j=1}^{M}\frac{100 \times |\hat{y}_{ij} - y_{ij}|}{y_{ij}}$$

2.4.2.3　回帰分析での損失関数に関する議論

　これらの損失関数はいずれも妥当な選択肢です。すべての状況で他を上回るような損失関数はありません。MSE はとても幅広く使われており、ほとんどの場合で安全に利用できます。MAE についても同様です。予測値の幅が広い場合には、MSLE と MAPE も検討に値します。予測対象の変数が 2 つあり、それぞれの範囲が [0, 10] と [0, 100] であるとしましょう。このような場合、MAE と MSE は、2 つ目の出力での誤差に対してより多くのペナルティーを与えることになります。MAPE は誤差を相対的に扱うため、範囲の広さによってふるまいが変わることはありません。MSLE ではすべての範囲が圧縮され、例えば底が 10 であれば 10 と 100 はそれぞれ 1 と 2 になります。

ニューラルネットワークを使った回帰分析でのよくあるケース
MSLE と MAPE は大きな範囲を扱うためのアプローチです。しかしニューラルネットワークでよく行われるのは、入力をまず扱いやすい範囲へと正規化し、MSE や MAE を使って平均値や中央値を最適化するということです。

2.4.3　分類のための損失関数

　ニューラルネットワークは、データポイントをカテゴリーに分類するときにも利用できます。例えば、詐欺行為の有無の判定です。ただし、ニューラルネットワークを使った分類の多くでは、これらのカテゴリーのそれぞれに確率を割り当てることに主眼が置かれます。例えば詐欺行為である確率が 30 パーセントで、詐欺行為ではない確率が 70 パーセントといった判定が行われます。こういったシナリオの違いに応じて、異なる損失関数が用意されています。

2.4.3.1 ヒンジ損失

ヒンジ損失は、ネットワークをハードな分類に最適化しなくてはならない場合に最もよく使われる損失関数です。例えば、詐欺ではないことを表すゼロか、詐欺を表す 1 のどちらかだけが返されます。このようなネットワークは 0-1 分類器と呼ばれます。必ずしもゼロか 1 である必要はなく、−1 か 1 が返されることもあります。最大マージン分類と呼ばれるモデル（ニューラルネットワークのやや遠い親戚であるサポートベクトルマシンなど）でも、ヒンジ損失が使われています。

データポイントを −1 か 1 に分類したい場合のヒンジ損失は、次のように表現されます。

$$L(W, b) = \frac{1}{N} \sum_{i=1}^{N} \max(0, 1 - y_{ij} \times \hat{y}_{ij})$$

ヒンジ損失が使われるのは 2 値分類がほとんどです。本書では解説しませんが、1 対 1 あるいは 1 対その他といった形での多値分類にヒンジ損失を適用するための拡張も考えられています。

ヒンジ損失は凸関数である
MSE と同様に、ヒンジ損失も凸関数であることが知られています。

2.4.3.2 ロジスティック損失

ロジスティック損失関数は、ハードな分類よりも確率のほうに関心がある場合に使われます。よくある例として、人間の介在の下に詐欺の可能性を判定するといったケースや、広告がクリックされる確率を予測して収益と結びつけるというものが挙げられます。

正当な確率を予測するというのは、ゼロから 1 の間の数値を生成するということです。また、排他事象の確率は合計すると 1 にならなければなりません。このような理由から、分類に使われるニューラルネットワークの最後の層ではソフトマックスが必須です。シグモイドの活性化関数もゼロから 1 の正当な値を返しますが、出力クラスが相互排他的な場合には利用できません。出力値の依存関係をモデル化できないためです。

それぞれのクラスに対応する正当な確率がニューラルネットワークから出力される

とわかったら、損失関数や最適化の世界へと飛び込んでいきましょう。正式には「最大尤度」と呼ばれるものを得るために最適化を行います。つまり、正しいクラスが予測される確率を最大化し、かつ手持ちのすべてのサンプルについてこの最大化を行う必要があります。

2つのクラスに対する確率を予測するネットワークについて考えてみましょう。詐欺か否かを判定する0-1分類器のようなものです。先ほどの記法に従うと、与えられた重み $\mathbf{W}$ とバイアス $\mathbf{b}$ の下で入力 X_i に対する出力は $h(X_i)$ と $1 - h(X_i)$ です。これらの出力はそれぞれ1とゼロの判定についての確率を表します。

$$P(y_i = 1 \mid X_i; \mathbf{W}, \mathbf{b}) = h_{\mathbf{W}, \mathbf{b}}(X_i)$$
$$P(y_i = 0 \mid X_i; \mathbf{W}, \mathbf{b}) = 1 - h_{\mathbf{W}, \mathbf{b}}(X_i)$$

これらの式を組み合わせて、次のように表現できます。

$$P(y_i \mid X_i; \mathbf{W}, \mathbf{b}) = (h_{\mathbf{W}, \mathbf{b}}(X_i))^{y_i} \times (1 - h_{\mathbf{W}, \mathbf{b}}(X_i))^{1-y_i}$$

確率というコンテキストにおいて最大尤度を言葉で定義した際に、「かつ（AND）」という語を使いました。この意味するところは明らかです。すべてのサンプルをANDで結合するということは、以下のような確率の積を求めることになります。

$$L(W, b) = \prod_{i=1}^{N} \hat{y}_i^{y_i} \times (1 - \hat{y}_i)^{1-y_i}$$

続いては負の対数尤度について見てみましょう。

負の対数尤度

数式の簡便さのために、確率の積を扱う際にはその対数へと変換するのが通例です。つまり、確率の積は確率の対数の和になります。

負の対数尤度と確率の最大化
対数は単調増加の関数です。したがって、負の対数尤度を最小化することは確率を最大化することと等価です。

計算結果が「損失」を表すように、式の符号を反転させます。すると以下のように、

一般に負の対数尤度と呼ばれる損失関数を定義できます。

$$L(W, b) = -\sum_{i=1}^{N}(y_i \times \log \hat{y}_i + (1 - y_i) \times \log(1 - \hat{y}_i))$$

クラスが 2 つの場合の上式を、M 個のクラスに拡張します。ロジスティック損失は次のようになります。

$$L(W, b) = -\sum_{i=1}^{N}\sum_{j=1}^{M} y_{ij} \times \log \hat{y}_{ij}$$

数学的には、上の値は 2 つの確率分布の間のいわゆる交差エントロピーです。今回の例では、同じ基準の下で予測と観測を行っています。この点について、もう少し詳しく検討します。

損失関数に対する統一的な視点
我々は負の対数尤度を最小化することを通じて尤度を最大化し、さらにその結果として損失関数を最小化しています。回りくどいと思われるかもしれません。交差エントロピーの起源は情報理論ですが、分類における負の対数尤度は統計的モデル化に起源があります。数学的には、両者は同じものです。どちらを使ってもかまわないのですが、混乱を引き起こしがちです。

2.4.4　再構成のための損失関数

この種の損失関数は、**再構成**（reconstruction）に関連しています。再構成という考え方は難しいものではありません。ニューラルネットワークは入力をできる限り再現できるように訓練されますが、それだけだとデータセット全体を記憶しておけばよいということになってしまいます。そこで、ネットワークはデータセット内での共通点や特徴量を学習しなければならない、とシナリオを少し変更することにします。

考えられるアプローチの 1 つとして、パラメーターの数の制限があります。これは、ネットワークがデータを圧縮して、その後復元せざるを得ないようにするための制限です。よく使われるアプローチは他にもあり、入力に無意味な「ノイズ」を混入し、このノイズを無視してデータを学習できるようにネットワークを訓練するということも考えられています。この種のニューラルネットワークの例として、制限付きボルツマン機械やオートエンコーダーなどが挙げられます。これらはいずれも、情報理

論に根ざした損失関数を利用しています。

次に示すのは、カルバック・ライブラー情報量を表す式です。

$$D_{KL}(Y \| \hat{Y}) = -\sum_{i=1}^{N} Y_i \times \log \frac{Y_i}{\hat{Y}_i}$$

確率の対数を計算することによって和が積になることや、交差エントロピーについては先ほど紹介しました。しかし、確率の対数が我々を情報理論やエントロピーの概念へと導くことはまだ述べていませんでした。

異なるアプローチ
繰り返しになりますが、数学的には、以前に定義した負の対数尤度は交差エントロピーと同義です。しかし、これらは異なる理論アプローチに基づいています。

2.5 ハイパーパラメーター

機械学習では、モデルのパラメーターとは別に、ネットワークの訓練を効率的で高速にするためのパラメーターもあります。後者のチューニング可能なパラメーターは**ハイパーパラメーター**と呼ばれます。学習アルゴリズムを使った訓練の際に、最適化関数やモデルの選択に影響を与えることができます。DL4Jでは、最適化アルゴリズムのことをアップデーターとも呼んでいます。アルゴリズムが誤差の最小化のために重みの空間上で行っている処理のステップは、アップデートつまり更新そのものです。

ハイパーパラメーターの値の選択は、訓練データに対するモデルの過学習や未学習を防ぐとともに、データの構造をできる限り迅速に学習できるようにします。

2.5.1 学習率

ニューラルネットワークによる推測の誤差を最小化する最適化の際に、パラメーターの変化量を調整するのが学習率です。ニューラルネットワークが損失関数の空間を移動する中で、パラメーターベクトルに適用されるステップの大きさつまり更新の量に対して乗算されます。

誤差逆伝播のプロセスでは、まず誤差の勾配に学習率を乗算します。そしてこの積を使い、直前の繰り返しでの接続の重みを更新して新しい重みを求めます。アルゴリズムが次のステップでどの程度勾配を利用するか決定するために、この学習率の値が

参照されます。誤差が大きく勾配が急な場合には、学習率との組み合わせによって大きなステップの更新が発生します。最小の誤差に近づいて勾配が平らになってくると、ステップは短くなる傾向があります。

学習率の係数が大きい場合（例えば 1）、パラメーターは大きく変化します。小さければ（例えば 0.00001）、変化はとても緩やかなものになります。初めのうちは移動量が大きいほうが効率的ですが、最小値を通り過ぎてしまうと悲惨な結果を招きます。最小値の前後で行ったり来たりが繰り返され、いつまでも終了できません。

一方、学習率が小さければ最終的には最小の誤差に到達できます（大域的ではない局所的な最小値の可能性もありますが）。ただし到達には長い時間がかかるようになり、そうでなくても計算量の多いプロセスにさらなる負荷がかかってしまいます。訓練に数週間もかかるような大きなデータセットを使ったニューラルネットワークであれば、処理時間は重要です。結果を得られるまでの期間が 1 週間も延びるのは我慢ならないという場合には、ほどほどの学習率（例えば 0.1）とその前後の値を使って実験し、速度と精度の両立をめざすのがよいでしょう。後ほど、学習率を静的に定めずに時間とともに変化させ、メリットの両取りを図る方法を紹介します。

2.5.2　正則化

正則化は、さまざまな方法でパラメーターの値を最小化し、パラメーターの値が制御不能になることを防ぐ手法です。

機械学習での過学習を防ぐ
正則化の主な目的は、機械学習での過学習を防ぐことです。

数学的な表記では、正則化は係数のラムダを使って表現されます。これは良いフィットを行うことと、特徴量の指数が増加しても特定の重みを低く抑えることとのトレードオフを図ります。

正則化係数の L1 と L2 は、特定の重みを小さくすることによって過学習の防止をめざしています。重みの値が小さければ、仮説をシンプルにできます。そして仮説がシンプルなら、一般化がとても容易です。高次の多項式を含む正則化されていない重みが特徴量の集合に含まれる場合、訓練データに対して過学習が発生しがちです。

入力の訓練データの量が増えると、正則化の効果は減少し、パラメーターの値は大幅に増加します。これは適切なことです。そもそも訓練データに対して特徴量が多す

ぎる場合には過学習が発生するためです。データを増やすということが、究極の正則化の役割を果たします。

2.5.3 モーメンタム

学習アルゴリズムが検索空間内で脱出しにくい箇所に陥ってしまうことを防ぐのが、ここで紹介するモーメンタムというハイパーパラメーターです。誤差を地形にたとえるなら、モーメンタムは最低地点へと続く谷を見つけやすくしてくれます。モーメンタムが学習率に与える影響は、学習率が重みに与える影響に似ています。どちらも、より高品質なモデルの定義に貢献するものです。モーメンタムは今後のさまざまな章で登場することになります。

2.5.4 スパース度

スパース度（sparsity）というハイパーパラメーターは、少数の特徴量しか関与していない入力を認識します。例えば、あるネットワークが100万件の画像を分類できるとします。これらの画像はすべて、限られた数の特徴量しか備えていません。このような画像を効率的に分類するためには、出現頻度の低い特徴量をより多く認識できるようにする必要があります。これを表す例として、ウニの写真には鼻やひづめが含まれないことについて考えてみましょう。海中の画像では鼻やひづめの特徴量がゼロになります。

ニューラルネットワークの膨大な層の中で、ウニを示すような特徴量はきわめて少数です。このようにスパース（疎）な特徴量があると、活性化されるノードの数が限られ、ネットワークの学習能力が阻害されます。スパース度を用いると、バイアスがニューロンを強制的に活性化します。これによりアクティベーションが平均値付近にとどまり、ネットワークの学習が停滞することを防ぎます。

3章
深層ネットワークの基礎

> ここでは、力の限り走り続けないと、
> 同じところにとどまっていることもできません。
> どこか別のところに行きたいなら、
> さらに2倍の速さで走らなければならないのです。
> ──赤の女王、『鏡の国のアリス』より

3.1 ディープラーニングの定義

「2章　ニューラルネットワークとディープラーニングの基礎」では、機械学習とニューラルネットワークの基礎について解説しました。ここからはこの基礎に基づいて、深層ネットワークの基本的な概念を学びます。「4章　深層ネットワークの主要なアーキテクチャー」でネットワークのさまざまなアーキテクチャーを理解し、「5章　深層ネットワークの構築」で実践的な例に取り組む際に、ここでの知識が役立つでしょう。まずは、ディープラーニングと深層ネットワークの定義を再確認することにします。

3.1.1 ディープラーニングとは

「1章　機械学習の概要」での定義を思い出してみましょう。ディープラーニングが「一般的」なフィードフォワード型の多層ネットワークと異なるのは、次のような点です。

- 従来のネットワークよりもニューロンが多い
- 層間の接続方法が複雑
- 訓練に必要な計算量が爆発的に増加
- 自動的な特徴量の抽出

「ニューロンが多い」というのは、年を追うごとにより複雑なモデルを表現するためにニューロンの数が増えてきたことを指しています。当初は、ネットワークを構成するすべての層で全結合が行われていました。近年のネットワークではこのような状況に変化が見られます。畳み込みニューラルネットワーク（Convolutional Neural Network、CNN）では、層間にまたがってニューロンの一群が局所的に接続しています。リカレントニューラルネットワーク（Recurrent Neural Network）では、直前の層からだけでなく自分自身にも接続されます。

接続が多ければ、最適化しなければならないパラメーターも増えます。ここ20年間で爆発的に増加したコンピューターの計算能力がなければ、処理は困難です。こういった進歩のおかげで、次世代のニューラルネットワークが実現し、より知的な形で自発的に特徴量を抽出できるようになりました。そして、深層ネットワークは従来よりも複雑な問題空間（画像認識など）をモデル化できるようになりました。業界からの要求はより幅広いものへと変化を続けており、ニューラルネットワークの能力にも同様の変化が求められます。赤の女王[1]の言う通りです。

3.1.1.1　深層ネットワークの定義

ディープラーニングの定義をより具体化するために、深層ネットワークの主要なアーキテクチャーを4つ定義することにします。

- 教師なしの事前訓練済みネットワーク（Unsupervised Pretrained Network）
- 畳み込みニューラルネットワーク（Convolutional Neural Network）
- リカレントニューラルネットワーク（Recurrent Neural Network）
- リカーシブニューラルネットワーク（Recursive Neural Network）

---

[1]　赤の女王は Lewis Carroll による『鏡の国のアリス』に登場し、走り続けないと現状維持さえ難しいと説きました。

ニューラルネットワークの分野では今も研究が続いていますが、本書は以上の4つに注目して解説を進めます。これらはおよそ20年にわたって進化を続けてきました。「1章　機械学習の概要」で始めた多層フィードフォワードニューラルネットワークの歴史の振り返りを続けながら、新しいアーキテクチャーについてもポイントをいくつか簡単に取り上げることにします。

深層強化学習

Sutton の著作『Reinforcement Learning: An Introduction』では、**強化学習**（reinforcement learning）について次のように述べられています。

強化学習を定義づけるのは学習の手法ではなく、学習する問題です。

続けて、「対象の問題を解決するのに適している手法は、すべて強化学習の手法と呼べます」とも表明されています。強化学習では、エージェント（学習者）はとるべき行動を指示されるわけではありません。シミュレーションの試行を通じて、最大の報酬を得られるような行動を発見します。

強化学習では、まず環境についてのまったく訓練されていないモデルが渡されます。ここで使われる効用関数（utility function）は、エージェントが追求する報酬あるいは目的と同義です。訓練のシステムは、環境から受け取った入力をエージェントに与えます。そして、実行されたシミュレーションあるいは**ゲームの各サイクル**（ゲームでは**フレーム**）の結果が望ましいものであった場合、エージェントに報酬が与えられます。多くの場合、行動は直後の報酬だけでなく将来の報酬にも影響を与えます。試行錯誤と報酬の遅延発生という2つが、強化学習での重要な機能です。

深層強化学習とは強化学習の一種で、万能関数近似器としてニューラルネットワークが使われます。このアプローチでの欠点は、ニューラルネットワークのふるまいに制約がなく、収束するという保証もない点です。それにもかかわらず、ニューラルネットワークを万能関数近似器として利用すると良い結果を得られています。

2013年に、DeepMind のチームは NIPS 2013 Deep Learning Workshop で、Deep Q Learning を使って ATARI のゲームをプレイした論文を発表しま

した[2]。この論文で使われているのは、関数近似したQ学習という標準的なアルゴリズムです。このアルゴリズムにおけるQ関数の近似にはCNNが使われています。入力を画面の各ピクセル、内部モデルをCNNとして、エージェントがAtari 2600のゲームをプレイする様子が実演されました。

ゲーム上での行動によって望ましい結果を得られたなら、エージェントは正の報酬を獲得します。一部のゲームでは、このアルゴリズムは人間よりも上手にプレイできるようになりました。

深層強化学習が脚光を浴びるようになったのは、まさに本書の執筆中のことでした。本書の続編を出版できるなら、ぜひ深層強化学習についての解説も加えたいものです。さし当たっては、「付録B　RL4Jと強化学習」のコード例を参照してください。

3.1.1.2　進化と再起

「2章　ニューラルネットワークとディープラーニングの基礎」で簡単に触れたように、AIが期待された成果を提供できなかったため、1980年代中ごろからニューラルネットワークは冬の時代に入りました。有望とされたものの「幻滅の谷」（図3-1参照）に陥った数々の技術と同様に、多くの研究者は引き続きニューラルネットワークの分野で重要な貢献を行っていました。

ニューラルネットワークの研究での大きな進展の1つが、AT&T Bell LabsのYann LeCunによる光学文字認識[3]です。金融サービス業界向けに、彼の研究所は小切手の画像認識に注力していました。この研究でLeCunらのチームは、生物から発想を得た画像認識のモデルの概念を作り上げました。今日ではCNNとして知られているモデルです。彼らの研究を受けて、手書き文字認識のベンチマークとしてMNIST（http://yann.lecun.com/exdb/mnist、詳しくは後述）が生まれました。また、ディープラーニングによって精度の記録が次々と更新されました。

---

[2]　Mnih et al. 2013. "Human-level control through deep reinforcement learning." (http://go.nature.com/2txUtoI)

[3]　LeCun et al. 1998. "Gradient-based learning applied to document recognition." (http://yann.lecun.com/exdb/publis/pdf/lecun-01a.pdf)

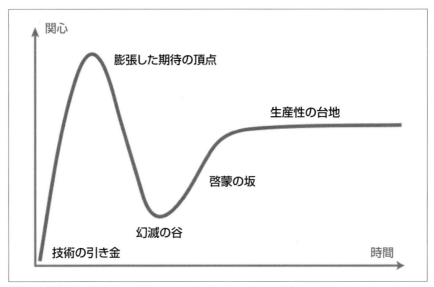

図3-1　幻滅の谷（出典：https://en.wikipedia.org/wiki/Hype_cycle）

ラベル付けされた良質なデータ
深層ネットワークの進化と成功には、MNIST や ImageNet (http://image-net.org) のようにラベル付けされた良質かつ大規模なデータセットの登場も貢献しています。

　1980年代後半から1990年代前半にかけて、Sepp Hochreiter をはじめとする研究者たちによって、リカレントニューラルネットワークを使った連続データのモデル化が大きく進展することになりました。そして時とともに、さまざまな種類のニューロンが生み出されました。1990年代後半には、例えば LSTM（Long Short-Term Memory）の記憶セルや、忘却ゲート付きの記憶セルなどが登場しました。

　2000年代には、研究者や企業がこれらの成果をプロダクトへと適用するようになりました（http://nyti.ms/2uvDmEa）。例をいくつか示します。

- 自動運転車
- Google Translate（https://translate.google.com）
- Amazon Echo
- AlphaGo（https://deepmind.com/research/alphago/）

2006 DARPA Grand Challenge に参加した自動運転車は、単なるディープラーニングを超えたさまざまな技術を利用していました。スタンフォード大学やカーネギーメロン大学のチームは、画像処理の分野での大きな進展を取り入れて上位に進出しました。

コンピュータービジョンの進歩

2012 年に Alex Krizhevsky と Ilya Sutskever そして Geoffrey Hinton は、「大規模深層畳み込みニューラルネットワーク」を開発して 2012 ILSVRC (ImageNet Large-Scale Visual Recognition Challenge) で優勝しました。

AlexNet[†4]はコンピュータービジョンにとっての大きな進歩として歓迎され、ディープラーニングへの熱狂の引き金を引いたと評価されることもあります。しかし、これは基本的には 1990 年代からある CNN をスケールアップ (より深く、広く) したものにすぎません。近年のコンピュータービジョンは、アルゴリズムの発展ではなく、計算資源やデータあるいはインフラストラクチャーの向上が主なきっかけとなって進歩しています。

画像分析技術の進歩によって、自動車の走行計画システムはさまざまな路面上で障害物を避けながらより安全に経路を選択できるようになりました。また、ディープラーニングは音声データについても正確な認識や翻訳を可能にし、Google Translate や Amazon Echo などのプロダクトに価値をもたらしています。そして最近では、AlphaGo が囲碁の Lee Sedol 九段に勝利し、この複雑なゲームでもコンピューターが達人の域に達したことが示されました。

機械学習が可能にした大きな進歩は、わかりやすいものばかりではありません。何度も注目されるような進歩はさまざまな業績を組み合わせた頂点に位置しており、DARPA Grand Challenge やクイズ番組ジェパディで Ken Jennings を破った Watson のように人目を引く形で現れます。しかし水面下では、これらの進歩の基盤となる技術がゆっくりとしかし確実に変化を続けています。四季の移り変わりと同じように、我々は毎日の変化にいつも気づくわけではありません。何らかのしきい値を超えたときにようやく、変化に気づくことが多いでしょう。

近い将来にわたって、ディープラーニングはユニークかつ革新的なやり方で応用さ

[†4] Krizhevsky, Sutskever, and Hinton. 2012. "ImageNet Classification with Deep Convolutional Neural Networks." (http://bit.ly/2tmodqn)

れていくはずです。さまざまな潜在知（レコメンデーションや音声認識など）が実用的なエンジニアリングと組み合わされて、我々の日常生活で活用されるようになるでしょう。悪意を持った人工のエージェントが制御不能に陥って危害を及ぼすような未来は、（少なくとも当面の間は）考えられません。『2001 年宇宙の旅』での HAL 9000 のように、我々を宇宙船から締め出すといったことは起こらないでしょう。

HAL 9000

Arthur C. Clarke が執筆した小説『2001: A Space Odyssey』の中に、HAL 9000 という架空のコンピューターが登場します。このコンピューターは宇宙船ディスカバリー 1 号の制御を受け持っています。HAL というのは Heuristically programmed ALgorithmic computer（発見的にプログラムされたアルゴリズムのコンピューター）の略です。赤く光るカメラのレンズとして描かれており、対話的音声認識システムを通じて操作されました。映画では、HAL は自らの任務を遂行するためにはディスカバリー 1 号の乗員を殺害しなければならないという判断を下します。

Dave：ポッド区画のドアを開けてくれ、HAL。

HAL：申し訳ありません、Dave。それはできません。

ディープラーニングは多くの問題領域へとフィールドを広げ続けており、重要な機械学習での課題に次々と取り組んでいます。ここ数年の間にディープラーニングによって達成されたベンチマークのごく一部を、以下に紹介します。

- テキストからの音声合成（Fan et al., Microsoft, Interspeech 2014）
- 言語の識別（Gonzalez-Dominguez et al., Google, Interspeech 2014）
- 大規模なボキャブラリーでの音声認識（Sak et al., Google, Interspeech 2014）
- 韻律曲線の予測（Fernandez et al., IBM, Interspeech 2014）
- 中規模なボキャブラリーでの音声認識（Geiger et al., Interspeech 2014）
- 英仏翻訳（Sutskever et al., Google, NIPS 2014）
- 音声の始まりの検知（Marchi et al., ICASSP 2014）
- 非言語的シグナルの分類（Brueckner & Schulter, ICASSP 2014）

98 | 3章　深層ネットワークの基礎

- アラビア語手書き文字の認識（Bluche et al., DAS 2014）
- TIMIT コーパスの音素認識（Graves et al., ICASSP 2013）
- 光学文字認識（Breuel et al., ICDAR 2013）
- 画像のキャプションの生成（Vinyals et al., Google, 2014）
- テキストによる動画の説明（Donahue et al., 2014）
- 自然言語処理のための構文解析（Vinyals et al., Google, 2014）
- 写真画質の発話の表情の生成（Soong and Wang, Microsoft, 2014）

これらの成果を見れば、ディープラーニングが今後もさまざまな形で応用されていくであろうことは明らかです。次のような興味深い応用例が考えられています。

- 自動的な画像のシャープ化（https://github.com/alexjc/neural-enhance）
- 画像のアップスケールの自動化（https://github.com/nagadomi/waifu2x）
- WaveNet：任意の人物の声色を真似た音声の生成（https://deepmind.com/blog/wavenet-generative-model-raw-audio）
- WaveNet：ありそうなクラシック音楽の生成
- 無音声の動画からのせりふの復元（http://www.vision.huji.ac.il/vid2speech）
- フォントの生成（http://bit.ly/2tQhtSG）
- 一部が欠けている画像の自動補完（https://bamos.github.io/2016/08/09/deep-completion）
- 画像のキャプションの自動生成（http://cs.stanford.edu/people/karpathy/deepimagesent/、https://github.com/karpathy/neuraltalk2）
- 落書きのアートワーク化（https://github.com/alexjc/neural-doodle）

おそらく我々は製品を目の当たりにするまで、商業への主な応用方法のすべてを思いつくことはないでしょう。応用のアイデアが発展していく様子を理解するには、深層ネットワークのアーキテクチャーの進展について理解することが重要です。

3.1.1.3　ネットワークのアーキテクチャーの進展

研究の最先端は、多層フィードフォワードネットワークから CNN やリカレントニューラルネットワークなどのより新しいアーキテクチャーへと移ってきています。その中で、各層の構成やニューロンの組み立て方、層間の接続方法に変化が見られま

す。ネットワークのアーキテクチャーは、入力データの種類に特化した形に進化しているのです。

層の種類の進展

アーキテクチャーの種類と同様に、層も多様化しています。層として RBM（Restricted Boltzmann Machine）を使った DBN（Deep Belief Network）は、特徴量を組み立てるための事前訓練で成果を示しています。CNN は層ごとに異なる種類の新しい活性化関数を利用し、層間の接続方法を全結合から局所的に接続された区域へと変えました。リカレントニューラルネットワークでは接続の利用法を探求し、時系列データでの時間のドメインをより良くモデル化できるようにしました。

ニューロンの種類の進展

リカレントニューラルネットワーク関連では、LSTM ネットワークについての研究を通じてニューロン（ユニット）の種類が拡充されました。LSTM の記憶セルやゲート付きリカレントユニット（GRU、Gated Recurrent Unit）といった、リカレントニューラルネットワークに固有のユニットが生まれました。

ハイブリッドのアーキテクチャー

入力データをアーキテクチャーにマッチさせるという考え方を推し進めた結果、時系列と画像をともに含むようなデータのためのハイブリッドなアーキテクチャーが生まれました。例えば CNN とリカレントニューラルネットワークの層を 1 つのハイブリッドなネットワークへと組み合わせることによって、動画の中の物体を分類するといったことが実際に可能になりました。ハイブリッドなニューラルネットワークのアーキテクチャーを活用すれば、両者のメリットをともに享受できる可能性が生まれます。

3.1.1.4 特徴量を設計せず、自動的に学習する

深層ネットワークの出現によって、その内部では新たなユニットや層が導入されました。一方で、定義済みの特徴量を入力として受け取って分類を行うという本質的な制約には引き続き変化はありません。多くのアーキテクチャーにとって、自動的に特徴量を抽出するというのは共通の課題です。特徴量の構築方法はアーキテクチャーごとに異なり、入力の種類によって得意不得意があります。Yann LeCun はこの問題

に触れ、ディープラーニングについて「世界を表現する方法を学ぶ機械」であると述べています（http://bit.ly/2tQit95）。

Geoffrey Hinton は DBN というコンテキストの中でこのトピックに言及し、RBM はデータを高次の特徴量へと分解すると述べました[†5]。

DBN の分類
本書では、DBN およびオートエンコーダーを、深層ネットワークの中で UPN (Unsupervised Pretrained Network、教師なしの訓練済みネットワーク) であると位置付けます。

例えば画像の分類では、顔の検出などの技術を利用できます。顔を表す画像には、顔の向きや光の当たり方あるいは重要な特徴量の位置といった考慮すべき点があります。特徴量とは、ふだん我々が顔と結びつけて考えるもの（顔の輪郭、目や鼻などの形状）や、えくぼのような常にあるわけではない形状も含みます。

特徴量の設計

長い間、機械学習にとって手作業での特徴量の設計は欠かせないものでした。機械学習のコンテストで優勝するような実務者はしばしば、データセットを徹底的に調査してさまざまな難解なトリックを駆使し、可能な限り自らのアルゴリズムに適したシンプルな学習プロセスを定義していました。ここでのデータセットは縦並びの表形式であることが多く、特定の列にドメイン固有の知識を適用することによって直接的な特徴量の作成をめざしていました。

「1 章　機械学習の概要」で、数式 $Ax = b$ の中で入力データを行列 A として定義したことを思い出してみましょう。我々はデータに含まれる値を、A の特定の列へと手でコードしていました。このような手作業で作られたデータは、とても正確なモデルを生み出す傾向があります。その代わり、データの作成には多くの時間と経験が求められます。知識を表現するという観点から見れば、いい加減に書かれた本とうまく書かれた読みやすい本を比べているようなものです。前者は読むのに長い時間を必要とし、後者と同じ知識を得るために多大な労力が求められます。

興味深い例として、画像の分類について考えてみましょう。画像データから特徴量

[†5] Hinton, Osindero, and Teh. 2006. "A Fast Learning Algorithm for Deep Belief Nets." (https://www.cs.toronto.edu/~hinton/absps/fastnc.pdf)

を作成するのは、表形式のデータから作成するよりも難しいことです。画像から得られる情報は、特定の列だけに格納されているわけではありません。光や角度などの条件によって、情報は変化します。画像向けの特徴量抽出や特徴量作成には新しいアプローチが必要とされ、その一部は CNN の進化に貢献しています。

特徴量の学習

再び顔の検出について考えてみましょう。鼻は画像中のどのピクセルにも現れる可能性があります。これは銀行口座の残高は常に表の中で特定の列に位置するのと対照的です。CNN を使うと、鼻の輪郭を理解するようにネットワークを訓練し、低次の「鼻の輪郭」という特徴量から一般的な鼻の形状を理解させることができます。ネットワーク内の先頭付近の層でこのような特徴量を検出し、以降の層にはより大きな**特徴量マップ**（feature map）を渡します。

特徴量マップでの粒度の高い区域は、最終的に「顔」という特徴量へとまとめられます。こうすることによって、今までに何度も取り組まれてきた「これは顔でしょうか？」という問いへの答えがもたらされます。しかも、問題は単純化され、より少ない労力でより正確な答えを得られます。

複雑なデータを使った特徴量の自動学習
よりシンプルな分類や回帰分析のために、複雑な生データから高次の特徴量を自動的に生成するというのは、ディープラーニングにおける典型的な作業です。

本書を読み進めていくと、入力データの種類ごとに深層ネットワークのアーキテクチャーを対応付ける方法や、データセットをより良くモデル化するための各アーキテクチャーの構成を理解できるようになるでしょう。

3.1.1.5 生成モデル

生成モデル（generative model）というのは新しい概念ではありませんが、深層ネットワークの進展によって人間のレベルに近づくほどの創造性が達成されています。絵画や音楽を生成したり、ビールのレビューを執筆したりといったように、ディープラーニングは各種の創造的な作業へとどんどん適用されてきています。近年の生成モデルの例として、以下のようなものが挙げられます。

- Inceptionism
- 絵画のスタイルのモデリング
- 敵対的生成ネットワーク
- リカレントニューラルネットワーク

それぞれについて簡単に紹介します。

Inceptionism

Inceptionism（http://bit.ly/2tZsDVn）とは、訓練済みの畳み込みネットワーク内の層を逆順にし、事前制約と共に画像を与えるというテクニックです。画像は繰り返し加工され、出力は幻覚のようなものに近づいていきます。例えば入力の画像に空が含まれていたら、出力される画像では雲の中に魚の顔が現れたりします。Googleによる一連の研究から、識別のためのニューラルネットワークには画像を生成するための情報が多く含まれていることがわかりました。

絵画のスタイルのモデリング

ある種の畳み込みネットワークでは、特定の画家のスタイルを学習し、そのスタイルを任意の写真に適用して新しい画像を生成するということが可能です。「1章 機械学習の概要」でも紹介しましたが、**図3-2** のように驚くべき結果を得られます。例えば読者の家族の肖像画を、ゴッホが描いてくれるようなものです。本書が出版されるころには、このような機能が写真投稿アプリのフィルターとして利用できるようになっているかもしれません。実用化がとても近い段階に到達した技術です。

2015 年に Gatys らは、A Neural Algorithm of Artistic Style という論文を発表しました[6]。ここで彼らは、スタイルと絵画のコンテンツを分離しています。CNNが抽出した画家のスタイルは、ネットワークのパラメーターとして使われます。このネットワークが写真に対して適用され、スタイルに沿った型で描画が行われます。

---

[6] Gatys et al., 2015. "A Neural Algorithm of Artistic Style." (https://arxiv.org/abs/1508.06576)

図3-2　スタイル付けされた画像。出典：Gatys et al., 2015

敵対的生成ネットワーク

敵対的生成ネットワーク[†7]（GAN、Generative Adversarial Network）とは、入力データの分布を元にして新しい画像を合成するものだと言えます。「4章　深層ネットワークの主要なアーキテクチャー」で詳しく紹介します。

リカレントニューラルネットワーク

リカレントニューラルネットワークは文字のシーケンスをモデル化し、明確に一貫性のある新たなシーケンスを生成します。「5章　深層ネットワークの構築」で解説するリカレントニューラルネットワークの例では、シェイクスピアの全作品をモデル化した上でシェイクスピア風の文章を生成します。

別のリカレントニューラルネットワークの適用例として、LiptonとElkanによる研究があります。彼らのネットワークは、Coors Lightなどの固有名詞やその他のビール関連の名詞をモデル化し、ビールのレビューを生成します。ヒント（ドイツビールへの3つ星のレビューを希望する、など）を与えることもでき、印象的です。生成されたレビューの例を紹介します。

[†7] Goodfellow et al. 2014. "Generative Adversarial Networks." (https://arxiv.org/abs/1406.2661)

104 3章 深層ネットワークの基礎

醸造所のパブで飲める生ビールです。きれいなえんじ色で、注ぐときれいな泡が厚く現れます。アロマはラズベリーやチョコレートのようです。ラズベリーではあるのですが、取り立てて言うほどの深みはありません。バーボンの風味もかすかに含まれます。このビールの味が何に似ているかを表すのは難しいです。もう少し炭酸が強いほうが私の好みです。とても飲みやすいのですが、私はこのビールが提供されているかどうか気にすることはないでしょう[†8]。

3.1.1.6　ディープラーニングの道理

今日のディープラーニングの領域には、大量の不正確あるいは誇大なマーケティングが横行しています。部分的にはやむを得ないという側面もありますが、ディープラーニングでは今も「この画像は顔なのか？」という機械学習での根本的な問いへの答えが探求されています。違いは、ディープラーニングは前世代のニューラルネットワークでのテクニックを引き継ぎ、高度な特徴量の自動生成を通じて複雑なデータへの（計算量の面での）難しい問題を答えやすくしているという点です。

実務者としてディープラーニングを使う際、その力を最大限に利用するには、入力データを適切な深層ネットワークのアーキテクチャーと組み合わせる必要があります。そうすれば、新しく興味深い形でディープラーニングをうまく適用できるでしょう。さもなければ、ロジスティック回帰などの基本的なテクニックを超えるモデル化の力は得られません。本書ではこれから実務者である読者に向けて、アーキテクチャーを選択してディープラーニングを活用するために必要なスキルとコンテキストを提供することに専念していきます。

3.1.2　この章の構成

この章では、「1章　機械学習の概要」で学んだ知識を元にして、個々の深層ネットワークのアーキテクチャーをより深く解説します。それぞれのアーキテクチャーについて構成要素の進化の様子を示し、それと同時に、データの種類ごとにうまく特徴量を抽出するための方法も明らかにします。章末では、実用面から見たディープラーニングについて議論し、この領域で今も見られる誤解のいくつかを解きたいと思います。早速、深層ネットワークのアーキテクチャーにおける構成要素に関する議論に進みましょう。

[†8]　出典：IEEE Spectrum (http://spectrum.ieee.org/computing/software/the-neural-network-that-remembers)

3.2 深層ネットワークのアーキテクチャーに 共通の要素

主要な深層ネットワークのアーキテクチャーの詳細に踏み込む前に、コアとなる構成要素への理解を深めておきましょう。構成要素は以下の通りです。深層ネットワークへの理解のために必要な情報を補足することにします。

- パラメーター
- 層
- 活性化関数
- 損失関数
- 最適化の手法
- ハイパーパラメーター

これらの概念を元にして、次に示す深層ネットワークのコンポーネントをより良く理解していきましょう。

- RBM
- オートエンコーダー

さらにこれらに基づいて、次に示す深層ネットワークのアーキテクチャーについて検討します。

- UPN
- CNN
- リカレントニューラルネットワーク
- リカーシブニューラルネットワーク

この章を読み進めていく中で、DL4J での深層ネットワークの実装を示すための参照をいくつか用意しています。まずはパラメーターをより良く理解し、深層ネットワークへの拡張について学びます。

3.2.1 パラメーター

「1 章　機械学習の概要」で、基本的な機械学習を表す数式 $Ax = b$ でのパラメーターはベクトル x だということを説明しました。ニューラルネットワークにおけるパラメーターは、ネットワーク内の重みに直接関係します。図1-4 では、パラメーターベクトルが列ベクトル x として示されています。行列 A とパラメーターベクトル x の内積を計算し、直近の出力となる列ベクトル b を得ます。この結果のベクトル b が訓練データでの実際の値に近ければ近いほど、モデルはより良いものだということになります。勾配降下法などの最適化の手法を使い、訓練データ全体での誤差を最小化できるような良いパラメーターベクトルの値を探索します。

深層ネットワークでも、最適化対象のネットワークのモデルでの接続を表すパラメーターベクトルが存在します。深層ネットワークのパラメーターに関する最大の変更点は、アーキテクチャーごとの層間の接続方法です。DBN では、2 つの独立したネットワークでフィードフォワードの接続が並列して 2 組用意されます。片方のネットワークの層は RBM（それ自身が部分ネットワークです。詳しくは後述）で、もう片方のネットワークのために特徴量を抽出します。この 2 つ目のネットワークは、通常の多層フィードフォワードニューラルネットワークです。RBM の層からなるネットワークで抽出された特徴量を使い、自らの重みを初期化します。このように深層ネットワークでは、さまざまな形に特化したパラメーターや重みが使われます。他の種類についても、この章でいくつか紹介していきます。

パラメーターと NDArray
深層ネットワークでの重要な線形代数を計算する際、DL4J は ND4J が提供するプリミティブに依存しています。DL4J でのニューラルネットワークの操作では、NDArray と線形代数は欠かせません。

3.2.2 層

「1 章　機械学習の概要」で、入力層と隠れ層そして出力層がフィードフォワードニューラルネットワークを定義づけると学びました。そして「2 章　ニューラルネットワークとディープラーニングの基礎」ではこのアーキテクチャーを拡張し、さまざまな種類の層と関連付けました。特定のアーキテクチャーでは、層を部分ネットワークとして表現することも可能です。先ほど、RBM からなる層を持つ DBN を紹介しました。

3.2 深層ネットワークのアーキテクチャーに共通の要素 | **107**

　深層ネットワークのアーキテクチャーにとって、層は不可欠な構成要素です。DL4J では、活性化関数の種類（RBM であれば部分ネットワークの種類）を変更することによって層をカスタマイズできます。また、目標つまり分類や回帰の達成のために層の組み合わせを変更することも可能です。さらに、アーキテクチャーごとそして層の種類ごとに異なるハイパーパラメーターが用意されており、学習に影響を与えることができます。ハイパーパラメーターのチューニングは過学習の防止にも有効です。

3.2.3　活性化関数

　「1 章　機械学習の概要」では、フィードフォワードニューラルネットワークで使われる基本的な活性化関数を紹介しました。ここからの解説では、それぞれのアーキテクチャーで特徴量の抽出を促進するために活性化関数が使われる様子を明らかにします。深層ネットワークでデータから学習される高次の特徴量は、直前の層からの出力に適用される非線形変換です。これによって、ネットワークは限られた空間の中でデータからパターンを学習できます。

3.2.3.1　一般的なアーキテクチャーでの活性化関数

　利用される活性化関数によって異なりますが、データの種類（例えば、密か疎か）ごとに適切な目的関数があります。ネットワークのアーキテクチャーに関するこういったデザインの判断は、すべてのアーキテクチャーにまたがる 2 つの領域へとグループ化できます。

- 隠れ層
- 出力層

　生データから徐々に高次の特徴量を抽出していくために、隠れ層は利用されます。アーキテクチャーによっては、層の活性化関数のうちある一部のみが使われることもあります。この章では、DBN や CNN そしてリカレントニューラルネットワークで見られるこうしたパターンを紹介します。続く「4 章　深層ネットワークの主要なアーキテクチャー」では深層ネットワークのチューニングという観点から、さまざまな活性化関数が各種のネットワークアーキテクチャーに与える影響を深く検討します。

入力層について
一般的には、入力層では元の入力ベクトルでの特徴量がそのまま渡されます。つまり実際には、入力層で活性化関数が表現されることはありません。

隠れ層での活性化関数

主に以下の関数が使われます。

- シグモイド
- tanh
- ハード tanh
- ReLU（Rectified Linear Unit）とその変種

入力データの連続度が高い場合、一般的には ReLU を使うと最善のモデル化が可能です。ネットワークの構造があまり深くなく、ReLU が良い成績を収められなかったという場合には、tanh の利用もお勧めします。ただし、ハイパーパラメーターに関して他の問題が起こる可能性があります。

シグモイド関数の実用面での問題
近年の研究や実践の場では、隠れ層での活性化関数としてシグモイド関数は使われなくなりつつあります。

後ほど、さまざまなアーキテクチャーでの活性化関数の適用例を紹介します。

実践での活性化関数の発展
ReLU とそのバリエーション（Leaky ReLU など）が、ディープラーニングの世界で広く使われるようになってきています。このトピックについては「6章　深層ネットワークのチューニング」で再び議論します。

回帰での出力層

ここでの設計上の判断は、モデルからどのような種類の答えを引き出したいかによって異なります。実数値を 1 つ出力させたいなら、線形の活性化関数が使われるでしょう。

2値分類での出力層

このような場合には、ニューロンが1つの層でシグモイド関数を使います。単一のクラスについて、0.0 から 1.0（両端は含まない）の実数値を得られます。この値は通常、確率分布として解釈されます。

複数クラスの分類での出力層

複数クラスへの分類で、最もスコアの高いクラスにだけ関心があるという場合には、ソフトマックスの出力層と `argmax()` 関数を組み合わせます。ソフトマックスの出力層では、すべてのクラスについての確率分布を得られます。

複数の分類を得る

1つの出力から複数の分類（例えば「人」と「自動車」など）を得たい場合には、ソフトマックスの出力層は利用できません。代わりに n 個のニューロンを持つシグモイドの出力層を使い、すべてのクラスの確率分布（0.0 から 1.0）を個別に得ます。

3.2.4 損失関数

「2章 ニューラルネットワークとディープラーニングの基礎」で、損失関数および機械学習におけるその役割を紹介しました。損失関数とは、予測された出力値（またはラベル）と真実（ground truth）の出力との適合度を数値化するものです。入力ベクトルに対する誤った分類へのペナルティーを決定するために使われます。ここまでに、以下のような損失関数を紹介しています。

- 2乗誤差
- ロジスティック誤差
- ヒンジ誤差
- 負の対数尤度

以前に、損失関数は3つのカテゴリーのいずれかに分類できると述べました。

- 回帰（regression）
- 分類（classification）

- 再構成（reconstruction）

1つ目と2つ目については、「1章　機械学習の概要」ですでに解説しています。3つ目の再構成は、教師なしの特徴量抽出の中で行われます。ディープラーニングのネットワークが記録的な精度を達成できた背景では、この再構成が重要な役割を果たしています。ある種の深層ネットワークのアーキテクチャでは、再構成の損失関数と適切な活性化関数を組み合わせることによって、より効率的に特徴量を抽出できます。例えば分類を出力する際に、ソフトマックスの活性化関数を使った層で、損失関数として複数クラスの交差エントロピーを利用するといった形です。特化した損失関数については、この後すぐ解説します。

3.2.4.1　再構成での交差エントロピー

再構成でのエントロピーの損失関数を使う場合、まずガウスノイズと呼ばれる統計的ホワイトノイズの一種を適用します。その後に損失関数によって、元の入力データとの類似性が低い出力にペナルティーが与えられます。このようなフィードバックの結果、入力をより効率的に再構成して誤差を減らそうという試みを通じて、さまざまな特徴量が学習されていきます。ディープラーニングでは、RBMを使った事前訓練フェーズでの特徴量の作成において、再構成でのエントロピー誤差が役立っています。

3.2.5　最適化アルゴリズム

機械学習でのモデルの訓練には、モデルのパラメーターベクトルについて最善の値の集合を探すという処理が含まれます。機械学習とは最適化の問題であり、モデルに基づく予測関数のパラメーターに関して損失関数の値を最小化するのが目標です。

損失関数での「最善」
最適化アルゴリズムでのパラメーターベクトルについての「最善の値の集合」とは、損失関数の値が最小になるものを指します。

「1章　機械学習の概要」では、最適化と勾配降下法そしてパラメーターベクトルについての基本的な概念を紹介しました。ここからは、より高度な最適化の手法と実際の訓練方法を解説します。本書では最適化アルゴリズムを以下の2つに分類します。

- 1次的な手法
- 2次的な手法

1次的な最適化アルゴリズムでは、**ヤコビ行列**（Jacobian matrix）が計算されます。

ヤコビ行列
ヤコビ行列（ヤコビアンとも呼ばれます）とは、それぞれのパラメーターについての損失関数の偏微分を表す行列です。

ヤコビ行列はパラメーターごとに偏微分を1つ保持します。偏微分を計算する際には、他のすべての変数は一時的に定数として扱われます。最適化アルゴリズムによる処理の中で、ヤコビ行列が示す方向へと1ステップずつ値が変化していきます。

2次的な手法では、**ヘッセ行列**（Hessian matrix）を近似することによってヤコビ行列の導関数（つまり、導関数の行列の導関数）を求めます。それぞれのパラメーターの値を調整する際に、パラメーター間の依存関係が考慮されます。

2次的手法
2次的手法のほうがより良くパラメーターを変更できますが、計算には時間がかかります。

最適化アルゴリズムの実践的な利用
ここでは最適化アルゴリズムについて詳しく説明し、内部で使われているしくみを参考として知ってもらうことをめざします。以降の章では最適化アルゴリズムの詳細には触れず、どんなコンテキストでどのアルゴリズムを使うべきかという原則の解説に注力します。

その他の最適化アルゴリズム
「メタヒューリスティックス」など、本書では取り上げない最適化アルゴリズムもあります。いくつか紹介します。

- 遺伝的アルゴリズム
- 粒子群最適化
- 蟻コロニー
- 焼きなまし法

3.2.5.1　1次的な手法

繰り返しますが、ヤコビ行列はネットワーク内のパラメーターについての損失関数の偏微分です。実際は、特定の時点つまり現在のパラメーターでの計算が行われます。

目標に向かって1ステップずつ進むと考えると、1次的手法ではステップごとに勾配（ヤコビ行列）が計算されて進むべき方向が決定します。つまり、目的関数で定義される最善の方向に進むという処理が繰り返されます。このようなことから、最適化アルゴリズムはある種の探索であると考えられます。誤差が最小になる点をめざす探索です。

勾配降下法も、経路を探索するという種類のアルゴリズムに属します。バリエーションはありますが、目的にとって最適な方向へと繰り返し進むという本質は共通です。ステップごとに、大域的に誤差が最小の点や尤度が最大の点へと移動が繰り返されます。

機械学習での便利な最適化アルゴリズムとして、確率的勾配降下法（Stochastic Gradient Descent、SGD）があります。これはモデルの正確性を損なわない上に、バッチ勾配降下法などよりも桁違いに高速です。

SGD が「確率的」と呼ばれる理由
これは、1つの訓練データのサンプル（または訓練データのミニバッチ）に対して勾配を計算する手法に由来します。計算された勾配は真の勾配ではなく、ノイズを含む近似です。ただし、この近似のおかげで高速に収束します。

SGD の強みは、実装の容易さと大きなデータセットでの処理の速さです。後で紹介する AdaGrad などの手法を使って学習率を適応させたり、ヘッセ行列などの2次的情報を使ったりすることによって SGD を調整できます。ノイズの大きな更新に対して頑健なため、SGD はニューラルネットワークの訓練アルゴリズムとして広く使われています。汎化性能の高いモデルを作成しやすくなります。

学習率を調整する要素
他の手法（モーメンタムや RMSProp など）も学習率に影響を与えるということを覚えておいてください。

3.2.5.2 2次的な手法

すべての2次的な手法では、ヘッセ行列が計算または近似されます。先ほど述べたように、ヘッセ行列はヤコビ行列の微分であると考えられます。言い換えるなら、ヘッセ行列は2次導関数であり、(移動速度ではなく) 加速度にたとえることができます。ヘッセ行列の目的は、ヤコビ行列のそれぞれの点での曲率を表すことです。2次的な手法には以下のようなものがあります。

- L-BFGS (Limited-memory BFGS)[†9]
- 共役勾配[†10]
- Hessian-free[†11]

これらの最適化アルゴリズムは、ブラックボックスの探索アルゴリズムのようなものです。目的とそれぞれの層で相対的に定義された勾配を元に、誤差を最小化する経路を決定します。

最適化でのトレードオフ
1次的な手法と比較すると、2次手法は少ないステップ数で収束します。ただし、1ステップあたりの計算量は多くなります。

L-BFGS

L-BFGS も最適化アルゴリズムの1つであり、いわゆる準ニュートン法に分類されます。名前が示す通り BFGS (Broyden-Fletcher-Goldfarb-Shanno) アルゴリズムの変種で、メモリに保持できる勾配の量が制限されたものです。つまり、多くの計算量を必要とするヘッセ行列全体の計算は行われません。

L-BFGS ではヘッセ行列の逆行列の近似を計算し、重みの調整が探索空間内でもより有望な領域へ向かうよう誘導します。BFGS では $n \times n$ の勾配の逆行列全体が計算されますが、L-BFGS では局所的な近似を表す数個のベクトルだけが保持され

[†9] Le et al. 2011. "On Optimization Methods for Deep Learning." (https://ai.stanford.edu/~ang/papers/icml11-OptimizationForDeepLearning.pdf)

[†10] LeCun et al. 1998. "Efficient BackProp." (http://yann.lecun.com/exdb/publis/pdf/lecun-98b.pdf)

[†11] Martens. 2010. "Deep learning via Hessian-free optimization." (http://www.cs.toronto.edu/~jmartens/docs/Deep_HessianFree.pdf)

ます。近似された 2 次的な情報が使われるため、L-BFGS のほうが高速です。実際、L-BFGS や共役勾配は、SGD よりも高速かつ安定になり得ます。

L-BFGS の利用
L-BFGS は興味深い特性を備えていますが、深層ネットワークで実際に使われることはあまりありません。

共役勾配

共役勾配では、共役の情報に基づいて線形探索の方向が決定されます。共役 L2 ノルムの最小化がここでの焦点です。線形探索が行われるという点では、共役勾配は勾配降下法によく似ています。大きな違いは、共役勾配の場合、線形探索での前後するステップが方向について共役の関係になければならないという点です。

Hessian-free

Hessian-free 最適化はニュートン法に関連がありますが、得られる 2 次関数はより良く最小化されます。James Martens が 2010 年に、この強力な最適化手法をニューラルネットワークに適用しました。共役勾配の反復的な適用によって、2 次関数の最小値を探索します。

3.2.6 ハイパーパラメーター

ユーザーが自由に選択でき、性能に影響を与える可能性がある設定項目のことをハイパーパラメーターと呼ぶことにします。

ハイパーパラメーターは以下のようなカテゴリーに分類できます。

- 層の大きさ
- 強度（モーメンタム、学習率）
- 正則化（ドロップアウト、ドロップコネクト、L1、L2）
- 活性化および活性化関数群
- 重みの初期化手法
- 損失関数
- 訓練でのエポック数（ミニバッチの大きさ）
- 入力データの正規化手法（ベクトル化）

3.2 深層ネットワークのアーキテクチャに共通の要素

ここでは「1 章　機械学習の概要」で紹介した概念を拡張し、ディープラーニングでの訓練にとって重要なハイパーパラメーターを追加します。

ハイパーパラメーターについての注意

特定の場面でしか適用できないハイパーパラメーターもあります。詳細については「6 章　深層ネットワークのチューニング」と「7 章　特定の深層ネットワークのアーキテクチャーへのチューニング」で解説します。さらに、一部のハイパーパラメーターを変更することによって、他のハイパーパラメーターの最適値が変わってしまうこともあります。また、併用できないハイパーパラメーターの組み合わせ（AdaGrad とモーメンタムなど）もあります。

3.2.6.1　層の大きさ

層の大きさは、層に含まれるニューロンの数で決まります。入力層と出力層については、モデルの入出力の扱いに直接関係するので容易に決定できます。入力層のニューロンの数は、入力ベクトルに含まれる特徴量の数と一致します。出力層のニューロンの数は、単一か、予測しようとしているクラスの数のいずれかになります。

それぞれの隠れ層でニューロンの数を決めるというのは、ハイパーパラメーターのチューニングの中でも難しい問題です。数に関するルールはなく、任意の数のニューロンを配置できます。しかしモデルが解決できる問題の複雑さは、隠れ層でのニューロンの数に直接関わってきます。そのため、初めから多くのニューロンを配置したいと考えるのも無理はありません。ただし、ニューロンの数に比例してコストも上昇します。

深層ネットワークのアーキテクチャーごとに、層間の接続方法は異なります。しかし「1 章　機械学習の概要」で見たように、接続の重みは我々が訓練しなければならないパラメーターです。モデルにパラメーターを追加するたびに、ネットワークの訓練に必要な労力は増大します。パラメーターが多ければ訓練の時間が増加し、収束する点を発見するのにも苦労するようになるでしょう。

過剰なパラメーター数と過学習

大きなモデルでは、単に訓練データを記憶しただけの状態へと簡単に収束してしまうことがあります。この過学習の問題への対策については、「6 章　深層ネットワークのチューニング」で解説します。

「6 章　深層ネットワークのチューニング」では、層ごとのニューロンの数を決定するためのヒューリスティックスや、ハイパーパラメーターの良い値を反復的に見つける方法を紹介します。

3.2.6.2　強度のハイパーパラメーター

このグループに属するハイパーパラメーターは、勾配、ステップの大きさ、そしてモーメンタムです。

学習率

機械学習での学習率とは、探索空間を進んでいく際にパラメーターベクトルを変化させる速度です。学習率が高い場合、関数の誤差を最小にするという目標に早く近づけます。しかし、移動幅が大きすぎるために最適な解を通り過ぎてしまう可能性も生じます。

高い学習率と安定性
高い学習率には副作用がもう 1 つあります。いつまでも収束しないような、不安定な学習になる危険性を抱えています。

学習率が小さいと、訓練のプロセスが終了するまでにとても多くの時間がかかることになります。つまり、学習のアルゴリズムが非効率的になります。適切な学習率はデータセットごとに異なり、他のハイパーパラメーターの影響を受けることもあるので、調整は容易ではありません。正しい学習率を見つけるために、大きな労力が割かれています。

あるルールに従って、徐々に学習率を減らしていくという手法も考えられています。「6 章　深層ネットワークのチューニング」と「7 章　特定の深層ネットワークのアーキテクチャーへのチューニング」でこのトピックについて解説します。

学習率というハイパーパラメーターの重要性
ニューラルネットワークでは、学習率は重要なハイパーパラメーターの 1 つと考えられています。

Nesterov のモーメンタム

単純な SGD では勾配が直接利用されています。しかし、この方法ではすべてのパ

ラメーターについて勾配がほぼゼロになってしまうことがあります。するとステップがとても小さくなったり、逆に場合によっては過剰に大きくなったりすることもあります。こうした問題を軽減するために、次のようなテクニックが使われています。

- Nesterov のモーメンタム（Nesterov's momentum）
- RMSProp
- Adam
- AdaDelta

DL4J のアップデーター
DL4J の用語では、Nesterov のモーメンタムや RMSProp、Adam、AdaDelta は「アップデーター」と呼ばれます。本書で使用している用語の多くは、ディープラーニング関連の多くの文献でも同様に使われますが、アップデーターというのは DL4J に固有の用語です。

モーメンタムの値を増加させれば訓練の速度は上がりますが、最適なパラメーターの値を通り越してしまい、最小の誤差が得られない可能性も高まります。モーメンタムとは 0.0 から 1.0 の間の係数であり、各時点での重みの変化率に対して適用されます。一般的には 0.9 から 0.99 にある値が使われます。

AdaGrad

AdaGrad[†12]とは、「正しい」学習率の発見を容易にするためのテクニックの1つです。劣勾配の手法を適応的に利用し、最適化アルゴリズムの学習率を動的に制御します（http://cs231n.github.io/neural-networks-3/）。AdaGrad での学習率は単調減少し、初期設定された値を上回ることはありません。

AdaGrad とは、過去に計算された勾配の2乗和の平方根です。初期の訓練は加速し、収束に近づくにつれて適切に減速されます。その結果、スムーズな訓練のプロセスが可能になっています。

[†12] Duchi, Hazan, and Singer. 2011. "Adaptive Subgradient Methods for Online Learning and Stochastic Optimization." (http://jmlr.org/papers/v12/duchi11a.html)

RMSProp

とても効率的に学習率を変化させる RMSProp という手法があるのですが、これは論文として発表されてはいません。面白いことに、この手法を使う人は誰もが参考文献として Geoffrey Hinton による Coursera の講義 (http://cs231n.github.io/neural-networks-3/) を引用しています。

AdaDelta

AdaDelta[13]は AdaGrad の変種です。AdaGrad のように履歴を蓄積するのではなく、直近の値だけが保持されます。

Adam

より新しい更新の手法として、トロント大学で開発された Adam が挙げられます。勾配の 1 次と 2 次のモーメントから、学習率が算出されます。

3.2.6.3 正則化

「2 章　ニューラルネットワークとディープラーニングの基礎」で簡単に紹介した正則化という概念について、より深く検討してみましょう。正則化とは、過学習への対策です。モデルが訓練データについてはうまく説明できるものの、新しい入力データに対しては一般化できないという状態が過学習です。このようなモデルは、未知のデータを正しく予測できません。ニューラルネットワークを組み立てるための最善の方法について、Geoffery Hinton は次のように述べています。

　過学習を発生させ、そしてそれがなくなるまで正則化を続けましょう。

ハイパーパラメーターに対する正則化は、過学習が発生する方向へと向かわないように勾配を変化させるという効果があります。次のような種類の正則化が考えられています。

- ドロップアウト
- ドロップコネクト

---

†13　Zeiler. 2012. "ADADELTA: An Adaptive Learning Rate Method." (https://arxiv.org/abs/1212.5701)

- L1 正則化
- L2 正則化

ドロップアウトとドロップコネクトでは、各層への入力の一部が無効化されます。その結果、ニューラルネットワークは残りの部分だけを使って学習を行います。データの一部をゼロにすることで、より一般的な表現を学習できます。正則化は、通常の勾配に対して項を追加します。

ドロップアウト

隠れている要素を無視し、ニューラルネットワークの訓練を改善するというしくみがドロップアウト[†14]です。訓練の高速化も可能になります。ランダムに無効化されたニューロンは、順方向の経路にも逆伝播にも影響しません。

ドロップアウトとモデルの平均化
ドロップアウトを複数モデルの出力の平均化と結びつけることもできます。ドロップアウトの係数として 0.5 を使うと、モデルの平均を得られます。特徴量に対してランダムにドロップアウトを行うと、N をパラメーターの数として、合計 2^N 種類のアーキテクチャからサンプル抽出を行うことになります。

ドロップコネクト

ドロップコネクト[†15]でもドロップアウトと同様の操作が行われます。隠れている要素ではなく、2 つのニューロンを結ぶ接続が無効化されます。

L1 正則化

一方 L1 正則化と L2 正則化では、ニューラルネットワークでのパラメーター空間が 1 つの方向に大きくなることを防ぎます。つまり、大きな重みが小さくなります。

L1 正則化は疎ではない場合の計算量が多いと考えられています。出力は疎であり、特徴量選択のしくみが組み込まれています。L1 正則化では重みの 2 乗ではなく絶対値が乗算されます。この結果として数個の重みは大きくなり、多くはゼロになるため、重みを容易に解釈できるようになります。

[†14] Bengio et al. 2016. "Deep Learning" (https://www.deeplearningbook.org/)
[†15] 同上。

L2 正則化

L2 正則化には統計的な解法があり、計算量の面では効率的です。また、出力は疎ではありません。ただし、特徴量の自動選択は行われません。L2 正則化の関数は、シンプルで広く使われているハイパーパラメーターです。目的関数に項が1つ追加され、重みの2乗が減算されます。重みの2乗和の半分に対して、重みコスト（weight-cost）と呼ばれる係数が乗算されます。L2 正則化によって汎化能力が向上し、入力が変化してもモデルからの出力はスムーズになり、利用されない重みは無視しやすくなります。

3.2.6.4 ミニバッチ

ミニバッチ[16]を使うと、複数の入力ベクトル（入力のグループあるいはバッチと呼ばれます）を学習システムに与えて訓練を行えます。その結果、コンピューターのアーキテクチャーのレベルで、ハードウェアやリソースをより効率的に利用できるようになります。また行列同士の乗算など、一部の線形代数の計算をベクトル化された形で行えます。さらに GPU を利用できるなら、このベクトル化された計算を GPU に送ることも可能です。

3.2.7 ここまでのまとめ

「2章　ニューラルネットワークとディープラーニングの基礎」では、多層フィードフォワードニューラルネットワークで使われる基本的な正則化のツールをいくつか学びました。一方この章ではその定義を拡張し、より良いパラメーターベクトルを発見するための新たなテクニックやハイパーパラメーターのオプションを導入しました。続いては、ここまでに学んだ考え方をまとめて、深層ネットワークの構成要素を組み立てていきます。

3.3　深層ネットワークの構成要素

基本的な多層フィードフォワードニューラルネットワークと比べて、深層ネットワークの構築は容易ではありません。小さなネットワークを構成要素として組み合わせた深層ネットワークが作られることもあれば、専用の層の集合が使われることもあ

---

[16] Bengio. 2012. "Practical recommendations for gradient-based training of deep architectures." (https://arxiv.org/abs/1206.5533)

3.3 深層ネットワークの構成要素

ります。本書では以下の構成要素に着目します。

- 多層フィードフォワードニューラルネットワーク
- RBM
- オートエンコーダー

「2章 ニューラルネットワークとディープラーニングの基礎」では、典型的なフィードフォワードネットワークを紹介しました。フィードフォワードネットワークは生物のニューロンによるネットワークから発想を得た、最もシンプルな人工のニューラルネットワークです。このネットワークは入力層、1つ以上の隠れ層、そして出力層から構成されます。ここからは、より大きな深層ネットワークの構成要素として利用される以下のネットワークを紹介します。

- RBM
- オートエンコーダー

RBMとオートエンコーダーの特徴はどちらも、層ごとに追加される訓練のステップです。より大きな深層ネットワークの中に配置され、事前訓練のフェーズで使われることがよくあります。

教師なしの層ごとの事前訓練

訓練の環境によっては、教師なしの層ごとの事前訓練[†17]が有効です。優れた最適化の手法や活性化関数、重みの初期化方法などが生まれている今日では、事前訓練に基づいた深層ネットワークの重要性はどんどん低下しています。事前訓練が興味深い役割を果たすのは、ラベルなしのデータは多いけれどもラベル付きのデータは比較的少ないという場合です。ただし、事前訓練を行うとチューニングや訓練に余分な手間と時間が必要です。

層ごとの事前訓練では、入力データに基づいて最初の層（RBMなど）で教師なしの訓練が行われます。その結果、メインのニューラルネットワーク（多層フィードフォワード型パーセプトロンなど）の先頭にある層の重みを得られます。訓練用の入力データに基づいた前の層からの出力を後続の層への入力とす

[†17] Bengio et al. 2007. "Greedy Layer-Wise Training of Deep Networks." (https://papers.nips.cc/paper/3048-greedy-layer-wise-training-of-deep-networks.pdf)

ることで、このプロセスをそれぞれの層に対して順に行います。このような事前訓練の結果、メインのニューラルネットワークのパラメーターとして良い初期値を与えられます。

RBM は確率をモデル化でき、特徴量の抽出が得意です。フィードフォワードネットワークの一種であり、データは一方向に流れます。誤差逆伝播に基づく従来のフィードフォワードネットワークではバイアスは 1 つですが、RBM では 2 つのバイアスが使われます。

オートエンコーダーも、フィードフォワードニューラルネットワークの一種です。元の入力データを再構成する際の誤差を計算するために、追加のバイアスが用意されています。オートエンコーダーの場合、訓練が終了すると、通常のフィードフォワードニューラルネットワークとしてアクティベーションが計算されます。これは教師なしの特徴量抽出であると考えられます。ラベルのある誤差逆伝播を使わず、元の入力だけを使って重みを学習するためです。深層ネットワークは RBM やオートエンコーダーを構成要素として利用し、大きなネットワークを組み立てます。なお 1 つのネットワークで両方が使われることはあまりありません。ここからは、RBM とオートエンコーダーのそれぞれについて詳しく見ていきます。

3.3.1 RBM

ディープラーニングでの RBM は以下の用途に使われます[18]。

- 特徴量抽出
- 次元数の削減

RBM は Restricted Boltzmann Machine（制限付きボルツマン機械）の略です。この「制限」とは、同じ層に含まれるノード間での接続は禁じられているということを意味します。例えば、信号が伝わっていく中で可視層同士および不可視層同士での接続は行えません。10 年ほど前に RBM を世に広めたディープラーニングの先駆者 Geoffrey Hinton は、一般的なボルツマン機械について次のように述べています。

---

[18] 訳注：現在では深層ネットワークの事前訓練のために RBM を用いることは稀になり、DL4J 1.0.0-alpha 以降、RBM レイヤーは削除されました。

オンとオフを確率的に切り替えるニューロンのような構成要素が、対称的に接続されたネットワークです。

RBM はこれから紹介するオートエンコーダーの一種でもあります。DBN（Deep Belief Network）などの大きなネットワークで、事前訓練の層として利用されています。

Geoffrey Hinton

Geoffrey Hinton は Google の非常勤 Distinguished Researcher 兼トロント大学の Distinguished Emeritus Professor です（https://www.cs.toronto.edu/~hinton/）。Hinton 博士のチームは RBM や DBN にとってきわめて重要な業績を達成しています。

彼のチームによる研究成果は、今日のディープラーニングに対する幅広い関心を引き起こしました。2012 年に Alex Krizhevsky、Ilya Sutskever そして Geoffrey Hinton は AlexNet[19]と呼ばれる「大規模な深層畳み込みニューラルネットワーク」を開発し、同年の ILSVRC（ImageNet Large-Scale Visual Recognition Challenge）で優勝しました。AlexNet はコンピュータービジョンにとっての大きな前進であり、ディープラーニングへの熱狂の幕開けにも貢献しました。

Hinton 博士は基礎研究を推進し、成果を得るための粘り強さを支持して次のように述べました。

> Terry Sejnowski と私がボルツマン機械の学習アルゴリズムを考案してから、効率的に動作させることができるようになるまで 17 年かかりました。アイデアの可能性を本当に信じているなら、試行錯誤を続けなければなりません。

---

[19] Krizhevsky, Sutskever, and Hinton. 2012. "ImageNet Classification with Deep Convolutional Neural Networks." (http://bit.ly/2tmodqn)

3.3.1.1 ネットワークのレイアウト

基本的なRBMには、5つの主要な構成要素があります。

- 可視ユニット
- 不可視ユニット
- 重み
- 可視バイアスユニット
- 不可視バイアスユニット

標準的なRBMには、図3-3のように可視層と不可視層があります。可視ユニットと不可視ユニットの間で、重み（接続）のグラフが描かれています。ここでの重みは、通常のニューラルネットワークでの重みと同様のものです。

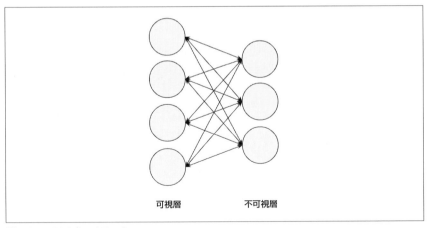

図3-3　RBMのネットワーク

RBMではすべての可視ユニットがすべての不可視ユニットに接続しています。一方、同じ層にあるユニット同士は接続していません。RBMでのそれぞれの層は、ノードの行のようなものです。可視層と不可視層のノード間の接続には、重みが割り当てられています。

可視層と不可視層

RBM での入力層（可視層）に配置された各ニューロンは、隠れ層のすべてのニューロンと接続し、同じ層のニューロンとは接続しません。2 つ目の層は不可視層と呼ばれます。不可視ユニットは**特徴量検出器**（feature detector）であり、入力データから特徴量を学習します。「1 章　機械学習の概要」で学んだ多層フィードフォワードニューラルネットワークと同様に、それぞれの層のノードは生物から発想を得ています。可視層のユニットつまりノードは、入力として訓練用ベクトルを受け取るため「観察可能」です。それぞれの層にはバイアスのユニットがあり、常にオンの状態です。

各ノードは与えられた入力に基づいて計算を行い、アクティベーションとしてデータを送信するか否かの確率的な判断に基づいて結果を出力します。「1 章　機械学習の概要」の人工的ニューロンと同様に、アクティベーションの算出は接続の重みと入力値に基づいて行われます。重みの初期値はランダムに生成されます。

接続と重み

すべての接続は可視ユニットと不可視ユニットの間で行われます。可視ユニット同士や不可視ユニット同士の接続はありません。エッジは信号が送られる経路を表します。大まかに言えば、図での円つまりノードは人間のニューロンと同じようにふるまいます。ノードは判断を行う単位です。計算を通じて、自らをオンにするかオフにするかを判断します。オンの状態では、信号はネットワーク上を伝播していきます。オフの状態では、信号は伝播しません。

一般的に、オンの状態であることは、ノードから送出されるデータに価値があるということを意味します。つまり、そのノードはネットワーク全体として行われる判断にとって意味がある情報を保持します。一方オフの状態にするということは、該当する入力が無関係なノイズにすぎないという表明になります。これらの判断の結果、ネットワークは特徴量や信号とラベルの対応関係（つまり、どのコードに何のメッセージが含まれているか）を理解できるようになります。訓練を行うと、ネットワークは受け取った入力をより正確に分類できるようになります。

バイアス

それぞれの層にはバイアスのユニットがあり、同じ層のすべてのユニットに接続しています。これらの接続に対し、それぞれバイアスの重みという一種のパラメーター

が割り当てられています。バイアスのノードがあると、入力のノードが常にオンまたは常にオフというケースについて、より良く取捨選択やモデル化を行えます。

3.3.1.2 訓練

RBMでの**事前訓練**（pretraining）として知られている手法は、限られたデータのサンプルから元のデータを再構成します。例えば、訓練されたネットワークでは、あごの画像から顔の画像を近似（再構成）できます。RBMは入力のデータセットを再構成する方法を学習します。では次に、再構成の概念について説明します。

contrastive divergence
RBMではcontrastive divergence（https://www.cs.toronto.edu/~hinton/absps/guideTR.pdf）というアルゴリズムを使って勾配が計算されます。このアルゴリズムは、層ごとの事前訓練でのサンプル抽出に使われます。contrastive divergenceはCD-kとも呼ばれ、マルコフ連鎖のkステップをサンプル抽出して推測を行います。これによって、カルバック・ライブラー情報量が最小化されます。

3.3.1.3 再構成

教師なしの事前訓練（RBMやオートエンコーダー）を含む深層ニューラルネットワークでは、再構成を通じてラベルのないデータから特徴量が作成されます。教師なしの事前訓練で学習された重みは、DBNなどのネットワークで重みの初期化に使われます。

行列因子分解としての再構成
再構成とは行列因子分解問題（あるいは、行列の分解）です。

図3-4はRBMでの再構成に関わるネットワークを図示したものです。

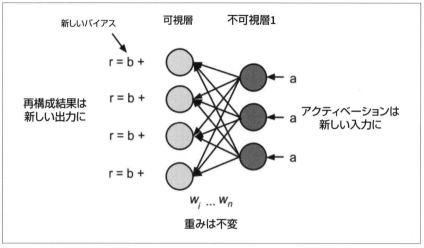

図3-4　RBM での再構成

　MNIST データセット（http://yann.lecun.com/exdb/mnist/）を使うと、RBM での再構成を視覚的に理解できます。MNIST とは mixed National Institute of Standards and Technology の略です。データセットに含まれる画像は、ゼロから9の手書き数字を表しています。図3-5 は画像の例です。

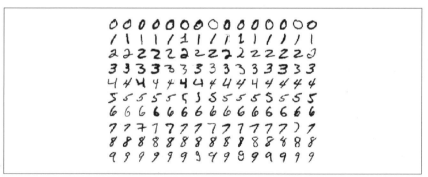

図3-5　MNIST の手書き数字

　MNIST には6万件の訓練データと1万件のテストデータが含まれています。RBM を使ってこのデータセットを学習すると、訓練されたネットワークから数字が

再構成される様子を確認できます[20]。実際に RBM によって MNIST の数字が徐々に再構成されていく様子を示したのが図3-6 です。

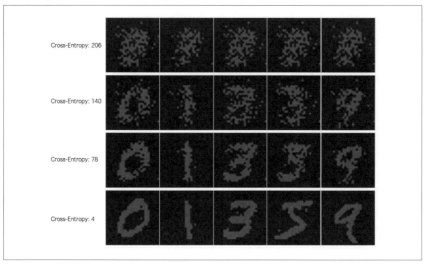

図3-6　RBM を使い、MNIST の数字を再構成する

　訓練データが正規分布に従っているなら、その中の多くは中央の**平均値**周辺に集まります。そして平均から離れるにつれて、データは少なくなっていきます。グラフの曲線はベル状になるでしょう。正規分布に従うようなデータでの平均値と分散（あるいはシグマ）がわかるなら、ベル状のグラフを再構成できます。しかし、平均値や分散がわからない場合についてはどうでしょうか。この場合、これらの値は我々が予測しなければならないパラメーターです。値をランダムに選択して生成された曲線と元のデータとを比較すれば、損失関数と同様の効果を得られます。誤った分類の測定と同じように2つの確率分布を比較し、パラメーターを調整して再試行します。

---

[20] Yosinksi and Lipson. 2012. "Visually Debugging Restricted Boltzmann Machine Training with a 3D Example." (http://bit.ly/2uym3lU)

再構成での交差エントロピー

ここでの目的関数は通常、再構成での交差エントロピーまたはカルバック・ライブラー情報量（1951 年に数学と暗号解析の専門家 Solomon Kullback と Richard Leibler が発表しました）です。「交差」とは、2 つの分布を比較するという意味です。「エントロピー」は情報理論での用語で、不確かさを表します。例えば、広がりつまり分散の大きな正規分布曲線では、あるデータポイントがどこに位置するかについて不確かさが増します。この不確かさがエントロピーです。

3.3.1.4 その他の RBM の利用法

RBM は次のような用途にも使われます。

- 次元数の削減
- 分類
- 回帰分析
- 協調フィルタリング
- トピックのモデル化

3.3.2 オートエンコーダー

データセットの圧縮された表現を学習するために、オートエンコーダーが使われます。一般的な用途は、データセットの次元数の削減です。オートエンコーダーのネットワークから出力されるのは、入力データを効率的な形式へと再構成したものです。

3.3.2.1 多層パーセプトロンとの類似性

オートエンコーダーと多層パーセプトロンはとてもよく似ています。両者はともに入力層と隠れたニューロンの層、そして出力層から構成されています。これまでの章で紹介してきたような多層パーセプトロンのネットワーク図との大きな違いは、出力層でのユニット数が入力層と必ず一致するという点です。

図 3-7 はオートエンコーダーのネットワークの例です。

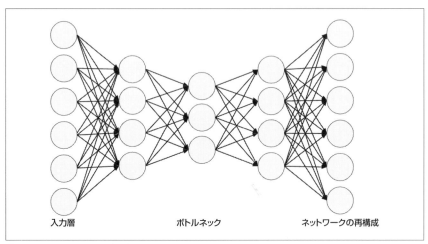

図3-7　オートエンコーダーネットワークのアーキテクチャ

出力層以外の違いについて、これから説明します。

3.3.2.2　オートエンコーダーの決定的な特徴

オートエンコーダーは以下の点が多層パーセプトロンと異なります。

- ラベルのないデータを使い、教師なし学習を行う
- 入力データを圧縮した表現を生成する

ラベルのないデータでの教師なし学習

オートエンコーダーはラベルのないデータから直接学習します。この点は多層パーセプトロンとオートエンコーダーの2つ目の違いと関連しています。

入力データを再現するための学習

多層パーセプトロンによるネットワークでの目標は、クラス（例えば、詐欺行為か否か）を予測することです。一方オートエンコーダーでは、入力データ自身を再現するために訓練を行います。

3.3.2.3　オートエンコーダーの訓練

オートエンコーダーは誤差逆伝播を使って重みを更新します。RBM とより一般的なオートエンコーダーとの違いは、勾配の計算方法です。

3.3.2.4　オートエンコーダーの種類

オートエンコーダーのバリエーションとして重要なのは、**圧縮オートエンコーダー**（compression autoencoder）と**ノイズ除去オートエンコーダー**（denoising autoencoder）の 2 つです。

圧縮オートエンコーダー

図3-7 で紹介したのがこのアーキテクチャーです。入力はネットワークのくびれた部分を通り、その後に出力の表現へと拡張されます。

ノイズ除去オートエンコーダー

ノイズ除去オートエンコーダー[21]は、改変された入力（例えば、特徴量の一部がランダムに消去されたもの）を渡され、改変される前のデータを学習します。

3.3.2.5　オートエンコーダーの応用

入力されたデータセットを再現するモデルというのは、あまり役に立つとは思えないかもしれません。しかし、ここで我々にとって関心があるのは出力そのものではなく、入力と出力の表現の違いです。「ふだんよく見るデータ」というものを学習できたなら、そうではないデータを検出できるようになるはずです。

> **異常検出器としてのオートエンコーダー**
> オートエンコーダーは、通常のデータはどのようなものかわかっているけれども、異常な状態を表現することは難しいというシステムでよく使われます。オートエンコーダーは異常の検出を得意としています。

---

[21] Vincent et al. 2010. "Stacked Denoising Autoencoders: Learning Useful Representations in a Deep Network with a Local Denoising Criterion." (http://www.jmlr.org/papers/volume11/vincent10a/vincent10a.pdf)

3.3.3 変分オートエンコーダー

近年、Kingma と Welling によって変分オートエンコーダー（variational autoencoder、VAE）というモデルが提案されました[22]。**図3-8**はその概要です。入力を再構成するためのすべての訓練が教師なしで行われるという点で、VAE は圧縮オートエンコーダーやノイズ除去オートエンコーダーに似ています。

しかし、VAE が訓練を行うしくみは大きく異なります。圧縮オートエンコーダーやノイズ除去オートエンコーダーでは、すべての層でアクティベーションは（通常のニューラルネットワークと同様に）アクティベーションへと対応付けられます。一方 VAE では、順方向の処理に確率的なアプローチが利用されています。

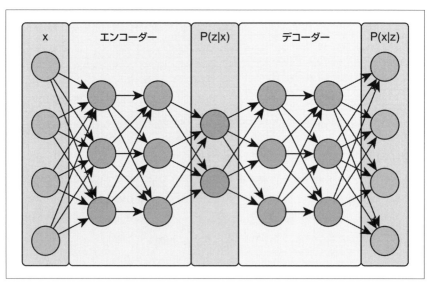

図3-8　VAE のネットワークアーキテクチャー

VAE のモデルでは、データ x は 2 段階で生成されます。まず、事前分布から $z^i \sim p(z)$ という値が算出されます。次に、ある条件分布 $x^i \sim p(x \mid z)$ に従ってデータのインスタンスが生成されることになります。もちろん、実際の z の値はわからず、$p(z \mid x)$ を正確に推論することは一般的に困難です。そこで、$p(z \mid x)$ と $p(x \mid z)$

---

[22] Kingma and Welling. 2013. "Auto-Encoding Variational Bayes." (https://arxiv.org/abs/1312.6114)

という2つの分布をともにニューラルネットワークを使って近似します。前者には
エンコーダー、後者にはデコーダーがそれぞれ使われます。例えば $p(z \mid x)$ がガウス
分布なら、エンコーダーによる順方向のアクティベーションはガウス分布のパラメー
ター μ と σ^2 を提供してくれます。

　同様に、$p(x \mid z)$ の分布のパラメーターは、デコーダーによる順方向の処理から
導かれます[23]。全体として、ネットワークは誤差逆伝播によって訓練され、訓練
データ $\log p(x^1, \ldots, x^N)$ の周辺尤度の下限を最大化します。VAE のモデルは時系
列データへの教師なし学習へも拡張され、変分**リカレント**オートエンコーダーが考案
されています[24]。「5章　深層ネットワークの構築」で、VAE を使って MNIST の
数字を生成する実践的な例を紹介します。

---

[23] これらの分布のパラメーターを、訓練可能なネットワークのパラメーターと混同しないようにしましょう。
　　実際には、分布のパラメーターは単にネットワークのアクティベーションです。例えばガウス分布での平
　　均と分散や、ベルヌーイ分布での平均を指定するのに使われるだけです。

[24] Fabius and van Amersfoort. 2014. "Variational Recurrent Auto-Encoders." (https://
　　arxiv.org/abs/1412.6581)

4章
深層ネットワークの
主要なアーキテクチャー

> 芸術の母はアーキテクチャー（建築様式、構造）です。
> 自らにアーキテクチャーがなければ、自らの文明に魂は宿りません。
> —— Frank Lloyd Wright

ここまでに、深層ネットワークでのいくつかの構成要素について見てきました。この章では、深層ネットワークの主要な4つのアーキテクチャーについて解説し、より小さなネットワークからこれらを組み立てる方法を紹介します。3章で、主要なネットワークアーキテクチャーは以下の4つであると述べました。

- 教師なしの事前訓練済みネットワーク（UPN）
- 畳み込みニューラルネットワーク（CNN）
- リカレントニューラルネットワーク
- リカーシブニューラルネットワーク

この章では、それぞれのアーキテクチャーを詳しく見ていきます。「2章　ニューラルネットワークとディープラーニングの基礎」で、ニューラルネットワーク一般でのアルゴリズムと数学について深い理解を試みました。ここからは、さまざまな深層ネットワークでのより高レベルなアーキテクチャーに注目し、これらのネットワークを実際に適用する際に必要な知識の習得をめざします。

比較的簡単に取り上げるネットワークもいくつかありますが、実際によく使われている2つのアーキテクチャーについては重点的に解説します。1つは画像のモデル化に使われるCNNで、もう1つはシーケンスのモデル化に使われるLSTM（Long

Short-Term Memory。リカレントニューラルネットワークの一種）です。

4.1 教師なしの事前訓練済みネットワーク

以下の3つのアーキテクチャーは、このカテゴリーに分類されます。

- オートエンコーダー
- DBN（Deep Belief Network）
- GAN（Generative Adversarial Network）

オートエンコーダーの役割について
「3章 深層ネットワークの基礎」で述べたように、オートエンコーダーはより大きなネットワークの一部として使われることが多く、深層ネットワークにとって重要な構成要素です。他の多くのネットワークと同様に、単体のネットワークとして使われることもあります。

オートエンコーダーについてはすでに詳しく見てきたので、ここではDBNとGANについて検討することにします。

4.1.1 DBN

DBNでの事前訓練のフェーズでは、RBM（Restricted Boltzmann Machine、制限付きボルツマン機械）の層が使われます[†1]。そして微調整のフェーズでは、フィードフォワードネットワークが使われます。**図4-1**はDBNのネットワークアーキテクチャーを示します。

以降の解説の中で、DBNがRBMを活用して訓練データをより良くモデル化する様子を示します。

[†1] 訳注：現在では深層ネットワークの事前訓練のためにRBMを用いることは稀になり、DL4J 1.0.0-alpha以降、RBMレイヤーは削除されました。

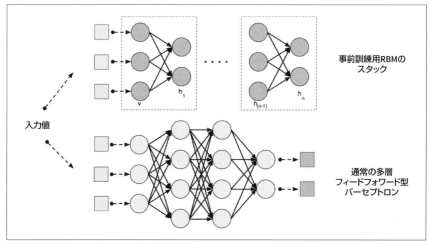

図4-1　DBNのアーキテクチャー

4.1.1.1　RBM層を使った特徴量抽出

　我々はRBMを使い、未加工の入力ベクトルから高レベルな特徴量を抽出します。RBMに入力レコードを与えて再構成させたら、元の入力ベクトルによく似たデータが生成されるということが目標です。そのために、不可視ユニットの状態と重みを適切に設定します。この再構成の様子を、Hintonは「機械がデータを夢見る」と表現しました。

　ディープラーニングやDBNというコンテキストでのRBMの役割は、教師なしの訓練を通じてデータセットから高レベルな特徴量を学習することです。低レベルなRBMの事前訓練の層で学習された特徴量を、高レベルなRBMの事前訓練の層の入力として渡し、徐々に高レベルな特徴量を学習していくと、ニューラルネットワークをより良く訓練できるということがわかっています。

高次の特徴量を自動的に学習する

　これらの特徴量を教師なしで学習するのは、DBNでの事前訓練のフェーズであるとされます。このフェーズで、RBMのそれぞれの隠れ層は、データの分布から徐々に複雑な特徴量を学習していきます。高次の特徴量は非線形的に組み合わされていき、特徴量の自動作成をエレガントな形で可能にします。

　RBMの各層で行われる特徴量の生成を視覚的に理解するため、**図4-2**、**図4-3**、

138 | 4章 深層ネットワークの主要なアーキテクチャー

図4-4 を用意しました。MNIST の数字を学習する際に、それぞれのアクティベーションがどのように変化していくかを示しています。

図4-2　訓練開始時のアクティベーション

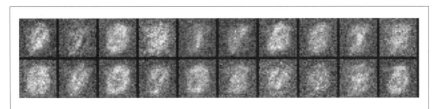

図4-3　以降のアクティベーションで、特徴量が現れ始める

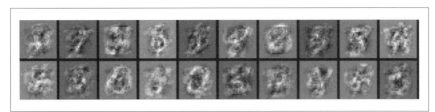

図4-4　訓練の終了間近では MNIST の数字の一部が現れた

　これらの描画方法については「6 章　深層ネットワークのチューニング」で詳しく紹介しますが、訓練によって RBM の層が数字の一部を取り出していることがわかります。これらの特徴量がより高レベルな層で結合され、徐々に複雑（そして非線形的）な特徴量が作られていきます。

　生成モデル的なプロセスによって、元のデータが RBM の各層でモデル化されます。システム全体としては、入力をベクトル化した元データから徐々に高レベルな特徴量を抽出できます。これらの特徴量は RBM の各層を一方向に伝播し、最上位の層ではより詳細な特徴量が生成されます。

フィードフォワードネットワークの初期化

以上の手順で得られた階層的な特徴量を、誤差逆伝播に基づく従来型のフィードフォワードニューラルネットワークでの重みの初期値として利用します。

このような初期値は訓練のアルゴリズムにとって助けになります。従来のニューラルネットワークのパラメーターを、探索空間内のより良い位置へと誘導できるのです。このフェーズは DBN での**微調整フェーズ**（fine-tune phase）と呼ばれます。

4.1.1.2　多層フィードフォワードニューラルネットワークを使って DBN を微調整する

DBN の微調整フェーズでは、小さな学習率で「緩やかな」誤差逆伝播を通常通りに行います。事前訓練のフェーズはパラメーター空間内の一般的な探索であり、元のデータに対して教師なしで行われます。一方、微調整フェーズは、ネットワークと特徴量を実際の課題（分類など）に向けて特殊化するために行われます。

緩やかな誤差逆伝播

RBM による事前訓練のフェーズでは、データから高次の特徴量を学習し、これをフィードフォワードニューラルネットワークでの適切な初期値として利用します。この初期値の重みをもう少し調整し、最終的なニューラルネットワークのモデルを完成させます。

出力層

深層ネットワークでの通常の目標は、特徴量抽出（学習）です。深層ネットワークの最初の層は、元のデータセットを再構成する方法を学習します。後続の層は、直前の層によるアクティベーションの確率分布と同じ分布を再現する方法を学習します。そしてニューラルネットワークの出力層は、全体としての目的と結びついています。ここでは一般的にロジスティック回帰が行われます。特徴量の数は最後の層への入力の数と一致し、出力の数はクラスの数と一致します。

4.1.1.3　DBN の現状

本書では DBN について、他のネットワークほど詳細には解説しません。画像のモデル化の分野では、CNN にほぼ取って代わられています。そのため本書でも、CNN により大きな重点を置いて解説することにします。

ディープラーニングの普及と DBN の役割

本書ではあまり大きくは取り上げませんが、ディープラーニングが普及する中で、DBN は小さくない役割を果たしています。トロント大学の Geoffrey Hinton らのチームは長い時間を費やして、画像のモデル化テクニックを発展させ大きな功績を収めました。ディープラーニングの進化の中で DBN が果たした役割について、ここで指摘しておきます。

4.1.2　GAN

GAN[2]（Generative Adversarial Network）も注目に値するネットワークです。訓練画像からまったく別の新しい画像を合成することをとても得意としています。この考え方を拡張して、次のような領域でのモデル化にも使われています。

- 音声（https://github.com/usernaamee/audio-GAN）
- 動画[3]
- 文章からの画像の生成[4]

GAN では教師なしの学習を使って 2 つのモデルを並列に訓練します。GAN（そして生成的モデル一般）での重要な特徴は、ネットワークの訓練に利用するデータの量に対してパラメーターがとても少ないという点です。そのためネットワークは訓練データを効率的に表現する必要に迫られ、訓練データによく似たデータをうまく生成できるようになります。

4.1.2.1　生成的モデルの訓練と教師なし学習そして GAN

ImageNet（http://image-net.org/）などのように訓練画像の大きなコーパスがあれば、単に画像を分類するのではなく、新しい画像を出力するような生成的ニューラルネットワークを作れます。生成される出力の画像は、モデルからのサンプルと考えられます。GAN の生成的モデルが画像を出力する一方で、2 つ目のいわば識別器となるネットワークは出力された画像の分類を試みます。

---

[2] Goodfellow et al. 2014. "Generative Adversarial Networks." (https://arxiv.org/abs/1406.2661)

[3] Vondrick, Pirsiavash, and Torralba. 2016. "Generating Videos with Scene Dynamics." (https://papers.nips.cc/paper/6194-generating-videos-with-scene-dynamics)

[4] Zhang et al. 2016. "StackGAN: Text to Photo-realistic Image Synthesis with Stacked Generative Adversarial Networks." (https://arxiv.org/abs/1612.03242)

この2つ目の識別器ネットワークは、生成された画像が本物なのかそれとも作り物なのかを判定します。GANを訓練する際には、訓練データに基づいたもっともらしい画像が出力されるようにパラメーターを更新します。ここでの目標は、識別器ネットワークが真贋を区別できないほどリアルな画像を作成することです。

GANでの効率的なモデルの表現の例として、ImageNetのような大きなデータセットをモデル化する場合の1億近くものパラメーターの扱いが挙げられます。訓練を通じて、ImageNetの200ギガバイトにも上る入力のデータセットは、約100メガバイトのパラメーターに変化します。ここでの学習のプロセスは、データの特徴量の最も効率的な表現方法を発見することをめざしています。特徴量とは、類似したピクセルやエッジなどのパターンを指します。詳しくは「4.2　畳み込みニューラルネットワーク（CNN）」で紹介します。

識別器ネットワーク

一般的に、画像をモデル化する場合の識別器ネットワークは通常のCNNです。2つ目のニューラルネットワークを識別器ネットワークとして使うと、GANの2つのネットワークを並行して教師なしで訓練できます。識別器ネットワークは入力として画像を受け取り、分類した結果を出力します。

合成された入力データについて識別器ネットワークが出力するデータの勾配は、入力データをどのように調整すればよりリアルになるかを示しています。

生成的ネットワーク

GANの生成的ネットワークは、**逆畳み込み層**（deconvolutional layer）という特殊な層を使ってデータ（画像）を生成します。逆畳み込みネットワークや逆畳み込み層については、次のコラムを参照してください。

訓練中には両方のネットワークに対して誤差逆伝播が行われ、生成的ネットワークがよりリアルな出力画像を生成するようにパラメーターが調整されます。生成的ネットワークのパラメーターを更新し、訓練データでの実物の画像と見分けがつかないほどリアルな画像を出力させ、識別器ネットワークを「だます」ことが目標です。

逆畳み込みネットワーク

　ニューヨーク大学の Matthew Zeiler と Rob Fergus は、ZF Net の開発の一環として逆畳み込みネットワークを考案し、2013 年に「Visualizing and Understanding Convolutional Neural Networks」(https://arxiv.org/abs/1311.2901v3) という論文を発表しました。逆畳み込みネットワークを使うと、異なる特徴量のアクティベーションや入力空間への関連について知ることができます（図 4-5）。

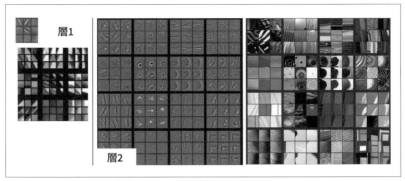

図 4-5　逆畳み込み層の可視化

　逆畳み込みネットワーク（deconvnet とも呼ばれます）の逆畳み込み層は、画像をモデル化する際に特徴量からピクセルへの関連付けを行います。図 4-5 からもわかるように、これは通常の畳み込み層とは逆の処理です。逆畳み込みネットワークが持つこのような特性のおかげで、ニューラルネットワークからの出力として画像を生成できるようになります。DBN と同様に逆畳み込みネットワークでも、教師なしで層ごとに訓練が行われます。複数の逆畳み込み層が積み重なり、直前の層から入力を受け取って訓練を行います。各層からの出力は入力の疎な表現であるという基本的な考え方に基づいて、層から層へと情報がわたっていきます。

4.1.2.2　生成的モデルと深層畳み込み GAN の構成

GAN の一種として、深層畳み込み GAN（DCGAN、https://github.com/Newmu/dcgan_code）が考案されています。図4-6 は DCGAN が生成したベッドルームの画像です。

図4-6　DCGAN によって生成されたベッドルームの画像[†5]

このネットワークは一様分布から取り出された乱数を元に、ネットワークのモデルから画像を生成して出力します。乱数の値が変化すると、DCGAN から出力される画像も変わります。

4.1.2.3　条件付き GAN

条件付き GAN（Conditional GAN）[†6]もクラスのラベルの情報を利用し、条件に基づいて特定のクラスのデータを生成します。

4.1.2.4　GAN と VAE の比較

GAN が重点を置いているのは、訓練レコードがモデルの分布と実際の分布のどちらから現れたものかを分類することです。2つの分布が異なるという予測が識別器ネットワークによって行われると、生成的ネットワークは自らのパラメーターを調整します。最終的に、生成的ネットワークは実際のデータと同じ分布を出力できるよう

[†5] DCGAN の GitHub リポジトリ（https://github.com/Newmu/dcgan_code）からの転載。
[†6] Mirza and Osindero. 2014. "Conditional Generative Adversarial Nets."（https://arxiv.org/abs/1411.1784）

なパラメーターへと収束し、識別器ネットワークは違いを区別できなくなります。

「3章 深層ネットワークの基礎」で紹介したVAE（variational autoencoder）で、同じ問題に取り組むこともできます。確率的なグラフィカルモデルを使い、教師なしで入力を再構成します。VAEの場合、生成された画像ができるだけリアルになるように、データの対数尤度の下限を最大化することがめざされます。

GANとVAEには興味深い相違点がもう1つあります。それは画像の生成方法です。基本的なGANでの画像は任意のコードから生成されるため、特定の特徴量を持った画像を生成するということは不可能です。一方VAEでは、生成された画像と元の画像を比較するための特別なエンコーダーとデコーダーが用意されています。そのため、特定の種類の画像が生成されるようなコードを記述できます。

生成的モデルでの問題
画像を生成する際に、異なる種類のノイズが含まれてしまうことがあります。VAEを使って生成された画像には、わずかにぼやけてしまう可能性があるという欠点があります。一方GANでは、入力データのスタイルを踏まえた画像を生成できます。しかし、一貫性のないやり方で画像が作られることがあるため、例えば、あまり犬のようには見えない犬の画像が生成されたりします。

4.2　畳み込みニューラルネットワーク（CNN）

CNNの目標は、畳み込みを通じてデータの中から高次の特徴量を学習することです。画像での物体認識を得意としており、画像分類のコンテストでは常に上位を占めています。顔、人間、道路標識、カモノハシやその他さまざまな視覚的特徴を識別できます。光学式文字認識を通じたテキスト解析も可能ですが、語句を独立した構成要素として分析[†7]する際にも有用です。音声の分析にも適しています。

画像認識でのCNNの有効性は、世界がディープラーニングの力に目を向ける大きなきっかけになりました。図4-7のように、位置の変化や多少の回転には影響を受けずに画像データから特徴量を抽出できます。

[†7] Kalchbrenner et al. 2016. "Neural Machine Translation in Linear Time." (https://arxiv.org/abs/1610.10099)

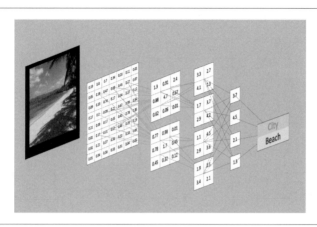

図 4-7　CNN とコンピュータービジョン

　CNN はコンピュータービジョンに大きな進歩をもたらしました。自動運転車やロボットの制御、ドローン、視覚障害者の補助など、さまざまな応用が考えられます。

CNN とデータの構造

入力データに何らかの構造がある場合に、CNN は最も能力を発揮できます。例えば、画像や音声のデータ中にパターンの繰り返しが見られる場合や、隣り合う入力値の間に空間的関係がある場合などです。一方、RDBMS（リレーショナルデータベース管理システム）から取得された表形式のデータなどでは、構造に空間的関係は見られないでしょう。たまたまデータベースからそのように出力されたというだけで、列の並びに意味はありません。

　CNN は自然言語の翻訳や生成[8]、感情分析[9]などの処理にも使われています。信号に基づいて頑健な特徴量空間を組み立てる際に、畳み込みという概念はとても強力です。

---

[8]　Gehring et al. 2016. "A Convolutional Encoder Model for Neural Machine Translation." (https://arxiv.org/abs/1611.02344)
[9]　Nogueira dos Santos and Gatti.　2014.　"Deep Convolutional Neural Networks for Sentiment Analysis of Short Texts." (http://www.aclweb.org/anthology/C14-1008)

4.2.1 生物学からの着想

CNN は動物の視覚野から発想を得ています[†10]。視覚野の細胞はそれぞれ、入力の中の小さな一部分に反応します。これを**視野**（visual field）または**受容野**（receptive field）と呼びます。このような小さな領域がタイルのように敷き詰められることで、視野全体がカバーされます。この細胞が得意とするのは、脳が処理する画像の中から空間的に強い局所的相関を発見して探求することです。そして、細胞は入力の空間に対する局所的なフィルターとして機能します。脳内のこの領域には、2 種類の細胞が含まれています。エッジのようなパターンを検出した際に活性化するシンプルな細胞と、より大きな受容野を持っており位置に関係なくパターンを検出できる複雑な細胞です。

4.2.2 直感的な解説

多層フィードフォワードニューラルネットワークは、1 次元の 1 つのベクトルとして入力を受け取ります。そしてこのデータを、1 つ以上の全結合された隠れ層を使って変換します。処理結果は出力層から出力されます。従来の多層ニューラルネットワークで画像を扱う場合、入力データが大きくなると対応が難しいという問題があります。例えば CIFAR-10 データセット（次のコラム参照）のモデル化について考えてみましょう。訓練に使われるのは、縦横わずか 32 ピクセルの 3 チャンネル RGB 画像です。それでも、最初の隠れ層のニューロンにはそれぞれ 3,072 個もの重みが設定されることになります。もちろん、隠れ層のニューロンは 1 つではありません。多くの場合、隠れ層は複数用意されるため、重みの数はさらに増えることになります。

CIFAR-10 データセットとは

CIFAR-10 データセットとは、Alex Krizhevsky と Vinod Nair そして Geoffrey Hinton によって編集された画像分類のベンチマークです（http://www.cs.toronto.edu/~kriz/cifar.html）。6 万件のカラー画像が含まれ、10 の異なるクラスに 6,000 件ずつ分類されています。画像はいずれも縦横 32 ピクセルです。データセットは 5 万件の訓練画像と 1 万件のテスト画像に分割されます。**図4-8** は画像の例とクラスです。

[†10] Eickenberg et al. 2017. "Seeing it all: Convolutional network layers map the function of the human visual system." (http://bit.ly/2sOwuo5)

4.2 畳み込みニューラルネットワーク（CNN）

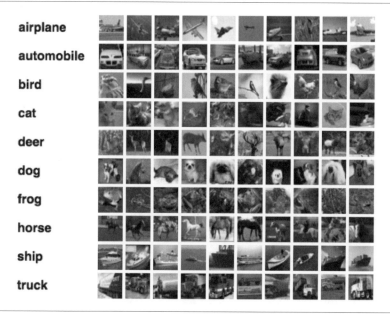

図 4-8 CIFAR-10 データセット

クラスは重複していないため、例えばトラックの画像にはトラックしか含まれません。データセットの合計サイズはおよそ 170 メガバイトです。

縦横 300 ピクセル程度の 3 チャンネル RGB 画像もよく見られます。このような画像では、重みの数は隠れたニューロン 1 つあたり 27 万にも上ります。つまり、複数層かつ全結合のネットワークで画像をモデル化しようとすると、膨大な数の接続が必要になります。そこで、画像データの構造を活用したニューラルネットワークのアーキテクチャが求められます。CNN では、ニューロンを以下の大きさを持つ 3 次元の構造に配置しています。

- 幅
- 高さ
- 奥行き

これらの属性はそれぞれ、画像の以下の構造に対応しています。

- 画像の幅（ピクセル単位）
- 画像の高さ（ピクセル単位）
- RGBの各チャンネル

この構造は、ニューロンによる3次元の立体であると考えられます。従来のフィードフォワードネットワークとCNNとの大きな違いは、新しい種類の層を使って効率的に計算を行うという点です。詳細について解説する前に、まずCNNのアーキテクチャーの概要を紹介することにします。

4.2.3　CNNのアーキテクチャーの概要

CNNでは、入力層で受け取ったデータがそれぞれの層で変換され、クラスごとのスコアが出力層で算出されます。CNNのアーキテクチャーにはさまざまなバリエーションがありますが、いずれも図4-9のような層の繰り返しを基本としています。

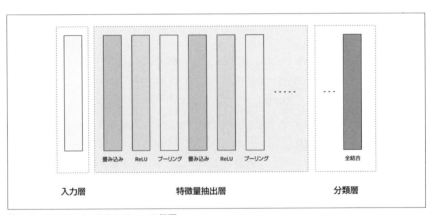

図4-9　CNNのアーキテクチャーの概要

図4-9の各層は3つのグループに分類されています。

1. 入力層
2. 特徴量抽出（学習）層
3. 分類層

入力層は 3 次元の入力を受け取ります。多くの場合、2 つの次元は画像の空間的サイズ（幅と高さ）に、もう 1 つの次元はカラーチャンネルの数（一般的な RGB カラーチャンネルでは 3）に対応します。

第 4 の次元としてのミニバッチ

サンプルをミニバッチへとまとめて訓練を行う場合、4 つ目の次元が存在することになります。この次元はミニバッチ内でのサンプルのインデックス番号を表します。そのため DL4J では、訓練用の画像データは 3 次元ではなく 4 次元の配列として表現されます。

特徴量抽出層では、一般的に以下のパターンの繰り返しが見られます。

1. 畳み込み層
2. ReLU（Rectified Linear Unit）層
   図中の他の部分との整合性のために、活性化関数である ReLU を層のラベルとしている
3. プーリング層

これらの層は画像の中からいくつかの特徴量を発見し、高次の特徴量を徐々に組み立てていきます。特徴量を手作業で作成せずに自動で学習していくという、ディープラーニングでのトレンドにぴったり一致しています。

最後に位置するのが分類層です。全結合の層が 1 つ以上配置され、高次の特徴量を受け取って各クラスの確率あるいはスコアを出力します。全結合の名前の通り、これらの層は直前の層にあるすべてのニューロンに接続しています。一般的に、出力されるのは $b \times N$ の 2 次元の行列です。ここで b はミニバッチ内のサンプルサイズ、N はスコア付け対象のクラスの数を表します。

4.2.3.1 ニューロンの空間的配置

従来の多層ニューラルネットワークでは、各層は全結合であり、すべてのニューロンは次の層にあるすべてのニューロンに接続しています。一方 CNN のニューロンは、入力される立体的なデータ構造に対応して 3 次元的に配置されます。ここでの奥行きは、多層ニューラルネットワークにおける奥行きのように層の数を表すのではなく、アクティベーションの立体での 3 つ目の次元を意味します。

4.2.3.2　層間の接続の進化

　畳み込みのアーキテクチャでは、層間の接続方法にも変更があります。各層のニューロンは、直前の層のうち一部のニューロンにしか接続しません。従来の多層ネットワークと同様に CNN も層指向のアーキテクチャーに基づいていますが、層の種類は異なります。それぞれの層は 3 次元の入力の立体を直前の層から受け取って変換し、ニューロンのアクティベーションを 3 次元の立体として出力します（図4-10）。ここでは微分可能な関数が使われ、パラメーターはあることもないこともあります。

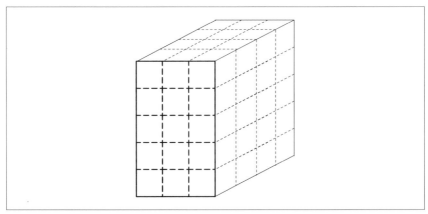

図4-10　入力層の 3 次元の立体

4.2.4　入力層

　ネットワークの処理対象として入力される生の画像データを読み込んで格納するのが入力層です。この入力データには、幅、高さ、チャンネル数が指定されています。一般的なチャンネル数は 3 で、各ピクセルには RGB のそれぞれを表す値が含まれます。

4.2.5　畳み込み層

　CNN のアーキテクチャーの中で、最も重要な役割を果たすと考えられているのが畳み込み層です。図4-11 に示すように、畳み込み層は直前の層で局所的に接続しているニューロンの領域を使って入力データを変換します。入力側のニューロンの領域と、これらが出力側で局所的に接続する際の重みとの間で内積が計算されます。

4.2 畳み込みニューラルネットワーク（CNN）

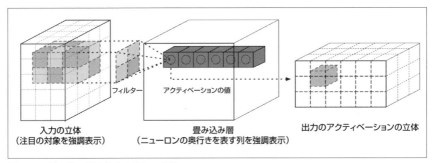

図4-11　畳み込み層と入出力される立体

　一般的に、処理結果の出力は入力と同じ（または小さな）空間的サイズになりますが、3つ目の次元つまり奥行きについては大きくなることがあります。次は、この層でのキーとなる**畳み込み**（convolution）という概念について、詳しく見てみましょう。

4.2.5.1　畳み込み

　畳み込みとは、2セットの情報を1つにまとめるための数学的操作として定義されます。物理と数学の両面で重要であり、フーリエ変換を使って時間や空間のドメインと周波数のドメインを橋渡しします。受け取った入力に畳み込みのカーネルを適用し、特徴量マップを出力します。

　図4-12に示す畳み込みの操作は、CNNでの**特徴量検出器**（feature detector）として知られています。畳み込みへの入力は、生のデータか他の畳み込みから出力された特徴量マップのいずれかです。畳み込みは入力データから特定の種類の情報を抜き出すフィルターとも考えられます。例えばエッジの検出を受け持つカーネルは、画像に含まれるエッジの情報だけを後段に渡します。

　この図のようにカーネルは入力データを順に調べて、畳み込まれた特徴量のデータを出力します。それぞれのステップで、対象の範囲内の入力データとカーネルの値が乗算され、これを元に出力の特徴量マップのエントリが1つ作成されます。検出対象の特徴量が入力の中にある場合、出力される値は大きくなります。

　畳み込み層での重みの集合を、フィルターあるいはカーネルと呼ぶことがよくあります。このフィルターは入力とともに畳み込まれ、特徴量マップ（アクティベーションマップ）が作られます。畳み込み層が入力データの立体に対して行う変換は、入力された立体でのアクティベーションとパラメーター（ニューロンの重みとバイアス）

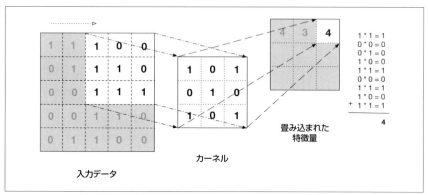

図 4-12 畳み込みの操作

の関数です。それぞれのフィルターのアクティベーションマップは奥行きの次元に沿って積み重ねられ、3次元の出力の立体が作られます。

畳み込み層には層のパラメーターと追加のハイパーパラメーターが設定されます。パラメーターの訓練には勾配降下法が使われ、クラスごとのスコアが訓練データでのラベルと矛盾しないように値が調整されます。畳み込み層の主な構成要素は以下の通りです。

- フィルター
- アクティベーションマップ
- パラメーターの共有
- 層に固有のハイパーパラメーター

それぞれの詳細について、これから紹介します。

4.2.5.2 フィルター

畳み込み層が持つフィルターの集合は、層のパラメーターとして定義されます。フィルターは幅と高さを持つ関数で、それぞれの大きさは入力の立体よりも小さく設定されます。

自然言語処理でのフィルターのサイズ
入力の立体と同じサイズのフィルターを定義することもできます。しかし、一般的には幅と高さのどちらかだけで、両方とも同じサイズになることはありません。自然言語処理（NLP）にCNNを適用する際には特に、この点について覚えておくとよいでしょう。

フィルター（つまり畳み込み）は**図4-12**のように、入力の立体上を幅と高さの方向にスライドしながら順に適用されます。この処理は奥行き方向にも繰り返されます。フィルターからの出力は、自身の値と入力データ中の対象の領域との内積です。

フィルターの個数とアクティベーションマップ
入力の立体にフィルターを適用した結果は、フィルターの**アクティベーションマップ**（または**特徴量マップ**）と呼ばれます。CNNを表す図の多くで、小さなアクティベーションマップが多数見られます。これらが生成される様子は、混乱を招くこともあります。

フィルターの個数は、畳み込み層ごとに適用されるハイパーパラメーターです。このハイパーパラメーターは、畳み込み層からいくつのアクティベーションマップが生成されて次の層に渡されるかについても定義します。つまり、3次元の層状に出力される立体の中で、フィルターの個数は3つ目の次元（アクティベーションマップの数）に相当します。この値は自由に指定できますが、はたらきには優劣があります。

CNNのアーキテクチャーは、学習を経たフィルターが局所的な入力のパターンに対して最も強いアクティベーションを生成するように構成されます。つまりフィルターは、訓練データの中で該当する位置にパターン（特徴量）がある場合にのみアクティベーションを発生させるということをめざして学習されます。CNNの各層を進むにつれて、フィルターは特徴量の非線形的な組み合わせを認識し、より大域的なパターンに対応できるようになります。後述する高性能な畳み込みのアーキテクチャーでは、ネットワークの奥行きはCNNにとって重要だということが示されています。

4.2.5.3　アクティベーションマップ

「1章　機械学習の概要」で、アクティベーションとはニューロンが情報を中継するかどうかの判定を数値化したものであると述べました。これは、ニューロンへの入力と接続の重み（入力の場合には、これらに加えて活性化関数の種類）の関数です。

「活性化する」とは、入力の立体から出力の立体へと情報が流れることを意味します。

CNNでの順方向の処理では、入力の立体の中でそれぞれのフィルターが空間の次元（幅と高さ）に沿ってスライドします。フィルターごとに、アクティベーションマップと呼ばれる2次元の出力が生成されます。先ほど紹介した畳み込まれた特徴量という概念と、アクティベーションマップとの関係を示したのが図4-13です。

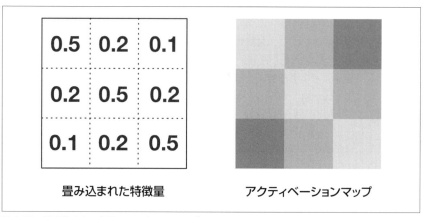

図4-13　畳み込みとアクティベーションマップ

この図の右側は、文献でよく見られる畳み込みでのアクティベーションマップとは異なる方法で描かれています。

アクティベーションマップ

文献によっては、アクティベーションマップは**特徴量マップ**（feature map）と呼ばれることもあります。本書ではアクティベーションマップで統一します。

アクティベーションマップを算出する際には、入力の立体での奥行きの各スライスの中でフィルターがスライドしていきます。そしてフィルターの値と入力の立体との間で、内積が計算されます。フィルターは重みを表しており、入力されるアクティベーションの中を移動しながら乗算されます。空間内の特定の位置に特定の種類の特徴が見られた場合に活性化されるように、フィルターが学習されます。

こうして生成されたアクティベーションマップは、図4-14のように奥行きの次元に沿って重ねられ、畳み込み層から3次元の出力の立体が生成されることになりま

す。ここに含まれるエントリは、入力の立体の中で小さな一部分だけを参照しているニューロンからの出力と考えられます。

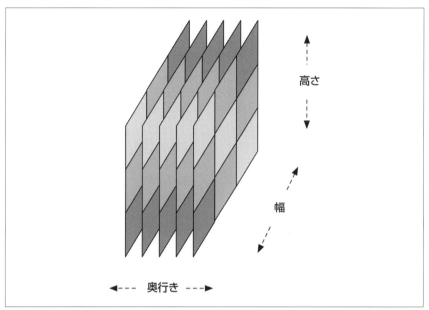

図4-14　畳み込み層から出力されるアクティベーションの立体

　この出力は、同じアクティベーションマップのニューロンの間で共有されているパラメーターの計算結果になることもあります。出力の立体を生成するそれぞれのニューロンは、入力の立体のうち一部分にのみ接続しています（**図4-15**）。
　このプロセスでの局所的な接続は、**受容野**（receptive field）と呼ばれるハイパーパラメーターを通じて制御できます。これを使うと、入力の立体の中でフィルターがどの程度の幅と高さに適用されるかを指定できます。

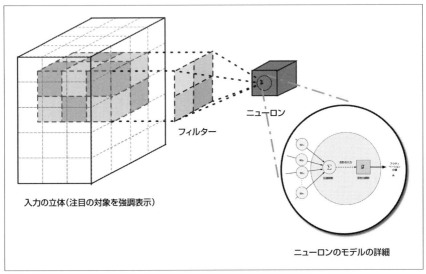

図4-15　アクティベーションの出力を表す立体の生成

受容野を使って局所的な接続を制御する

　層の中にあるニューロンは、入力の立体のうち空間の次元（幅と高さ）については小さな領域でのみ接続します。一方、奥行きの次元に沿った接続の長さは常に入力の立体の奥行きと一致します。つまり、奥行き方向については完全に結合していることになります。前出のコラム コラム「CIFAR-10 データセットとは」で紹介した CIFAR-10 の入力データ（RGB 画像）を例にとって、このことの意味について考えてみましょう。

　ここで入力される立体のサイズは $32 \times 32 \times 3$ です。受容野のハイパーパラメーターは 5×5 とします。畳み込み層それぞれのニューロンには、入力の立体での $5 \times 5 \times 3$ の領域に対応した重みが設定されます。その結果、1 つのニューロンは $5 * 5 * 3 = 75$ 個の重みを持ちます。

　入力の立体の奥行きは 3 であり、この値は畳み込み層での奥行き方向の接続と等しくなります。幅と高さについては画像よりも小さな領域で接続しますが、奥行き方向の接続は必ず入力全体にわたります。

　畳み込み層の中での接続は局所的であっても、ニューロン自体は変わっていま

4.2 畳み込みニューラルネットワーク（CNN） | **157**

せん。非線形的な関数を使って、重みと入力の内積が計算されます。

　つまり、従来の多層ニューラルネットワークとの違いは、ニューロンが入力の一部分としか接続しないという点だけです。奥行きについては完全に接続していますが、空間について局所的だという意味です。

　フィルターは境界のある小さな領域を対象に、入力の立体からアクティベーションマップを生成します。これは先ほど述べた局所的な接続の関係に基づいて、入力の立体のうち一部分にだけ接続します。その結果、層ごとの訓練対象のパラメーターの数を減らしながら、高水準な特徴量抽出を行えるようになります。**パラメーターの共有**（parameter sharing）というテクニックを使うと、畳み込み層でのパラメーターの数をさらに減らせます。

4.2.5.4　パラメーターの共有

　CNN では、パラメーターを共有することによってその合計数が削減されています。訓練用データセットの学習に必要な計算機資源が減少し、訓練時間を短縮できます。CNN でパラメーターの共有を実装するには、まず奥行きごとに 2 次元に薄切りにしたものを「奥行きのスライス」として定義します。そして奥行きのスライスごとに、中に含まれるニューロンはすべて同じ重みとバイアスを持つという制限を設けます。こうすると、畳み込み層でのパラメーター（重み）の数を大幅に減らせます。

　訓練対象の入力画像に中央寄りの特定の構造が見られる場合、パラメーターの共有によるメリットは得られません。例えば中央に顔が映っている画像では、常に固有の位置に固有の特徴が現れます。このような場合にはパラメーターを共有しないほうがよいでしょう。パラメーターの共有によって、CNN には変換や移動への不変性ももたらされます。

4.2.5.5　学習したフィルターと描画

　図4-16 は 96 個の学習したフィルター（サイズは $11 \times 11 \times 3$）の例です。パラメーターの共有を利用すれば、画像中の多くの箇所で水平な線の検出を効率的に行えることがわかります。これは平行移動しても不変だという画像の特性に起因しています。つまり、1 つのフィルターで学習した水平線を共有すると、画像のすべての位置で特徴量として学習する必要はありません。

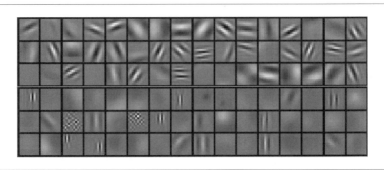

図4-16　学習した96個のフィルターの例。サイズは11×11×3。Krizhevskyら[11]による

　もう少し詳しく解説するために、ある2次元の画像について考えてみましょう。この画像を4つに分割すると、ニューラルネットワークは位置について不変な特徴量を学習できます。その理由は、ネットワークがデータを分割する方法によります。画像を一部分ずつ学習し、結果が蓄積されます。そしてニューラルネットワークは、特定の特徴量群に限定されない全体的な表現を学習できます。フィルターの描画については「6章　深層ネットワークのチューニング」で再び解説します。

CNNでの特徴量の回転不変性
CNNの設計から明らかに、学習された特徴量は移動不変性を持ちます。一方、（一般的には）回転不変性は持ちません。ただし適切なデータの水増し（data augmentation）を行えば、ある程度の回転不変性は達成できます。

4.2.5.6　層としてのReLU活性化関数

　CNNではReLUの層がしばしば使われます。ここでは、要素ごとにゼロをしきい値とした区分を行う活性化関数が適用されます。例えば$\max(0, x)$が使われます。出力のサイズは層への入力と一致します。

DL4Jでの層の種類と活性化関数
DL4Jでは、ニューロンが利用する活性化関数の種類に基づいて層が区別されます。ただし、このルールはすべての層のクラス名に反映されているわけで

---

[11] Krizhevsky et al. 2012. "ImageNet Classification with Deep Convolutional Neural Networks." (http://bit.ly/2tmodqn)

はありません。DL4J での活性化関数は、層自身に組み込まれています。他の Caffe などのライブラリでは、個別のアクティベーションの層が使われています。

入力の立体に対してこの関数を適用すると、入力データの空間的サイズはそのままでピクセルの値だけが変更されます。ReLU の層にはパラメーターも、追加のパラメーターもありません。

4.2.5.7　畳み込み層のハイパーパラメーター

畳み込み層から出力される立体の空間的配置やサイズを決めるハイパーパラメーターは以下の通りです。

- フィルター（カーネル）のサイズ。受容野のサイズとも
- 出力の奥行き
- ストライド
- ゼロパディング

畳み込み層のサイズに関する 7 章での解説
ここではそれぞれのハイパーパラメーターのはたらきを紹介します。「7 章　特定の深層ネットワークのアーキテクチャーへのチューニング」では、CNN の層に対するチューニングのしくみを解説します。

フィルターのサイズ

すべてのフィルターにおいて、空間的サイズである幅と高さは小さく設定されます。例えば、最初の畳み込み層では 5×5×3 というサイズのフィルターが使われることがあります。このフィルターは縦横 5 ピクセルで、3 つのカラーチャンネルに対応します（入力が 3 チャンネル RGB 画像だと仮定します）。

出力の奥行き

出力される立体の奥行きは変更できます。このハイパーパラメーターは、入力の立体での該当する位置で奥行き方向に接続されるニューロンの数を表します。

エッジとアクティベーション
奥行き方向にそれぞれ異なるニューロンは、作成された入力データ（色やエッジなど）で刺激されると活性化するように学習します。

入力の立体の中で同じ領域を参照しているニューロンの集合を、奥行きの列と呼びます。

ストライド

フィルターの関数を適用した後に、フィルターのウィンドウが移動する量がストライドです。入力の列にフィルターの関数を適用するたびに、出力の立体の中に新たな奥行きの列が生成されます。つまりストライドの値が小さいと、奥行きの列が多く生成されることになります。例えばストライドが 1 だと、フィルターは 1 つずつ移動します。このような場合、それぞれの列の間で受容野が大きく重複し、このことも出力の立体の大きさに影響します。ストライドの値を大きくすれば、逆の状態になります。重複は少なくなり、出力の立体は空間的に小さなものになります。

ゼロパディング

最後に紹介するハイパーパラメーターがゼロパディングです。これも出力される立体の空間的サイズに影響します。出力の立体の空間的サイズを、入力の立体のサイズのまま保ちたい場合に使われます。

4.2.5.8　バッチ正規化と層

バッチごとに直前の層でのアクティベーションを正規化すると、CNN の訓練を加速できます[12]。バッチ正規化（batch normalization）ではアクティベーションの平均を 0.0 に、標準偏差を 1.0 にそれぞれ近づけるという変換が適用されます。

CNN におけるバッチ正規化では、正規化の処理をネットワークのアーキテクチャーに組み込むことによって、訓練が高速化できるということが示されています（https://github.com/ducha-aiki/caffenet-benchmark/blob/master/batchnorm.md）。入力レコードのミニバッチの訓練ごとに正規化を行うと、学習率を大幅に増加させることができます。バッチ正規化は訓練での重みの初期値に対する感度を

---

[12] Ioffe and Szegedy. 2015. "Batch Normalization: Accelerating Deep Network Training by Reducing Internal Covariate Shift." (https://arxiv.org/abs/1502.03167)

低下させ、正規化器として機能します (https://www.quora.com/Why-does-batch-normalization-help)。そして、その他の正規化の必要性を減少させます。後ほど LSTM という別の種類の深層ネットワークを紹介しますが、ここでもバッチ正規化が使われます[†13]。

4.2.6 プーリング層

プーリング層は主に、2つ続く畳み込み層の間に挿入されます。畳み込み層の後にプーリング層を配置するのは、データの表現の空間的サイズ（幅と高さ）を徐々に減らしていくためです。ネットワーク上でのデータを削減し、過学習を抑制できます。入力中の奥行きのスライスごとに、プーリング層は独立して作用します。

主なダウンサンプリングの操作

最も広く使われているダウンサンプリングの操作は**最大値プーリング**で、次によく使われているのが**平均値プーリング**です。

プーリング層では max() 関数を使って入力データの空間的サイズ（幅と高さ）が変更されます。この操作は**最大値プーリング**（max pooling）と呼ばれます。例えばフィルターのサイズが 2 × 2 なら、max() の操作によってフィルターの領域にある 4 つの値から最大のものが選ばれます。奥行きの次元には影響しません。

プーリング層では、フィルターを使って入力の立体に対してダウンサンプリングの処理が行われます。この操作は入力データのうち空間の次元に対して作用します。例えば入力の画像が縦横 32 ピクセルだとしたら、これよりも幅と高さの小さな画像（縦横 16 ピクセルなど）が出力されるでしょう。プーリング層で最もよくある設定は、フィルターのサイズが 2 × 2 でストライドも 2 というものです。この設定では、入力された立体に含まれる奥行きのスライスのそれぞれで空間的サイズ（幅と高さ）が半分になります。その結果、アクティベーションのうち 75 パーセントが破棄されます。

プーリング層には層ごとのパラメーターはありませんが、追加のハイパーパラメーターは用意されています。入力の立体に対して決まった関数を計算するだけなので、パラメーターは必要ありません。プーリング層でゼロパディングを使うことは稀です。

[†13] Cooijmans et al. 2016. "Recurrent Batch Normalization." (https://arxiv.org/abs/1603.09025)

4.2.7 全結合層

ネットワークからの出力（最後に位置する出力層での計算結果）となる、各クラスのスコアを算出するために全結合の層が使われます。出力される立体のサイズは $1 \times 1 \times N$ です。ここでの N は評価対象のクラスの数を表します。先ほどの CIFAR-10 データセットの例では、対象が 10 種類のクラスに分類されるため N は 10 です。この層では、層内のすべてのニューロンと直前の層にあるすべてのニューロンとの間で接続が行われます。

全結合層には、通常の層のパラメーターおよびハイパーパラメーターも設定されます。この層で入力データの立体に対して行われる変換は、入力の立体によるアクティベーションとパラメーター（各ニューロンの重みとバイアス）の関数です。

複数の全結合層
CNN のアーキテクチャーの中には、ネットワークの末尾に複数の全結合層を配置するものもあります。例えば AlexNet (http://stanford.io/2txZ3TV) では、2 つの全結合層に続けて末尾にソフトマックス層が接続されています。

4.2.8 その他の CNN の適用例

一般的な 2 次元の画像にとどまらず、3 次元のデータセットに対しても CNN は適用できます。例えば次のような利用例が知られています。

- MRI のデータ[14]
- 3 次元形状のデータ[15]
- グラフデータ[16]
- NLP アプリケーション[17]

CNN では特徴量ベクトルの中で特徴量が現れる位置を固定する必要がありませ

---

[14] Milletari, Navab, and Ahmadi. 2016. "V-Net: Fully Convolutional Neural Networks for Volumetric Medical Image Segmentation." (https://arxiv.org/abs/1606.04797)

[15] Maturana and Scherer. 2015. "VoxNet: A 3D Convolutional Neural Network for Real-Time Object Recognition." (http://bit.ly/2sOgkes)

[16] Henaff, Bruna, and LeCun. 2015. "Deep Convolutional Networks on Graph-Structured Data." (https://arxiv.org/abs/1506.05163)

[17] Conneau et al. 2016. "Very Deep Convolutional Networks for Text Classification." (https://arxiv.org/abs/1606.01781)

ん。この位置不変性により、さまざまな分野での利用が可能となっています。

4.2.9　有名な CNN

よく知られている CNN のアーキテクチャーを、以下にいくつか紹介します。

- LeNet[18]
  - 初期の CNN のアーキテクチャーの中で、成功を収めたものの 1 つ
  - 開発者：Yann LeCun
  - 当初は画像に含まれる数字を読み取るために使われた
- AlexNet[19]
  - ILSVRC 2012 で優勝
  - コンピュータービジョンの分野に CNN を普及させた
  - 開発者：Alex Krizhevsky、Ilya Sutskever、Geoffrey Hinton
- ZF Net[20]
  - ILSVRC 2013 で優勝
  - 開発者：Matthew Zeiler、Rob Fergus
  - 逆畳み込みネットワークの可視化という概念を提唱した
- GoogLeNet[21]
  - ILSVRC 2014 で優勝
  - 開発者：Christian Szegedy（Google）らのチーム
  - Inception というコードネーム。バリエーションの 1 つは 22 個の層を持つ
- VGGNet[22]
  - ILSVRC 2014 で準優勝
  - 開発者：Karen Simonyan、Andrew Zisserman
  - 高い性能のためにはネットワークの深さが必須であることを示した

---

[18] LeCun et al. 1998. "Gradient-based learning applied to document recognition." (http://bit.ly/2uSqcAw)

[19] Krizhevsky, Sutskever, and Hinton. 2012. "ImageNet Classification with Deep Convolutional Neural Networks." (http://bit.ly/2tmodqn)

[20] Zeiler and Fergus. 2013. "Visualizing and Understanding Convolutional Networks." (https://arxiv.org/pdf/1311.2901v3.pdf)

[21] Szegedy et al. 2015. "Going Deeper with Convolutions." (http://bit.ly/2toWlBV)

[22] Simonyan and Zisserman. 2015. "Very Deep Convolutional Networks for Large-Scale Image Recognition." (https://arxiv.org/pdf/1409.1556v6.pdf)

- ResNet[†23]
  - 1,200 層近くにも上るきわめて深いネットワークで訓練された
  - ILSVRC 2015 の分類部門で優勝

4.2.10　ここまでのまとめ

画像に特化した特徴量抽出への需要を受けて、CNN は進化してきました。CNN の各層は、特徴量がどの列にあってもうまく発見できます。畳み込み層とプーリング層そして通常の全結合層が協力して、画像を分類する様子を見てきました。次は、時間というドメインのモデル化に注力しているリカレントニューラルネットワークというアーキテクチャーについて解説します。

4.3　リカレントニューラルネットワーク

リカレントニューラルネットワークは、フィードフォワードニューラルネットワークの一種です。他のフィードフォワードニューラルネットワークと異なるのは、タイムステップごとの情報を扱えるという点です。この研究の第一人者である Jüergen Schmidhuber は、リカレントニューラルネットワークについて次のような興味深い解説を行っています。

> リカレントニューラルネットワークは（中略）並列と直列の処理のどちらも行えます。そして原理的には、従来のコンピューターと同様の計算が可能です。従来のコンピューターと異なり、リカレントニューラルネットワークは人間の脳に似ています。脳とは、つながり合ったニューロンによる大きなフィードバックのネットワークです。感覚器官からの長期にわたる入力ストリームを受け取り、運動器官での出力のシーケンスへと変換するための方法を学習します。現在の機械が対処できない多くの課題を解決できるという点で、脳は格好のお手本です。

以前は、リカレントニューラルネットワークの訓練は難しいとされていました。しかし今日では、最適化やネットワークのアーキテクチャー、並列化、GPU（graphics processing unit）の研究が進み、実務者にとっても利用しやすいものになってきてい

[†23] He et al. 2015. "Deep Residual Learning for Image Recognition." (https://arxiv.org/abs/1512.03385)

ます。

　リカレントニューラルネットワークでは、入力ベクトルのシーケンスが 1 つずつモデル化されていきます。その結果、入力ベクトルのウィンドウの中でモデル化していきながら内部状態を保持できます。時間という次元をモデル化できるのが、リカレントニューラルネットワークの大きな特徴です。

4.3.1　時間という次元のモデル化

　リカレントニューラルネットワークはチューリング完全であると考えられており、重みを使って任意のプログラムをシミュレートできます。ニューラルネットワークを「関数に対する最適化」であるとみなすならば、リカレントニューラルネットワークは「プログラムに対する最適化」であるととらえることもできます。それぞれの値の間に時間の依存関係があるような入出力のベクトルを持つ関数をモデル化する場合に、リカレントニューラルネットワークは適しています。リカレントニューラルネットワークは、ネットワーク内にサイクルを用意することによってデータの時間的側面をモデル化します（「リカレント」という名称はこれに由来します）。

4.3.1.1　時間の流れ

　サポートベクターマシン、ロジスティック回帰、通常のフィードフォワードネットワークなど、分類に使われる多くのツールは、時間という次元について独立性を仮定し、モデル化の際に考慮しません。これらのツールの変種として、時間に伴う動きを捕捉できるものもあります。これらは、スライドする入力のウィンドウ（例えば、直前と現在そして直後の入力を 1 つの入力ベクトルとしてまとめたもの）をモデル化できます。

　それぞれの入力での時間のつながりを考慮しないモデルには、長期にわたる時間の依存関係を表現できないという問題があります。スライドするウィンドウの幅は限られており、それよりも長期の影響は捕捉できません。わかりやすい例として、会話のしくみのモデル化が考えられます。これは時間とともに会話が進展していくのに合わせて、一貫性のある回答を行うように学習させる必要があります。十分に訓練されたリカレントニューラルネットワークは、Alan Turing が考案した**チューリングテスト**（Turing test）にも合格しています。つまり、「本物の人間相手と会話している」と人間に思い込ませることも可能です。

4.3.1.2 時間的フィードバックと循環する接続

リカレントニューラルネットワークでは循環する接続も許されます。そのため時間に依存したふるまいをモデル化でき、時系列や言語、音声、テキストなどのドメインでの精度を向上できます。

出力層から隠れ層への接続
実践の場では、このような方式の接続が行われる頻度は高くありません。DL4Jでもこの接続は行えません。しかし資料としては、本書でこの接続について取り上げることには意味があると考えます。最も多い接続は、それぞれのリカレント層であるタイムステップでのニューロンと次のタイムステップでのニューロンを結ぶ接続です。

これらのドメインのデータは本質的に順序付きであり、コンテキストの影響を受けます。つまり、後のほうの値は以前の値に依存します。リカレントニューラルネットワークでの接続は、このような時間に伴う効果を捕捉したフィードバックを可能にしてくれます。リカレントニューラルネットワークが適用されるのは、主に時系列を持つドメインです。

リカレントニューラルネットワークでのフィードバックのループは、シーケンスからの学習に使われます。このシーケンスは可変長でもかまいません。リカレントニューラルネットワークでの各タイムステップの間の接続には、追加のパラメーターの行列が含まれます。データに含まれるタイムステップごとの関係を表現するために、このパラメーターに対して訓練が行われます。

リカレントニューラルネットワークは、シーケンスを出力するために訓練されます。それぞれのタイムステップにおける出力は、現在の入力と過去のすべてのタイムステップでの入力に基づいています。一般的なリカレントニューラルネットワークでは、後述する **BPTT**（backpropagation through time）というアルゴリズムを使って勾配が計算されます。

4.3.1.3 シーケンスと時系列のデータ

シーケンスのデータは以下のように、業界でのさまざまな問題領域で使われています。これらの場合、モデルからベクトルのシーケンスを出力する必要があります。

4.3 リカレントニューラルネットワーク | 167

- 画像のキャプションの生成（http://cs.stanford.edu/people/karpathy/sfml
  talk.pdf）
- 音声合成[†24]
- 音楽の生成[†25]
- テレビゲームの無人プレイ
- 言語のモデル化（http://www.fit.vutbr.cz/~imikolov/rnnlm/thesis.pdf）
- 文字レベルで文章を生成するモデル（https://karpathy.github.io/2015/05
  /21/rnn-effectiveness/）

入力がベクトルのシーケンスとなるドメインもあります。

- 時系列の予測
- 動画の分析
- 音楽についての情報検索

さらに入出力の両方でベクトルのシーケンスが使われるドメインもあります。

- 自然言語の翻訳[†26]
- 会話への参加
- ロボットの操作

リカレントニューラルネットワークと他の深層ネットワークとの違いは、モデル化
可能な入力の種類にも見られます。リカレントニューラルネットワークでは、固定的
でない入力もモデル化できます。

- 非固定的な計算のステップ
- 非固定的な出力サイズ
- ベクトルのシーケンス（動画のフレームなど）に対する処理が可能

[†24] Graves and Jaitly. 2014. "Towards End-to-End Speech Recognition with Recurrent Neural Network." (http://www.jmlr.org/proceedings/papers/v32/graves14.pdf)

[†25] Nayebi and Vitelli. 2015. "GRUV: Algorithmic Music Generation using Recurrent Neural Networks." (https://cs224d.stanford.edu/reports/NayebiAran.pdf)

[†26] Sutskever, Vinyals, and Le. 2014. "Sequence to Sequence Learning with Neural Networks." (https://arxiv.org/abs/1409.3215)

168 | 4章　深層ネットワークの主要なアーキテクチャー

リカレントニューラルネットワークには、入力と出力を特有の方法で処理するという重要な性質があります。

4.3.1.4　モデルの入出力を理解する

従来の機械学習では、入力ベクトルは固定長で1つだけという前提の下に処理が行われていました。そして従来のモデル化によって、固定長の入力から固定長の出力への関係が作られました。

画像や表形式のデータの分類器を作成する際に、このようなパターンはしばしば見られます。

リカレントニューラルネットワークでは、入力が動的な複数のベクトルへと変更されています。1つのタイムステップごとにベクトルが用意され、それぞれに多くの列が含まれています。リカレントニューラルネットワークは入出力のベクトルのシーケンスに対して、次の例で示されるような処理を行います。

1対多

出力がシーケンスです。例えば画像にキャプションを付ける場合、1つの画像を受け取って語のシーケンスを出力します。

多対1

入力がシーケンスです。例えば感情分析では、文が入力されます。

多対多

例えば、動画の分類ではフレームごとにラベルが付けられます。

入出力のデータのバリエーションについて学んだところで、次は入力されるデータの表現方法について考えてみましょう。

4.3.2　3次元の立体的入力

リカレントニューラルネットワークへの入力は、基本的な機械学習のモデル化での入力よりも多くの次元を持ちます。概念上は、CNNに似ています。入力は3つの次元を持ち、それぞれ以下の大きさを表します。

1. ミニバッチのサイズ
2. タイムステップごとのベクトルでの列数

3. タイムステップの数

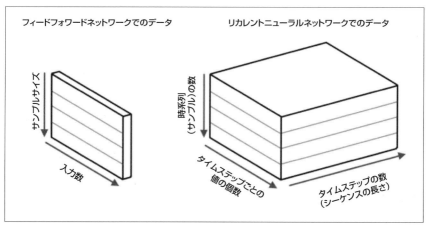

図 4-17 一般的な入力ベクトルと、リカレントニューラルネットワークへの入力

　ミニバッチのサイズとは、1 回のバッチでモデル化したい入力レコード（1 つのソースの実体に対する時系列上の点の集合）の数を表します。列の数は、従来の入力ベクトルでの特徴量の列数に対応します。タイムステップの数は、時間に対する入力ベクトルの変化の観測数を表します。この値により、入力データの時系列データとしての側面が表現されます。入出力のアーキテクチャーに関する先ほどの用語に従うなら、分割数が 2 以上なら多対 1 または多対多の関係になります。

4.3.2.1　不均等な時系列とマスキング

　リカレントニューラルネットワークでは入力ベクトルでの特徴量に加えて、タイムステップの概念が取り入れられているということを先ほど述べました。これを視覚的に表現したのが**図 4-18** です。

　すべての列の値が、すべてのタイムステップに現れるとは限りません。データベースなどから取得した静的なデータと時系列のデータ（例えば、患者の心拍数など）が混在する場合、しばしば欠落が発生します。このようにタイムステップごとの値がノコギリ状になる場合には、**マスキング**（masking）が必要です。マスキングを行うと、実際のデータがベクトル中のどこにあるかを DL4J に知らせることができます。マスキングのために、追加の行列を与えます。この行列では**図 4-19** のように、少なくとも 1 つの列に入力データが含まれているタイムステップを指定します。

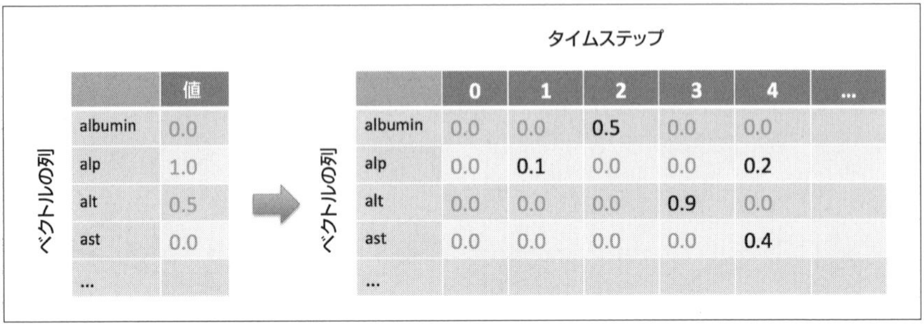

図4-18 リカレントニューラルネットワークへの入力に見られる、タイムステップの概念

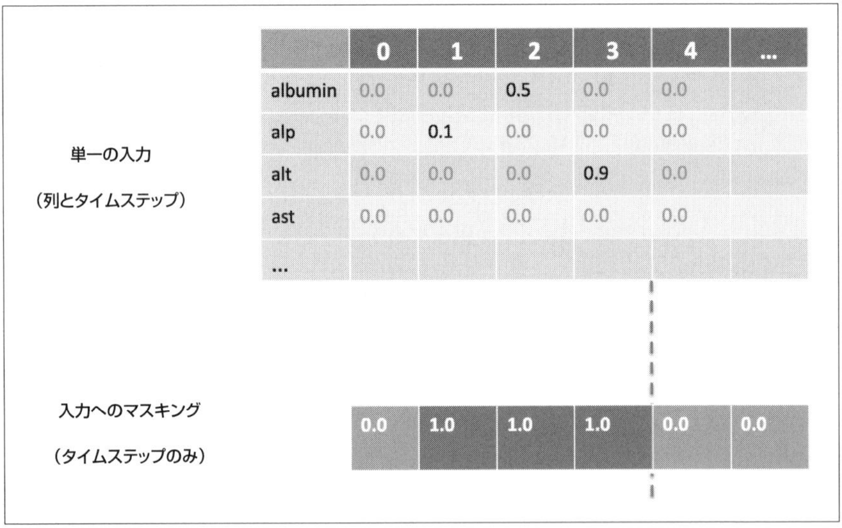

値
albumin	0.0
alp	1.0
alt	0.5
ast	0.0
...	

タイムステップ

	0	1	2	3	4	...
albumin	0.0	0.0	0.5	0.0	0.0	
alp	0.0	0.1	0.0	0.0	0.2	
alt	0.0	0.0	0.0	0.9	0.0	
ast	0.0	0.0	0.0	0.0	0.4	
...						

図4-19 特定のタイムステップへのマスキング

単一の入力
（列とタイムステップ）

	0	1	2	3	4	...
albumin	0.0	0.0	0.5	0.0	0.0	
alp	0.0	0.1	0.0	0.0	0.0	
alt	0.0	0.0	0.0	0.9	0.0	
ast	0.0	0.0	0.0	0.0	0.0	
...						

入力へのマスキング
（タイムステップのみ）

0.0	1.0	1.0	1.0	0.0	0.0

　「7章　特定の深層ネットワークのアーキテクチャーへのチューニング」で、マスキングを実際に行っているコードを紹介します。

4.3.3　マルコフモデルではない理由

　モデルの中で時間の次元を扱う場合、通常はマルコフモデル（https://en.wikipedia.org/wiki/Hidden_Markov_model）が選択肢の1つとして挙げられます。マルコフモデルも機械学習のモデルの一種であり、シーケンスのモデル化に広く使われています。ただし、コンテキストのウィンドウのサイズが大きくなるとモデルの計算量

が実行不可能なほどに増大するので、長期にわたる依存関係のモデル化には適していません。

リカレントニューラルネットワークはコネクショニズムに基づくモデルであり、マルコフモデルや時間のウィンドウに制約を受けるその他のモデルよりも優れています。なぜなら、リカレントニューラルネットワークは、入力データの中から長いタイムステップにわたる依存関係を見出せるからです。リカレントニューラルネットワークでの隠れた内部状態が、コンテキストを表す任意の長さのウィンドウから情報を取り出します。他のテクニックでのように制約を受けることもありません。しかも、モデル化可能な状態の数は、隠れ層のノードによって表現されます。層内のノードを増やせば、状態を指数的に増加させることが可能です。このためリカレントニューラルネットワークでは、時間の次元に関わる情報を多くの入力ベクトルにまたがって取得することがきわめて容易です。

リカレントニューラルネットワークと隠れ層そして状態の数

入力がバイナリ値（0、1）だけからなる場合、N を隠れ層でのノードの数とすると、ネットワークは 2^N 個の状態を表現できます。一方、出力が 64 ビットの実数の場合、これらのノードからなる 1 つの隠れ層は 2^{64^N} 個の状態を表現できます。

これらのネットワークの訓練コストは、隠れたノードの数に対して 2 次関数的にしか増加しません。一方、ネットワークの表現力は、隠れたノードの数に対して指数的に向上します。

4.3.4 一般的なリカレントニューラルネットワークのアーキテクチャ

リカレントニューラルネットワークはフィードフォワードニューラルネットワークの上位集合であり、リカレント接続という概念が追加されています。この接続は、直前や直後の隣接するタイムステップとの間で行われます。このことがモデルに時間の概念をもたらしています。従来の接続には、リカレントニューラルネットワークで見られるような循環はありません。一方リカレント接続では、未来のタイムステップの自分自身に接続するという循環が発生します。

4.3.4.1 リカレントニューラルネットワークのアーキテクチャーと
タイムステップ

リカレントニューラルネットワーク内に入力が送られるタイムステップごとに、リカレント接続への入力を受け取るノードは、現在の入力ベクトルからのアクティベーションに加えて、直前のネットワークの状態に含まれている隠れたノードからのアクティベーションを受け取ります。

該当するタイムステップでの隠れた状態を元に、出力が計算されます。リカレント接続を通じて、直前のタイムステップでの入力ベクトルが、現在のタイムステップでの出力に影響を与えます。

このように特別なニューロンの層を連鎖させることによって、より良いモデルを作成できます。多層フィードフォワードニューラルネットワークと同様に、ある層からの出力は次の層への入力として接続されます。

勾配消失問題

リカレントニューラルネットワークでは「勾配消失問題」という欠点が知られています。勾配が極端に大きいあるいは小さい場合に、入力のデータセットの構造に対して長期（10 タイムステップ分以上）の依存関係をモデル化するのが難しくなるという問題です。最も効果的な対策は、リカレントニューラルネットワークの一種である LSTM を利用することです。LSTM は DL4J でも利用できます。

4.3.5 LSTM ネットワーク

リカレントニューラルネットワークのバリエーションの中で、最もよく使われているのが LSTM ネットワークです。1997 年に Hochreiter と Schmidhuber によって提案されました[27]。

LSTM の構成要素[28]の中で、きわめて重要なのが記憶セルとゲート群（忘却ゲー

---

[27] Hochreiter and Schmidhuber. 1997. "Long short-term memory." (http://www.bioinf.jku
.at/publications/older/2604.pdf)

[28] Graves. 2012. "Supervised Sequence Labelling with Recurrent Neural Networks." (http:
//www.cs.toronto.edu/~graves/preprint.pdf)

ト[29]や入力ゲート）です。記憶セルの内容は、入力ゲートと忘却ゲートによって調整されます[30]。これらのゲートがともに閉じられている場合、記憶セルの内容は次のタイムステップまでの間に変更されません。このようなゲートのしくみを通じて、情報を長いタイムステップにわたって保持でき、勾配についても長期間伝播させることができます。その結果 LSTM のモデルは、ほとんどのリカレントニューラルネットワークのモデルで見られる勾配消失問題を克服できます。

4.3.5.1　LSTM ネットワークの特性

LSTM は次のような性質を持つことが知られています。

- より良い更新式
- より良い逆伝播

LSTM のユースケースの例は以下の通りです。

- 文の生成（文字レベルの言語モデル）
- 時系列データの分類
- 音声認識
- 手書き文字認識
- 多音声の楽曲のモデル化

近年の LSTM や BRNN（Bidirectional Recurrent Neural Network）のアーキテクチャーは、次のような処理のベンチマークについて業界をリードする成績を示しています。

- 画像のキャプションの生成
- 言語間の翻訳
- 手書き文字認識

---

[29] Gers, Schmidhuber, and Cummins. 1999. "Learning to Forget: Continual Prediction with LSTM." (http://bit.ly/2sUDaML)

[30] Graves. 2012. "Supervised Sequence Labelling with Recurrent Neural Networks." (http://www.cs.toronto.edu/~graves/phd.pdf)

LSTM ネットワークは多数の相互接続した LSTM セルから構成され、効率的に学習を行えます。

LSTM での訓練の複雑さ
入力シーケンスに含まれるタイムステップの数に比例して、順方向と逆方向の処理での計算量は線形的に増加します。

ここからは、LSTM のアーキテクチャと構成要素について概要を紹介します。

4.3.5.2　LSTM ネットワークのアーキテクチャ

LSTM ネットワークでのユニットや層の複雑な接続をより良く理解するために、すでに学んだ概念を発展させていきます。

まず、図4-20 のような多層フィードフォワードニューラルネットワークの概念を思い出しましょう。

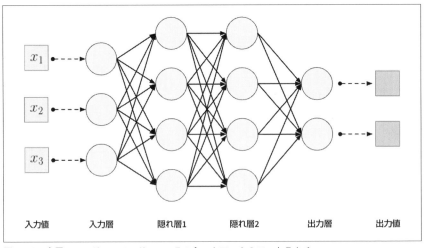

図4-20　多層フィードフォワードニューラルネットワークのアーキテクチャ

ここでのそれぞれの層を、平坦化された1つのノードとして表現すると図4-21 のようになります。

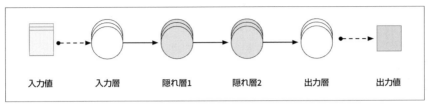

図 4-21　多層フィードフォワードネットワークを別の形式で可視化したもの

　リカレントニューラルネットワークには、ある隠れ層のニューロンからの出力が自分自身への入力になるような接続が導入されています。これはリカレント接続と呼ばれ、ニューロンは入力の一部として直前のタイムステップからの出力を受け取れます。
　こうして平坦化を行うと、リカレント接続を簡単に可視化できるようになります（図 4-22）。

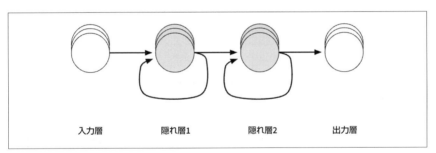

図 4-22　隠れ層のノードでのリカレント接続

　さらにこのネットワーク図を「展開」すると、図 4-23 のようになります。時間に沿って、フィードフォワードネットワークと同様に情報が流れていきます。
　これから説明する LSTM ネットワークでは、一般的なリカレントニューラルネットワークよりもリカレント接続を経由する情報が多くなります。

4.3.5.3　LSTM ユニット

　リカレントニューラルネットワークの層に含まれるユニットは、古典的な人工的ニューロンの変種です。
　LSTM ユニットには 2 種類の接続があります。

4章 深層ネットワークの主要なアーキテクチャー

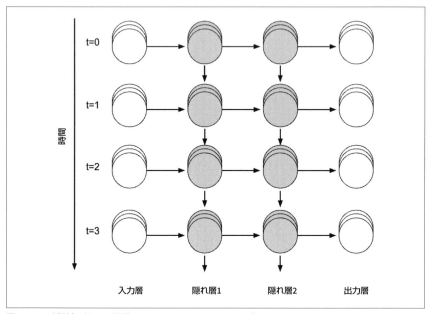

図4-23　時間軸に沿って展開されたリカレントニューラルネットワーク

- 直前のタイムステップのユニットからの接続
- 直前の層からの接続

LSTMネットワークで中心的な役割を果たす記憶セルは、期間をまたがって状態を保持します。LSTMユニットの本体は**LSTMブロック**と呼ばれます（図4-24）。

LSTMユニットの構成要素は以下の通りです。

- 3つのゲート
  - 入力ゲート（入力調整ゲート）
  - 忘却ゲート
  - 出力ゲート
- ブロックへの入力
- 記憶セル（constant error carousel）
- 出力の活性化関数
- のぞき穴（peephole）接続

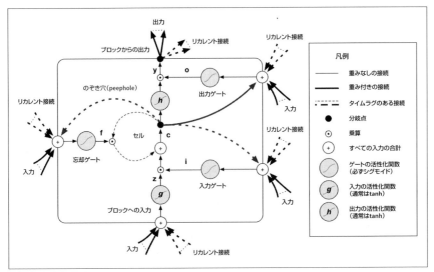

図 4-24　LSTM ブロック

3 つのゲートは、線形ユニットが誤った信号を送出するのを防ぐために学習します。

- 入力ゲートは無関係な入力イベントからユニットを保護する
- 忘却ゲートは、ユニットが以前の記憶を消去するのを手助けする
- 出力ゲートは、LSTM ユニットの出力として記憶セルの内容を公開するか否かを決定する

　LSTM ブロックからの出力は、同ブロックへの入力とすべてのゲートへ再帰的に接続されます。LSTM ユニットの入力ゲート、忘却ゲート、出力ゲートではシグモイドの活性化関数が使われており、値は (0, 1) に制限されます。LSTM ブロックの入力と出力での活性化関数は、通常は tanh です。

忘却ゲートについて
活性化関数から 1.0 という値が出力されたら、それは「すべてを覚えていてください」という意味です。0.0 は「すべてを忘れてください」という意味になります。つまり、見方を変えれば忘却ゲートは記憶ゲートと呼ぶほうが適切とも思えます。
実際に、忘却ゲートでのバイアスの初期値として使われるのは一般的に大きな

178 | 4章　深層ネットワークの主要なアーキテクチャー

値です。こうすることによって、長期間にわたる依存関係を学習できるように
なります。DL4J でのデフォルト値は 1.0 です。

　Greff らによる記法[31]を使うと、LSTM 層での順方向のベクトル演算は**図4-25**
のように表現できます。

$$\mathbf{z}^t = g(\mathbf{W}_z\mathbf{x}^t + \mathbf{R}_z\mathbf{y}^{t-1} + \mathbf{b}_z) \qquad \text{ブロックへの入力}$$

$$\mathbf{i}^t = \sigma(\mathbf{W}_i\mathbf{x}^t + \mathbf{R}_i\mathbf{y}^{t-1} + \mathbf{p}_i \odot \mathbf{c}^{t-1} + \mathbf{b}_i) \qquad \text{入力ゲート}$$

$$\mathbf{f}^t = \sigma(\mathbf{W}_f\mathbf{x}^t + \mathbf{R}_f\mathbf{y}^{t-1} + \mathbf{p}_f \odot \mathbf{c}^{t-1} + \mathbf{b}_f) \qquad \text{忘却ゲート}$$

$$\mathbf{c}^t = \mathbf{i}^t \odot \mathbf{z}^t + \mathbf{f}^t \odot \mathbf{c}^{t-1} \qquad \text{セルの状態}$$

$$\mathbf{o}^t = \sigma(\mathbf{W}_o\mathbf{x}^t + \mathbf{R}_o\mathbf{y}^{t-1} + \mathbf{p}_o \odot \mathbf{c}^t + \mathbf{b}_o) \qquad \text{出力ゲート}$$

$$\mathbf{y}^t = \mathbf{o}^t \odot h(\mathbf{c}^t) \qquad \text{ブロックからの出力}$$

図4-25　LSTM 層での順方向のベクトル演算

　それぞれの変数の意味は**表4-1**の通りです。

表4-1　LSTM のベクトル演算で使われる変数

変数名	意味
$\mathbf{x}^t$	時間 t での入力ベクトル
$\mathbf{W}$	入力の重みを表す長方行列
$\mathbf{R}$	リカレント接続の重みを表す正方行列
$\mathbf{p}$	のぞき穴（peephole）の重みのベクトル
$\mathbf{b}$	バイアスのベクトル

　自らへのリカレント接続の重みは、調整された場合を除いて 1.0 で固定されていま
す。これは、勾配消失問題に対応するためです。このコアとなるユニットのおかげ
で、シーケンスの中で長期間にわたるイベントを LSTM ユニットが発見できるよう
になります。以前のリカレントニューラルネットワークのアーキテクチャーでは 10
タイムステップ程度のイベントしかモデル化できませんでしたが、LSTM では 1,000

---

[31] Greff et al. 2015. "LSTM: A Search Space Odyssey." (http://arxiv.org/pdf/1503.04069 v1.pdf)

タイムステップにも上るイベントに対応できます。

LSTM のさらなる派生種を知りたいなら
"LSTM: A Search Space Odyssey" (http://arxiv.org/pdf/1503.04069 v1.pdf) という論文を読んでみましょう。

GRU（Gated Recurrent Unit）

LSTM に似たリカレント接続のユニットとして、GRU[32]（Gated Recurrent Unit）が知られています。GRU にはリセットゲートと更新ゲートが用意されます。これらは LSTM ユニットでの忘却ゲートと入力ゲートに似たものです。LSTM との大きな違いは、leaky integration だけを使ってメモリの内容を公開する（expose）という点です（ただし更新ゲートによって、適応的に時定数が制御されます）。GRU は LSTM に着想を得ていますが、処理や実装はよりシンプルに行えると考えられています。

4.3.5.4　LSTM 層

基本的な層は非固定の入力ベクトル x を受け取り、y という出力を生成します。この y は、入力 x だけでなく過去のすべての入力から影響を受けています。層としても、リカレント接続を通じて過去の入力から影響を受けます。RNN は内部状態を保持しており、これは層への入力としてベクトルを渡すたびに更新されます。内部状態は 1 つの隠れたベクトルとして表現されます。

4.3.5.5　訓練

LSTM ネットワークでは、教師付きの学習を通じて重みが更新されます。ベクトルのシーケンスの中から、1 つずつ訓練が行われます。ベクトルは実数で構成され、入力ノードでのアクティベーションのシーケンスになります。入力以外のユニットはすべて、与えられた任意のタイムステップにおけるアクティベーションを算出しま

---

[32] Cho et al. 2014. "Learning Phrase Representations using RNN Encoder-Decoder for Statistical Machine Translation." (https://arxiv.org/abs/1406.1078)

す。このアクティベーションは、接続元のすべてのユニットでのアクティベーションの重み付きの総和を求め、これを非線形関数に渡すことで算出されます。

入力のシーケンスに含まれるそれぞれの入力ベクトルについて、ターゲットとなるすべての信号とネットワークによって算出された該当のアクティベーションとの差の総和が誤差となります。ここからは、LSTM を含むリカレントニューラルネットワークでの誤差逆伝播の一種である BPTT について見ていきましょう。

4.3.5.6　BPTT と Truncated BPTT

リカレントニューラルネットワークでの訓練には多くの計算が必要です。従来使われているのは BPTT です。

基本的に、BPTT は標準的な誤差逆伝播と同一です。連鎖律を使い、ネットワーク内の接続の構造に基づいて導関数（勾配）を算出します。これらの勾配あるいは誤差の信号が、未来のタイムステップから現在のタイムステップへと流れることもあるという点で、BPTT は**時間をさかのぼる**（Through Time）性質を持っています。一方、通常の誤差逆伝播では次の層からしか信号は流れません。

多数のタイムステップにわたる長いシーケンスを扱う場合には、BPTT ではなく Truncated BPTT の利用をお勧めします。Truncated BPTT では、リカレントニューラルネットワークのそれぞれのパラメーターを更新する際の計算量が削減されています。

リカレントニューラルネットワークと誤差逆伝播

長さが 1,000 のシーケンスに対してリカレントニューラルネットワークで勾配を求めるのに必要な計算量は、1,000 の層を持つパーセプトロンのネットワークで順方向と逆方向の処理を行う場合と同等です。

パラメーターをより頻繁に更新すると、リカレントニューラルネットワークの訓練を加速できます。入力のシーケンスに数百以上のタイムステップが含まれる場合には、Truncated BPTT を使うのがよいでしょう。

Truncated BPTT の考え方を把握するために、まず例として入力の長さ（タイム

ステップ）が 12 の時系列を扱うネットワークの訓練について考えてみましょう。12 の期間について順方向の処理を行い、ネットワーク誤差を計算します。そして、同じく 12 のタイムステップについて逆方向の処理を行います（図 4-26）。

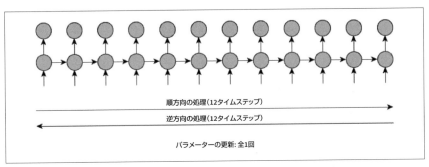

図 4-26　標準的な BPTT

この図では、12 タイムステップの訓練はさほど難しくないように見えるかもしれません。しかし、タイムステップ数が数百にも上る時系列データが使われるようなモデルでは、訓練は難しくなってきます。1,000 タイムステップの入力には、順方向と逆方向の処理ごと（個々のパラメーターの更新ごと）に 1,000 回の処理が必要です。計算のコストが急激に増大するため、Truncated BPTT をはじめとする代替の訓練手法が必要になります。

　Truncated BPTT では、順方向と逆方向の処理がより小さな操作へと分割されます。図 4-27 のように、順方向と逆方向で同じ長さの短い処理が行われ、対象とするパラメーターが更新されます。分割される処理の長さは、ハイパーパラメーターとして利用者が設定できます。この図では、処理の長さは 4 タイムステップ分です。

　現在のところ、リカレントニューラルネットワークの訓練方法としては Truncated BPTT が最も実用的です。これを使うと、通常の BPTT よりも少ない計算量で長期間の依存関係を捕捉できます。

　全体としては、通常の BPTT と Truncated BPTT の複雑さは同等です。訓練中に処理されるタイムステップの数は変わりません。ただし、ほぼ同じ計算量でより多くのパラメーターを更新できます（それぞれのパラメーターを更新する際に、若干の処理が追加で必要です）。Truncated BPTT を使う際には、近似に基づく手法と同様のデメリットが生じます。具体的には、Truncated BPTT で学習される依存関係の長さは、通常の BPTT を使った場合よりも短くなることがあります。実用上は、

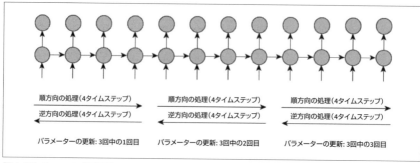

図4-27　Truncated BPTT

処理の長さを適切に設定していれば、この欠点を補って余りあるほどのスピードアップが可能です。

4.3.6　ドメインごとの適用例と混合ネットワーク

以前にも述べましたが、リカレントニューラルネットワークはさまざまなドメインに適用できます。音声の書き起こしや機械翻訳、手書き文字の生成などが可能です。また、コンピュータービジョンの分野でもリカレントニューラルネットワークの優秀さは実証されています。例えば次のような処理を行えます。

- フレーム単位での動画解析[33]
- 画像のキャプションの生成
- 動画のキャプションの生成[34]
- 視覚情報に関する質問への回答[35]

リカレントニューラルネットワークを使ったコンピュータービジョンの研究では、画像中の小さな領域ごとに処理を行いながら情報を抽出するというネットワークが新たに考案されています。このしくみはRecurrent Models of Visual Attentionと呼

---

[33] Srivastava, Mansimov, and Salakhutdinov. 2015. "Unsupervised Learning of Video Representations using LSTMs." (https://arxiv.org/abs/1502.04681)

[34] Venugopalan et al. 2014. "Translating Videos to Natural Language Using Deep Recurrent Neural Networks." (https://arxiv.org/abs/1412.4729)

[35] Wu et al. 2016. "Image Captioning and Visual Question Answering Based on Attributes and External Knowledge." (https://arxiv.org/abs/1603.02814)

ばれます[36]。CNN は複数の物体が含まれる画像の分類を苦手としていますが、このネットワークを使うと効果的に分類できます。原始的な知覚を受け持つ CNN と、時間に沿ったモデル化を行うリカレントニューラルネットワークが混合されたものです。

　CNN と RNN の組み合わせは他にも考えられています。Andrej Karpathy と Li Fei-Fei によるネットワークは、画像やその中の部位に対して自然言語での説明を生成できます[37]。画像と対応する文からなるデータセットを使い、図4-28 のようなキャプションも生成できます。

図4-28　CNN とリカレントニューラルネットワークを組み合わせて、画像にラベル付けを行う[38]

　この種のネットワークでは、CNN と BRNN（Bi-directional RNN）が組み合わ

---

[36] Mnih et al. 2014. "Recurrent Models of Visual Attention." (https://arxiv.org/abs/1406.6247)

[37] Karpathy and Fei-Fei. 2014. "Deep Visual-Semantic Alignments for Generating Image Descriptions." (https://arxiv.org/abs/1412.2306v2)

[38] 画像の出典：Karpathy and Fei-Fei. 2014. "Deep Visual-Semantic Alignments for Generating Image Descriptions." (https://arxiv.org/abs/1412.2306v2)

されています。

4.4　リカーシブニューラルネットワーク

リカレントニューラルネットワークと同様に、リカーシブニューラルネットワークも可変長の入力を扱えます。両者の大きな違いは、リカーシブニューラルネットワークでは訓練用データセットの中にある階層構造をモデル化できるという点です。一般的な画像には、多くの物体からなる背景が含まれています。このような背景を分解するという問題は高い関心を集めていますが、容易ではありません。この分解は再帰的な性質を持っているため、物体を背景から識別するだけではなく、背景の中でのそれぞれの関係についても把握する必要があります。

4.4.1　ネットワークのアーキテクチャー

リカーシブニューラルネットワークの構成要素は2つあります。共有の重みの行列と、さまざまな語のシーケンスや画像の一部を学習するための二分木です。これは文や背景の解析器として有用です。リカーシブニューラルネットワークで使われている誤差逆伝播は、BPTS（backpropagation through structure）と呼ばれるものです。フィードフォワードの処理はボトムアップ、誤差逆伝播はトップダウンで行われます。入力が木構造の下端にあり、目的が頂点に位置すると考えるとよいでしょう。

4.4.2　リカーシブニューラルネットワークのバリエーション

リカーシブニューラルネットワークにはいくつかのバリエーションがあります。その1つがリカーシブオートエンコーダーです。フィードフォワード版と同様に、リカーシブオートエンコーダーも入力を再構成する方法を学習します。NLPの場合、コンテキストの再構成方法が学習されます。準教師付きのリカーシブオートエンコーダーは、それぞれのコンテキスト内での特定のラベルの尤度を学習します。

もう1つのバリエーションは、リカーシブニューラルテンソルネットワークと呼ばれる教師付きのニューラルネットワークです。木構造のそれぞれのノードで教師付きの目的関数を計算します。名前にテンソルという単語が含まれているのは、勾配の計算方法が少し異なることと関係しています。テンソル（3つ以上の次元を持つ行列）を使い、別の次元の情報を加味して各ノードで計算が行われます。

4.4.3 リカーシブニューラルネットワークの適用例

　リカーシブニューラルネットワークとリカレントニューラルネットワークには、多くの共通のユースケースがあります。リカレントニューラルネットワークは二分木やコンテキスト、自然言語ベースの解析器とのつながりが強く、以前から NLP の分野で使われてきました。例えば、構文解析器は言語的特性を考慮しながら文を二分木へと分解します。リカーシブニューラルネットワークでは、木構造を生成する解析器（一般的には構成解析器）を使わなければならないという制約があります。

　リカーシブニューラルネットワークは、画像や文などのデータセットから、粗い構造も高レベルな階層構造も再構成できます。応用例としては次のようなものが挙げられます。

- 画像の背景の分解
- NLP
- 音声の書き起こし

　実際に使われている構成は、リカーシブオートエンコーダーとリカーシブニューラルテンソルネットワークの2つです。リカーシブオートエンコーダーは、NLP 向けに文を分解できます。リカーシブニューラルテンソルネットワークは、画像を物体の単位で分解し、背景の中での物体に意味的ラベルを与えます。

　リカレントニューラルネットワークのほうが、一般的に訓練が高速です。そのため、一時的なアプリケーションではリカレントニューラルネットワークのほうがよく使われます。また、感情分析などの NLP 関連のドメインでも高い能力を持つことが示されています。

4.5　まとめとさらなる議論

　この章では、近年のディープラーニングに使われる主要なアーキテクチャーを紹介しました。まとめると、それぞれのアーキテクチャーは以下のように分類できます。

- データ（画像、音声、テキスト）の生成
  - GAN
  - VAE

　　　　－　リカレントニューラルネットワーク
●　画像のモデル化
　　　　－　CNN
　　　　－　DBN
●　シーケンスのデータのモデル化
　　　　－　リカレントニューラルネットワーク、LSTM

　以降の章では、これらのネットワークのほとんどについて実際のコードを作成します。ニューラルネットワークの種類ごとに異なる、訓練やチューニングでの考慮点についても明らかにします。「5 章　深層ネットワークの構築」では、これらの概念がディープラーニングライブラリ DL4J の API としてどのように表現されるかを示します。実例に進む前に、ここではディープラーニングのコンテキストでしばしば議論されるトピックをいくつか紹介します。

4.5.1　ディープラーニングは他のアルゴリズムを時代遅れにするか

　インターネット上の掲示板などで、ディープラーニングは他のモデル化アルゴリズムを時代遅れのものにするのかという議論をよく見かけます。現時点での答えは No です。シンプルな機械学習の応用例の多くでは、はるかに単純なアルゴリズムでもモデルに求められている精度を達成できます。ロジスティック回帰なども容易に扱えるモデルです。したがって、それぞれのドメインで要求される精度と必要な作業の量との間でバランスをとる必要があります。ただし、適用先のドメインについてほとんど知らず、高度な手作業での特徴量作成を行うのに苦労しているときには、ディープラーニングのアルゴリズムはうまく機能するという傾向があります。

4.5.2　最適な手法は問題ごとに異なる

　機械学習で重要なのは、状況に応じて適切なアプローチを適用するということです。どんな分野にも適用できるようなテクニックはまだ存在しません。つまり、問題空間やデータについて毎回検討し、適用するべき最適なモデルを選ぶ必要があります。これは「ノーフリーランチ定理」の一例です。

ノーフリーランチ定理

ノーフリーランチ定理とは、「どんな問題にも適しているようなモデルは存在しない」というものです。ある問題についてうまく機能するモデルにおける仮定は、他のモデルには当てはまらないかもしれません。機械学習の世界では、1つの問題に対して複数のモデルを試行し、最も適したものを探すということはよくあります。

　どんな機械学習の手法にも、偏りや不都合はあります。作成したモデルが真のモデルに近いなら、学習アルゴリズムは平均してうまく機能するでしょう。

　この点について別の視点から理解するために、実践的な例を紹介します。視覚化などを通じてデータが明らかに線形だとわかっている場合に、非線形モデル（多層パーセプトロンなど）を適用するでしょうか。きっと、ロジスティック回帰などのよりシンプルなアプローチが使われるはずです。Kaggle コンテストでは、開催ごとに異なる手法が勝利を収めています。ただし、ディープラーニング以外ではランダムフォレストやアンサンブル学習が多く優勝しています。

　入力されるデータセットの大きさも、対象の問題にディープラーニングを適用するべきか判断する際に重要です。過去数年の経験では、データセットが十分に大きい場合、ディープラーニングが最も優れた予測能力を示しています。これは、データセットが大きくなればなるほど、ディープラーニングの成績は向上するということです。ニューラルネットワークは線形モデルよりも表現能力が高く、データをより良く活用できます。原則的に、ニューラルネットワークへの訓練用の入力としては 5,000 件以上のラベル付きのデータを用意するべきです。

4.5.3　どのような場合にディープラーニングが必要か

　この章の締めくくりとして、「このプロジェクトにディープラーニングは必要か」と思ったときに役立つルールを紹介します。

4.5.3.1　ディープラーニングを利用するべきとき

　以下のような場合に、ディープラーニングを利用するべきです。

- ロジスティック回帰などのシンプルなモデルでは、ユースケースで求められる精度を満たせない場合
- 画像や NLP あるいは音声などに対する複雑なパターンマッチングが必要な

場合

- データの次元数が多い場合
- ベクトル（シーケンス）の中に時間の次元が含まれる場合

4.5.3.2　従来の機械学習を利用するべきとき

以下のような場合には、従来の機械学習のモデルを使い続けるのがよいでしょう。

- 品質が高く次元数が少ないデータ（例えば、データベースからエクスポートされた表形式のデータ）を扱う場合
- 画像データから複雑なパターンを見出そうとはしていない場合

いずれを利用するとしても、データが不完全だったり質が低かったりする場合には良い成果は得られません。

5章
深層ネットワークの構築

> 今ここにないものについて
> 考えてもしかたありません。
> 今ここにあるもので
> 何ができるか考えましょう。
> —— Ernest Hemingway,『The Old Man and the Sea』

　この章では、DL4Jに含まれているツール群を紹介し、読者自身のプロジェクトに適用できるような実践的なコード例を作成します。まず、個々の深層ネットワークを適切な問題へと当てはめるための方法について検討します。そして、DL4Jに付属する主要なコード例の多くについて詳しく解説します。

DL4Jのインストールについては「付録G　DL4Jをソースから利用」を参照してください。

5.1　深層ネットワークを適切な問題に適用する

　「4章　深層ネットワークの主要なアーキテクチャー」ではディープラーニングについて、入力データの特徴量を手作業で作ることではなく、問題にマッチしたネットワークのアーキテクチャーを設計することが大切だと述べました。ここからは、特定の課題に深層ネットワークを当てはめた例を紹介します。本書では、次のような応用について検討します。

- 表形式のデータのモデル化
- 画像データのモデル化
- シーケンスや時系列を持つデータのモデル化
- 自然言語処理への応用

この章で解説する応用例は、我々が「1 章　機械学習の概要」から積み重ねてきた深層ネットワークの概念に基づいています。「4 章　深層ネットワークの主要なアーキテクチャー」で挙げたすべてのアーキテクチャーについてコードを紹介するわけではありませんが、ディープラーニングでのコアとなる概念を浮き彫りにするようなコードを用意しました。ほとんどのコードは、新たな目的への拡張が可能です。早速、以前に説明した、適切なネットワークアーキテクチャーとの結びつけという観点からデータ型について検討してみましょう。

オンラインのサンプルコード
サンプルコードをフォーク（分岐）させたものを、GitHub リポジトリ（https://github.com/kmotohas/oreilly-book-dl4j-examples-ja）で公開しています。DL4J に限らずどんなプロジェクトも時とともに変化していくものですが、本書のコードを作成した時点でのスナップショットを用意しました。

5.1.1　表形式のデータと多層パーセプトロン

一般的な表形式のデータは静的な構造に基づいており、DL4J でモデル化するのであれば、古典的な多層パーセプトロンによるニューラルネットワークが適しています。多少の特徴量作成が役立つこともありますが、よくデータセットに対する最適な重みの発見はネットワークに任せてしまいます。多層パーセプトロンを使ったモデル化では、ハイパーパラメーターのチューニングが大きな課題になります。ハイパーパラメーターを決める際の指針となるさまざまなテクニックについては、「6 章　深層ネットワークのチューニング」で紹介します。

5.1.2　画像と畳み込みニューラルネットワーク

畳み込みニューラルネットワーク（CNN）は、未加工の画像データから構造を発見するのが得意です。歴史的に、画像をモデル化する際には大量の前処理を行うという考え方が支配的でした。前処理によって画像を揃え、モデル化の手法にとって扱いやすい形式へと変換しようとするものです。対象がわずかに回転したり大きさが変わっ

たりするだけでも、この画像処理は難しいものになりました。一方 CNN では、未加工の画像データを直接扱えるため、実務者はネットワークアーキテクチャーの調整に注力できます。後ほど、CNN を使って手書き数字を分類する例を紹介します。

畳み込みニューラルネットワークと未加工の画像データ
表形式のデータを適切に用意すれば、特定の列に関する情報をすべて表現できます。機械学習でのモデル化は歴史的に、期待される「位置」以外に特徴量が現れた場合への対応が苦手でした。
画像中の特定の位置にだけ物体が現れるということは、ほぼありません。古典的な機械学習のテクニックを使って特徴量を抽出する際には、このことが大きな課題になりました。CNN の主要な長所の 1 つは、任意の場所に物体が現れるような画像をそのまま受け取って適切に特徴量を認識できるという点です。

CNN の応用例の発展

CNN の応用例は猛スピードで発展を続けています。実務者が初めて CNN を扱う際には、画像のモデル化を行うようにお勧めしています。しかし以下のように、文章のモデル化の問題にも CNN の利用例が現れ始めています。

- 機械翻訳[†1]
- 文の分類[†2]
- 感情分析[†3]

画像の上で処理対象のウィンドウをスライドさせていくのと同じように、CNN は文字のシーケンスに対してもウィンドウを適用できます。つまり、CNN は対象の中での位置にかかわらず特徴量を検出でき、深層ネットワークでのツールとして有用です。この章では画像データに対してのみ CNN を適用しますが、これはネットワークのアーキテクチャーによる制約ではありません。今後の発展のための基礎として、画像への適用例を紹介しています。

[†1] Kalchbrenner et al. 2016. "Neural Machine Translation in Linear Time." (https://arxiv.org/abs/1610.10099)
[†2] Kim. 2014. "Convolutional Neural Networks for Sentence Classification." (http://arxiv.org/abs/1408.5882)
[†3] Nogueira dos Santos and Gatti. 2014. "Deep Convolutional Neural Networks for Sentiment Analysis of Short Texts." (http://www.aclweb.org/anthology/C14-1008)

5.1.3 時系列のシーケンスと
　　　　リカレントニューラルネットワーク

　Webのログなどのように連続したデータを扱う場合には、リカレントニューラルネットワークが適しています。その中のすべてのサンプルにタイムスタンプが記録されている場合、このデータは時系列データとして扱えます。

　2次元空間にグラフを描くなら、時系列データや連続データは波のような形で表されます。グラフ上で複数の期間にわたって特定のパターンを示すような領域を探すことはよくあります。それに対して画像データでは、時間というドメインは含まれておらず、2次元のグリッドにデータが配置されています。しかし時系列データと画像データのどちらでも、データの中で特定の対象を探すという点は共通です。この対象は拡縮されていることもあれば、データの中で現れる場所も毎回異なります。こうした点は我々に難問を提示しています。

　リカレントニューラルネットワークは多層パーセプトロンの進化形であり、時系列データが持つ時間というドメインをより良くモデル化できるようになっています。「4章　深層ネットワークの主要なアーキテクチャー」で紹介したように、リカレントニューラルネットワークは入力ベクトルのシーケンスを論理上での1つの入力として扱うことを通じて、時間というドメインをモデル化しています。

センサーやログなどの測定方法
時間とともに変化する測定量を含むデータでは、この変化をうまくモデル化するためにリカレントニューラルネットワークを使うのがよいでしょう。

　リカレントニューラルネットワークは分類や回帰分析、文章の生成などに利用できます。この章で、分類と文章の生成について例を紹介します。

モデル選択での誤った考え方

　ランダムフォレストなどの他の方法を使って、実務者が大きな成功を収めたという主張を時々耳にします。しかしシーケンスを伴うデータでは、この方法は特定の状況でしかうまく機能しません。

　リカレントニューラルネットワークと同様の方法では、時系列やシーケンスのデータにランダムフォレストを直接適用するのは不可能であると主張する実務者

もいます。モデル化の前に、時系列を何らかの平坦なベクトル表現[†4]へと変換する（例えば、特徴量を抽出する）必要があるためです。

強力なモデルと手作業で作られた特徴量との組み合わせをディープラーニングと比較している議論は、多くが詭弁です。手作業で作られた特徴量の信奉者は、特定のデータセットでのコツを発見し尽くすまで（長い時間をかけて）より良い特徴量を探し続けるものだからです。

時系列に限らず、あらゆる問題にディープラーニングを適用することによる本当のメリットは、基本的に以下の通りです。

お手製の特徴量やアルゴリズムを使うアプローチでは、アルゴリズムやモデルごとにまったく異なるコードを毎回作成してそれぞれの問題やデータセットに適用しなければなりません。ソフトウェアエンジニアリングの世界では、このような状況は**技術的負債**（technical debt）と呼ばれます。しかし歴史的に、機械学習に関してはこうした現状が継続してきました。

適切な特徴量がわからないという状況から作業を始めるなら、ディープラーニングの最新技術を活用できます。特徴量を手作りするのを半自動化するよりも、ニューラルネットワークのハイパーパラメーターのチューニングを半自動化するほうが簡単です。（ハイパーパラメーターのチューニングも含めて）よく作り込まれたディープラーニングのシステムは、効率的に再利用でき、さまざまな問題に対して十分に機能するでしょう。

対象が可変長の時系列で、期間をまたがる依存関係があるかもしれないという場合には、リカレントニューラルネットワークが特に適しています。時系列上のすべてのデータの長さが一致している固定長の時系列であれば、多層パーセプトロンや CNN も利用できます。

一方、任意の長さのシーケンスを入力として受け取り、しかもすべての入力データの履歴を考慮しなければならない可能性があるなら、リカレントニューラルネットワーク、もしくは、隠れた状態の空間を大きく確保して注意深く作成したマルコフモデルだけが選択肢になるでしょう。

[†4] 例は次の資料に掲載されています。Shieh and Keogh. 2008. "iSAX: Indexing and Mining Terabyte Sized Time Series." (http://www.cs.ucr.edu/~eamonn/iSAX.pdf)

5.1.4 ハイブリッドネットワーク

動画などのように時間と画像をともに持つデータを扱うなら、LSTM（Long Short-Term Memory）と畳み込み層からなるハイブリッドのネットワークが適しています。LSTM ネットワークが画像の変化という時間に関する側面を扱うことができ、畳み込み層が画像のフレーム自身の構造を捕捉できます。

5.2　DL4J のツール群

DL4J は、機械学習のツール群のパッケージです。以下のような機能が含まれます。

- 分散データ処理基盤との統合
- ベクトル化
- モデル化
- 評価

これらのツールは複数のプラットフォームで動作し、直列でも並列でも実行できます。設計段階から近年の実行プラットフォームを念頭に置いており、従来の機械学習ライブラリに見られるような並列化の問題はありません。また、DL4J コミュニティーの関心は基本的なモデル化を超えた点にも向けられており、Spark や HDFS（Hadoop Distributed File System）との統合も可能です。DL4J ライブラリには DataVec というしっかりとしたベクトル化の機能も含まれており、ツール群の中でも主要なものとして位置付けられています。

DL4J はエンタープライズレベルの機能の実現に注力しています。JVM（Java Virtual Machine）上でのディープラーニングを、C++ と同等の速度で、Spark による並列計算と両立したいという実務者がターゲットです。DL4J のそれぞれのツールについて簡単に紹介してから、読者の環境へのセットアップ方法を解説することにします。

5.2.1　ベクトル化と DataVec

ニューラルネットワークの訓練対象はベクトルだけです。したがって、データへの前処理としてベクトル化が必要です。DL4J には DataVec というライブラリが含まれており、DL4J の主要なツールでのモデル化に適したベクトルを簡単に生成できま

す。DataVec はローカルモードでも、Apache Spark 上の並列実行モードでも利用できます。

5.2.2　ランタイムと ND4J

ND4J は JVM 上での科学計算のためのライブラリです。NumPy や MATLAB と同様の構文が取り入れられています。Java のコードから n 次元の配列を利用できるようになり、線形代数や大きな行列の操作を行えます。クリーンな API が用意されているため、バックエンドをネイティブ実装から GPU（graphics processing unit）による実装に交換したいといった際に、コードを変更する必要はありません。線形代数のコードを実装し、Maven の設定の中で ND4J のバックエンドを指定するという手順がとられます。ND4J でよく使われているバックエンドは、x86、jcublas、Power です。DL4J プロジェクトはいずれ、OpenCL にも対応するようになるでしょう。ND4J には Java と Scala の API が含まれており、JVM ベースの言語の開発者にとってなじみ深い環境を提供します。ND4J の API は NumPy の機能を提供することを目的としています。また可能な範囲で、NumPy と同等の簡潔さと容易さをも与えようとしています。

DL4J の Java API を使うと、組み立て可能なフレームワークを使って拡張性の高い独自のニューラルネットワークを構成できます。ハイパーパラメーターの調整は必要に応じて行えます。ニューラルネットワークの構築、チューニング、評価、データの読み込みのための機能が用意されています。また ND4J の API は、基礎的な線形代数や微積分、信号処理といった機能を提供しています。NumPy のように、複数の CPU や GPU からなる分散環境へのデプロイも可能です。DL4J の Java API と ND4J のバックエンドの組み合わせは、プログラムからの可用性と最高レベルのスピードをもたらし、今日のエンタープライズで使われるディープラーニングのアプリケーションを実現可能にしています。

5.2.2.1　ND4J と高速化への要求

ディープラーニングの世界では、より高速な処理が常に求められています。ND4J は主に以下の点で高速な線形代数の実行を可能にしています。

- JavaCPP の利用
- CPU のバックエンド
- GPU のバックエンド

それぞれでの改善が深層モデルの訓練をどのように加速しているかについて、簡単に紹介しておきましょう。

JavaCPP

- C++ 向けの JNI バインディングの自動生成
- Java 環境での C++ ライブラリの保守やデプロイの容易化

CPU のバックエンド

- OpenMP（ネイティブな処理の中でのマルチスレッド化）
- OpenBLAS または MKL（BLAS の操作）
- SIMD 拡張

GPU のバックエンド

- 現時点の DL4J（1.0.0-beta2）は CUDA 8.0、9.0、9.2（および cuBLAS）に対応[†5]
- cuDNN も利用

> **GPU サポートのセットアップ**
> DL4J での GPU のセットアップについては、「付録 I　DL4J プロジェクト用の GPU の設定」で詳しく解説しています。

5.2.2.2　ND4J と DL4J のベンチマーク

DL4J の GitHub プロジェクトページ（https://github.com/deeplearning4j/dl4j-benchmark）では、さまざまなディープラーニングモデルにおける DL4J のパフォーマンスが公開されています。

DL4J の性能は他のライブラリと比べても競争力のあるものです。**表5-1** に TensorFlow と比較した結果を示します。検証環境は NVIDIA V100 GPU が 1 機搭載された Azure NC6 v3 仮想マシンであり、cuDNN、32bit 浮動小数点数が利用されています。

[†5] 訳注：DL4J 1.0.0-beta3 では CUDA 10.0 に対応し、CUDA 8.0 のサポートは終了となります。

表5-1 ImageNet データセットに対して ResNet50 を実行したとき 1 秒あたりに処理できる画像数

ミニバッチのサイズ	32	64	128	160	192
DL4J（1.0.0-beta2）	260.07	377.9	448.07	470.1	487.25
TensorFlow（1.9）	312.1	355.7	389.43	389.02	

　DL4J コミュニティーは ND4J と DL4J のパフォーマンスを改善しようと努力を続けています。公開されているベンチマークを使って、再現実験をしてみるとよいでしょう。

5.3　DL4J の API での基本的な考え方

　ここからは、DL4J を使ったコードのほとんどで使われる主要なテクニックを簡単に紹介します。API についてより詳しい解説が必要なら、「付録 E　ND4J API の使用方法」やオンラインのドキュメントを参照してください。

5.3.1　モデルの読み込みと保存

　これらの処理は DL4J の API の中でも特に使用頻度が高いものです。

5.3.1.1　訓練されたモデルをディスクに出力する

　モデルのアーキテクチャーやパラメーターをディスクに書き出すには、**ModelSerializer** クラスを使います。コードは次のように記述します。

```
BufferedOutputStream stream = new BufferedOutputStream(...);
ModelSerializer.writeModel( trainedNetwork, stream, true );
```

　出力先がローカルのディスクでも HDFS などの分散ファイルシステムでも、必要なコードは共通です。

HDFS への出力

　HDFS に出力するには、適切な Path のクラス（`org.apache.hadoop.fs.Path`）を用意し、HDFS のパスの文字列を正しい形式で指定します。

```
Path modelPath = new Path( hdfsPathToSaveModel );
BufferedOutputStream stream = new BufferedOutputStream( os );
ModelSerializer.writeModel( trainedNetwork, stream, true );
```

HDFS上のファイルへのパスは一般的に、次のような形式で記述されます。

```
hdfs:///path/to/my/file.txt
```

5.3.1.2　ディスクに保存されたモデルを読み込む

保存されたDL4Jのモデルをディスクから読み込む際にも、`ModelSerializer`クラスが使われます。コードは次のようになります。

```
InputStream stream = ...
MultiLayerNetwork network = ModelSerializer.restoreMultiLayerNetwork( stream );
```

HDFSからの入力

HDFSからモデルを直接読み込みたい場合もAPIは共通ですが、Hadoopの`FileSystem`クラスを使って`InputStream`を生成する必要があります。

```
org.apache.hadoop.conf.Configuration hadoopConfig = new org.apache.hadoop.conf
  .Configuration();
FileSystem hdfs = FileSystem.get(hadoopConfig);
InputStream stream = hdfs.open( new Path( hdfsPathToSavedModelFile ) );
MultiLayerNetwork network = ModelSerializer.restoreMultiLayerNetwork( stream );
```

5.3.2　モデルへの入力データを取得する

DL4Jでのモデルの訓練や評価には、NDArrayというデータ構造が使われます。`DataSet`オブジェクトの中では、モデルへの入力と出力を表すNDArrayがペアでよく使われています。`DataSet`クラスの使い方についての詳細は、ND4J関連の付録を参照してください。

データのベクトル化
DL4Jのモデル向けに生データをNDArrayのベクトルに変換する方法は、「付録F　DataVecの使用方法」と「付録E　ND4J APIの使用方法」で解説しています。

5.3.2.1　訓練中のデータの読み込み

DL4Jでのモデル化のプロジェクトで、訓練やテストのワークフローにデータを読み込む際には、まず`RecordReader`を使ってファイルの内容を解析します。このデータがミニバッチへとまとめられます。

5.3 DL4JのAPIでの基本的な考え方 | 199

RecordReader
: 特定の形式のファイルに記録されたベクトルを解析し、標準的なNDArrayを生成します。

DataSetIterator
: RecordReaderと協力して動作します。レコードごとのNDArrayを受け取り、訓練用のミニバッチを生成します。

Sparkへのデータの読み込み
Sparkでのデータの読み込みでも似たパターンが使われますが、SparkやHDFSに固有のクラスが必要です。このトピックについては「9章 Spark上でDL4Jを用いて機械学習を行う」で解説します。

5.3.3　モデルのアーキテクチャーのセットアップ

DL4Jを使ったモデル化では、ニューラルネットワークごとにアーキテクチャーの設定が必要です。主要なアーキテクチャーについてここまでに解説していますが、これらはDL4Jでのアーキテクチャーのセットアップに直接対応しています。

5.3.3.1　層指向のアーキテクチャーの作成

DL4Jでニューラルネットワークの層を組み立てる際には、NeuralNetConfigurationオブジェクトが主要な役割を果たします。次のコードのように、1つ1つの層が組み合わされて深層ニューラルネットワークが構成されます。

```
MultiLayerConfiguration conf = new NeuralNetConfiguration.Builder()
    .seed(seed)
    .updater(new Nesterovs(learningRate, momentum))
    .weightInit(WeightInit.XAVIER)
    .list()
    .layer(0, new
DenseLayer.Builder().nIn(numInputs).nOut(numHiddenNodes)
        .activation(Activation.RELU)
        .build())
    .layer(1, new
OutputLayer.Builder(LossFunction.NEGATIVELOGLIKELIHOOD)
        .activation(Activation.SOFTMAX)
        .nIn(numHiddenNodes).nOut(numOutputs).build())
    .build();
```

200 | 5章 深層ネットワークの構築

このクラスのオブジェクトに層を追加し、それぞれの層を設定するという手順により、ネットワークのアーキテクチャーを形作ります。

5.3.3.2 ハイパーパラメーター

NeuralNetConfiguration オブジェクトでは、訓練に関するさまざまなハイパーパラメーターを設定することも可能です。コードを再掲します。

```
.updater(new Nesterovs(learningRate, momentum))
```

コード全体では、学習率、アップデーター、モーメンタムといったハイパーパラメーターが MultiLayerConfiguration オブジェクトに設定されています。このオブジェクトを通じて、ネットワークの訓練方法を制御できます。ネットワークアーキテクチャーごとのハイパーパラメーターの設定方針については、後ほど解説します。

5.3.4 訓練と評価

ネットワークアーキテクチャーを設定し、RecordReader と DataSetIterator を使ってデータを読み込んだら、モデルの訓練に進みます。複数のエポックを準備し、訓練データを引数として渡してネットワークの fit() メソッドを呼び出します。

```
model.fit( trainingDataIter );
```

このメソッドは、イテレータが参照するデータセット内の全訓練レコードに対して処理を繰り返します。繰り返しが終了すると、制御が戻されます。

訓練でのそれぞれのエポックは、入力のデータセット全体への処理だと考えられます。次のコードでは、入力データセットのイテレータとともに fit() メソッドを繰り返し呼び出しています。

```
for ( int n = 0; n < nEpochs; n++) {
    model.fit( trainingDataIter );
}
```

このようにエポックのループを管理するパターンは、この章の中でもしばしば登場することになります。

5.3.4.1 予測を行う

予測について詳しくは、「付録E　ND4J API の使用方法」を参照してください。

5.3.4.2 訓練、検証、テストのデータ

訓練用とテスト用だけでなく、検証用のデータも別に用意することがベストプラクティスとされています。検証用のデータは、早期に訓練を終了する必要がある場合の判断材料になります。

5.4 多層パーセプトロンのネットワークで CSV データをモデル化する

経験の浅いディープラーニングの実務者にとって、DL4J はハードルが高いと思われるかもしれません。まずは多層パーセプトロンのモデルを作成してみましょう。この作業を通じて、古くからのニューラルネットワークのアーキテクチャーというコンテキストで、DL4J の API の基本的な使い方を習得できるはずです。本書の GitHub リポジトリに、Saturn という人工の非線形データセット[6]をモデル化する Java のコードを用意しています。例5-1 はコード（http://bit.ly/2JymXqO）の一部です。

例5-1　多層パーセプトロンの例
```
public class MLPClassifierSaturn {

    public static void main(String[] args) throws Exception {
        Nd4j.ENFORCE_NUMERICAL_STABILITY = true;
        int batchSize = 50;
        int seed = 123;
        double learningRate = 0.005;
        double momentum = 0.9;
        // エポック数（データ全体への処理の回数）
        int nEpochs = 30;

        int numInputs = 2;
        int numOutputs = 1;
        int numHiddenNodes = 20;

        final String filenameTrain
            = new ClassPathResource("classification/saturn_data_train.csv").ge
↪ tFile().getPath();
        final String filenameTest
            = new ClassPathResource("classification/saturn_data_eval.csv").get
↪ File().getPath();
```

---

[6]　このデータセットは、Dr. Jason Baldridge（http://www.jasonbaldridge.com/）がニューラルネットワークのフレームワークの基本的な機能をテストするために作成しました。

```
// 訓練データを読み込みます
RecordReader rr = new CSVRecordReader();
rr.initialize(new FileSplit(new File(filenameTrain)));
    DataSetIterator trainIter = new RecordReaderDataSetIterator(rr,ba
↪ tchSize,0,1);

// テスト（評価）用のデータを読み込みます
RecordReader rrTest = new CSVRecordReader();
rrTest.initialize(new FileSplit(new File(filenameTest)));
DataSetIterator testIter =
    new RecordReaderDataSetIterator(rrTest,batchSize,0,1);

// log.info("モデルを構築します...");
MultiLayerConfiguration conf = new NeuralNetConfiguration.Builder()
        .seed(seed)
        .updater(new Nesterovs(learningRate, momentum))
        .list()
        .layer(0, new DenseLayer.Builder()
                .nIn(numInputs)
                .nOut(numHiddenNodes)
                .weightInit(WeightInit.XAVIER)
                .activation(Activation.RELU)
                .build())
        .layer(1, new OutputLayer.Builder(LossFunction.XENT)
                .weightInit(WeightInit.XAVIER)
                .activation(Activation.SIGMOID)
                .nIn(numHiddenNodes).nOut(numOutputs).build())
        .build();


MultiLayerNetwork model = new MultiLayerNetwork(conf);
model.init();
// パラメーターを 10 回更新するたびに、スコアを表示します
model.setListeners(new ScoreIterationListener(10));

for ( int n = 0; n < nEpochs; n++) {
    model.fit( trainIter );
}

System.out.println("モデルを評価します...");
Evaluation eval = new Evaluation(numOutputs);
while(testIter.hasNext()){
    DataSet t = testIter.next();
    INDArray features = t.getFeatures();
    INDArray lables = t.getLabels();
    INDArray predicted = model.output(features,false);
    eval.eval(lables, predicted);
}
```

5.4 多層パーセプトロンのネットワークで CSV データをモデル化する | 203

```
System.out.println(eval.stats());
//-------------------------------------------------------------------
// 訓練は完了しました。以降のコードでは、データと予測がプロットされます


double xMin = -15;
double xMax = 15;
double yMin = -15;
double yMax = 15;

// x と y の入力空間でのすべての点について予測を評価し、背景にプロットします
int nPointsPerAxis = 100;
double[][] evalPoints = new double[nPointsPerAxis*nPointsPerAxis][2];
int count = 0;
for( int i=0; i<nPointsPerAxis; i++ ){
    for( int j=0; j<nPointsPerAxis; j++ ){
        double x = i * (xMax-xMin)/(nPointsPerAxis-1) + xMin;
        double y = j * (yMax-yMin)/(nPointsPerAxis-1) + yMin;

        evalPoints[count][0] = x;
        evalPoints[count][1] = y;

        count++;
    }
}

INDArray allXYPoints = Nd4j.create(evalPoints);
INDArray predictionsAtXYPoints = model.output(allXYPoints);

// すべての訓練データを 1 つの配列にまとめてプロットします
rr.initialize(new FileSplit(new File(filenameTrain)));
rr.reset();
int nTrainPoints = 500;
trainIter = new RecordReaderDataSetIterator(rr,nTrainPoints,0,1);
DataSet ds = trainIter.next();
PlotUtil.plotTrainingData(ds.getFeatures(), ds.getLabels(), allXYPoints,
    predictionsAtXYPoints, nPointsPerAxis);


// テストデータを取得してネットワークに与え、生成された予測をプロットします
rrTest.initialize(new FileSplit(new File(filenameTest)));
rrTest.reset();
int nTestPoints = 100;
testIter = new RecordReaderDataSetIterator(rrTest,nTestPoints,0,1);
ds = testIter.next();
INDArray testPredicted = model.output(ds.getFeatures());
PlotUtil.plotTestData(ds.getFeatures(), ds.getLabels(), testPredicted,
    allXYPoints, predictionsAtXYPoints, nPointsPerAxis);
```

```
        System.out.println("*************** 完了 ******************");
    }

}
```

以降では、コードの各部分が Saturn データセットのモデル化においてどのような
役割を果たしているかを解説します。

5.4.1 入力データのセットアップ

入力データは、以下のような形式の非線形的なデータセットです。

```
1,-7.1239700674365,-5.05175898010314
0,1.80771566423302,0.770505522143023
1,8.43184823707231,-4.2287794074931
0,0.451276074541732,0.669574142606103
0,1.52519959303934,-0.953055551414968
```

1列目は各行のラベルを表します。2列目と3列目は、それぞれ独立した変数の列で
す。DL4J のイテレータとしてデータセットを参照するために、`CSVRecordReader`
を使ってデータを読み込みます。

```
// 訓練データを読み込みます
RecordReader rr = new CSVRecordReader();
rr.initialize(new FileSplit(new File(filenameTrain)));
DataSetIterator trainIter = new
RecordReaderDataSetIterator(rr,batchSize,0,1);
```

イテレータを生成する際に、ラベルの列のインデックスとラベルの数を指定してい
ます。今回のデータセットではゼロと1という2つのラベルがありますが、ゼロから
1の間のスカラー値を返すロジスティック回帰問題として扱うため、ラベル数は1と
しています。

5.4.2 ネットワークアーキテクチャーを決定する

今回作成しようとしているのは基本的な多層パーセプトロンです。次のように、
`MultiLayerConfiguration` オブジェクトを使ってネットワークをセットアップし
ます。この方式は DL4J でのすべてのネットワークアーキテクチャーに共通です。

```
// log.info("モデルを構築します...");
MultiLayerConfiguration conf = new NeuralNetConfiguration.Builder()
    .seed(seed)
```

5.4 多層パーセプトロンのネットワークで CSV データをモデル化する | 205

```
    .updater(new Nesterovs(learningRate, momentum))
    .list()
    .layer(0, new DenseLayer.Builder()
            .nIn(numInputs)
            .nOut(numHiddenNodes)
            .weightInit(WeightInit.XAVIER)
            .activation(Activation.RELU)
            .build())
    .layer(1, new OutputLayer.Builder(LossFunction.XENT)
            .weightInit(WeightInit.XAVIER)
            .activation(Activation.SIGMOID)
            .nIn(numHiddenNodes).nOut(numOutputs).build())
    .build();

MultiLayerNetwork model = new MultiLayerNetwork(conf);
model.init();
// パラメーターを 10 回更新するたびに、スコアを表示します
model.setListeners(new ScoreIterationListener(10));
```

この例での層は 2 つです。

- DenseLayer
- OutputLayer

では、このネットワークアーキテクチャーの特徴的な点を紹介します。

5.4.2.1 一般的なハイパーパラメーター

最適化アルゴリズムは次のように設定します。

パラメーターを更新する際の方針として Nesterov の加速法を利用し、学習率とモーメンタムの係数を指定しているのが次のコードです。

```
    .updater(new Nesterovs(learningRate, momentum))
```

なお、最適化アルゴリズムとしてはデフォルトで確率的勾配降下法（SGD）が採用されています。

5.4.2.2 最初の隠れ層

最初の隠れ層は、ベクトル化のパイプラインから生成された未加工の値を入力として受け取ります。ただし、一般的にはさまざまな種類の正規化が行われ、値の範囲は $[-1.0, 1.0]$ または $[0.0, 1.0]$ になります。

```
.layer(0, new DenseLayer.Builder()
        .nIn(numInputs)
        .nOut(numHiddenNodes)
        .weightInit(WeightInit.XAVIER)
        .activation(Activation.RELU)
        .build())
```

この層では、入力ベクトル中の独立変数の列と同じ数のニューロンが必要です。

```
.nIn(numInputs)
```

そして出力の数は、ニューラルネットワークの次の層のニューロン数と一致します。コード上ではこの数は変数 numHiddenNodes で指定されています。また、WeightInit.XAVIER という方式で重みを初期化し、活性化関数として ReLU を指定しています。

```
.weightInit(WeightInit.XAVIER)
.activation(Activation.RELU)
```

出力層である次の層についても見てみましょう。

5.4.2.3　分類での出力層

出力層としてここで利用するのは、シグモイドの活性化関数です。以前の章では、複数のラベルを表す出力層でソフトマックスを利用しました。今回は 2 値分類器を作成するため、出力にシグモイドの活性化関数を利用しました。

```
.layer(1, new OutputLayer.Builder(LossFunction.XENT)
        .weightInit(WeightInit.XAVIER)
        .activation(Activation.SIGMOID)
        .nIn(numHiddenNodes).nOut(numOutputs).build())
```

期待される入力の数は、直前の（入力）層からの出力の数と同じです。シグモイドの活性化関数を利用して 2 値分類を行うため、出力ユニットの数は 1 です。シグモイドを使い、ゼロから 1 の間のスコアを算出します。

出力層でのシグモイドとソフトマックス

数学的には、1 つのシグモイドと、2 つの出力ユニットを持つソフトマックスの出力層（MCXENT/NegativeLogLikelihood を使い、ゼロか 1 ではなくワンホット表現である [1,0] か [0,1] を出力するもの）は等価です。ワンホット表現については次のコラムで紹介します。

また、出力層では損失関数として交差エントロピーを指定しています。シグモイドの出力層ではこれがよく使われます。

ワンホットベクトル表現

ワンホットベクトル表現では、ベクトルに含まれるビットのうち1つの列の値だけが 1.0 になります。他のすべての列の値は 0.0 です。「K 個の中から 1 つを選ぶ」というように、カテゴリーを表す整数の特徴量を表したい場合にワンホット表現が利用されます。**表5-2** は、ゼロから 4 を一般的な 2 進数とワンホット表現で表した例です。

表5-2 ワンホットベクトルの視覚的表現

値	2 進数	ワンホット表現
0	000	00000001
1	001	00000010
2	010	00000100
3	011	00001000
4	100	00010000

5.4.3 モデルを訓練する

モデルの訓練では for ループを使い、入力のデータセットを使ったニューラルネットワークの訓練をエポック数分繰り返します。

```
for ( int n = 0; n < nEpochs; n++) {
    model.fit( trainIter );
}
```

データセット全体を使って訓練するには、MultiLayerNetwork クラスのインスタンスに対して fit() メソッドを呼び出します。このクラスは内部で、指定されたハイパーパラメーターを適用します。先ほど、入力データセットのイテレータを生成した際にミニバッチのサイズを指定しましたが、この値も適用されます。

```
DataSetIterator testIter = new
RecordReaderDataSetIterator(rrTest,batchSize,0,1);
```

ここでの batchSize 変数は、何個のサンプルがディスクから収集されてバッチとなり、訓練のためにモデルに渡されるかを表しています。訓練中には、コンソールに次のような出力が行われます。

```
o.d.o.l.ScoreIterationListener - 0 回目のスコア: 0.6313823699951172
o.d.o.l.ScoreIterationListener - 10 回目のスコア: 0.4763660430908203
o.d.o.l.ScoreIterationListener - 20 回目のスコア: 0.42963680267333987
o.d.o.l.ScoreIterationListener - 30 回目のスコア: 0.39850467681884766
o.d.o.l.ScoreIterationListener - 40 回目のスコア: 0.3672478103637695
```

誤差は徐々に減少していきます。ゼロに近づいたら、モデルは訓練データの学習をほぼ終えたということになります。

5.4.4　モデルを評価する

以下のコードは、我々の新しい多層パーセプトロンのモデルを評価しています。testIter オブジェクトを使ってテスト用データセットから実際のラベルを読み込み、予測されたラベルと合わせて Evaluation クラスのインスタンスに渡しています。

```
System.out.println("モデルを評価します...");
Evaluation eval = new Evaluation(numOutputs);
while(testIter.hasNext()){
    DataSet t = testIter.next();
    INDArray features = t.getFeatures();
    INDArray lables = t.getLabels();
    INDArray predicted = model.output(features,false);
    eval.eval(lables, predicted);
}

System.out.println(eval.stats());
```

「1 章　機械学習の概要」で紹介した、F1 値をはじめとする評価関連の指標を思い出しましょう。eval.stats() などの呼び出しの結果、コンソールには次のように出力されます。

```
モデルを評価します...

ラベルが 0 で、モデルによって 0 と分類されたサンプル: 48 回
ラベルが 1 で、モデルによって 1 と分類されたサンプル: 52 回


=============================スコア=============================================
```

```
正解率: 1
適合率: 1
再現率: 1
F1 値:  1
========================================================
```

今回は比較的シンプルなデータセットを使ったため、30 エポック後にはすべての指標で満点 (1.0) を達成できました。より複雑なデータも扱ってみましょう。

5.5 手書き数字を CNN でモデル化する

この章の冒頭で述べたように、CNN は画像の分類に適しています。次の例では、手書き数字の画像を読み込んでモデル化します。生成されたモデルは、未知の手書き数字も分類できるようになります。

ここでは、訓練用とテスト用のそれぞれについてデータセットを含むイテレータを用意します。訓練用のデータセットを使ってモデルを訓練し、別に用意されたテスト用のデータセットを使って精度を評価します。データセットとして利用するのは、MNIST の手書き数字 (http://yann.lecun.com/exdb/mnist/) です。

先ほどのモデルのアーキテクチャとは、層とパラメーターが異なります。今回作成する CNN は LeNet と呼ばれます。

LeNet
LeNet[†7]という畳み込みのアーキテクチャでは、一連の畳み込み層の後に最大値プーリングの層が続きます。例5-2 は DL4J を使ってこの CNN アーキテクチャを実装したコードです。

5.5.1 LeNet を Java で実装したコード

MNIST を扱う LeNet の CNN のコード例は**例5-2** のようになります (http://bit.ly/3OobEbr)。

[†7] LeCun et al. 1998. "Gradient-based learning applied to document recognition." (http://yann.lecun.com/exdb/publis/pdf/lecun-01a.pdf)

210 | 5章　深層ネットワークの構築

例5-2　DL4J を使い、MNIST のための LeNet モデルを作成する

```java
public class LenetMnistExample {
    private static final Logger log = LoggerFactory
        .getLogger(LenetMnistExample.class);

    public static void main(String[] args) throws Exception {
        int nChannels = 1; // 入力チャンネルの数
        int outputNum = 10; // 出力の候補数
        int batchSize = 64; // テスト用バッチのサイズ
        int nEpochs = 1; // 訓練のエポック数
        int seed = 123;

        /*
            1回あたりのバッチサイズを指定してイテレータを生成します
         */
        log.info("データを読み込みます...");
        DataSetIterator mnistTrain = new MnistDataSetIterator(batchSize,true,1
↪ 2345);
        DataSetIterator mnistTest = new MnistDataSetIterator(batchSize,false,1
↪ 2345);

        /*
            ニューラルネットワークを構築します
         */
        log.info("モデルを構築します...");
        MultiLayerConfiguration conf = new NeuralNetConfiguration.Builder()
                .seed(seed)
                .l2(0.0005)
                .weightInit(WeightInit.XAVIER)
                .updater(new Nesterovs(0.01, 0.9))
                .list()
                .layer(0, new ConvolutionLayer.Builder(5, 5)
                        // nIn と nOut は奥行きを表します。ここでは nIn は nChannels、
                        // nOut は適用されるフィルターの数です
                        .nIn(nChannels)
                        .stride(1, 1)
                        .nOut(20)
                        .activation(Activation.IDENTITY)
                        .build())
                .layer(1, new SubsamplingLayer.Builder(PoolingType.MAX)
                        .kernelSize(2,2)
                        .stride(2,2)
                        .build())
                .layer(2, new ConvolutionLayer.Builder(5, 5)
                        // 以降の層では nIn を明記する必要はありません
                        .stride(1, 1)
                        .nOut(50)
                        .activation(Activation.IDENTITY)
                        .build())
                .layer(3, new SubsamplingLayer.Builder(PoolingType.MAX)
```

5.5　手書き数字を CNN でモデル化する | 211

```
                        .kernelSize(2,2)
                        .stride(2,2)
                        .build())
                .layer(4, new DenseLayer.Builder().activation(Activation.RELU)
                        .nOut(500).build())
                .layer(5, new OutputLayer
                    .Builder(LossFunctions.LossFunction.NEGATIVELOGLIKELIHOOD)
                        .nOut(outputNum)
                        .activation(Activation.SOFTMAX)
                        .build())
                .setInputType(InputType.convolutionalFlat(28,28,1)) // 下記参照
                .build();

        /*
        setInputType(InputType.convolutionalFlat(28,28,1)) の行では
        以下の処理が行われます
        (a) 前処理を追加します。畳み込み層やサブサンプリング層と全結合層との間の
            遷移などを処理します
        (b) 設定の検証を追加で行います
        (c) 必要に応じて、層ごとの nIn（入力ニューロンの数。CNN では入力の奥行き）の
            値を直前の層のサイズに基づき指定します
            ただし、ユーザーが手動で指定した値は上書きされません
            InputType は CNN だけでなく、他の種類の層（RNN、MLP など）でも利用できます
        ImageRecordReader を使って通常の画像を処理する場合には、
        InputType.convolutional(height,width,depth) を使ってください
        MNIST のレコードは特別なケースで、
        28x28 のグレースケール（nChannels=1）画像が「平坦化」された行ベクトル
        つまり 1x784 のベクトルとして出力されます
        そのため、入力の種類として convolutionalFlat が使われます
        */

        MultiLayerNetwork model = new MultiLayerNetwork(conf);
        model.init();

        log.info("モデルを訓練します...");
        model.setListeners(new ScoreIterationListener(10));
        for( int i=0; i<nEpochs; i++ ) {
            model.fit(mnistTrain);
            log.info("*** エポック{}が完了しました ***", i);

            log.info("モデルを評価します...");
            Evaluation eval = net.evaluate(mnistTest);
            log.info(eval.stats());
            mnistTest.reset();
        }
        log.info("*************** 完了 *******************");
    }
}
```

212 | 5 章　深層ネットワークの構築

　ここからは、プログラム中の個々の部分について解説し、それぞれが組み合わされて MNIST 画像のデータセットをモデル化している様子を明らかにします。

5.5.2　入力画像の読み込みとベクトル化

　このコードでは、データセットのイテレータとして MNIST 用にカスタマイズされた `MnistDataSetIterator` を利用しています。MNIST のデータセットは独自のバイナリ形式に基づいており、JPG や PNG 形式のファイルとして提供されているわけではありません。今回の例ではコードをシンプルにするために、詳細な読み込みの処理はすべて内部で行ってしまうことにします。画像データが NDArray として格納され、DL4J での訓練に適した状態になります。`MnistDataSetIterator` は次のようにして呼び出されます。

```
DataSetIterator mnistTrain = new
MnistDataSetIterator(batchSize,true,12345);
DataSetIterator mnistTest = new
MnistDataSetIterator(batchSize,false,12345);
```

　ここでは訓練用とテスト用のデータセットを別のイテレータで読み込んでいます。内部で MNIST データセットがインターネットからダウンロードされ、ローカルに展開されます。

5.5.3　LeNet のネットワークアーキテクチャー

　先ほどの多層パーセプトロンの例と同様に、`MultiLayerConfiguration` オブジェクトを使ってネットワークアーキテクチャーを記述します。もちろん層の数は増えており、層の種類も異なります。

```
/*
    ニューラルネットワークを構築します
 */
log.info("モデルを構築します...");
MultiLayerConfiguration conf = new NeuralNetConfiguration.Builder()
        .seed(seed)
        .l2(0.0005)
        .weightInit(WeightInit.XAVIER)
        .updater(new Nesterovs(0.01, 0.9))
        .list()
        .layer(0, new ConvolutionLayer.Builder(5, 5)
                // nIn と nOut は奥行きを表します。ここでは nIn は nChannels、
                // nOut は適用されるフィルターの数です
                .nIn(nChannels)
```

5.5 手書き数字を CNN でモデル化する | 213

```
                .stride(1, 1)
                .nOut(20)
                .activation(Activation.IDENTITY)
                .build())
        .layer(1, new SubsamplingLayer.Builder(PoolingType.MAX)
                .kernelSize(2,2)
                .stride(2,2)
                .build())
        .layer(2, new ConvolutionLayer.Builder(5, 5)
                // 以降の層では nIn を明記する必要はありません
                .stride(1, 1)
                .nOut(50)
                .activation(Activation.IDENTITY)
                .build())
        .layer(3, new SubsamplingLayer.Builder(PoolingType.MAX)
                .kernelSize(2,2)
                .stride(2,2)
                .build())
        .layer(4, new DenseLayer.Builder().activation(Activation.RELU)
                .nOut(500).build())
        .layer(5, new OutputLayer.Builder(LossFunctions.LossFunction.NEGATIVE
↪ LOGLIKELIHOOD)
                .nOut(outputNum)
                .activation(Activation.SOFTMAX)
                .build())
        .setInputType(InputType.convolutionalFlat(28,28,1)) // 下記参照
        .build();

        /*
        setInputType(InputType.convolutionalFlat(28,28,1)) の行では
        以下の処理が行われます
        (a) 前処理を追加します。畳み込み層やサブサンプリング層と全結合層との間の
            遷移などを処理します
        (b) 設定の検証を追加で行います
        (c) 必要に応じて、層ごとの nIn（入力ニューロンの数。CNN では入力の奥行き）の
            値を直前の層のサイズに基づき指定します
            ただし、ユーザーが手動で指定した値は上書きされません
            InputType は CNN だけでなく、他の種類の層（RNN、MLP など）でも利用できます
        ImageRecordReader を使って通常の画像を処理する場合には、
        InputType.convolutional(height,width,depth) を使ってください
        MNIST のレコードは特別なケースで、
        28x28 のグレースケール（nChannels=1）画像が「平坦化」された行ベクトル
        つまり 1x784 のベクトルとして出力されます
        そのため、入力の種類として convolutionalFlat が使われます
        */

MultiLayerNetwork model = new MultiLayerNetwork(conf);
model.init();
```

5.5.3.1　一般的なハイパーパラメーター

主要なハイパーパラメーターは次のように指定されています。

```
.seed(seed)
.l2(0.0005)
.weightInit(WeightInit.XAVIER)
.updater(new Nesterovs(0.01, 0.9))
```

それぞれのハイパーパラメーターとその値は以下の通りです。

正則化

パラメーターが 0.0005 の L2 正則化が行われます。

重みの初期化

我々が試したところ、今回の LeNet の例では、Xavier の重み初期化手法がうまく機能することがわかりました。

最適化アルゴリズム

暗黙にデフォルトである SGD を指定しています。多くの場合で正しく機能するため、ディープラーニングでは SGD がしばしば使われます。「6 章　深層ネットワークのチューニング」と「7 章　特定の深層ネットワークのアーキテクチャーへのチューニング」で、最適化アルゴリズムのバリエーションについて議論します。

アップデーター

今回は Nesterov のアップデーターを利用します。実用性の高さから、我々のコードでは Nesterov を多用しています。このアルゴリズムでは基本的に、同じ方向への更新が続く場合に更新幅が増加します。これは、なだらかでとても浅い谷を下るようなものです。進む方向は明らかであり、より大きな歩幅で進むべきです。

5.5.3.2　畳み込み層

先ほどのコードでは、「4 章　深層ネットワークの主要なアーキテクチャー」で述べたのと同様の畳み込み層と最大値プーリング層の一般的なパターンが見られます。LeNet のネットワークで最初の畳み込み層を定義している部分のコードを再掲します。

```
.layer(0, new ConvolutionLayer.Builder(5, 5)
        // nIn と nOut は奥行きを表します。ここでは nIn は nChannels、
        // nOut は適用されるフィルターの数です
        .nIn(nChannels)
        .stride(1, 1)
        .nOut(20)
        .activation(Activation.IDENTITY)
        .build())
```

Builder パターンを使い、畳み込み層の各種のプロパティを設定しています。それぞれの意味を紹介します。

フィルターのサイズ

この層ではサイズが 5 × 5 のフィルターを作成します。

入力データのチャンネル数

独自のデータセットのイテレータが入力データを自動的に白黒画像へと変換するため、チャンネル数は 1 になります。他の多くの例では、RGB 画像が扱われるためチャンネル数は 3 です。

ストライド

(1, 1) という値が指定されています。入力の立体の中をフィルターが移動する際に、1 ステップずつ進んでいきます。

活性化関数

畳み込み層からの出力には恒等関数を使います。

活性化関数としての恒等関数

LeNet のネットワークアーキテクチャーが考案されたのは 1998 年[8]で、2012 年の ReLU の発表[9]よりも前のことです。ReLU を使うように畳み込み層を変更すると、SGD の収束までの時間を短縮できます。歴史的な理由から、本書ではオリジナルの LeNet アーキテクチャーをそのまま利用しています。

---

[8] LeCun et al. 1998. "Gradient-based learning applied to document recognition." (http://bit.ly/2uSqcAw)

[9] Krizhevsky, Sutskever, and Hinton. 2012. "ImageNet Classification with Deep Convolutional Neural Networks." (http://bit.ly/1xOpAZm)

畳み込み層と活性化関数
近年の CNN では、畳み込み層の活性化関数としてはよく ReLU が使われます。

5.5.3.3 最大値プーリング層

次のコードは、最初の畳み込み層の直後に追加されたプーリング層を表しています。

```
.layer(1, new SubsamplingLayer.Builder(PoolingType.MAX)
    .kernelSize(2,2)
    .stride(2,2)
    .build())
```

この層には以下のようなプロパティが指定されています。

最大値プーリング
この層は最大値プーリング層としてセットアップされます。フィルターのサイズは (2,2) なので、前の層での 5 × 5 のフィルターから 2 × 2 のグリッドへとダウンサンプリングされることになります。

プーリング層でのストライド
フィルターのストライドも (2,2) です。これは、横に進むときにも次の行に移るときにも 2 ステップずつ移動するということを意味します。

5.5.3.4 出力層

2 つ以上のラベルへの分類を行うモデルでは、ソフトマックスの活性化関数を使った出力層が必要です。ここではゼロから 9 の 10 個のラベルに分類するので、次のコードが使われています。

```
.layer(5, new OutputLayer
    .Builder(LossFunctions.LossFunction.NEGATIVELOGLIKELIHOOD)
    .nOut(outputNum)
    .activation(Activation.SOFTMAX)
    .build())
```

損失関数としては負の対数尤度が使われます。ソフトマックスの出力層では、慣例的にこの関数が使われています。出力ユニットの数は、このデータセットでのクラスあるいはラベルの数と一致します。

5.5.4 CNN を訓練する

LeNet の畳み込みモデルのアーキテクチャーをセットアップできたので、続いては入力データセットの訓練に利用する MultiLayerNetwork オブジェクトを初期化します。次のコードで、ここまでに作成してきた設定を元にネットワークを生成しています。

```
MultiLayerNetwork model = new MultiLayerNetwork(conf);
model.init();
```

このモデルを使い、入力の MNIST データセットに対して訓練を行います。以下のコードのように、指定されたエポック数だけ訓練が繰り返されます。

```
log.info("モデルを訓練します...");
model.setListeners(new ScoreIterationListener(1));
for( int i=0; i<nEpochs; i++ ) {
    model.fit(mnistTrain);
    log.info("*** エポック{}が完了しました ***", i);

    log.info("モデルを評価します...");
    Evaluation eval = model.evaluate(mnistTest);
    log.info(eval.stats());
    mnistTest.reset();
}
log.info("*************** 完了 ******************");
```

訓練のループでも、モデルの fit() メソッドを呼び出して画像のミニバッチを処理させるという点は共通です。エポックごとに、このメソッドが完了したらテスト用データを使ってテストを行い、訓練がどの程度うまくいったかを確認します。訓練が繰り返されるたびに、F1 値が増えていくはずです。評価のスコアは上昇し、損失関数による誤差は減少するでしょう。

5.6 リカレントニューラルネットワークを使い、シーケンスデータをモデル化する

続いては、リカレントニューラルネットワークの生成と識別の機能を紹介します。シェイクスピア風の文章の生成と、時系列データの分類という 2 つの例を作成します。

5.6.1 LSTM を使ってシェイクスピア風の文章を生成する

まず、シェイクスピアの作品をモデル化するという興味深い例から始めましょう。ここでは、LSTM のリカレントニューラルネットワークを訓練して、新たなシェイクスピアの作品（のように見えるもの）を生成させます。なお、今回のテキストは文字のシーケンスとして扱われます。ある時点までに遭遇した文字に基づいて、その次に最もよく現れそうな文字を予測します。このモデルは他の種類のシーケンスデータにも適用できるものです。後ほど紹介するように、ログやセンサーなどのデータへの適用も考えられます。

リカレントニューラルネットワークによる予想外の効果
この例は Andrej Karpathy によるブログ記事 The Unreasonable Effectiveness of Recurrent Neural Networks（http://karpathy.github.io/2015/05/21/rnn-effectiveness/）から着想を得ています。

LSTM の訓練に利用するテキスト
今回の訓練に利用するのは、Project Gutenberg からダウンロードした **The Complete Works of William Shakespeare**[10]（https://www.gutenberg.org/ebooks/100）です。他のテキストデータへの変更も、比較的容易でしょう。

5.6.1.1　モデル化の大まかなワークフロー

ここでは、DL4J を使ってリカレントニューラルネットワークのアーキテクチャを組み立てる際の考え方を紹介します。以前の例で学んだ、次のような処理の上に成り立っています。

- 訓練用の入力データセットを読み込む
- ネットワークアーキテクチャのコンフィグレーションを構成する

DL4J の API のうち、リカレントニューラルネットワークに固有のものをいくつか利用します。シェイクスピアの作品を 1 文字ずつ学習し、できあがったモデルを

---

[10] UTF-8 エンコーディングで 5.3 メガバイトのファイルで、約 540 万文字が含まれます。

5.6 リカレントニューラルネットワークを使い、シーケンスデータをモデル化する | 219

使ってオリジナルの作品を生成します。

初めのうちは、次のような出力が行われます。

```
----- サンプル 0 -----
lnee!
  Lhir tape shepyang? Nocw; mame.  Budt hlant'nthely ler ild
  Py theu sfochill'ad my and ocs im nereepapd werer;
  Motadid. Mert hatterhirl. Iit    nesdoesd'nlowhednanieivetranns deugheuind
  Bred yetide rathane fojlond thivh uweet.
  Thy lametom theuegfast lart souclalitoloe ilntangylrt or

----- サンプル 1 -----
l,, ne agly
  Lot Bolncanbom bavantenfircasle womlidibl.
  NTERIOO. IrdmisfUoItolleeeddortiss hot buye.
  The hetenle of ile,
  'merlliydingiponI, bomgule? Shurtstarer of ate,
  Onbibly ot ire pomxatgillant, dakl.
  Oxt Mtanlonfye wiudsimotime raugadent deu'y ondtstes.
  If vonee.
  Whol touEde
```

しかし徐々に、例えば次のような出力へと変化していきます。

```
----- サンプル 0 -----
ous reward me, Master Warce! I-will stay
    shall; for I one as mine lord.
  CLOTEN. Come, I will thigh, i'; and what wam! Hath dravelly
    The albowed out, Aside dismernicges could be a
    druck than there's thoughts, here is we with me and rag.
    Thou shalt love it doth my child.
  PERDITA. Ti

----- サンプル 1 -----
on,
    Incie Paties, go, thurst with thy flounds by the bands.  Exit COURSTIO
  FLORIZEL. Uncle, an if you,
    Abassom the man,
    Stars, you spite-hath loved.
  QUEEN MANGER On stay is! Who is mer?
  CLOTEN. Hang't, what I'll remain,
    Cap nothes same so here;
    My tens
```

Java コードを見てみましょう。

220 | 5章　深層ネットワークの構築

5.6.1.2　シェイクスピア作品をモデル化する Java のコード

例 5-3 はコードの全文です（http://bit.ly/2G29Vkw）。

例 5-3　DL4J の LSTM を使い、シェイクスピア作品をモデル化し生成する

```java
public class LSTMCharModellingExample {
    public static void main( String[] args ) throws Exception {
        // それぞれの LSTM 層でのユニット数
        int lstmLayerSize = 200;
        // 訓練時のミニバッチのサイズ
        int miniBatchSize = 32;
        // 訓練データのシーケンス長。より大きな値でもかまいません
        int exampleLength = 1000;
        // Truncated BPTT の長さ。例えば、50 文字ごとにパラメーターが更新されます
        int tbpttLength = 50;
        // 訓練でのエポック数
        int numEpochs = 1;
        // ネットワークにサンプルを生成する頻度
        // 文字数が 1000 で Truncated BPTT の長さが 50 だとすると、
        // ミニバッチごとにパラメーターは 20 回更新されます
        int generateSamplesEveryNMinibatches = 10;
        // 訓練のエポックごとに生成されるサンプルの数
        int nSamplesToGenerate = 4;
        // 生成されるサンプルの長さ
        int nCharactersToSample = 300;
        // 文字の初期化（省略可能）
        // null が指定されている場合、ランダムな文字が使われます
        String generationInitialization = null;
        // 上記は、継続あるいは完了させてほしい文字列を LSTM に与えるために
        // 使われます。すべての文字はデフォルトの
        // CharacterIterator.getMinimalCharacterSet() に含まれている必要があります
        Random rng = new Random(12345);

        // テキストをベクトル化し、LSTM ネットワークの訓練に利用できるように
        // するための DataSetIterator を取得します
        CharacterIterator iter = getShakespeareIterator(miniBatchSize,exampleL
↪ ength);
        int nOut = iter.totalOutcomes();

        // ネットワークのコンフィグレーションをセットアップします
        MultiLayerConfiguration conf = new NeuralNetConfiguration.Builder()
            .seed(12345)
            .l2(0.001)
            .weightInit(WeightInit.XAVIER)
            .updater(new RmsProp(0.1))
            .list()
            .layer(0, new LSTM.Builder().nIn(iter.inputColumns())
```

5.6 リカレントニューラルネットワークを使い、シーケンスデータをモデル化する | **221**

```
                                .nOut(lstmLayerSize)
                                .activation(Activation.TANH).build())
                    .layer(1, new LSTM.Builder().nIn(lstmLayerSize)
                                .nOut(lstmLayerSize)
                                .activation(Activation.TANH).build())
                    .layer(2, new RnnOutputLayer.Builder(LossFunction.MCXENT)
                                // MCXENT とソフトマックスを使って分類します
                                .activation(Activation.SOFTMAX)
                                .nIn(lstmLayerSize).nOut(nOut).build())
                    .backpropType(BackpropType.TruncatedBPTT).tBPTTForwardLength(tbptt
↪ Length)
                                .tBPTTBackwardLength(tbpttLength)
                    .build();

        MultiLayerNetwork net = new MultiLayerNetwork(conf);
        net.init();
        net.setListeners(new ScoreIterationListener(1));

        // ネットワーク内の各層のパラメーター数を出力します
        Layer[] layers = net.getLayers();
        int totalNumParams = 0;
        for( int i=0; i<layers.length; i++ ){
            int nParams = layers[i].numParams();
            System.out.println("層" + i + "でのパラメーター数: " + nParams);
            totalNumParams += nParams;
        }
        System.out.println("ネットワーク内の総パラメーター数: " + totalNumParams);

        // 訓練を行い、サンプルを生成して出力します
        int miniBatchNumber = 0;
        for( int i=0; i<numEpochs; i++ ){
            while(iter.hasNext()){
                DataSet ds = iter.next();
                net.fit(ds);
                if(++miniBatchNumber % generateSamplesEveryNMinibatches == 0){
                    System.out.println("--------------------");
                    System.out.println("ミニバッチ" + miniBatchNumber +
                        "が完了しました。ミニバッチのサイズ: " + miniBatchSize +
↪ "、文字数: " + exampleLength );
                    System.out.println("初期化の文字列: \"" +
                        (generationInitialization == null ? "" :
                        generationInitialization) + "\"");
                    String[] samples = sampleCharactersFromNetwork(
                        generationInitialization,net,iter,rng,
                            nCharactersToSample,nSamplesToGenerate);
                    for( int j=0; j<samples.length; j++ ){
                        System.out.println("----- サンプル" + j + " -----");
                        System.out.println(samples[j]);
                        System.out.println();
```

```
                    }
                }
            }

            iter.reset(); // 次のエポックのために、イテレータをリセットします
        }

        System.out.println("\n\n 完了");
    }

    /** 訓練データとしてシェイクスピア作品をダウンロードし、
     * ローカルの一時ディレクトリに保存します
     * そして、テキストに基づいてベクトル化を行うシンプルな DataSetIterator を
     * セットアップして返します
     * @param miniBatchSize 訓練用ミニバッチでのテキストのセグメント数
     * @param sequenceLength それぞれのセグメントに含まれる文字数
     */
    public static CharacterIterator getShakespeareIterator(int miniBatchSize,
        int sequenceLength) throws Exception{
        // 「The Complete Works of William Shakespeare」
        // UTF-8 エンコーディングで 5.3 メガバイトのファイル。約 540 万文字
        // https://www.gutenberg.org/ebooks/100
        String url = "https://s3.amazonaws.com/dl4j-distribution/pg100.txt";
        String tempDir = System.getProperty("java.io.tmpdir");
        // ダウンロードされたファイルの場所
        String fileLocation = tempDir + "/Shakespeare.txt";
        File f = new File(fileLocation);
        if( !f.exists() ){
            FileUtils.copyURLToFile(new URL(url), f);
            System.out.println("ファイルのダウンロード先: " + f.getAbsolutePath());
        } else {
            System.out.println("既存のファイルを使います: " + f.getAbsolutePath());
        }

        if(!f.exists()) throw new IOException("ファイルがありません: " +
            fileLocation);   // ダウンロード中という問題の可能性

        // 許容される文字種を取得し、それ以外のものを削除します
        char[] validCharacters = CharacterIterator.getMinimalCharacterSet();
        return new CharacterIterator(fileLocation, Charset.forName("UTF-8"),
                miniBatchSize, sequenceLength, validCharacters, new Random(123
↪ 45));
    }

    /** 初期化情報（省略可）を受け取り、ネットワークからサンプルを生成します
     * 初期化情報は、拡張あるいは継続してほしい文字列を RNN に渡すために
     * 使われます。この情報はすべてのサンプルで使われます
     * @param initialization 初期化のための文字列。null が渡された場合には、すべての
↪ サンプルでランダムな文字が使われます
```

5.6 リカレントニューラルネットワークを使い、シーケンスデータをモデル化する | 223

```
    * @param net 1 つ以上の LSTM/RNN の層と、ソフトマックスの出力層を持つ MultiLayer
↪ Network
    * @param iter インデックスを使って元の文字列にアクセスするための CharacterIterator
    * @param charactersToSample 生成させるサンプルの長さ（初期化に使用したものは除く）
    */
   private static String[] sampleCharactersFromNetwork(
       String initialization,
       MultiLayerNetwork net,
       CharacterIterator iter,
       Random rng,
       int charactersToSample,
       int numSamples ){
       // 初期化情報をセットアップします。値が渡されなかった場合に、
       // ランダムな文字列を生成します
       if( initialization == null ){
           initialization = String.valueOf(iter.getRandomCharacter());
       }

       // 初期化情報を表す入力オブジェクトを作成します
       INDArray initializationInput = Nd4j.zeros(numSamples, iter.inputColumn
↪ s(),
           initialization.length());
       char[] init = initialization.toCharArray();
       for( int i=0; i<init.length; i++ ){
           int idx = iter.convertCharacterToIndex(init[i]);
           for( int j=0; j<numSamples; j++ ){
               initializationInput.putScalar(new int[]{j,idx,i}, 1.0f);
           }
       }

       StringBuilder[] sb = new StringBuilder[numSamples];
       for( int i=0; i<numSamples; i++ ) sb[i] = new StringBuilder(initializa
↪ tion);

       // ネットワークからサンプルを生成し、入力オブジェクトに戻します
       // すべてのサンプルについて、生成は 1 文字ずつ行われます
       // ここでの処理は並列に行われます
       net.rnnClearPreviousState();
       INDArray output = net.rnnTimeStep(initializationInput);
       // 最後のタイムステップでの出力を取得します
       output = output.tensorAlongDimension(output.size(2)-1,1,0);

       for( int i=0; i<charactersToSample; i++ ){
           // 直前の出力からサンプリングし、次のタイムステップの入力をセットアップします
           INDArray nextInput = Nd4j.zeros(numSamples,iter.inputColumns());
           // 出力は確率分布です。生成したいサンプルごとに値を取り出し、
           // 新しい入力に追加します
           for( int s=0; s<numSamples; s++ ){
               double[] outputProbDistribution = new double[iter.totalOutcome
```

224 | 5章　深層ネットワークの構築

```
↪ s()];
                    for( int j=0; j<outputProbDistribution.length; j++ )
                        outputProbDistribution[j] = output.getDouble(s,j);
                    int sampledCharacterIdx =
                        sampleFromDistribution(outputProbDistribution,rng);

                    // 次のタイムステップの入力を準備します
                    nextInput.putScalar(new int[]{s,sampledCharacterIdx}, 1.0f);
                    // サンプルの文字を StringBuilder に追加し人間が読める形式にします
                    sb[s].append(iter.convertIndexToCharacter(sampledCharacterIdx));
                }
                output = net.rnnTimeStep(nextInput);   // 1 タイムステップ順伝播する
            }

            String[] out = new String[numSamples];
            for( int i=0; i<numSamples; i++ ) out[i] = sb[i].toString();
            return out;
        }

        /** 各クラスについての確率分布を受け取り、ここからサンプルを生成して、
         * クラスのインデックス番号を返します
         * @param distribution 各クラスの確率分布
         */
        public static int sampleFromDistribution( double[] distribution, Random
↪ rng ){
            double d = rng.nextDouble();
            double sum = 0.0;
            for( int i=0; i<distribution.length; i++ ){
                sum += distribution[i];
                if( d <= sum ) return i;
            }
            // distribution が正当な確率分布なら、ここに到達することはありません
            throw new IllegalArgumentException("不正な確率分布?: d="+d+", sum="+sum);
        }
    }
```

　以降ではこのコードについて議論し、主要部分のそれぞれがどのようにシェイクス
ピア作品のモデル化や生成に関わっているかを明らかにします。

5.6.1.3　入力データのセットアップとベクトル化

　入力データは自動的にダウンロードされ、サポート用のクラスによって NDArray
に変換されます。これらの処理を行っているのは以下のコードです。

```
CharacterIterator iter =
getShakespeareIterator(miniBatchSize,exampleLength);
```

興味を持った読者は、内部で行われている処理について調べてみるとよいでしょう。

5.6.1.4 LSTMネットワークのアーキテクチャー

ここまでの2つの例と同様に、LSTMネットワークの各層のセットアップには
Builderパターンを利用します。

```
// ネットワークのコンフィグレーションをセットアップします
MultiLayerConfiguration conf = new NeuralNetConfiguration.Builder()
    .seed(12345)
    .l2(0.001)
    .weightInit(WeightInit.XAVIER)
    .updater(new RmsProp(0.1))
    .list()
    .layer(0, new LSTM.Builder().nIn(iter.inputColumns())
        .nOut(lstmLayerSize)
        .activation(Activation.TANH).build())
    .layer(1, new LSTM.Builder().nIn(lstmLayerSize)
        .nOut(lstmLayerSize)
        .activation(Activation.TANH).build())
    .layer(2, new RnnOutputLayer.Builder(LossFunction.MCXENT)
        // MCXENT とソフトマックスを使って分類します
        .activation(Activation.SOFTMAX)
        .nIn(lstmLayerSize).nOut(nOut).build())

.backpropType(BackpropType.TruncatedBPTT).tBPTTForwardLength(tbpttLength)
    .tBPTTBackwardLength(tbpttLength)
    .build();
```

ハイパーパラメーターについての一般的なコメント

今回の例でも最適化アルゴリズムとしてSGDを利用し、学習率を0.1に指定して
います。正則化は有効で、L2の値は0.001です。アップデーターは、ここまでの例
とは異なりRmsPropです。

隠れ層

出力層以外では、LSTM層とtanh活性化関数の組み合わせを利用してい
ます。

出力層

ここまでに見てきた層とは異なります。次のように、RnnOutputLayerを使っ
てリカレントニューラルネットワークからの出力を処理します。

```
.layer(2, new RnnOutputLayer.Builder(LossFunction.MCXENT)
    // MCXENT とソフトマックスを使って分類します
    .activation(Activation.SOFTMAX)
    .nIn(lstmLayerSize).nOut(nOut).build())
```

出力層での活性化関数は以前と同様にソフトマックスですが、損失関数は `LossFunction.MCXENT` です。

RMSProp の効果
RMSProp は更新の量のスケールを正規化するように設計されています。つまり、異なる層同士のパラメーターあるいは 1 つの層の異なるパラメーターの間で更新の量が違っていても、このアップデーターを使うと最終的にはほぼ同じ量になります。

5.6.1.5 LSTM ネットワークを訓練する

ネットワークを訓練しているのは以下の部分のコードです。

```
// 訓練を行い、サンプルを生成して出力します
int miniBatchNumber = 0;
for( int i=0; i<numEpochs; i++ ){
    while(iter.hasNext()){
        DataSet ds = iter.next();
        net.fit(ds);
        if(++miniBatchNumber % generateSamplesEveryNMinibatches == 0){
            System.out.println("--------------------");
            System.out.println("ミニバッチ" + miniBatchNumber +
                "が完了しました。ミニバッチのサイズ: " + miniBatchSize +
                "、文字数: " + exampleLength );
            System.out.println("初期化の文字列: \"" + (generationInitialization
                == null ? "" :
                generationInitialization) + "\"");
            String[] samples =
                sampleCharactersFromNetwork(
                    generationInitialization,net,iter,rng,nCharactersToSample,
                    nSamplesToGenerate);
            for( int j=0; j<samples.length; j++ ){
                System.out.println("----- サンプル" + j + " -----");
                System.out.println(samples[j]);
                System.out.println();
            }
        }
```

```
        }

        iter.reset(); // 次のエポックのために、イテレータをリセットします
    }

    System.out.println("\n\n 完了");
```

　この例では、DL4J の使われ方が今までと少し異なります。イテレータ自身に対して fit() メソッドを呼び出すのではなく、ミニバッチのデータに対して直接アクセスしています。これにより、ミニバッチに対して fit() を呼び出す間に行われていた処理を、より細かく制御できるようになります。上のコードでは、シェイクスピア作品のデータセットに対する処理の中で、ネットワークにサンプルを生成させています。

　訓練が進むにつれて、損失関数の値が徐々に減っていくことがコンソール出力からわかります。

```
o.d.o.l.ScoreIterationListener - 0 回目のスコア: 217.28348109866505
o.d.o.l.ScoreIterationListener - 1 回目のスコア: 213.24020789706773
o.d.o.l.ScoreIterationListener - 2 回目のスコア: 212.96001041971766
o.d.o.l.ScoreIterationListener - 3 回目のスコア: 175.06079409241767
o.d.o.l.ScoreIterationListener - 4 回目のスコア: 165.25272077487378
```

　ここでは、上のようなスコアに加えて訓練中のネットワークから生成された文のサンプルが出力されます。

5.6.1.6　シェイクスピア風の文章サンプルを生成する

　サンプルを出力させるには、次のように補助的メソッドを呼び出して合成された文章を取得します。

```
String[] samples = sampleCharactersFromNetwork(generationInitialization,
↪ net,iter,
    rng,nCharactersToSample,nSamplesToGenerate);
for( int j=0; j<samples.length; j++ ){
    System.out.println("----- サンプル" + j + " -----");
    System.out.println(samples[j]);
    System.out.println();
}
```

　このコードが訓練中に定期的に呼び出され、コンソール上で出力を確認できます。

5.6.2　LSTMを使ってセンサーからの時系列シーケンスを分類する

次の例では、LSTM のリカレントニューラルネットワークを使ってシーケンスの分類を試みます。UCI（カリフォルニア大学アーバイン校）の Machine Learning Repository から、Synthetic Control Chart Time Series データセット（https://archive.ics.uci.edu/ml/datasets/Synthetic+Control+Chart+Time+Series）をダウンロードして利用します。ここでは単変量の時系列データを、6 つのカテゴリーに分類します。

- 定常（C）
- 周期変化（B）
- 増加傾向（E）
- 減少傾向（A）
- 上方シフト（D）
- 下方シフト（F）

図5-1[11]はそれぞれのカテゴリーに分類されるデータの例です。

このような 6 種のシーケンスは、組み込みのセンサーなどから実際に生成されるデータによく似ています。処理対象のデータセットの例として好適です。

5.6.2.1　リカレントな分類を行う Java コード

例5-4 はリカレントニューラルネットワークを使って分類を行う Java コードの例です（http://bit.ly/2G3cSRQ）。作成されるモデルは、UCI による Synthetic Control Chart Time Series データセットに含まれるシーケンスを分類します。

例5-4　UCI のシーケンスを分類する Java コードの例

```
public class UCISequenceClassificationExample {
    private static final Logger log = LoggerFactory
        .getLogger(UCISequenceClassificationExample.class);

    // baseDir: データの基底ディレクトリ
    // 別の場所にデータを保存したい場合には変更してください
```

---

[11] 画像の出典：https://archive.ics.uci.edu/ml/datasets/Synthetic+Control+Chart+Time+Series

5.6 リカレントニューラルネットワークを使い、シーケンスデータをモデル化する

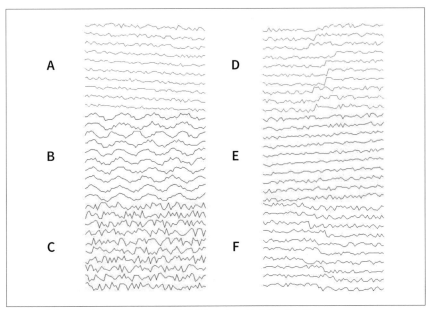

図5-1 合成された時系列シーケンスの描画結果。UCIのリポジトリより

```java
private static File baseDir = new File("src/main/resources/uci/");
private static File baseTrainDir = new File(baseDir, "train");
private static File featuresDirTrain = new File(baseTrainDir, "features");
private static File labelsDirTrain = new File(baseTrainDir, "labels");
private static File baseTestDir = new File(baseDir, "test");
private static File featuresDirTest = new File(baseTestDir, "features");
private static File labelsDirTest = new File(baseTestDir, "labels");

public static void main(String[] args) throws Exception {
    downloadUCIData();

    // ----- 訓練データを読み込みます -----
    // 特徴量の訓練に使われるファイルは、train/features/0.csv から
    // train/features/449.csv まで 450 個あります
    SequenceRecordReader trainFeatures = new CSVSequenceRecordReader();
    trainFeatures.initialize(new NumberedFileInputSplit(featuresDirTrain
        .getAbsolutePath() + "/%d.csv", 0, 449));
    SequenceRecordReader trainLabels = new CSVSequenceRecordReader();
    trainLabels.initialize(new NumberedFileInputSplit(labelsDirTrain
        .getAbsolutePath() + "/%d.csv", 0, 449));

    int miniBatchSize = 10;
    int numLabelClasses = 6;
```

230 | 5章　深層ネットワークの構築

```
DataSetIterator trainData = new SequenceRecordReaderDataSetIterator(
    trainFeatures, trainLabels, miniBatchSize, numLabelClasses,
    false, SequenceRecordReaderDataSetIterator.AlignmentMode.ALIGN_END);

// 訓練データを正規化します
DataNormalization normalizer = new NormalizerStandardize();
normalizer.fit(trainData); // 訓練データの統計情報を収集します
trainData.reset();

// 収集した統計情報を使い、その場で正規化します
// イテレータ trainData から返されるそれぞれの DataSet が正規化されます
trainData.setPreProcessor(normalizer);


// ----- テストデータを読み込みます -----
// 訓練データと同様の処理が行われます
SequenceRecordReader testFeatures = new CSVSequenceRecordReader();
testFeatures.initialize(new NumberedFileInputSplit(featuresDirTest
    .getAbsolutePath() + "/%d.csv", 0, 149));
SequenceRecordReader testLabels = new CSVSequenceRecordReader();
testLabels.initialize(new NumberedFileInputSplit(
    labelsDirTest.getAbsolutePath() + "/%d.csv", 0, 149));

DataSetIterator testData = new SequenceRecordReaderDataSetIterator(
    testFeatures, testLabels, miniBatchSize, numLabelClasses,
    false, SequenceRecordReaderDataSetIterator.AlignmentMode.ALIGN_END);

// 訓練データとまったく同じ正規化を行っています
testData.setPreProcessor(normalizer);

// ----- ネットワークを構成します -----
MultiLayerConfiguration conf = new NeuralNetConfiguration.Builder()
        // 再現性を高めるために、乱数生成器のシード値を指定します（省略可）
        .seed(123)
        .weightInit(WeightInit.XAVIER)
        .updater(new Nesterovs(0.005, 0.9))
        // どんな場合にも必須というわけではありませんが、今回の例では有効です
        .gradientNormalization(GradientNormalization.ClipElementWiseAb
↪ soluteValue)
        .gradientNormalizationThreshold(0.5)
        .list()
        .layer(0, new LSTM.Builder().activation(Activation.TANH).nIn(1)
                .nOut(10).build())
        .layer(1, new RnnOutputLayer.Builder(LossFunctions.LossFunctio
↪ n.MCXENT)
                    .activation(Activation.SOFTMAX).nIn(10).nOut(numLabelC
↪ lasses)
                        .build())
        .build();
```

5.6 リカレントニューラルネットワークを使い、シーケンスデータをモデル化する | **231**

```
MultiLayerNetwork net = new MultiLayerNetwork(conf);
net.init();

// 20 回の繰り返しごとに、スコア（損失関数の値）を出力します
net.setListeners(new ScoreIterationListener(20));

// -- ネットワークを訓練し、エポックごとにテストデータの成績を評価します --
int nEpochs = 40;
String str = "エポック %d での正解率: %.2f、F1 値: %.2f";
for (int i = 0; i < nEpochs; i++) {
    net.fit(trainData);

    // テストデータを使って評価します
    Evaluation evaluation = net.evaluate(testData);
    log.info(String.format(str, i, evaluation.accuracy(), evaluation.
↪ f1()));

    testData.reset();
    trainData.reset();
}

log.info("----- 完了 -----");
}

// データをダウンロードし、DataVec（CSVSequenceRecordReader）や DL4J が
// 扱いやすい形式に変換します
// 1 行に 1 つの時系列が記述された形式から、CSV のシーケンス形式に変換されます
private static void downloadUCIData() throws Exception {
    // データがすでにある場合にはダウンロードしません
    if (baseDir.exists()) return;

    String url =
        "https://archive.ics.uci.edu/ml/machine-learning-databases/
         synthetic_control-mld/synthetic_control.data";
    String data = IOUtils.toString(new URL(url));

    String[] lines = data.split("\n");

    // ディレクトリを作成します
    baseDir.mkdir();
    baseTrainDir.mkdir();
    featuresDirTrain.mkdir();
    labelsDirTrain.mkdir();
    baseTestDir.mkdir();
    featuresDirTest.mkdir();
    labelsDirTest.mkdir();

    int lineCount = 0;
```

232 | 5章　深層ネットワークの構築

```java
List<Pair<String, Integer>> contentAndLabels = new ArrayList<>();
for (String line : lines) {
    String transposed = line.replaceAll(" +", "\n");

    // ラベルについて：先頭の 100 件はラベル 0 で、次の 100 件はラベル 1 です
    // 以下同様に続きます
    contentAndLabels.add(new Pair<>(transposed, lineCount++ / 100));
}

// ランダム化を行い、訓練用とテスト用にデータを分割します
Collections.shuffle(contentAndLabels, new Random(12345));

int nTrain = 450; // 75% が訓練用、25% がテスト用
int trainCount = 0;
int testCount = 0;
for (Pair<String, Integer> p : contentAndLabels) {
    // 読みやすい形式で適切な場所に出力します
    File outPathFeatures;
    File outPathLabels;
    if (trainCount < nTrain) {
        outPathFeatures = new File(featuresDirTrain, trainCount + ".csv");
        outPathLabels = new File(labelsDirTrain, trainCount + ".csv");
        trainCount++;
    } else {
        outPathFeatures = new File(featuresDirTest, testCount + ".csv");
        outPathLabels = new File(labelsDirTest, testCount + ".csv");
        testCount++;
    }

    FileUtils.writeStringToFile(outPathFeatures, p.getFirst());
    FileUtils.writeStringToFile(outPathLabels, p.getSecond().toString());
}
}
}
```

コード中の各部分について解説していきます。

5.6.2.2　入力データのセットアップとベクトル化

　例5-4 の downloadUCIData() メソッドがデータを取得してくれるため、手作業でのダウンロードは必要ありません。また、このメソッドを実行すると 600 件の時系列データが 450 件の訓練データと 150 件のテストデータに分割されます。そして分類で CSVSequenceRecordReader を使う際に読み込みやすいように、データが変換されて書き出されます。変換後は 1 つのファイルに 1 つの時系列が記録され、ラベルを表すファイルも別に用意されます。

5.6 リカレントニューラルネットワークを使い、シーケンスデータをモデル化する | **233**

　例えば train/features/0.csv はゼロ番目のレコードの特徴量を表し、train
/labels/0.csv はゼロ番目のレコードのラベルを表します。ここで扱うデータは単
変量の時系列なので、CSV ファイルに記述される列は 1 つだけです。一般的に、そ
れぞれの列には複数の値が含まれ、各行が 1 つの期間を表します。また、それぞれの
時系列のラベルは 1 つなので、ラベルの CSV ファイルには値が 1 つだけ記述され
ます。

　訓練データを読み込んでいる部分を切り出したのが以下のコードです。DL4J の
SequenceRecordReader を使って CSV ファイルにアクセスする[12]とともに、ラ
ベルを生成します。そして今回のシーケンスデータに合わせて、DataSetIterator
オブジェクトが用意されます。

```
// ----- 訓練データを読み込みます -----
// 特徴量の訓練に使われるファイルは、train/features/0.csv から
// train/features/449.csv まで 450 個あります
SequenceRecordReader trainFeatures = new CSVSequenceRecordReader();
trainFeatures.initialize(new NumberedFileInputSplit(featuresDirTrain
    .getAbsolutePath() + "/%d.csv", 0, 449));
SequenceRecordReader trainLabels = new CSVSequenceRecordReader();
trainLabels.initialize(new NumberedFileInputSplit(labelsDirTrain
    .getAbsolutePath() + "/%d.csv", 0, 449));

int miniBatchSize = 10;
int numLabelClasses = 6;
DataSetIterator trainData = new SequenceRecordReaderDataSetIterator(
    trainFeatures, trainLabels, miniBatchSize, numLabelClasses,
    false, SequenceRecordReaderDataSetIterator.AlignmentMode.ALIGN_END);

// 訓練データを正規化します
DataNormalization normalizer = new NormalizerStandardize();
normalizer.fit(trainData); // 訓練データの統計情報を収集します
trainData.reset();

// 収集した統計情報を使い、その場で正規化します。
// イテレータ trainData から返されるそれぞれの DataSet が正規化されます
trainData.setPreProcessor(normalizer);
```

　上のコードの後半で、データセットの統計情報を取得するために Data
Normalization オブジェクトを利用しています。データセットについてのグローバ
ルな情報を元にデータを正規化し、より良い訓練を行えるようになります。

---

†12　この処理の詳細については http://deeplearning4j.org/usingrnns#data を参照してください。

5.6.2.3　ネットワークのアーキテクチャーと訓練

作成しようとしているネットワークのアーキテクチャーは、LSTM のリカレントニューラルネットワークです。以下のように、MultiLayerConfiguration オブジェクトを使ってセットアップします。

```
// ----- ネットワークを構成します -----
MultiLayerConfiguration conf = new NeuralNetConfiguration.Builder()
        // 再現性を高めるために、乱数生成器のシード値を指定します（省略可）
        .seed(123)
        .weightInit(WeightInit.XAVIER)
        .updater(new Nesterovs(0.005, 0.9))
        // どんな場合にも必須というわけではありませんが、今回の例では有効です
        .gradientNormalization(GradientNormalization.ClipElementWiseAbsoluteVal
↪ ue)
        .gradientNormalizationThreshold(0.5)
        .list()
        .layer(0, new LSTM.Builder().activation(Activation.TANH).nIn(1)
           .nOut(10).build())
        .layer(1, new RnnOutputLayer.Builder(LossFunctions.LossFunction.MCXENT)
           .activation(Activation.SOFTMAX).nIn(10).nOut(numLabelClasses)
           .build())
        .build();
```

ここで必要なのは、ソフトマックスの出力層に接続された単一の LSTM 層です。重みの初期化には XAVIER の手法を使い、更新の方針は Nesterovs、学習率は 0.005 としています。

他の例と同様に、誤差率が十分に低下するまで複数エポックにわたって訓練を繰り返します。該当する部分のコードは以下の通りです。

```
// -- ネットワークを訓練し、エポックごとにテストデータの成績を評価します --
int nEpochs = 40;
String str = "エポック %d での正解率: %.2f、F1 値: %.2f";
for (int i = 0; i < nEpochs; i++) {
    net.fit(trainData);

    // テストデータを使って評価します
    Evaluation evaluation = net.evaluate(testData);
    log.info(String.format(str, i, evaluation.accuracy(), evaluation.f1()));

    testData.reset();
    trainData.reset();
}

log.info("----- 完了 -----");
```

ここでは再び fit() メソッドを呼び出し、ベクトル化と正規化を経た訓練データに対して訓練を行っています。そして Evaluation オブジェクトを使い、別に取っておいたテストデータに対するリカレントニューラルネットワークの汎化能力を測定しています。

5.7　オートエンコーダーを使った異常検出

　オートエンコーダーの実践的な利用例として、事前訓練なしのオートエンコーダーを使って MNIST データセットで異常検出を行うコードを紹介します。

　ここでの目標は、「外れ値」の字を識別することです。通常と異なる形状や、一般的ではない書き方の数字を発見します。この例では、再構成時の誤差を利用します。典型的な形の数字であれば再構成時の誤差は小さくなりますが、そうではない場合には大きくなるでしょう。

　設定するモデルのアーキテクチャーは今までと異なります。オートエンコーダーではほとんどの層で全結合の DenseLayer が使われます。今回注目するのは、じょうご状に細くなり、そして出力層に至るまでにまた元に戻っていく各層の構成です。

5.7.1　オートエンコーダーの Java コード例

　異常検出を行うオートエンコーダーのコードは**例5-5** のようになっています（http://bit.ly/2NH0JYW）。

例5-5　異常検出を行うオートエンコーダーの Java コード

```
public class MNISTAnomalyExample {

    public static void main(String[] args) throws Exception {

        // ネットワークをセットアップします
        // 入力と出力のサイズは、28x28 の MNIST 画像を扱うため 784 です
        // 784 -> 250 -> 10 -> 250 -> 784 のように変化します
        MultiLayerConfiguration conf = new NeuralNetConfiguration.Builder()
            .seed(12345)
            .weightInit(WeightInit.XAVIER)
            .updater(new AdaGrad(0.05))
            .activation(Activation.RELU)
            .l2(0.0001)
            .list()
            .layer(0, new DenseLayer.Builder().nIn(784).nOut(250)
                .build())
```

```
            .layer(1, new DenseLayer.Builder().nIn(250).nOut(10)
                    .build())
            .layer(2, new DenseLayer.Builder().nIn(10).nOut(250)
                    .build())
            .layer(3, new OutputLayer.Builder().nIn(250).nOut(784)
                    .lossFunction(LossFunctions.LossFunction.MSE)
                    .build())
            .build();

MultiLayerNetwork net = new MultiLayerNetwork(conf);
net.setListeners(Collections.singletonList((IterationListener) new
    ScoreIterationListener(1)));

// データを読み込み、4 万件の訓練データと 1 万件のテストデータに分割します
DataSetIterator iter = new MnistDataSetIterator(100,50000,false);

List<INDArray> featuresTrain = new ArrayList<>();
List<INDArray> featuresTest = new ArrayList<>();
List<INDArray> labelsTest = new ArrayList<>();

Random r = new Random(12345);
while(iter.hasNext()){
    DataSet ds = iter.next();
    // 100 個からなるミニバッチを 80:20 に分割します
    SplitTestAndTrain split = ds.splitTestAndTrain(80, r);
    featuresTrain.add(split.getTrain().getFeatures());
    DataSet dsTest = split.getTest();
    featuresTest.add(dsTest.getFeatures());
    // ワンホット表現をインデックスに変換します
    INDArray indexes = Nd4j.argMax(dsTest.getLabels(),1);
    labelsTest.add(indexes);
}

// モデルを訓練します
int nEpochs = 30;
for( int epoch=0; epoch<nEpochs; epoch++ ){
    for(INDArray data : featuresTrain){
        net.fit(data,data);
    }
    System.out.println(epoch + "が完了しました");
}

// テストデータを使ってモデルを評価します
// まず、1 つのサンプルごとにスコアを計算し、
// （スコア、数字、INDArray データ）の 3 つ組をリストに追加します
// このリストをスコア順に並べ替えると、それぞれの数字について
// 上位そして下位のサンプルを得られます
Map<Integer,List<Triple<Double,Integer,INDArray>>> listsByDigit =
    new HashMap<>();
```

5.7 オートエンコーダーを使った異常検出 | 237

```java
for( int i=0; i<10; i++ ) listsByDigit.put(i,new ArrayList<Triple<Double,
    Integer,INDArray>>());

int count = 0;
for( int i=0; i<featuresTest.size(); i++ ){
    INDArray testData = featuresTest.get(i);
    INDArray labels = labelsTest.get(i);
    int nRows = testData.rows();
    for( int j=0; j<nRows; j++){
        INDArray example = testData.getRow(j);
        int label = (int)labels.getDouble(j);
        double score = net.score(new DataSet(example,example));
        listsByDigit.get(label).add(new ImmutableTriple<>(score, count++,
            example));
    }
}

// 数字ごとに、データをスコア順に並べ替えます
Comparator<Triple<Double, Integer, INDArray>> c
    = new Comparator<Triple<Double, Integer, INDArray>>() {
    @Override
    public int compare(Triple<Double, Integer, INDArray> o1, Triple<Doub
le,
        Integer, INDArray> o2) {
        return Double.compare(o1.getLeft(),o2.getLeft());
    }
};

for(List<Triple<Double, Integer, INDArray>> list : listsByDigit.values()
){
    Collections.sort(list, c);
}

// それぞれの数字について、再構成時の誤差の上位と下位各5件を選びます
List<INDArray> best = new ArrayList<>(50);
List<INDArray> worst = new ArrayList<>(50);
for( int i=0; i<10; i++ ){
    List<Triple<Double,Integer,INDArray>> list = listsByDigit.get(i);
    for( int j=0; j<5; j++ ){
        best.add(list.get(j).getRight());
        worst.add(list.get(list.size()-j-1).getRight());
    }
}

// 上位と下位の数字を可視化します
MNISTVisualizer bestVisualizer = new MNISTVisualizer(2.0,best,
    "上位 (再構成時の誤差が少ない)");
bestVisualizer.visualize();
```

238 | 5章 深層ネットワークの構築

```java
        MNISTVisualizer worstVisualizer = new MNISTVisualizer(2.0,worst,
            "下位 (再構成時の誤差が大きい)");
        worstVisualizer.visualize();
    }

    public static class MNISTVisualizer {
        private double imageScale;
        // INDArray ごとに 1 つずつ行ベクトルを用意し、数字を格納します
        private List<INDArray> digits;
        private String title;
        private int gridWidth;

        public MNISTVisualizer(double imageScale, List<INDArray> digits,
            String title ) {
            this(imageScale, digits, title, 5);
        }

        public MNISTVisualizer(double imageScale, List<INDArray> digits,
            String title, int gridWidth ) {
            this.imageScale = imageScale;
            this.digits = digits;
            this.title = title;
            this.gridWidth = gridWidth;
        }

        public void visualize(){
            JFrame frame = new JFrame();
            frame.setTitle(title);
            frame.setDefaultCloseOperation(JFrame.EXIT_ON_CLOSE);

            JPanel panel = new JPanel();
            panel.setLayout(new GridLayout(0,gridWidth));

            List<JLabel> list = getComponents();
            for(JLabel image : list){
                panel.add(image);
            }

            frame.add(panel);
            frame.setVisible(true);
            frame.pack();
        }

        private List<JLabel> getComponents(){
            List<JLabel> images = new ArrayList<>();
            for( INDArray arr : digits ){
                BufferedImage bi = new BufferedImage(28,28,BufferedImage
                    .TYPE_BYTE_GRAY);
                for( int i=0; i<784; i++ ){
```

```
            bi.getRaster().setSample(i % 28, i / 28, 0, (int)(255*arr
                .getDouble(i)));
        }
        ImageIcon orig = new ImageIcon(bi);
        Image imageScaled = orig.getImage().getScaledInstance((int)
            (imageScale*28),(int)(imageScale*28),Image.SCALE_REPLICATE);
        ImageIcon scaled = new ImageIcon(imageScaled);
        images.add(new JLabel(scaled));
      }
      return images;
    }
  }
}
```

コード中の各部分について解説していきます。

5.7.2 入力データのセットアップ

次のコードで、カスタムのイテレータを使って MNIST のデータセットを読み込ん
でいます。

```
// データを読み込み、4 万件の訓練データと 1 万件のテストデータに分割します
DataSetIterator iter = new MnistDataSetIterator(100,50000,false);

List<INDArray> featuresTrain = new ArrayList<>();
List<INDArray> featuresTest = new ArrayList<>();
List<INDArray> labelsTest = new ArrayList<>();

Random r = new Random(12345);
while(iter.hasNext()){
    DataSet ds = iter.next();
    // 100 個からなるミニバッチを 80:20 に分割します
    SplitTestAndTrain split = ds.splitTestAndTrain(80, r);
    featuresTrain.add(split.getTrain().getFeatures());
    DataSet dsTest = split.getTest();
    featuresTest.add(dsTest.getFeatures());
    // ワンホット表現をインデックスに変換します
    INDArray indexes = Nd4j.argMax(dsTest.getLabels(),1);
    labelsTest.add(indexes);
}
```

DL4J と ND4J の API を紹介するために、訓練データとテストデータの扱い方を
以前の例から変えています。while ループの中で、データセットを手動で訓練用とテ
スト用に分割しています。

5.7.3 オートエンコーダーのネットワークアーキテクチャー と訓練

　以前にも述べましたが、オートエンコーダーのネットワークアーキテクチャーは じょうごのような形をしています。中央部で細くなり、出力層では入力層のサイズに 戻ります。オートエンコーダーを使い、入力データの最も効率的な形式を探ります。 オートエンコーダーはその名前の通り、データを表現する最善の手法を学習します。 以下のようなコードを使ってセットアップされます。

```
// ネットワークをセットアップします。
// 入力と出力のサイズは、28x28 の MNIST 画像を扱うため 784 です。
// 784 -> 250 -> 10 -> 250 -> 784 のように変化します
MultiLayerConfiguration conf = new NeuralNetConfiguration.Builder()
        .seed(12345)
        .weightInit(WeightInit.XAVIER)
        .updater(new AdaGrad(0.05))
        .activation(Activation.RELU)
        .l2(0.0001)
        .list()
        .layer(0, new DenseLayer.Builder().nIn(784).nOut(250)
                .build())
        .layer(1, new DenseLayer.Builder().nIn(250).nOut(10)
                .build())
        .layer(2, new DenseLayer.Builder().nIn(10).nOut(250)
                .build())
        .layer(3, new OutputLayer.Builder().nIn(250).nOut(784)
                .lossFunction(LossFunctions.LossFunction.MSE)
                .build())
        .build();
```

　このアーキテクチャーは 4 つの層から構成されます。最後の層には、入力層と同 じ 784 個のユニットが含まれます。ネットワーク内の活性化関数はすべて ReLU で す。今回のデータセットについては、ReLU が最もうまく機能することがわかってい ます。

　オートエンコーダーネットワークの訓練には、ここまでの例と同様のパターンが適 用されています。コードは以下の通りです。

```
// モデルを訓練します
int nEpochs = 30;
for( int epoch=0; epoch<nEpochs; epoch++ ){
    for(INDArray data : featuresTrain){
        net.fit(data,data);
    }
```

```
        System.out.println(epoch + "が完了しました");
    }
```

データを使った訓練が、エポックの回数分だけ繰り返されます。以下の行については、今までと違った API の使われ方が見られます。

```
    net.fit(data,data);
```

ここでは、データがネットワークからの出力としても使われています。オートエンコーダーはデータ自体の再構成方法を学習するため、データは入力と出力両方に用いられます。このため、紹介してきた例とは少し異なる方法で fit() メソッドが呼び出されます。

5.7.4　モデルを評価する

コードを実行すると、最もよく学習されたデータと再構成時の誤差が最も大きかったデータについて、それぞれ画像が生成されます。最もよく学習されたデータ、つまり再構成時の誤差が最も小さかった手書き数字の画像は図5-2です。

図5-2　オートエンコーダーが最もよく学習した画像

もう1つの画像には、再構成時の誤差が最も大きかった手書き数字が含まれます（図5-3）。

図 5-3　学習が難しい手書き数字

こちらの画像に含まれている数字は明らかに、もう片方のグループと比べて異常であると言えます。異常とはどのようなものであるかを説明するのは、我々にとって必ずしも簡単なことではありません。しかしオートエンコーダーのようなモデルがあれば、あらかじめ異常を定義しておく必要がなくなります。

5.8　変分オートエンコーダーを使って MNIST の数字を再構成する

「3 章　深層ネットワークの基礎」で、変分オートエンコーダー（VAE）を使うと教師なし学習に基づいて入力データを再構成できるということを紹介しました。

VAE にはさまざまな用途が考えられますが、主なものは以下の通りです。

- 教師なしまたは半教師ありでの特徴量の学習。大量のラベルなしのデータと、少量のラベル付きデータとの組み合わせが一般的に使われる。ラベル付きのデータが限られている場合には、それだけを使う場合よりもはるかに良い成績を得られる
- 教師なしでの異常検出
- 生成モデル。この節で紹介するように画像を生成することも、文章を生成する[13]ことも可能

---

[13] Bowman et al. 2015. "Generating Sentences from a Continuous Space." (https://arxiv.org/abs/1511.06349)

5.8 変分オートエンコーダーを使って MNIST の数字を再構成する | **243**

これから紹介するコードは、MNIST の数字のデータのバリエーションを生成します（http://bit.ly/2NKcqhE）。VAE の生成的モデルとしての能力を示す例です。

5.8.1 MNIST の数字を再構成するコード

以下のシンプルなコード（**例5-6**）では、MNIST データを使って VAE を訓練し、データの生成を試みます。2 次元のグリッド上での視覚化のために、2 つの値からなる小さな潜在状態 Z を意図的に導入しています。

訓練を行うと、このコードからは 2 つのプロットが出力されます。

● 潜在空間と、MNIST データの再構成の関係
● MNIST のテストデータに対応する潜在空間の値。訓練の進行（N 回のミニバッチ）ごとに出力される

両者がプロットされるウィンドウはともに、上部にスライダーを備えています。スライダーを操作すると、再構成されたデータと潜在空間が時間とともに変化する様子を確認できます。

例5-6　VAE を使って MNIST の数字をモデル化する Java のコード

```java
public class VariationalAutoEncoderExample {
    private static final Logger log =
        LoggerFactory.getLogger(VariationalAutoEncoderExample.class);

    public static void main(String[] args) throws IOException {
        int minibatchSize = 128;
        int rngSeed = 12345;
        // 訓練での総エポック数
        int nEpochs = 150;

        // プロットの設定

        // プロット時にデータを取得する頻度
        int plotEveryNMinibatches = 100;
        // プロットの最小値 (x 軸・y 軸とも)
        double plotMin = -4;
        // プロットの最大値 (x 軸・y 軸とも)
        double plotMax = 4;
        // 再構成を行う際の plotMin と plotMax の間でのステップ数
        int plotNumSteps = 16;

        // 訓練用の MNIST データ
```

```
DataSetIterator trainIter = new MnistDataSetIterator(minibatchSize, true,
    rngSeed);

// ニューラルネットワークの設定
Nd4j.getRandom().setSeed(rngSeed);
MultiLayerConfiguration conf = new NeuralNetConfiguration.Builder()
    .seed(rngSeed)
    .updater(new RmsProp(1e-3))
    .weightInit(WeightInit.RELU)
    .l2(1e-5)
    .list()
    .layer(0, new VariationalAutoencoder.Builder()
        .activation(Activation.LEAKYRELU)
        // 2 つのエンコーダー層。サイズはそれぞれ 256
        .encoderLayerSizes(256, 256)
        // 2 つのデコーダー層。サイズはそれぞれ 256
        .decoderLayerSizes(256, 256)
        // 活性化関数 p(z|data)
        .pzxActivationFunction(Activation.IDENTITY)
        .reconstructionDistribution(new BernoulliReconstructionDistribut
↪ ion(
            // p(data|z) のベルヌーイ分布（バイナリまたはゼロから 1 の間のデータの
↪ み）
            Activation.SIGMOID.getActivationFunction()))
        // 入力のサイズ: 28x28
        .nIn(28 * 28)
        // 潜在変数の空間 p(z|x) のサイズ
        // ここではプロットのために、次元数は 2 としています
        // 通常はより大きな値です
        .nOut(2)
        .build())
    .pretrain(true).backprop(false).build();

MultiLayerNetwork net = new MultiLayerNetwork(conf);
net.init();

// 変分オートエンコーダーの層を取得します
org.deeplearning4j.nn.layers.variational.VariationalAutoencoder vae
    = (org.deeplearning4j.nn.layers.variational.VariationalAutoencoder)
        net.getLayer(0);

// プロットのためのテストデータ
DataSet testdata = new MnistDataSetIterator(10000, false, rngSeed).next(
↪ );
INDArray testFeatures = testdata.getFeatures();
INDArray testLabels = testdata.getLabels();
// x と y のグリッドの値（plotMin と plotMax の間）
INDArray latentSpaceGrid =
    getLatentSpaceGrid(plotMin, plotMax, plotNumSteps);
```

5.8　変分オートエンコーダーを使って MNIST の数字を再構成する | **245**

```java
    // プロットのためにデータを保持するリスト
    List<INDArray> latentSpaceVsEpoch = new ArrayList<>(nEpochs + 1);
    // 訓練の前に、潜在空間の値を集めて記録します
    INDArray latentSpaceValues = vae.activate(testFeatures, false, LayerWork
↪ spaceMgr.noWorkspaces());
    latentSpaceVsEpoch.add(latentSpaceValues);
    List<INDArray> digitsGrid = new ArrayList<>();

    // N=100 のミニバッチごとに、以下の処理を行います
    // (a) テストデータでの空間の値を取得し、プロットに備えます
    // (b) グリッド上の各位置での再構成された値を取得します
    net.setListeners(new PlottingListener(100, testFeatures, latentSpaceGrid
↪ , latentSpaceVsEpoch, digitsGrid));

    for (int i = 0; i < nEpochs; i++) {
        log.info("エポック{}を開始します。総エポック数: {}",(i+1),nEpochs);
        net.pretrain(trainIter);
    }


    // 繰り返し (デフォルトでは 100 回のミニバッチ) ごとに、
    // MNIST のテストデータを潜在空間にプロットします
    PlotUtil.plotData(latentSpaceVsEpoch, testLabels, plotMin, plotMax,
        plotEveryNMinibatches);

    // グリッド状の潜在空間に再構成結果をプロットします

    // 数字をズームしたい場合はこの値を増減させます
    double imageScale = 2.0;
    PlotUtil.MNISTLatentSpaceVisualizer v =
        new PlotUtil.MNISTLatentSpaceVisualizer(imageScale, digitsGrid,
            plotEveryNMinibatches);
    v.visualize();
}


// 2 次元のグリッド (x,y) を返します。x も y も plotMin から plotMax までの値です
private static INDArray getLatentSpaceGrid(double plotMin, double plotMax,
    int plotSteps) {
    INDArray data = Nd4j.create(plotSteps * plotSteps, 2);
    INDArray linspaceRow = Nd4j.linspace(plotMin, plotMax, plotSteps);
    for (int i = 0; i < plotSteps; i++) {
        data.get(NDArrayIndex.interval(i * plotSteps, (i + 1) * plotSteps),
            NDArrayIndex.point(0)).assign(linspaceRow);
        int yStart = plotSteps - i - 1;
        data.get(NDArrayIndex.interval(yStart * plotSteps,
            (yStart + 1) * plotSteps), NDArrayIndex.point(1)).assign(linspac
↪ eRow
```

```
                        .getDouble(i));
        }
        return data;
    }

    private static class PlottingListener extends IterationListener {

        private final int plotEveryNMinibatches;
        private final INDArray testFeatures;
        private final INDArray latentSpaceGrid;
        private final List<INDArray> latentSpaceVsEpoch;
        private final List<INDArray> digitsGrid;
        private PlottingListener(int plotEveryNMinibatches, INDArray testFeature
↳ s, INDArray latentSpaceGrid,
                                    List<INDArray> latentSpaceVsEpoch, List<INDArra
↳ y> digitsGrid){
            this.plotEveryNMinibatches = plotEveryNMinibatches;
            this.testFeatures = testFeatures;
            this.latentSpaceGrid = latentSpaceGrid;
            this.latentSpaceVsEpoch = latentSpaceVsEpoch;
            this.digitsGrid = digitsGrid;
        }

        @Override
        public void iterationDone(Model model, int iterationCount, int epoch) {
            if(!(model instanceof org.deeplearning4j.nn.layers.variational.Varia
↳ tionalAutoencoder)){
                return;
            }

            org.deeplearning4j.nn.layers.variational.VariationalAutoencoder vae
                = (org.deeplearning4j.nn.layers.variational.VariationalAutoencod
↳ er)model;

            // N=100 のミニバッチごとに、以下の処理を行います
            // (a) テストデータでの空間の値を取得し、プロットに備えます
            // (b) グリッド上の各位置での再構成された値を取得します
            if (iterationCount % plotEveryNMinibatches == 0) {
                INDArray latentSpaceValues = vae.activate(testFeatures, false, L
↳ ayerWorkspaceMgr.noWorkspaces());
                latentSpaceVsEpoch.add(latentSpaceValues);

                INDArray out = vae.generateAtMeanGivenZ(latentSpaceGrid);
                digitsGrid.add(out);
            }
        }
    }
}
```

5.8 変分オートエンコーダーを使ってMNISTの数字を再構成する | 247

潜在空間のグリッドと、MNISTの画像が生成されます。それぞれについて説明していきます。

5.8.2 VAEのモデルの検討

図5-4は今回のコードから生成される画像の例です。訓練中の特定の時点における、潜在空間での再構成の結果が示されています。

潜在空間の変数

統計学では、潜在空間の変数とは数学的モデルから推論された変数を意味します。反対の意味を持つのが「観測された変数」です。

訓練の長さや設定を変更すると、生成される画像も変化します。

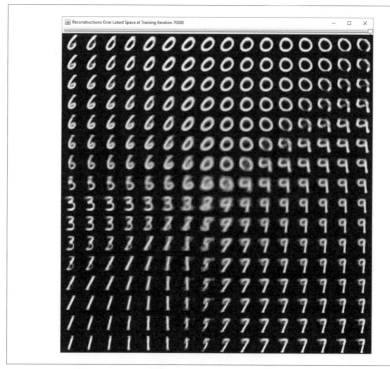

図5-4　VAEが生成したMNISTの数字

画像が生成されるしくみを理解するために、「3章　深層ネットワークの基礎」で紹介したVAEのネットワークアーキテクチャー（図5-5）を思い出してみましょう。

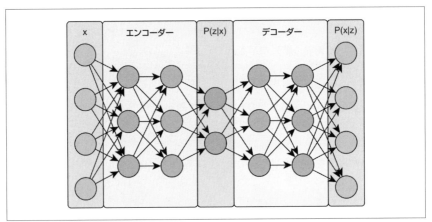

図5-5　VAEのネットワークアーキテクチャー

また、図5-6はMNISTのテストデータでのVAEの潜在空間の散布図です。図5-5のネットワークのうち、エンコーダーの部分に対応します。

5.8.2.1　散布図を理解する

図5-6の散布図は、エポックごとに潜在空間の変数を射影したものです。MNISTのテストデータ（例えばx）が、$p(z \mid x)$という値に射影されます。ここで$p(z \mid x)$は2つの値のガウス分布、zは潜在変数です。

圧縮オートエンコーダーのボトルネック状の部分を確率的にしたものとして、zをとらえることもできます。訓練の際、本質的にはzからランダムにサンプルを抽出して実際の値を得ています。もちろん確率分布を順方向に渡すことはできません。しかし、（例えばモンテカルロ法のようなものを使って）この確率分布から取り出された値を渡すことなら可能です。

まず$p(z)$を元にしてデータが生成されるというのが、モデル化での前提です。例えば、潜在空間についての何らかの確率分布からサンプルが抽出されます。また、分布$p(x \mid z)$を使ってデータxを生成する方法があるということも仮定されます。

$p(z \mid x)$の平均を求め、散布図としてプロットします。一般的には3つ以上の値が使われますが、画像をきれいにするために今回は2つだけです。

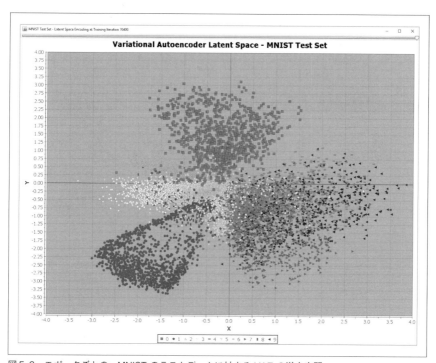

図5-6　エポックごとの、MNIST のテストデータに対する VAE の潜在空間

5.8.2.2　生成された画像の意味

図5-4 の画像は、図5-5 のネットワークの右半分を元に生成されています。-4 から $+4$ までの値からなる 16×16 のグリッドを生成し、これらの値があたかも $p(z \mid x)$ の平均値であるかのように順方向に渡していきます。

この描画についてもう 1 つの視点から見てみましょう。z に値をセットし、デコーダーの中で順方向に処理を進めると、MNIST データを再構成した $p(x \mid z)$ を得られます。

今回の $p(x \mid z)$ はベルヌーイ分布で、値の範囲はゼロから 1 です。したがって、これらの確率（ベルヌーイ分布の平均値でもあります）をゼロから 255 のピクセルの強度に変換してプロットできます。MNIST の画像サイズは 28×28 であるため、x と $p(x \mid z)$ の入出力でのサイズはともに 784 です。

散布図と生成された画像の関係
ある意味では、散布図と生成された画像は同じものです。方向が異なるだけです。

5.9　自然言語処理へのディープラーニングの適用

ディープラーニングは自然言語処理（NLP）にも有効であることが示されています。品詞（POS）タグの生成[14]や文字の生成（**例5-3**）、単語の埋め込み表現の学習などでディープラーニングがよく使われています。この節では次のような適用例に着目します。

- Word2Vecを使い、単語の埋め込み表現を学習する[15]
- 段落ベクトルを使い、文を離散形式で表現する[16]
- 段落ベクトルを使い、文章を分類する

それぞれの例について、順に紹介していくことにします。

5.9.1　Word2Vecを使い、単語の埋め込み表現を学習する

Word2Vecを使うと、周囲の単語のコンテキストを学習することで、単語間の類似性を数学的に検出できます。例えばそれぞれの単語のコンテキストといった特徴量が、離散数値表現のベクトルとしてWord2Vecによって生成されます。Word2Vecはテキストのコーパスを入力として受け取って訓練を行い、出力のモデルとして単語ベクトルや埋め込み表現を生成します。単語の埋め込み表現の中では、意味や関係は空間的にエンコードされます。また、後述するように、ベクトル演算などの便利な特性が備えられています。

5.9.1.1　Word2Vecのモデルとアルゴリズム

ここでのアルゴリズムは、入力された訓練データからボキャブラリーを作成するこ

---

[14] Nogueira dos Santos and Zadrozny. 2014. "Learning Character-level Representations for Part-of-Speech Tagging." (http://jmlr.org/proceedings/papers/v32/santos14.pdf)
[15] Mikolov et al. 2013. "Efficient Estimation of Word Representations in Vector Space." (https://arxiv.org/abs/1301.3781)
[16] Le and Mikolov. 2014. "Distributed Representations of Sentences and Documents." (https://cs.stanford.edu/~quocle/paragraph_vector.pdf)

とから始まります。そしてそれぞれの単語について、表現が生成されます。初めに行うのは、これまでの方法のような文章ごとのベクトル化ではありません。Word2Vecでは、入力のコーパスを使った訓練の結果として出力されるデータセットは、コーパスの単語からなる重複のない集合です。それぞれの単語には、コンテキスト（使われ方）を表すベクトルが付随します。Word2Vec はフィードフォワードの NNLM[†17] (Neural Network Language Model) を利用して、教師なし学習の形式で単語のコンテキストのベクトルを生成します。実際には、これは SGD を使って訓練される 2 層のニューラルネットワークです。

単語ベクトルは、コンテキストをモデル化できるような形式で単語のシーケンスを表現します。これにより周囲の単語の中で、対象の単語がどのように使われるかが表されます。固有表現抽出（Named-Entity Resolution）や品詞タグ付け (Part-of-Speech tagging)、意味役割付与（Semantic Role Labeling）などのシナリオで、分類対象の単語の周囲にコンテキストの情報が多く含まれる場合、単語ベクトルは大きな役割を果たします。

生成された Word2Vec のベクトルでの特徴量の数
それぞれの単語ベクトルには 50 から 300 の特徴量が含まれます。ニューラルネットワークによって学習された、単語の離散表現です。

この分野では LSI (Latent Semantic Indexing) というテクニックも使われています。同じ方向のように見える次元を検出して 1 つにまとめることによって、クラスタリングなどの計算を高速化できます。Word2Vec の設計者は、単語の連続表現を概算するために LSA (Latent Semantic Analysis) や LDA (Latent Dirichlet Allocation) といったさまざまなアプローチを検討しました。単語間の線形的な規則性を保持する点において、Word2Vec は LSA よりも大幅に高い性能を示しています。また、LDA よりも計算量のコストは低くなっています。

5.9.1.2　コンテキストをモデル化する

単語ベクトルには、元のテキストの中で周囲にあった単語というコンテキストが、複数の単語からなるウィンドウとして保持されています。機械学習にとって単語の意味とは、最も一貫性のある形で周囲に現れる単語のことです。十分な量のデータがあ

[†17] Mikolov et al. 2013. "Efficient Estimation of Word Representations in Vector Space." (https://arxiv.org/pdf/1301.3781v3.pdf)

れば、このセマンティクスを使ってコーパス内の単語の表現を作成でき、単語の意味
をかなり正確にモデル化できるでしょう。Word2Vec は単語のウィンドウから特徴
量を作成します。これらの特徴量の中には、個々の単語のコンテキストも含まれてい
ます。

　Word2Vec のモデルを作成する際には、一般的には 5 語分のウィンドウを動かし
ていきます。このようなウィンドウを使って Word2Vec を訓練するという考え方
は、品詞タグ付けや意味役割付与、固有表現抽出など多くのテクニックで共通です。
Word2Vec は**ビタビアルゴリズム**と呼ばれる手法を使ってモデルを作成します。ビ
タビアルゴリズムでは、ある状態から別の状態に移動する確率が「遷移行列」として
与えられています。この確率に基づいて、最も可能性の高いイベント（ラベル）の
シーケンスが計算されます。

5.9.1.3　類似した意味や意味的関係を学習する

　単語の類似性を発見する際には、「1 章　機械学習の概要」で紹介したユークリッ
ド距離やコサイン距離（https://en.wikipedia.org/wiki/Cosine_similarity）のよ
うなベクトル間の距離が指標として使われます。こうした指標を使うと、例えばコサ
イン距離が短い単語の組み合わせ、より一般的に言えば「近い表現」を得られます。
表5-3 は、訓練された Word2Vec のモデルを使って France という単語に類似した
単語を調べた結果です。

表5-3　Word2Vec が算出したコサイン距離

単語	コサイン距離
Spain	0.678515
Belgium	0.665923
Netherlands	0.652428
Italy	0.633130
Switzerland	0.622323
Luxembourg	0.610033
Portugal	0.577154
Russia	0.571507
Germany	0.563291
Catalonia	0.534176

コサイン距離を理解する

コサイン距離が 1.0 なら、2 つの単語は完全にマッチしています。例えば Amsterdam と Amsterdam のように、まったく同じ単語を指していることになります。コサイン距離が 1.0 に近ければ近いほど、2 つの単語ベクトルが持つ意味は類似したものになります。

十分な次元数のベクトルを持った大きなデータセットを使い、Word2Vec のモデルを訓練します。単語ベクトルの空間に十分な規則性を与えるためです。

5.9.1.4　ベクトル演算と単語の埋め込み表現

Word2Vec のベクトルに対する基本的な操作もいくつか用意されています。例を紹介します。

```
vector("Rome") = vector("Paris") - vector("France") + vector("Italy")
```

この操作の結果として得られるベクトルは、`vector("Rome")` にとても近いものになります。類似度のセマンティクスには、例えば big と bigger や small と smaller の類似度が同じという性質もあります。biggest と big の関係を利用して、small に対して同じ関係を持つ単語を算出するといった操作が可能です。単語ベクトル表現に対して、次のように簡単な代数演算を行えば得られます。

```
vector("smallest") = vector("biggest") - vector("big") + vector("small")
```

1NN 検索（https://en.wikipedia.org/wiki/K-nearest_neighbors_algorithm）の方式で距離（ここではコサイン距離）を求め、ベクトル空間の中で検索語に最も近い単語を探します。単語ベクトルが十分に訓練されていれば、このテクニックを使って正解の単語（ここでは smallest）を発見できるはずです。国と首都といった、より弱い関係も発見できます。例えば France と Paris や Germany と Berlin の関係を求められます。

このような意味的関係を利用すると、機械翻訳[18]や情報検索（http://stanford.io/2sV1gHc）、質問への応答[19]をはじめとする既存の NLP 技術の改善に有効です。

---

[18] Mikolov, Le, and Sutskever. 2013. "Exploiting Similarities among Languages for Machine Translation." (https://static.googleusercontent.com/media/research.google.com/en//pubs/archive/44931.pdf)

[19] Feng et al. 2015. "Applying Deep Learning to Answer Selection: A Study and An Open Task." (https://arxiv.org/abs/1508.01585v2)

254 | 5章 深層ネットワークの構築

それでは Word2Vec を使った基本的なコード例について見てみましょう。

5.9.1.5 Word2Vec を利用した Java のコード例

例5-7 のコードは、未加工の文章からベクトル表現を学習します（http://bit.ly/2 G3mvzR）。小さなコードですが、コーパス内の単語の意味を学習するという大きな可能性が示されています。

例5-7 Word2Vec の例

```java
public class Word2VecRawTextExample {

    private static Logger log =
        LoggerFactory.getLogger(Word2VecRawTextExample.class);

    public static void main(String[] args) throws Exception {

        // テキストファイルのパスを取得します
        String filePath = new ClassPathResource("raw_sentences.txt").getFile()
            .getAbsolutePath();

        log.info("文を読み込んでベクトル化します...");
        // 行頭と行末のスペースを除去します
        SentenceIterator iter = new BasicLineIterator(filePath);
        // スペースごとに分割し、単語を取得します
        TokenizerFactory t = new DefaultTokenizerFactory();

        /*
            CommonPreprocessor はそれぞれのトークンに以下の正規表現を適用します
            [\d\.:,"'\(\)\[\]|/?!;]+
            この結果、数字や句読点などの記号がすべて取り除かれ、
            小文字への変換が行われます
        */
        t.setTokenPreProcessor(new CommonPreprocessor());

        log.info("モデルを作成します...");
        Word2Vec vec = new Word2Vec.Builder()
                .minWordFrequency(5)
                .iterations(1)
                .layerSize(100)
                .seed(42)
                .windowSize(5)
                .iterate(iter)
                .tokenizerFactory(t)
                .build();

        log.info("Word2Vec のモデルを学習します...");
```

5.9 自然言語処理へのディープラーニングの適用 | **255**

```
vec.fit();

log.info("単語ベクトルをテキストファイルに保存します...");

// 単語ベクトルをテキストファイルに保存します
WordVectorSerializer.writeWordVectors(vec, "pathToWriteto.txt");

// day に近い単語を順に表示します。単語ベクトルの利用法の一例です
log.info("近い単語:");
Collection<String> lst = vec.wordsNearest("day", 10);
System.out.println("day に近い単語: " + lst);

    }
  }
```

コードの中で行われていることをより深く理解するために、説明を補足します。

5.9.1.6　Word2Vec のコード例を理解する

以下の部分では、コードとともに用意されている文章のファイルを参照し、読み込んでいます。SentenceIterator オブジェクトが使われています。

```
// テキストファイルのパスを取得します
String filePath = new ClassPathResource("raw_sentences.txt").getFile()
    .getAbsolutePath();

log.info("文を読み込んでベクトル化します...");
// 行頭と行末のスペースを除去します
SentenceIterator iter = new BasicLineIterator(filePath);
// スペースごとに分割し、単語を取得します
TokenizerFactory t = new DefaultTokenizerFactory();

/*
    CommonPreprocessor はそれぞれのトークンに以下の正規表現を適用します
    [\d\.:,"'\(\)\[\]|/?!;]+
    この結果、数字や句読点などの記号がすべて取り除かれ、
    小文字への変換が行われます
 */
t.setTokenPreProcessor(new CommonPreprocessor());
```

ここでの前処理は CommonPreprocessor オブジェクトを介して行われます。今回のテキストの操作のほとんどは、このオブジェクトの内部で処理されるので、コードはシンプルです。

Word2Vec のアーキテクチャーは、この章で解説してきたネットワークとは異なります。DL4J の中で Word2Vec がほぼ自己完結的であるためです。

256 | 5章 深層ネットワークの構築

```
log.info("モデルを作成します...");
Word2Vec vec = new Word2Vec.Builder()
        .minWordFrequency(5)
        .iterations(1)
        .layerSize(100)
        .seed(42)
        .windowSize(5)
        .iterate(iter)
        .tokenizerFactory(t)
        .build();
```

　また、センテンスのイテレータはネットワークのアーキテクチャーに対して直接指定されています。この種のネットワークでは古い API のデザインが使われているためですが、機能に大きな違いはありません。

　センテンスのイテレータがネットワークに直接与えられているので、fit() メソッドを引数なしで呼び出すだけでネットワークを訓練できます。以下が該当する部分のコードです。

```
log.info("Word2Vec のモデルを学習します...");
vec.fit();
```

　fit() メソッドが完了した後に、ネットワークを保存し、day という単語に最も近いものから順に 10 個を出力します。

5.9.1.7　Word2Vec の実践的な利用法

　Word2Vec のニューラルネットワークはボキャブラリーを出力します。それぞれの単語にはベクトルが付随しており、ディープラーニングのネットワークに与えたり、単純な問い合わせを行って単語の関係を発見したりといったことができます。後ほど紹介するように、Word2Vec のベクトルは文章の分類にも利用できます（段落ベクトルが使われます）。

　標準的な文章の分類では、まずコーパスから単語ベクトルを生成します。そして分類対象の文章に現れるすべての単語について、ベクトルの総和を算出します。すると文章を表す 1 つのベクトルが生成され、それぞれの単語ベクトルとともにコンテキストの情報も得られます。この文章のベクトルは、TF-IDF（Term Frequency-Inverse Document Frequency）が文章に対して生成するベクトルと同じように利用できます。

5.9 自然言語処理へのディープラーニングの適用 | **257**

GloVe を使い、単語の表現のための
グローバルなベクトルを学習する

Word2Vec に代わる手法として、GloVe（http://nlp.stanford.edu/project s/glove/）が知られています。

GloVe は、単語の埋め込み表現を作成するための教師なし学習のアルゴリズムです。入力データ（テキスト文書のグループなど）から、グローバルに集積された単語と単語の同時出現に関する統計を生成し、これに基づいてモデルが作られます。Word2Vec が予測に基づくモデルであるのに対し、GloVe は出現回数に基づくというのが大きな違いです[20]。なお、GloVe は Word2Vec よりも訓練やチューニングが難しいとされています。

DL4J には Word2Vec の例とともに、GloVe を使った同等のコード（http://bit.ly/32eecuA）も含まれています。本書のサンプルコードのリポジトリ（https://github.com/kmotohas/oreilly-book-dl4j-examples-ja）も参照してください。

5.9.2　段落ベクトルによる文の離散表現

Word2Vec から得られるアイデアを拡張すれば、任意の長さのシーケンス（文や文書など）も同様の方法でモデル化できます。ここでは Doc2Vec などを用いて段落のベクトルを作成します。

歴史的に、機械学習のアルゴリズムではモデル化の際に文書を表す固定長の表現が必要でした。このために最もよく使われるのが、**単語バッグ**（Bag of Words）というベクトル化の手法です。まず、ベクトル内の文に含まれるすべての単語の出現回数が計算されます。この処理には大きな問題点が 2 つあります。

- 単語の順序が考慮されない
- 単語のセマンティクスをモデル化できない

---

[20] Baroni, Dinu, and Kruszewski. 2014. "Don't count, predict! A systematic comparison of context-counting vs. context-predicting semantic vectors." (https://www.aclweb.org/anthology/P14-1023)

258 | 5章　深層ネットワークの構築

　段落ベクトルでは、可変長のテキストのシーケンス（文、段落、文書など）を表す固定長のベクトルを学習します。それぞれの論理レコードは密なベクトルによって表現されます。ある研究[21]では、段落ベクトルのほうが単語バッグなどのテキストを表現する手法よりも性能が良いということが示されています。テキストに対するいくつかの分類や感情分析の問題において、段落ベクトルの利用によって精度が向上することも示されています。

　今回のコード例では、DL4J による Doc2Vec の実装に含まれる段落ベクトルを利用します。Doc2Vec は Word2Vec に対する拡張で、単語同士ではなくラベルと単語の相関を学習します。ラベルを明示的に与える必要はなく、入力されたコーパスを教師なしの訓練方法で学習します。DL4J を使って段落ベクトルをモデル化する例を見てみましょう。

5.9.2.1　段落ベクトルを作成する

　例5-8（http://bit.ly/2XDOU5w）では、訓練用のコーパスに含まれるすべての文について離散表現つまり段落ベクトルを生成します。訓練データはサンプルコードのリポジトリに置かれているので、このリポジトリをクローンすればすぐに利用できます。

例5-8　DL4J を使って段落ベクトルを生成する Java のコード

```
public class ParagraphVectorsTextExample {

    private static final Logger log =
        LoggerFactory.getLogger(ParagraphVectorsTextExample.class);

    public static void main(String[] args) throws Exception {
        ClassPathResource resource = new ClassPathResource("/raw_sentences.txt
↪ ");
        File file = resource.getFile();
        SentenceIterator iter = new BasicLineIterator(file);

        AbstractCache<VocabWord> cache = new AbstractCache<>();

        TokenizerFactory t = new DefaultTokenizerFactory();
        t.setTokenPreProcessor(new CommonPreprocessor());

        /*
```

---

[21] Le and Mikolov. 2014. "Distributed Representations of Sentences and Documents." (https://cs.stanford.edu/~quocle/paragraph_vector.pdf)

5.9 自然言語処理へのディープラーニングの適用 | 259

```
    LabelAwareIterator がない場合、同期したラベル生成器を使ってそれぞれの
    文書・シーケンス・行に固有のラベルを付与できます
    LabelAwareIterator がある場合、それを使って任意のラベル付けを行えます
 */
LabelsSource source = new LabelsSource("DOC_");

ParagraphVectors vec = new ParagraphVectors.Builder()
        .minWordFrequency(1)
        .iterations(5)
        .epochs(1)
        .layerSize(100)
        .learningRate(0.025)
        .labelsSource(source)
        .windowSize(5)
        .iterate(iter)
        .trainWordVectors(false)
        .vocabCache(cache)
        .tokenizerFactory(t)
        .sampling(0)
        .build();

vec.fit();

/*
    訓練用コーパスの中には、近い単語が含まれている行もあります
    これらの文はベクトル空間の中でもとても近接しています
    3721 行目: This is my way .
    6348 行目: This is my case .
    9836 行目: This is my house .
    12493 行目: This is my world .
    16393 行目: This is my work .
    一方、次の文はここまでの文とはまったく関連がありません
    9853 行目: We now have one .
    なお、インデックス番号はゼロから始まっています
 */

double similarity1 = vec.similarity("DOC_9835", "DOC_12492");
log.info("9836/12493 ('This is my house .'/'This is my world .') 類似度:
    " + similarity1);

double similarity2 = vec.similarity("DOC_3720", "DOC_16392");
log.info("3721/16393 ('This is my way .'/'This is my work .') 類似度:
    " + similarity2);

double similarity3 = vec.similarity("DOC_6347", "DOC_3720");
log.info("6348/3721 ('This is my case .'/'This is my way .') 類似度: "
    + similarity3);

// likelihood in this case should be significantly lower
```

260 5章　深層ネットワークの構築

```
        double similarityX = vec.similarity("DOC_3720", "DOC_9852");
        log.info("3721/9853 ('This is my way .'/'We now have one .') 類似度: "
            + similarityX + "(とても低い値になります)");
    }
}
```

　実行結果を見れば、最初から3つの問い合わせについてはスコアが高く、最後の問い合わせではとても低い値になっていることがわかります。

5.9.2.2　段落ベクトルの例を理解する

　段落ベクトルのコードの構造は、先ほどの Word2Vec の例に似ています。入力の訓練データを読み込み、ネットワークを用意して訓練を行っています。ここでも、ファイルやディレクトリの扱いについては、以下のようにヘルパークラスが受け持ちます。

```
ClassPathResource resource = new
ClassPathResource("/raw_sentences.txt");
File file = resource.getFile();
SentenceIterator iter = new BasicLineIterator(file);

AbstractCache<VocabWord> cache = new AbstractCache<>();

TokenizerFactory t = new DefaultTokenizerFactory();
t.setTokenPreProcessor(new CommonPreprocessor());

/*
    LabelAwareIterator がない場合、同期したラベル生成器を使ってそれぞれの
    文書・シーケンス・行に固有のラベルを付与できます
    LabelAwareIterator がある場合、それを使って任意のラベル付けを行えます
*/
LabelsSource source = new LabelsSource("DOC_");
```

　DL4J での段落ベクトルの実装では、ParagraphVectors というヘルパークラスが使われています。

```
ParagraphVectors vec = new ParagraphVectors.Builder()
        .minWordFrequency(1)
        .iterations(5)
        .epochs(1)
        .layerSize(100)
        .learningRate(0.025)
        .labelsSource(source)
        .windowSize(5)
        .iterate(iter)
```

```
.trainWordVectors(false)
.vocabCache(cache)
.tokenizerFactory(t)
.sampling(0)
.build();

vec.fit();
```

主なハイパーパラメーターは、このクラスのメソッドを使って直接セットされています。他のネットワークでの `MultiLayerConfiguration` を使った汎用的なアプローチと異なり、`ParagraphVectors` には Word2Vec のように特化した API が用意されています。

ここでも `fit()` メソッドが呼び出され、そして最後にある 1 つのベクトルといくつかの文を比較して（Word2Vec の例のように）コサイン類似度を表示させています。このコードを通じて、DL4J での段落ベクトルの作り方について感覚をつかめたことと思います。次の例では、より幅広い応用例として段落ベクトルを使った分類を行ってみます。

シーケンスベクトルの一般化

段落ベクトルは**シーケンスベクトル**の実装の 1 つです。DL4J プロジェクトにはスキップグラムの汎用的な実装（http://bit.ly/30uTJjD）が用意されています。内部では Word2Vec や段落ベクトル、DeepWalk[22] などのモデルが使われています。

段落ベクトルの潜在的な意味に関する Hinton の意見

2015 年に Royal Society in London で、Geoffrey Hinton は段落ベクトルについて次のように述べました。

> 文書処理にとって、このことは重要な意味を持ちます。文の意味を保持しているベクトルへと文を変換できたら、例えば Google 検索の品質は大幅に向上するでしょう。文書の中で述べられていることに基づいて、検索を行えるようになります。

---

[22] Perozzi, Al-Rfou, and Skiena. 2014. "DeepWalk: Online Learning of Social Representations." (https://arxiv.org/abs/1403.6652)

262 5章　深層ネットワークの構築

また、文書中のそれぞれの文をベクトルに変換したなら、このベクトルの
シーケンスを（中略）自然な推論のためにモデル化できるでしょう。このよ
うなことは、古典的な AI では絶対に不可能でした。

Web 上にあるすべての英語の文書を読み込み、思考のベクトルへとそれぞ
れの文を変換できたなら、人間と同様の思考が可能なシステムの訓練に利用
できるでしょう。

人間と同じ思考など必要ないと思われるかもしれませんが、システムが何を
考えるようになるのか知るというだけでも有益です。

文を思考のベクトルに変換できるようになった結果、今後数年のうちに文章
に対する理解のレベルは急速に変化すると考えられます。

文書を我々人間のレベルで理解するためには、我々と同等のリソースと
（我々の脳にある）数兆もの接続が必要になるでしょう。しかし、我々が今
までに作ったネットワークには最大でも数十億程度の接続しかありません。
まだ数桁の開きがありますが、ハードウェア開発者たちはいつかこの差を埋
めるでしょう。

5.9.3　段落ベクトルを使って文書を分類する

この章の中でもすでに述べた通り、段落ベクトルは NLP や文書の分類にも利用で
きます。これから紹介する例では、先ほどと同じような段落ベクトルを使って文書の
分類を試みます。以下のように、3 つのラベルの中から 1 つが選ばれます。

```
文書'health' は以下のカテゴリーに分類されます:
    health: 0.29721372296220205
    science: 0.011684473733853906
    finance: -0.14755302887323793
```

この出力を元に、スコアが最も高いものを分類結果とします。使われているコード
は**例5-9** です（http://bit.ly/2LIpuBv）。

例5-9　段落ベクトルを使って文書を分類する Java コード
```
public class ParagraphVectorsClassifierExample {

    ParagraphVectors paragraphVectors;
    LabelAwareIterator iterator;
    TokenizerFactory tokenizerFactory;
```

5.9 自然言語処理へのディープラーニングの適用 | **263**

```java
private static final Logger log =
    LoggerFactory.getLogger(ParagraphVectorsClassifierExample.class);

public static void main(String[] args) throws Exception {

    ParagraphVectorsClassifierExample app =
        new ParagraphVectorsClassifierExample();
    app.makeParagraphVectors();
    app.checkUnlabeledData();
    /*
            次のように出力されます
            文書'health' は以下のカテゴリーに分類されます:
                health: 0.29721372296220205
                science: 0.011684473733853906
                finance: -0.14755302887323793
            文書'finance' は以下のカテゴリーに分類されます:
                health: -0.17290237675941766
                science: -0.09579267574606627
                finance: 0.4460859189453788
                つまり、未知の文書でもカテゴリーがわかります
    */
}

void makeParagraphVectors()  throws Exception {
    ClassPathResource resource = new ClassPathResource("paravec/labeled");

    // データセットのためのイテレータを作成します
    iterator = new FileLabelAwareIterator.Builder()
        .addSourceFolder(resource.getFile())
        .build();

    tokenizerFactory = new DefaultTokenizerFactory();
    tokenizerFactory.setTokenPreProcessor(new CommonPreprocessor());

    // ParagraphVectors を訓練する設定
    paragraphVectors = new ParagraphVectors.Builder()
        .learningRate(0.025)
        .minLearningRate(0.001)
        .batchSize(1000)
        .epochs(20)
        .iterate(iterator)
        .trainWordVectors(true)
        .tokenizerFactory(tokenizerFactory)
        .build();

    // モデルの訓練を開始します
    paragraphVectors.fit();
}
```

264 | 5章　深層ネットワークの構築

```java
void checkUnlabeledData() throws FileNotFoundException {
    /*
    モデルが作成されており、ラベルなしの文書の分類先をチェックできる
    状態であると仮定します
    ラベルなしの文書を読み込み、分類を行います
    */
    ClassPathResource unClassifiedResource =
        new ClassPathResource("paravec/unlabeled");
    FileLabelAwareIterator unClassifiedIterator = new FileLabelAwareIterator
        .Builder()
        .addSourceFolder(unClassifiedResource.getFile())
        .build();

    /*
    ラベルなしデータのそれぞれについて、割り当てられたラベルを確認します
    多くのドメインでは、1つの文書が複数のラベルへと分類されますが
    これは正常なことです
    各ラベルの「重み」はそれぞれ異なります
    */
    MeansBuilder meansBuilder = new MeansBuilder(
        (InMemoryLookupTable<VocabWord>)paragraphVectors.getLookupTable(),
        tokenizerFactory);
    LabelSeeker seeker = new LabelSeeker(iterator.getLabelsSource().getLabel
↪ s(),
        (InMemoryLookupTable<VocabWord>) paragraphVectors.getLookupTable());

    while (unClassifiedIterator.hasNextDocument()) {
        LabelledDocument document = unClassifiedIterator.nextDocument();
        INDArray documentAsCentroid = meansBuilder.documentAsVector(document
↪ );
        List<Pair<String, Double>> scores = seeker.getScores(documentAsCentr
↪ oid);

        /*
        document.getLabel() を利用しているのは、処理対象の文書を表すためです
        文書名全体を出力する代わりの措置です
        2つの文書のラベルをタイトルのように扱い、分類が正しく行われたことを
        可視化します
        */
        log.info("文書'" + document.getLabel()
            + "' は以下のカテゴリーに分類されます: ");
        for (Pair<String, Double> score: scores) {
            log.info("        " + score.getFirst() + ": " + score.getSecond(
↪ ));
        }
    }

    }
}
```

例5-9 での基本的な考え方は、ParagraphVectors クラスを LDA（https://en.wikipedia.org/wiki/Latent_Dirichlet_allocation、いわゆる「トピック空間のモデル化」）での場合と同様に利用するというものです。

今回の例では、訓練用のデータは数種のカテゴリーでラベル付けされており、ラベルのない文書もいくつか用意されています。段落ベクトルに含まれる情報を活用し、これらのラベルなしの文書をどのカテゴリーに分類するべきか判定することが目標です。

5.9.3.1　段落ベクトルによる分類のコードを理解する

ここで示したコードのしくみは**例5-8** の例に似ていますが、ラベルなしの文書を分類できるように拡張されています。処理の大元となるコードは以下の通りです。

```
public static void main(String[] args) throws Exception {

  ParagraphVectorsClassifierExample app =
    new ParagraphVectorsClassifierExample();
  app.makeParagraphVectors();
  app.checkUnlabeledData();
}
```

前の例のコードは、makeParagraphVectors() メソッドにラップされています。その次の行では、生成された段落ベクトルのモデルを使ってラベルなしの文書を分類します。checkUnlabeledData() メソッドの内部では、以下のコードのループによって分類された文書からリストが生成されます。

```
LabelledDocument document = unClassifiedIterator.nextDocument();
INDArray documentAsCentroid = meansBuilder.documentAsVector(document);
List<Pair<String, Double>> scores =
seeker.getScores(documentAsCentroid);
```

続く行では、計算されたスコアを画面に出力しています。

```
log.info("文書'" + document.getLabel()
    + "' は以下のカテゴリーに分類されます: ");
for (Pair<String, Double> score: scores) {
    log.info("        " + score.getFirst() + ": " + score.getSecond());
}
```

例えば以下のように出力されます。

```
文書'health' は以下のカテゴリーに分類されます:
    health: 0.29721372296220205
    science: 0.011684473733853906
    finance: -0.14755302887323793
```

この出力の中で、最もスコアが高いのは次の行です。

```
health: 0.29721372296220205
```

この health が、我々の分類結果になります。この文書にあらかじめ割り当てられていたラベルも health であり、正しく分類されたことがわかります。

5.9.3.2　Word2Vec によるアプローチの探求

CNN について解説した章でも触れたように、この章で紹介してきたさまざまなアーキテクチャーの応用例の多くは単なるきっかけにすぎません。一般的には、埋め込み表現はニューラルネットワークがデータについて学習した関係を対応付けたものです。Word2Vec を使ったアプローチは、以下のような分野での応用も考えられます。

- 特定のドメインへの拡張
- グラフの分析
- リコメンデーション
- 画像の識別

特定のドメインへの拡張：Gov2Vec

Word2Vec の興味深い応用例の 1 つとして、行政機関での法的文書の分析というドメインへの拡張が挙げられます。これは Gov2Vec と呼ばれます。開発者による論文[23]では、次のように述べられています。

> 我々は組織ごとのポリシーの違いを比較するために、組織でのコーパス全体とすべての組織で共有されるボキャブラリーを、連続したベクトル空間へと埋め込む表現を生成しました。その上で、最高裁判所の判決理由、大統領令、国会提出法

---

[23] Nay. 2016. "Gov2Vec: Learning Distributed Representations of Institutions and Their Legal Text." (http://aclweb.org/anthology/W16-5607)

5.9 自然言語処理へのディープラーニングの適用 | **267**

案の公式要旨に対して、我々の手法つまり Gov2Vec を適用しました。

このニューラルな単語の埋め込み表現は、拒否権を行使するか否かという点での議会と大統領の関係を表し、それが時間とともに変化していく様子も示しています。そして、次のような問いに答えることも可能です。

Obama 大統領と第 113 議会の間で、気候変動に対する態度はどのように異なりますか？ 環境面や経済面での違いはどのようなものですか？

ディープラーニングの発展に伴って、ベクトル演算のアプローチをとてもよく目にするようになってきています。

グラフと Node2Vec

グラフ解析のドメインでは Node2Vec[24]が使われています。Node2Vec とは、ネットワーク内のノードについて、連続的な特徴量の表現を学習するアルゴリズムのフレームワークです。スケーラビリティが高く、数百万以上のノードやエッジを持つグラフにも対応できるという特徴があります。

リコメンデーションエンジンと Item2Vec

興味深い応用例として Item2Vec[25]も挙げられます。Word2Vec のアプローチをリコメンデーションのシステムに適用したものです。作者は論文の中で、ニューラルな単語の埋め込み表現のアプローチを項目ベースの協調フィルタリングのテクニックとして利用し、リコメンデーションに適用したと述べています。

コンピュータービジョンと FaceNet

画像識別の分野では FaceNet[26]が知られています。ニューラルネットワークによる埋め込み表現を応用し、顔の特徴や画像の表現を持つ表現を生成して

---

[24] Grover and Leskovec. 2016. "node2vec: Scalable Feature Learning for Networks." (https://arxiv.org/abs/1607.00653)

[25] Barkan and Koenigstein. 2016. "Item2Vec: Neural Item Embedding for Collaborative Filtering." (https://arxiv.org/abs/1603.04259)

[26] Schroff, Kalenichenko, and Philbin. 2015. "FaceNet: A Unified Embedding for Face Recognition and Clustering." (https://arxiv.org/abs/1503.03832)

いEⅠす（http://crockpotveggies.com/2016/11/05/triplet-embedding-deeplearn
ing4j-facenet.html）。

まとめると、Word2Vec というのは興味深い手法です。埋め込み表現を使い、入力
データの間の関係を対応付けます。さらに、クラスタリングや分類、比較にもデータ
を利用できるようにします。

6章
深層ネットワークの
チューニング

すべてのものは毒性です。毒性を持たないものはありません。

本当に毒かどうかは、その量によってのみ決まります。

—— Paracelsus（https://en.wikipedia.org/wiki/Paracelsus。

15 世紀ルネサンス時代の医師、植物学者、

錬金術師、占星術師、オカルト信仰者）

6.1　深層ネットワークのチューニングに関する基本的な考え方

　この章では、ニューラルネットワークを訓練するための手法や方針について議論します。具体的には、以下のような点を取り上げます。

- 目前の問題に適したネットワークアーキテクチャーの選択
- ハイパーパラメーターのチューニングの基礎
- 学習のプロセスに対するより良い理解

　もちろん、ディープラーニングの分野で知られているチューニングの研究を網羅することはできません。本書では、最も重要な資料を選び、深層アーキテクチャーのチューニングにとって欠かせない概念を紹介します。そして「7 章　特定の深層ネットワークのアーキテクチャーへのチューニング」では、ディープラーニングで最も有名な次のアーキテクチャーについて、チューニングのテクニックを解説します。

- DBN（Deep Belief Network）
- CNN（Convolutional Neural Network）
- リカレントニューラルネットワーク

まずは、さまざまな目標に対してどのようなニューラルネットワークを作成するべきかという点について、一般的な考え方あるいは直感的な方針を明らかにします。

RBM のチューニング
RBM（Restricted Boltzmann Machine）のチューニングについては DBN のコンテキストの中で議論します。

6.1.1　深層ネットワークを構築する際の直感的な考え方

まず、次の 2 つの点について自問してみましょう。

- どのような種類のデータをモデル化するか？
- モデルを組み立てたら、そこからどのような出力を得たいか？

モデル化対象のデータの種類を理解できたなら、実装するべきディープラーニングのアーキテクチャーと入力層の種類はほぼ決まります。そのデータから何を知りたいかが決まれば、必要なのはクラスのスコア（確率を含む形で対象を分類するもの）なのか回帰分析による実数値なのかが決まります。その結果、利用するべき出力層の種類もわかります。深層ネットワークにはさまざまなバリエーションや注意点がありますが、これら 2 つの問いに答えたなら、深層ネットワークのアーキテクチャーの基礎を適切に設計できるようになるでしょう。そして、設計における次のステップとして、パラメーターの設定へと進むことができます。ここでは以下のパラメーターを設定します。

- 層の数
- 層ごとのパラメーターの数

また、パラメーターの数に基づいて、それぞれのネットワークアーキテクチャーが要求するメモリ量も考慮しましょう。層やパラメーターの数を決めることによって、ネットワークが表現できるデータ構造の大きさも決まります。問題によっては、比較

6.1 深層ネットワークのチューニングに関する基本的な考え方

的少数のパラメーター（ニューロン）でも驚くほど複雑なモデルを表現できることがあります。

アーキテクチャーと層が決まったら、次に考えるべきなのは以下の点です。

- 重みを初期化する方針
- 活性化関数
- 損失関数
- 最適化アルゴリズム
- ミニバッチ
- 正則化

重みを初期化する方針は一般的に、アーキテクチャーの種類と入力データの種類によって決まります。重みの初期化の良し悪しは、学習のプロセスを促進したり妨げたりします。それぞれの層には活性化関数を用意し、入出力のデータの間の非線形的な関係をモデル化します。活性化関数は特定の種類の特徴量の学習に役立ち、出力層のセットアップに応じて回帰分析や分類といった答えが得られます。アーキテクチャーごとに、特定の種類の層（あるいは活性化関数）と損失関数を組み合わせる必要があります。

損失関数が学習に与える影響
損失関数は、ネットワークが何（分類あるいは回帰分析）を学習してほしいかを指定するために使われます。適切な活性化関数とデータやラベルの種類とを選んで組み合わせましょう。

問題の空間ごとに、最適化の手法も異なります。

正則化は、モデルがデータ中のノイズに対して過度に注目してしまうことを防いでくれます。そして重みをできるだけ小さく保ち、データ全体（訓練時に遭遇しなかったデータも含む）への一般化を促します。これから見ていくように、上記の設計上の判断は相互に関連しており、ネットワークアーキテクチャーに関する他の判断全体にも影響します。この章の大部分は、こういった相互の依存関係のしくみに関する解説に割かれています。まずは、これらの高レベルなアイデアのいくつかを、より明確なステップバイステップのプロセスへと定式化します。ネットワークアーキテクチャーを組み立てる際のガイドとなることをめざします。

6.1.2 ステップバイステップのプロセスを直感的に理解する

　先ほどは、深層ネットワークのアーキテクチャーを組み立てる際に一般的に必要なものについて説明しました。ここからは、組み立てのプロセスをガイドとして定式化します。ニューラルネットワークでのモデル化に関するほとんどの問題に適用できるでしょう。

1. 入力データがどのようなものであるべきか決定する
    a. 入力データはアーキテクチャーを示す
2. 望む処理結果がどのようなものであるべきか決定する
    a. アーキテクチャーの構成の指針が示される
    b. 出力層の種類が決まる
3. 問題解決の役に立つようなネットワークアーキテクチャーをセットアップする
    a. モデル、アーキテクチャー、損失関数の選択はどれも重要
    b. 隠れ層の数を決定する。最適な数はアーキテクチャーごとに異なる
    c. ネットワークの全体的なアーキテクチャーと層ごとの目的に基づいて、各層での活性化関数を選択する
4. 訓練データに対して以下の作業を行う
    a. データのクリーニング
    b. 可視化
    c. ベクトル化と正規化
    d. （必要に応じて）クラスごとのデータ数の均等化
    e. テスト用、訓練用、検証用データへの分割
5. 部分データを使い、ハイパーパラメーターをチューニングするための方針を作り上げる
    a. 必要に応じて部分データのサイズを増やし、ハイパーパラメーターを調整する
6. 最終的な訓練用データセットが巨大な場合には、可能なら Spark を使って多くのデータを高速に利用できるようにする

　以上の各ステップも、具体的なチューニングの詳細という点から見ると依然として高レベルです。しかし、どんな深層ネットワークを作成する際にも適用できる一般的な手順にはなっています。この章を読み終えることによって、今日のデータサイエン

スの世界で脚光を浴びるドメインでのチューニングについて基本的な原則を十分に学べるでしょう。早速、深層ネットワークのチューニングの詳細に踏み込んでいくことにします。最初のステップは、入力データとネットワークアーキテクチャーの対応付けです。

6.2　入力データとネットワークアーキテクチャーの対応付け

　繰り返しますが、深層ネットワークを設計するプロセスではまず、元のデータセットが何を表しているかという点に基づいた思考が求められます。例えば以下のようなデータが使われます。

- 表形式のデータ
- 画像データ
- 音声データ
- 動画データ
- 時系列データ

　表形式のデータ（あるいは CSV つまり comma-separated values）については、RDBMS（relational database management system）のテーブルや、複数のデータを結合した結果の非正規化テーブルからのエクスポート結果として利用されるのが一般的です。例を示します。

```
M,0.455,0.365,0.095,0.514,0.2245,0.101,0.15,15
M,0.35,0.265,0.09,0.2255,0.0995,0.0485,0.07,7
F,0.53,0.42,0.135,0.677,0.2565,0.1415,0.21,9
M,0.44,0.365,0.125,0.516,0.2155,0.114,0.155,10
I,0.33,0.255,0.08,0.205,0.0895,0.0395,0.055,7
I,0.425,0.3,0.095,0.3515,0.141,0.0775,0.12,8
```

　ここには画像のピクセルもなく、扱わなければならない時間的関係（時系列）もありません。そのため、必要なアーキテクチャーは比較的単純です。まずはシンプルな多層パーセプトロンのニューラルネットワークを作ってみることをお勧めします。

　画像分類の課題では、CNN を使いましょう。「4 章　深層ネットワークの主要なアーキテクチャー」でも述べたように、近年の CNN は画像処理の課題で最も優れた

成績を示しています。

　連続した入力をモデルに与えたい場合には必ずシーケンスデータが使われます。こういったデータは、サーバーやセンサーによるログなどでよく見られます。時系列データもこのカテゴリーに含まれます。時系列データとは、それぞれが時刻の値と関連付けられている一連のデータを指します。このような時刻順のデータは、対象の経時変化を追跡できます。ほとんどの機械学習のモデルでは、訓練アルゴリズムの中で、一連の時系列データから単一のベクトルを生成できるような特徴量抽出のしくみが要求されます。シーケンスあるいは時系列のデータに対しては常に、リカレントニューラルネットワークの利用をお勧めします。1つに限らず N 個の入力ベクトルをモデル化できるためです。忘れてしまっていた読者は「4章　深層ネットワークの主要なアーキテクチャー」を読み返しましょう。これによって、時間とともに変化する活動をモデル化できるようになります。

　一般的に、リカレントニューラルネットワークは音声の入力データに対して良い成績を示します。音声のサンプリングによって時系列の波形が生成されるので、本質的に時間の属性が含まれており、リカレントニューラルネットワークに適しています。

　動画データを扱う場合には、一連の画像から答えを引き出すためにもう少し込み入った計算処理が必要になります。1つのアプローチとして、畳み込み層と最大値プーリング層、全結合層（フィードフォワード）、そしてリカレント層（LSTMつまりLong Short-Term Memory）を組み合わせて、動画中の各フレームを分類するというものがあります。個々のフレームを画像として切り出し、それぞれをCNNで分析するというアプローチもあります。

> **動画データの扱い**
> 実践の際には、オプティカルフローの前処理がとても役立ちます。連続したフレーム内での動きなど、単一のフレームには現れない短い期間内での関係を捕捉できます。

6.2.1　ここまでのまとめ

　さまざまなネットワークアーキテクチャーについて、入力データごとに足掛かりとなる考え方を紹介しました。これをまとめたのが**表6-1**です。

表6-1 入力データの種類とネットワークアーキテクチャー

入力データの種類	推奨されるアーキテクチャー
表形式（CSV）データ	多層パーセプトロン
画像	CNN
シーケンス	リカレントニューラルネットワーク。特に LSTM
音声	リカレントニューラルネットワーク。特に LSTM
動画	CNN とリカレントニューラルネットワークのハイブリッド

ネットワークアーキテクチャーの激しい入れ替わり
ここでお勧めしたデータごとのアーキテクチャーはおそらくうまく機能しますが、今も多くの研究が進められていることに留意しましょう。近年では新たなアーキテクチャーのバリエーションが次々と発表されています。ここでの推奨はヒントとして扱い、現在のアーキテクチャーを拡張しようとする研究にも目を光らせるべきです。

続いては、アーキテクチャーのヒューリスティックスをさらに具体化します。層やニューロンの数を決定します。

6.3　モデルの目標と出力層の関連付け

ここまでは、入力データの種類からニューラルネットワークのアーキテクチャーを関連付けました。次に、出力層について考えてみましょう。モデルからどのような答えを得たいかに基づいて判断しなければならないため、より多くの検討が必要です。

どんな層にも、情報を次の層に渡すための活性化関数が割り当てられます。ネットワークから出力を得たいなら、最後の層は出力層です。そして分類あるいは回帰分析など（後述）、必要とされる答えに応じて、出力層に適切な活性化関数を指定します。

6.3.1　回帰分析モデルでの出力層

回帰分析のモデルでは、実数が出力として生成されます。例えば、面積に応じて家の価格が出力されるといった処理が行われます。このような回帰分析のモデルでは、出力層について考慮するべき点が2つあります。それは損失関数と活性化関数です。

損失関数

　回帰分析を行う出力層では、損失関数として複数の選択肢があります。よく使われているのは、平均 2 乗誤差（MSE）および誤差の 2 乗和（L2）です。

活性化関数

　ここでは出力として恒等（線形）関数が使われます。

回帰分析の出力層とその他の特殊なケース

　回帰分析の出力層では、すべてのデータが $[-1, 1]$ の範囲内だと保証される場合には活性化関数として tanh が使われることもあります。また、すべてのデータの範囲が $[0, \infty)$ である場合には、ソフトプラスや ReLU の変種（Leaky ReLU や randomized leaky ReLU）も使われます。

　データのラベルが $[0, \infty)$ の範囲にある場合の回帰分析に、ReLU そのものを使うとどうなるか考えてみましょう。活性化関数自体は正しい範囲内の値つまり $[0, \infty)$ を生成できますが、いわゆる dying ReLU（ReLU の死）と呼ばれる別の問題が発生します。

　本質的に、活性化関数がゼロを出力する領域では ReLU での処理が行き詰まる可能性があります。こうなると、ReLU の出力つまりネットワークによる予測は、入力にかかわらずゼロになります。上に述べた ReLU の変種やソフトプラスでは、同様の問題は発生しません。

6.3.2　分類モデルでの出力層

　分類を行うモデルでは、出力層に N 個の出力ユニットが配置され、そのそれぞれがクラスのスコアを算出します。$N = 1$ の場合には、そのモデルでのラベルは 1 つです。ここではある条件が存在するかしないか（スパムか否か、など）を分類することになります。$N > 1$ の場合は、入力に対してそれぞれのクラスでのスコアが計算されるため、出力層の構成は異なります。例えば、スポーツ、ビジネス、政治など、文書が属するカテゴリーを分類するといった処理が考えられます。スポーツとビジネスのどちらにも属する文書を扱うこともあるでしょう。

6.3.2.1 単一ラベルの分類を行うモデル

ラベルが単一という基本的な例は、2 値分類器とも呼ばれます。ここでの出力層には、シグモイドの活性化関数が使われます。シグモイド関数は 0.0 から 1.0 の間の値を出力します。この値を使って、例えば文書がスパムかどうかの判断などを行います。

出力のラベルが 1 つの場合（0.0 から 1.0 の間の値で 2 つのクラスが表現されます）、損失関数として交差エントロピーを使いましょう。

---

2 値分類器での出力は 1 つか 2 つか

2 値分類器のバリエーションの中に、出力層でソフトマックスの活性化関数を使って 2 つの値を出力するというものがあります。出力される 2 つの実数値の和は 1.0 で、大きいほうの値がラベルのインデックス番号になります。この場合、ソフトマックスと組み合わせて使われる損失関数は MCXENT です。

どちらの出力層が 2 値分類を適切にモデル化できるかという点については、議論が分かれています。数学的には、シグモイドによる単一の出力は、2 つの出力ユニットを持つソフトマックスの出力層（MCXENT と負の対数尤度を組み合わせ、0 や 1 ではなくワンホット表現である [1,0] や [0,1] を使用）での出力と同じです。

6.3.2.2 複数のラベルを持つモデル

複数のラベルがある場合、考慮するべき状況が 2 つあります。

- ラベルが複数あり、最も可能性の高いラベルを 1 つ選びたい場合。これは多クラス分類（https://en.wikipedia.org/wiki/Multiclass_classification）と呼ばれる
- ラベルが複数あり、1 つの出力の中で複数のラベルを選びたい場合。例えば人と車がともに写っている写真など。これは多ラベル分類（https://en.wikipedia.org/wiki/Multi-label_classification）と呼ばれる

それぞれのシナリオについて、詳しく見てみましょう。

多クラス分類のモデル

「2章　ニューラルネットワークとディープラーニングの基礎」での議論に戻ります。多クラス分類の問題でも、各クラスの中で最もスコアが高いものだけに関心がある場合には、出力層でソフトマックスの活性化関数が使われるでしょう。出力ユニットの数は、分類されるクラスの数に一致します。

出力層の各ユニットからの出力は、合計すると 1.0 になります。個々の出力はクラスごとの確率なので、ぴったり 1.0 あるいは 0.0 ではなく両者の間の値が出力されるでしょう。そして最も高い確率のクラス（出力ユニット）が、分類の結果として選ばれることになります。argmax() 関数を使い、予測されたクラスつまり最も高スコアのクラスの**インデックス番号**を取得します。

このようなニューラルネットワークを定義しているコードの抜粋を示します。出力層での活性化関数はソフトマックスです。

```
.layer(1, new OutputLayer.Builder(LossFunction.NEGATIVELOGLIKELIHOOD)
    .weightInit(WeightInit.XAVIER)
    .activation(Activation.SOFTMAX)
    .nIn(numHiddenNodes).nOut(numOutputs).build())
```

このコードで表される出力層では、層の種別が activation() メソッドで指定されています。

上のコードのように、ほとんどの場合で負の対数尤度はソフトマックスの活性化関数と組み合わされます。多クラスの交差エントロピーが同様に使われることもありますが、これは負の対数尤度と等価です。

出力されるデータの表現は「ワンホット」形式にするべきです。入力と出力の訓練用ベクトルを作成する際には特に、出力のベクトルを必ずワンホット表現へと変換する必要があります。DL4J の `RecordReaderDataSetIterator` は、クラスのインデックス番号（0 から「クラス数 −1」まで）からワンホット形式のベクトルへと自動的に変換してくれます。

ラベルが大量な場合

予定されるラベルの数が数万にも上るという場合には、階層的ソフトマックスの出力層を利用するのがよいでしょう。階層的ソフトマックスとは（より）高

速にソフトマックスを近似する手法であり[1]、クラス数が大きい場合に適しています[2]。精度の向上ではなく、計算量の削減のためにこの手法を利用できます。

多ラベル分類のモデル

1つの出力の中に複数の分類結果（「人」と「車」など）が含まれるようにしたいなら、出力層の活性化関数としてソフトマックスは利用できません。代わりに、複数の出力ユニットを持つ出力層で、シグモイドの活性化関数を組み合わせます。それぞれの出力ユニットは1つのクラスを表し、そのクラスについての確率を独立して出力します。

ここでも、出力層の損失関数として2値の交差エントロピー（`LossFunction.XENT`）を利用します。

訓練データでの出力ベクトルの表現形式としては、それぞれのクラスについてゼロまたは1というものが望まれます。これは先ほど述べたワンホット表現とは異なり、1つだけではなく複数のラベルの値が1でもかまいません。

複数の出力層

例えば、あるニューラルネットワークから車のメーカー（Ford、Toyota、GMなど）とその種類（SUV、スポーツカー、トラックなど）をともに予測したいとします。このような場合には、`ComputationGraph`と複数の出力層の組み合わせを利用する必要があります。詳しい情報は https://deeplearning4j.org/docs/latest/deeplearning4j-nn-computationgraph#multitask に掲載されています。

---

[1] Morin and Bengio. 2005. "Hierarchical Probabilistic Neural Network Language Model" (http://www.iro.umontreal.ca/~lisa/pointeurs/hierarchical-nnlm-aistats05.pdf)、Mikolov et al. 2013. "Distributed Representations of Words and Phrases and their Compositionality." (https://arxiv.org/abs/1310.4546)

[2] 階層的ソフトマックスは唯一のオプションではありません。同じ問題に対する他の解法も提案されています。Vishwanathan et al. 2015. "BlackOut: Speeding up Recurrent Neural Network Language Models With Very Large Vocabularies." (https://arxiv.org/abs/1511.06909)

早わかり:ソフトマックスとシグモイドの活性化関数

ソフトマックスの活性化関数では、それぞれの出力(確率)の総和が 1.0 という制限があります。一方シグモイドの活性化関数では、出力値が個別に制限を与えられます。例えばシグモイドの層からはすべてのユニットが 0.9 を出力することもありますが、ソフトマックスの層では必ず出力の合計は 1 になります。シグモイドの層には「横方向の」制約はありません。

6.4 層の数、パラメーターの数、メモリ

ニューラルネットワークでは、モデルが持つパラメーターの総数は層の数と層あたりのニューロンの数によって決まります。層の種類や、各層のニューロン間での接続つまり重み(バイアスの重みも含みます)の数がパラメーターの数に影響します。

層の種類とニューロンの数

ネットワークで使われている層の種類によって、パラメーターの数は異なります。入出力のサイズにかかわらず、DL4J の `DenseLayer` よりも単純なリカレントニューラルネットワークの層のほうが多くのニューロンを持ち、LSTM 層ではさらに多くのニューロンが使われます。また、`DenseLayer` には同サイズの CNN の層よりも多くのパラメーターが必要です。

パラメーターが増えると、モデル化できる関数の形はより複雑になります。ある点を超えると、データセット内の不必要な細部の多くに対して過学習してしまい、汎化能力が低下します。

ネットワークのアーキテクチャが異なれば、層やニューロンそして重みの設定も異なります。主にフィードフォワードの多層パーセプトロンによるニューラルネットワークに対して適用可能な、高レベルな考え方がいくつかあります。個別のアーキテクチャについては、この章の中で追って紹介します。

6.4.1 フィードフォワードの多層ニューラルネットワーク

フィードフォワードの多層パーセプトロンによるニューラルネットワークでは、入力層でのユニット数は入力ベクトルと一致させる必要があります。出力層のユニット数については、分類ならラベル数と等しく、回帰分析では 1 つです。ここでは、ニューラルネットワークで層とニューロンの数を決定するための方針について議論します。

6.4.1.1 隠れ層の数を決定する

隠れ層の数はデータセットのサイズと関係があります。データセットが大きいなら、隠れ層を増やしましょう。例えば MNIST データセットを扱う場合、隠れ層は 3 つか 4 つで十分であり、これ以上だと精度が低下します。一方 Facebook の DeepFace では 9 個もの隠れ層が使われています[†3]。おそらく、とても大きなデータセットを対象としているのでしょう。

隠れ層の数についての原則
データセットが大きければその分だけ、多くの隠れ層やニューロンを過学習の心配なく利用できるというのが原則です。多くの訓練データを用意できるなら、過学習のおそれは低下します。そしてネットワークを大きくでき、場合によっては精度を向上できます。入力データセットに対してネットワークが小さすぎる場合、未学習の可能性が生じ、最善の精度を達成できません。

データのばらつきが大きい場合にも、層やパラメーターの数は押し上げられます。

6.4.1.2 層ごとのニューロンの数を決定する

隠れ層のニューロンが少なすぎると、訓練時にデータを適切にモデル化するのが難しくなります。一方でネットワークにパラメーターが多すぎる場合には、過学習の問題に対処するか、より多くの処理時間を費やして適合度の高いモデルを探さなければなりません。

ニューロンの数については、次のように考えるのがよいでしょう。同種の層が連続するときにはニューロンの数は減らすべきです。また、どの隠れ層でも入力層のノード数の 4 分の 1 以下にはしないようにしましょう。一方、隠れ層のニューロンが多すぎると、データセットに対して過学習してしまう可能性も増大します。

[†3] 訳注：実際には、入力層、畳み込み層、最大値プーリング層、畳み込み層、3 層の局所接続層（locally connected layer、重みを共有しない畳み込み層）、全結合層、出力層（ソフトマックス）の全 9 層からなるニューラルネットワークが用いられています。原論文（https://ieeexplore.ieee.org/document/6909616）では、4,030 人の顔画像を計 440 万枚含む SFC（social face classification）というデータセットを用いて訓練が行われました。

層ごとのニューロン数の原則

層のサイズ、正則化アルゴリズム、データ量のそれぞれについて、適切な組み合わせを探る必要があります。大きな層に対して不適切な正則化を行うと、一般化の妨げになります。層のサイズや数が増えてパラメーターも増加した場合には、過学習を防ぐために積極的な正則化やデータの追加がしばしば必要になります。

場合によっては、層ごとにニューロンを減らしていくのではなく一定数に保ったほうがよいこともあります。ただし、これがうまく機能するのは特定の種類のデータセットに限られます。

6.4.2　層とパラメーターの数をコントロールする

初期段階では、ニューラルネットワークからパラメーターやニューロンを減らして訓練時の問題（過学習など）を防ぐということはよく行われます。しかし実際には、隠れ層でのニューロン数は最適な値よりもしばしば大きく指定されます。

経験的に、教師なしの事前訓練（DBN での RBM）に基づくニューラルネットワークでは、隠れ層のニューロンの最適数はとても大きくなります。例えば数百から数千へとユニット数が増えることもあります[4]。こうした状況でも過学習を防ぐために、以下のような正則化のテクニックが使われます。

- L1
- L2
- ドロップアウト
- ノイズの注入
- ドロップコネクト

ここでの背景にあるのは、ネットワークが小さければ（適切なモデルにはならないかもしれませんが）局所解となる箇所が少なく、大きなネットワークでは多くなるという考え方[5]です。訓練データセットへの過学習を防ぎたいというだけの理由から、

---

[4] Bengio. 2012. "Practical Recommendations for Gradient-Based Training of Deep Architectures," (https://arxiv.org/abs/1206.5533) in Muller et al. 2012. *Neural Networks: Tricks of the Trade, Second Edition*

[5] Li, Karpathy. "CS231n: Convolutional Neural Networks for Visual Recognition." (http://cs231n.stanford.edu/) (Course Notes)

6.4 層の数、パラメーターの数、メモリ

小さなネットワークを望んでいるわけではありません。計算機プラットフォームが許す限り多くのパラメーターを投入し、上に述べたテクニックを使って過学習に対処しましょう。

多すぎるパラメーターに注意

問題に即してパラメーターを追加するべきですが、現実的な視点に立つ必要があります。1つの層に100万ものニューロンが含まれるような状況は、最善のものではありません。たとえハードウェアが処理可能であってもです。

訓練データセットのバリエーションやサイズが大きくなったら、少しずつ隠れ層の数や層ごとのニューロン数を増やしていくことをお勧めします。

データを追加して過学習を防ぐ

(可能な限りの)訓練データの追加は、過学習の防止にとても効果的です。

6.4.2.1 パラメーター数の決定

ネットワークでの実際のパラメーター数を決定する方法は2つあります。

- アーキテクチャーごとの手計算
- DL4JのAPIを使った計算

各層でのパラメーター数を単純に合計すれば、ネットワークでのパラメーター数がわかります。よく使われる層でのパラメーター数を**表6-2**にまとめました。

表6-2 層の種類ごとのパラメーター数

層の種類	パラメーター数
全結合	$n^{L-1}n^L + n^L$
畳み込み	$d^{L-1}d^L k^H k^W + d^L$
LSTMのRNN(GravesLSTMなど)	$4n^L(n^{L-1}+1) + n^L(4n^L+3)$
単純なRNN	$n^{L-1}n^L + (n^L)^2 + n^L$

それぞれの記号の意味は以下の通りです。

- n^{L-1} —— 入力の数（前の層つまり $L-1$ 層目のサイズ）
- n^L —— 現在の層つまり L 層目のサイズ
- k^H、k^W —— 畳み込み層のフィルターのサイズ（それぞれ縦と横を表す）
- d^{L-1}、d^L —— 畳み込み層での入出力の奥行き（チャンネル数）

パラメーターが必要ない層もあります。サブサンプリングや活性化関数の層、DL4J の LossLayer などが該当します。畳み込み層と全結合層（あるいは出力層）が組み合わされているネットワークでは、計算は単純ではありません。後者の層が畳み込みやサブサンプリングの層に続く場合、最後の畳み込み層でのアクティベーションの配列についてサイズを把握する必要があります。サンプルごとのこのサイズを、全結合層または出力層での n^{L-1} の値として利用します。例えば最後の畳み込み層が 5×5 で 100 チャンネルのアクティベーションを出力する場合、全結合層または出力層への入力は $n^{L-1} = 5 \times 5 \times 100 = 2{,}500$ になります[6]。

DL4J のネットワークコンフィグレーションが済んでいるとして、そこからパラメーター数を確認する方法もあります。以下のようにシンプルです。

```
MultiLayerConfiguration configuration = ...
MultiLayerNetwork network = new MultiLayerNetwork(configuration);
network.init();

System.out.println("パラメーターの総数: " + network.numParams());
for( int i=0; i<network.getnLayers(); i++ ){
    System.out.println("層" + i + "のパラメーター数: " +
        network.getLayer(i).numParams());
}
```

6.4.3　メモリ使用量を概算する

ネットワークを実行するハードウェアに対してその設定が大規模すぎると、メモリの空きがなくなり訓練は失敗するでしょう。厳密にはチューニングとの関係はありませんが、大きなネットワークでは重要な問題です。訓練ができなければ、そもそもネットワークのチューニングは不可能です。

ニューラルネットワークを訓練する際にメモリが消費されるのは、主に多次元配列

---

[6]　入力サイズの算出方法の詳細については、スタンフォード大学の CS231n の講義メモや DL4J の ConvolutionMode の Javadoc を参照してください。なお、DL4J の InputType を利用すると、numInputs の値を自動で算出し設定してくれます。そして、DL4J を使えばネットワークの設定を取得できます。

（DL4J では INDArray）の割り当てによります。訓練の中で、こうした配列は以下の 6 つの用途に使われます。

- ネットワークのパラメーター
- パラメーターの勾配（パラメーターと同数）
- ネットワークのアクティベーション
- ネットワークのアクティベーションの勾配（ネットワークのアクティベーションと同数）
- アップデーターの状態（モーメンタムや RMSProp の履歴など。整数値のパラメーターの組）
- 訓練データ

また、作業メモリや一時的な配列のオーバーヘッドを意識し、バッファ情報や非同期形式で読み込まれるデータなど、JVM（Java Virtual Machine）が実行するすべてのものについて考慮しなければなりません。

数学的には、ニューラルネットワークの訓練に最低限必要なメモリの量は次のように概算できます（単位はバイト）。

$$N_{bytes, train} = 4[n_{params}(2 + u) + m(2a + d)]$$

一方、訓練後のテストでネットワークを利用する際には、以下の量しか必要とされません。

$$N_{bytes, test} = 4[n_{params} + m(a + d)]$$

記号の意味は以下の通りです。

- u はアップデーターのサイズ。SGD では $u = 0$、モーメンタムや RMSProp そして AdaGrad では $u = 1$、Adam や AdaDelta では $u = 2$
- m はミニバッチのサイズ
- a は 1 つのサンプルについてすべての層から出力されるアクティベーションのサイズ
- d は 1 つのサンプルのサイズ

並列処理とメモリ使用量の計算

Spark や `ParallelWrapper` を使って訓練を複数のマシンへとスケールアウトする場合には、$N_{bytes,train}$ をモデルのレプリカの個数倍します。

DL4J とメモリそして精度

デフォルトでは、DL4J と ND4J はすべての `INDArray` に 32 ビットの浮動小数点数 (FP32) を利用しています。つまり、N 個の要素を持つ `INDArray` は $4N$ バイトを消費します。ネットワークの訓練には 64 ビットの浮動小数点数 (FP64) が使われることもあります。FP64 は数値の安定性をもたらすこともありますが、不安定な状態は他のチューニングに関する問題に起因していることが一般的です。FP64 を用いると 2 倍のメモリを消費し、パフォーマンスの悪化にもつながります。コンシューマー向け GPU (graphics processing unit) では最大 32 倍、Tesla の GPU でも 2 倍の悪化をもたらします。メモリやキャッシュへの影響のせいで、CPU 上での FP64 のパフォーマンスはさらに低下します。

なお、CUDA を使って GPU 上で DL4J の訓練を行う場合には、16 ビットの浮動小数点数 (FP16) も選択肢の 1 つです。FP16 はデフォルトの FP32 と比べてメモリの消費が半分で済み、より大きなネットワークやバッチが実現可能になります。しかし、メモリ使用量の節約と引き換えに数値の精度は大きく低下し、ネットワークのチューニングはより難しくなります。ニューラルネットワークのチューニングの経験が浅い場合や、チューニングにトラブルを抱えている場合には、どうしても必要だという理由がない限りはデフォルトである FP32 形式を利用するべきです。しかも、ほとんどのコンシューマー向け GPU で FP16 のパフォーマンスはとてもひどいものです[7]。そのため、DL4J では FP16 はデータのストレージにしか使われておらず、実際の操作は FP32 に変換した上で行われます[8]。

ハードウェア上でメモリに関する問題が発生したら、以下の対策が有効です。

---

[7] 訳注：NVIDIA のコンシューマー向け GPU の Turing アーキテクチャーでは Tensor Core というプロセッサが搭載され、FP16 形式での行列の積和計算を高速に行うことができます。

[8] 訳注：現在のバージョンの DL4J では、GPU を用いる場合は FP16 のまま無変換で演算することができます。CPU を用いる場合は暗黙的に FP32 に変換してから演算が行われます。

1. ミニバッチのサイズ m を減らす
2. より高性能なハードウェアを入手する。Azure、Amazon Web Service、Google Cloud などのクラウドサービスを利用してもよい
3. GPU 上で FP32 の代わりに FP16 を利用する。ただし、数値の精度は低下する
4. ネットワークを小さくする

6.5　重みを初期化する手法

　重みの初期化方法は訓練のプロセスに大きな影響を与えます。問題のコンテキストに応じて、適切な初期化方法を適用する必要があります。ニューラルネットワークや深層ネットワークでの学習プロセスにとって、重みの初期化というのは重要な第一歩です。

　一般的に、重みの初期化では次のような基本方針が使われます。

- 多くの場合、バイアスはゼロに初期化する
- 隠れた重みについては、それぞれの隠れユニットに対称性がないように初期化する[†9]

　隠れユニットに対称性を持たせないために、重みの初期化プロセスにランダム性を取り入れます。重みの初期化は入力（あるいは入力と出力）の数の関数であるべきです。

重みの初期化には `WeightInit.XAVIER` を使いましょう。活性化関数が ReLU や Leaky ReLU の場合には、`WeightInit.RELU` が使われます。

　重みが大きすぎると、出力や勾配も大きくなり、学習にとって明らかに有害です。なお、ネットワークユニットのバイアスも初期化する必要があります。初期段階の学習は、可視ユニットでのバイアスの初期化方法に影響されます。ネットワークのバイアスを初期化する方法は複数ありますが、一般的にはゼロへと初期化されます。特定

---

†9　訳注：対称性があるように例えばすべての重みを等しくゼロに初期化すると、それぞれの重みは同じ値で更新されてしまい、ニューラルネットワークが多様な表現力を獲得できません。

の疎な確率を目標とするシナリオを除けば、不可視のバイアスをゼロにするというのは一般的に良い方針です。

tanh ユニットそして ReLU ユニットへの接続の重みについても考慮しておく必要があります。一般的に、これらの重みはある分散を持ったガウス分布や一様分布からランダムに抽出されて設定されます。多くの場合、以下のガイドラインに従えばよいでしょう。

- ReLU 系統の活性化関数（ReLU、Leaky ReLU、randomized Leaky ReLU など）では、DL4J の `WeightInit.RELU` という初期化方法を使う
  2015 年に He らが "Delving Deep into Rectifiers" という論文の中で提案したため、He の手法と呼ばれることもある
- その他の活性化関数のほとんど（tanh、恒等変換など）では、`WeightInit.XAVIER` を使う
  2010 年に Glorot と Bengio が発表した "Understanding the Difficulty of Training Deep Feedforward Neural Networks" という論文に基づく手法であり、Glorot の手法とも呼ばれる
  tanh ユニットに接続する重みについては、疎な初期化[10]などの概念を利用した初期化方法も使われる
- バイアスはゼロに初期化されるのが一般的。これは DL4J でのデフォルトのふるまいでもある

まとめると、ReLU と Xavier の初期化手法はネットワークのアーキテクチャー（層のサイズ）と、活性化関数に関する以下の 2 つの仮定に基づいて設計されています。

- ネットワークからのアクティベーションの分散がすべての層で一定になるようにする。後続の層でアクティベーションが過度に大きくなったり小さくなったりすることを防ぐ
- アクティベーション（そしてパラメーター）の勾配の分散も、すべての層で一定になるようにする。例えば、勾配が前の層へと逆伝播される際に、過多ある

---

[10] Martens. 2010. "Deep learning via Hessian-free optimization." (http://www.cs.toronto.edu/~jmartens/docs/Deep_HessianFree.pdf)

いは過少にならないようにする

重みの初期化と 2 つの目的の追求
層のサイズが異なるネットワークや、活性化関数についての仮定が当てはまらないネットワークでは、ReLU や Xavier の初期化手法を使ってもアクティベーションと勾配の分散をともに最適化することはできません[†11]。

6.6　RNN での重みの直交初期化

「7 章　特定の深層ネットワークのアーキテクチャーへのチューニング」で、LSTM などの各アーキテクチャーに固有のチューニング方法を解説します。LSTM や GRU（Gated Recurrent Unit）では、重みの直交初期化（orthogonal weight initialization）を使うと性能が向上することがあります[†12]。

6.7　活性化関数の利用

表 6-3 では、データの分布の種類とフィードフォワードネットワークでの活性化関数の組み合わせについて一部を紹介しています。

表 6-3　フィードフォワードネットワークでの目的の分布と出力層の活性化関数

目的の分布	出力層の活性化関数
2 値（ゼロまたは 1）	シグモイド
カテゴリー（1 of C コーディング）	ソフトマックス
連続値（限界値あり）	シグモイドまたは tanh（目的の範囲に合わせて出力を調整）
正の値（既知の上限値なし）	ReLU 系統、ソフトプラス（あるいは、対数による正規化を用いて上限のない連続値に変換）
連続値（限界値なし）	線形（活性化関数を利用しないのと等価）

ニューラルネットワークに関する過去の資料では、シグモイド関数が最もよく見られます。20 年前には、シグモイド系統の関数がニューラルネットワークの実践の際にも広く使われていました。しかし今日では、隠れ層でシグモイド関数が好まれるこ

[†11] Glorot and Bengio. 2010. "Understanding the difficulty of training deep feedforward neural networks." (http://jmlr.org/proceedings/papers/v9/glorot10a/glorot10a.pdf)
[†12] Saxe, McClelland, and Ganguli. 2013. "Exact solutions to the nonlinear dynamics of learning in deep linear neural networks." (https://arxiv.org/abs/1312.6120v3)

とはほとんどありません。

シグモイドと情報の欠損
ReLU活性化関数と比較して、シグモイド関数ではより多くの情報が欠落することになります。順方向と逆方向ともに、伝播の際に値が飽和するためです。1つのパラメーターが近接して集中することによって、ネットワークに対して非線形的な影響が生じます[†13]。

入力が大きな場合に、シグモイドは勾配がゼロになる問題を抱えています。ミニバッチを使えば問題は緩和されますが、重みを注意深く初期化して飽和を避けるべきです。

シグモイド活性化関数の衰退
近年では、活性化関数としてシグモイドよりもLeaky ReLUがよく使われています。Leaky ReLUでは、シグモイドやtanhで見られるような勾配消失問題が発生しません。単純なReLUでの「ReLUの死」の問題もありません。隠れ層ではシグモイドを使わないというのがベストプラクティスです。

ReLU活性化関数（区分線形ユニット）は、今日の深層ネットワークで最も広く使われている隠れユニットです。CNNでは畳み込み層の活性化関数としてReLUがよく見られます。シグモイドやtanhと比べると、ReLUを使った学習はSGD（Stochastic Gradient Descent）との組み合わせによって高速化することがわかっています。しかも、ReLUはシグモイドやtanhより少ない計算量で実行できます。

「ReLUの死」問題
ReLUを使う場合、訓練データセット全体を通じてまったく活性化しないユニットが発生するかもしれないという点に注意が必要です。このような状態は「ReLUの死」と呼ばれます。

「死んだ」ReLUユニットが多数発生しても、ネットワークは学習を行えます。しかしこのようなユニットはネットワークからの出力に貢献しないため、計算が無駄になり、ネットワーク全体としての能力が低下します。

ここでのベストプラクティスは、Leaky ReLUを使うことです。単純なReLUとは異なり、すべての入力値に対して非ゼロの勾配が出力されます。

[†13] http://www.deeplearningbook.org/

ハード tanh 活性化関数にも、ReLU と同様に勾配がゼロになるという問題があります。特定の区間（-1 以下と +1 以上）での勾配はゼロです。

マックスアウトについて

マックスアウトモデルとは、マックスアウトユニットを使ったフィードフォワードネットワークです。マックスアウトユニットは ReLU を一般化したものと考えられますが、「死」の問題は生じません。マックスアウトユニットではニューロンあたりのパラメーター数が 2 倍になり、全体としてのパラメーターも増加します。

ReLU がうまく機能しないような状況でも、マックスアウトユニットは学習を行えます。ReLU との違いは、区分線形関数のそれぞれの部分が重みのベクトルを持つという点です。この性質のおかげで、ReLU で発生しがちな学習の行き詰まりを回避できます。

6.7.1 活性化関数のまとめ

この節で紹介してきた活性化関数をまとめたのが**表6-4**です。

表6-4　主な活性化関数と使われる箇所

関数名	使用箇所
線形	回帰分析での出力層
シグモイド	<ul><li>2 値分類での出力層</li><li>出力値の範囲は (0, 1)</li><li>近年は好まれない。隠れ層での利用は避けるべき</li></ul>
tanh	<ul><li>[-1, 1] の範囲に限らず連続値</li><li>LSTM 層</li></ul>
ソフトマックス	多クラス分類のモデルの出力層
ReLU	<ul><li>RBM</li><li>CNN の層</li><li>多層パーセプトロンネットワークの層</li></ul>

一般的には、活性化関数として ReLU を検討することをお勧めします。学習率に注意し、ネットワーク内に「死んだ」ニューロンが発生しないようにしましょう。「死」

の問題を回避するには、Leaky ReLU かマックスアウトの活性化関数を利用できます。tanh 系統の活性化関数も選択肢の 1 つですが、実践面では ReLU やマックスアウトよりも性能が劣ります。シグモイドのユニットは単一ラベルの分類での出力層でのみ使われるようになってきており、隠れ層では好まれません。

6.8　損失関数を適用する

損失関数の役割は、与えられた作業をどの程度うまくできているかを最適化の関数に伝えることです。この章の中で先ほど、モデルの目標というコンテキストにおいて損失関数を紹介しました（出力層での損失関数）。ここでは、損失関数が使われる他のシナリオや、損失関数を効果的に利用できる箇所、そして利用の際の注意点を解説します。端的に言うと、損失関数が使われるのは次の 2 ヶ所だけです。

- 出力層（`LossLayer`）
- 層ごとの教師なしの事前訓練が可能な層。オートエンコーダー、RBM、VAEなど

ほとんどの層（畳み込み層、全結合層、LSTM 層など）では損失関数は使われず、そもそも設定することもできません。これらの層では層ごとに事前訓練を行うということがないためです。

以前に紹介した分類用の損失関数以外では、ヒンジ損失やロジスティック損失などの損失関数を分類に利用できます。ハードな分類に最適化されたネットワークでは、ヒンジ損失が最もよく使われます。ハードな分類とは、例えばゼロが詐欺ではないことを表し 1 が詐欺であることを表すような分類で、0-1 分類器とも呼ばれます。ハードな分類よりも確率が重視される場合には、ロジスティック損失が利用されます。例えば、人間の介在の下で詐欺の可能性を検出したい場合が該当します。広告がクリックされる確率（収益として数値化されます）についても同様です。確率を予測するということは、ゼロから 1 の数値を生成することを意味します。

2 値分類とヒンジ損失

ヒンジ損失はほぼ 2 値分類でのみ利用されます。多クラス分類への拡張も提案されていますが、本書では扱いません。

訓練時のデバッグ出力

訓練中には、次のようなメッセージがコマンドライン上に表示されます。

o.d.o.l.ScoreIterationListener - 0 回目のスコア: 0.5154157920151949

行末の値は、現在のミニバッチでの各サンプルで出力された損失関数の平均値です。同じ水準の値が続くとは限りません。ネットワークアーキテクチャーで使われている損失関数ごとに、出力される値は異なります。例えば MSE では、負の対数尤度の損失関数とは異なる進捗状況が出力されるでしょう。

簡単に言ってしまうなら、この値は低いほうが望ましい状態です。時間とともに減少していくことが期待されます。

デバッグ出力を行うには、次のような行をコードに追加します。

myNetwork.setListeners(new ScoreIterationListener(1));

表6-5 はそれぞれの損失関数をどこで使うべきかをまとめたものです。

表6-5 損失関数と利用されるべき箇所

損失関数	適した箇所	性質
再構成のエントロピー	RBM、オートエンコーダー	特徴量の作成に使われる
2 乗損失	出力層	回帰分析
交差エントロピー	出力層	2 値分類
多クラス交差エントロピー	出力層	分類
平均2乗誤差（MSE）の平方根	オートエンコーダー、RBM、出力層	特徴量の作成、回帰分析
ヒンジ損失	出力層	分類
負の対数尤度	出力層	分類

交差エントロピー、ロジスティック損失、負の対数尤度

さまざまな文献やコードの中で、これらの損失関数が同じような方法で使われていることに気づかれるかもしれません。「2 章　ニューラルネットワークとディープラーニングの基礎」でも触れたように、交差エントロピーは情報理論を起源としていますが、分類での負の対数尤度は統計的モデル化に起源があります。数学的にはこれらの手法は同じものです。どれが使われても問題はないのですが、混乱の元ではあります。

6.9　学習率を理解する

学習率はハイパーパラメーターの1つで、ニューラルネットワークのチューニングの際にとても重要な役割を果たします。訓練の安定性と効率の両面に大きく影響します。

図6-1のように、学習率が大きすぎると訓練は不安定になり、完全に発散してしまうこともあります（左）。一方、学習率が小さすぎると学習にかかる時間が大幅に増加してしまいます（右）。

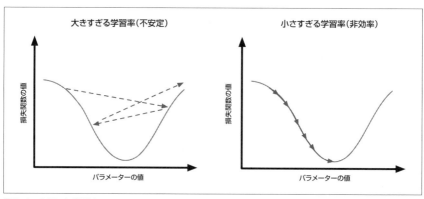

図6-1　SGDと学習率

訓練の初期には学習率を大きくし、収束に近づいたら小さくするというのが理想です。この後紹介するように、モーメンタムを使っている場合は、訓練の進行とともにモーメンタムの値を増やして学習率を下げるのが効果的です。

モーメンタムと一部のアップデーター
AdamやRMSPropなどのアップデーターを使っている場合、モーメンタムのスケジューリングは適用されません。

学習率を増加させる
学習率の初期値を増加させるというのは、必ずしも良いことではありません。初めのうちはうまく学習できるかもしれませんが、長期的には学習の速度は悪化してしまうでしょう。

最も望ましいのは、以下の各レベルで動的に学習率を設定できるようなしくみです。

- 全体的
- 層ごと
- ニューロンごと
- パラメーターごと[14]（1つのニューロンやバイアスに複数のパラメーターがある場合）

学習率を下げ始めてほしいのは、学習の完了が近いときだけです。下げ幅が小さい間に十分な訓練を行えるような形で、学習率を減らしていくことが望まれます。このような減らし方をパラメーターごとに適用するとともに、急激な減少が学習の妨げにならないようにする必要があります。

6.9.1 パラメーターに対する更新の比率を利用する

学習率を設定するためのシンプルで効果的な方法の1つが、パラメーターに対する更新量の比率（厳密には、その平均の大きさ）を利用するというものです。更新量は勾配にアップデーター（RMSProp やモーメンタムなど、および学習率）を適用すると得られるということを思い出しましょう。つまり、学習を表す式は更新の量 $\mathbf{u}$ を含む $\theta \leftarrow \theta - \mathbf{u}$ になります。$\mathbf{u}$ を更新のベクトル、θ をパラメーターベクトル、それらの長さを N とすると、パラメーターに対する更新の比率は次のように表現できます。

$$\text{パラメーターに対する更新の比率} = \frac{\frac{1}{N}\sum_{i=1}^{N}|u_i|}{\frac{1}{N}\sum_{i=1}^{N}|\theta_i|}$$

この比率は、パラメーターを現在の値に対してどの程度更新するかを表しています。この比率は DL4J の UI 上でも2ヶ所で使われています。1つは Overview ページの左下で、もう1つは Model ページで層の頂点を選択した後の最初のグラフです。DL4J の UI では、この比率は**図6-2**のように底が10の対数として表現されます。

---

[14] Bengio. 2012. "Practical Recommendations for Gradient-Based Training of Deep Architectures," in Muller et al. 2012. *Neural Networks: Tricks of the Trade, Second Edition*

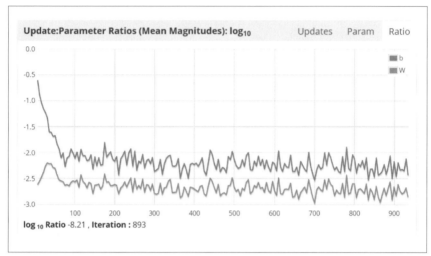

図6-2　DL4J のチューニング用 UI で、パラメーターに対する更新の比率を表示させる

この図のような訓練の進捗を表示させるには、訓練の開始後に http://localhost:9000/ にアクセスします。

比率を見て学習率を指定する

学習率を調整する際、パラメーターに対する更新の比率がおおよそ 0.001 になっていると望ましいです。この値は、DL4J の訓練用 UI では $\log_{10}$ ratio $= -3$ に対応します。

例えばこの比率の対数が -4（元の値は 0.0001）なら学習率を上げるべきで、-2（元の値は 0.01）なら学習率を下げるべきです[15]。

6.9.2　学習率についての推奨事項

学習率は初めのうち大きく、時間の経過とともに低下していくというしくみがよく使われます。初期値が大きすぎると、訓練での損失の平均は増加するのが一般的です。最善なのは、学習プロセスが発散せずに済む最大の学習率に近い値（の 1/2 程度）です。

---

[15] この目的には L2 ノルムなどの指標も利用できますが、DL4J の訓練用 UI では対応していないため、自分で値を計算する必要があります。

学習率の適切な初期値
「まずは大きな学習率を設定し、学習プロセスが発散したら1桁程度学習率を減少させる」という手順を収束が始まるまで繰り返せば理想的です。
[0.1, 0.01, 0.001] のそれぞれで学習を開始し、どれが最も安定するか調べてみましょう。初期値として 0.001 から始めることがよくあります。

以下の順で学習率の設定方法を試してみることをお勧めします。

1. Adam (http://cs231n.github.io/neural-networks-3/)
    - 現在のところデフォルトの手法として利用が推奨されている
2. Nesterov のモーメンタム
3. RMSProp
    - 勾配の 2 乗の移動平均が使われる
    - AdaGrad のような、学習率が単調減少する問題はない
4. AdaGrad

DL4J は以下のオプションにも対応しています。

- AdaDelta

学習率を注視し続ける必要性
学習率を高くしすぎると、AdaGrad（およびその他の手法）を使っても訓練は不安定なものになります。AdaGrad は学習率を増加させることがありません。AdaGrad での事実上の（パラメーターごとの）学習率は単調減少します (http://cs231n.github.io/neural-networks-3/#ada)。
重みごとに学習率を減衰させるしくみのように、AdaGrad はふるまいます。しかし AdaGrad には問題点もあります。一般的に単調変化する学習率は積極的すぎるため、学習が早期に終了してしまうことがわかっています。
DL4J などのディープラーニングフレームワークには AdaGrad などのアップデーターが組み込まれているので、手作業で学習率をチューニングする必要はあまりありません。

DL4J のモーメンタムと Nesterov

モーメンタムを使うと、局所解から脱出してより良い解を探せます[†16]。モーメンタムの一般的な値は 0.9 前後です。この値の付近で他によく使われているのは [0.5, 0.9, 0.95, 0.99] です。モーメンタムの初期値は 0.5 であることが多く、エポックを経るごとに 0.9 周辺へと調整されていきます。Nesterov の加速法を用いるには `updater(new Nesterovs(0.5))` のようにアップデーターを指定しましょう。この指定がないとモーメンタムは有効化されません。

隠れ層に多数のファンイン（入力の接続）がある場合、更新はとても小さなものにするべきです。小さな変更でも多数重なれば、勾配の方向に対して予期せぬ影響を与える可能性があるためです。このようなコンテキストでは、学習率を減らしましょう。バイアスについては、更新の量が多くても悪影響は見られません。これらの作用のせいで、学習率のチューニングは容易ではありません。

その他の注意するべき点をいくつか紹介します。

- 適切な学習率はネットワークごとに異なる。あるネットワークで成功した学習率が他でも機能するとは限らない
- 更新とパラメーターの比率のヒューリスティックは目安にすぎない。手始めとしてはうまく機能することが多いが、必ずうまくいくというわけではない
- 必要とされる学習率は、他のハイパーパラメーターに対して多かれ少なかれ依存する。例えば、異なるアップデーター（モーメンタム、RMSProp、AdaGrad など）は異なる学習率を要求する。また、重みの初期化方法や層の数・種類・サイズを変えると、学習率にも再チューニングが必要となる。つまり、ネットワークに大きな変更を加えたら必ず学習率を確認しなければならない
- ネットワークが落ち着くまで待った上で、更新の比率のグラフを見るようにする。訓練が始まってから、パラメーターが数十回から数百回更新されるまで待つべきである。訓練開始直後の数回の更新は、一般的に大きなものになる
- バイアスの更新の比率が 0.001 よりもずっと大きくなるのは正常であり、期待通りのことでもある。バイアスの初期値には通常 0.0 を用いる。したがって初期の更新の比率は大きく、徐々に減少していく

[†16] Sutskever. 2013. "Training Recurrent Neural Networks" (http://www.cs.utoronto.ca/~ilya/pubs/ilya_sutskever_phd_thesis.pdf) (PhD Thesis)

- ときには正しい比率の値を得るために、層ごとに異なる学習率を指定する必要がある。しかし、このような場合には、勾配の消失や爆発、誤った重みの初期化、データの正規化の失敗など、別の問題点が存在する可能性もある。AdamやRMSPropのアップデーターには勾配の正規化や調整の効果があるため、上のような問題を軽減できることがある

6.10　スパース度が学習に与える影響

ディープラーニングではスパース度（sparsity）というハイパーパラメーターがよく使われます。この値が大きいと、隠れユニットが疎になりゼロに近づきます。内部の要素を分解した表現が促進されるため、疎な表現は良いこととされています[†17]。

重みが大きな値になって戻せないという場合に、スパース度を使うと復旧できる可能性があります。また、スパース度はネットワークのサイズを規定するような他のハイパーパラメーターと相互作用することがあります。隠れノードの数が増えるなら、スパース度も増加するべきです。スパース度とネットワークのサイズとの関係は、利用される活性化関数の種類からも影響を受けます。

スパース度の設定が正しく機能しているかどうかを知るには、隠れユニットのアクティベーションの平均値をグラフ化するとよいでしょう。このグラフを元に、隠れユニットの平均の確率がターゲットに近づくようにスパース度を設定します。確率がターゲット付近に密集している場合には、スパース度の設定を緩和します。そうすれば、学習プロセスでの主な目標への干渉を抑えられます。

特定のネットワークアーキテクチャーでのスパース度
DL4Jでは、`DenseLayer`や`LSTM`の層でスパース度を利用できません[†18]。

スパース度の目標値
質の高い学習のためには、スパース度の目標値を 0.01 から 1^{-9} の間にします。

[†17] Le, Jaitly, and Hinton. 2015. "A Simple Way to Initialize Recurrent Networks of Rectified Linear Units." (http://arxiv.org/abs/1504.00941)

[†18] 訳注：sparsity パラメーターは、現在のバージョンの DL4J（1.0.0-beta2）では `AutoEncoder` クラスでのみ利用できます。

6.11 最適化手法を適用する

ディープラーニングのネットワークで最も使われている最適化手法はSGDです。実装は比較的簡単ですが、チューニングや並列化には困難が伴います。

ニューラルネットワークにパラメーターを追加しても大きなデータセットでは未学習の問題を緩和できず、資源の浪費にしかならないと主張する研究者もいます。彼らは原因としてSGDを挙げ、対策として以下のような2次オーダーの手法を提案しています。

- BFGS（Broyden-Fletcher-Goldfarb-Shanno）、L-BFGS（Limited-memory BFGS）
- 共役勾配（CG、Conjugate Gradient）
- ヘッセフリー（Hessian-free）

それぞれのネットワークアーキテクチャーで最初に利用するべき最適化手法について、**表6-6**にベストプラクティスを簡単にまとめました。

表6-6　アーキテクチャーごとの最適化アルゴリズム

ネットワーク	よく使われる訓練方法
DBN	SGD
CNN	SGD（またはドロップアウトとの組み合わせ）
リカレントニューラルネットワーク	SGD、ヘッセフリー

訓練用データセットのサイズは最適化手法の選択に影響を与えます。小さなデータセットでは2次オーダーの手法を利用し、データセット全体を1つのバッチにするのがよいでしょう。より大きなデータセットを扱うなら、SGDとミニバッチを使いましょう。ミニバッチをデータセット全体よりも小さくして、2次オーダーの手法を適用してもかまいません。

それぞれの手法を比較したのが**表6-7**です。

簡単な比較表として**表6-7**を提供しましたが、ほとんどの場合にはまずSGDを利用するべきです。以降の説明でも、SGDでのベストプラクティスに焦点を絞ることにします。

6.11 最適化手法を適用する | **301**

表6-7　最適化手法の比較

手法	1 次的情報	2 次的情報	長所	短所
SGD	勾配	なし	収束が早く、パラメーターの更新あたりのコストが最小	頑健性に欠ける
L-BFGS	勾配	曲率の情報は勾配から概算される	より良い極小値を発見できる	パラメーターの更新あたりのコストが高い、メモリのコストが高い
CG	勾配	曲率の情報は勾配から概算される	—	パラメーターの更新あたりのコストが高い、メモリのコストが高い
SGD とヘッセフリー	なし	曲率	ステップの大きさは自動的に算出され、ステップの方向は共役勾配を元に決定される	すべてのアーキテクチャーへと一般化できない、パラメーターの更新あたりのコストが高い、メモリのコストが高い

6.11.1　SGD のベストプラクティス

SGD はランダムに重みを初期化する手法としてうまく設計されており、モーメンタムとの組み合わせにも適しています。DBN でもリカレントニューラルネットワークでも、ヘッセフリー並みの水準で効果的に訓練を行えることが示されています[19]。注意深くチューニングされた SGD は、大規模な分類の問題でも素晴らしい成績を収めています[20]。

ディープラーニングで SGD を使った訓練のよい始め方について簡潔にまとめたのが以下のリストです。

- 入力の訓練セットを適切にシャッフルする[21]
- 繰り返しごとの誤差の割合と、検証での誤差の割合をともにチェックする
  - 訓練での誤差は減少していくべき
  - 検証での誤差が横ばいになったら、訓練を早期に終了できる
- 訓練データの一部を使い、さまざまなハイパーパラメーター（特に、学習率のチューニングに関するもの）を試す

---

[19] Sutskever et al. 2013. "On the importance of initialization and momentum in deep learning." (http://www.cs.utoronto.ca/~ilya/pubs/2013/1051_2.pdf)

[20] LeCun et al. 1998. "Efficient BackProp" in Muller et al. 2012. *Neural Networks: Tricks of the Trade Second Edition*

[21] Bottou. 2012. "Stochastic Gradient Descent Tricks" in Muller et al. 2012. *Neural Networks: Tricks of the Trade Second Edition*

- モーメンタムや AdaGrad、RMSProp と組み合わせる
- 大きすぎたり小さすぎたりすることがないように、学習率を適切に設定する
- 入力データを正規化する（SGD に限らず、忘れられがちなので繰り返してもよい）

関数近似や制御問題など、実数を出力する小さな問題では、CG が優れた性能を示します。2 次オーダーの手法では、ミニバッチのサイズは SGD での場合よりも大きくなる（1 万程度）のが一般的です。

出発点として最も使われる SGD
実践の場では、2 次オーダーの手法よりも、SGD を中心にモーメンタムや AdaGrad、RMSProp などと組み合わせる方法のほうが好まれています。

6.12　並列化や GPU を使って訓練を高速化する

　機械学習の適用例での目標が大掛かりなものになると、モデルもそれに合わせて大きくしていく必要があります。訓練対象のパラメーターが増えれば、その分だけ訓練にかかる時間も長くなります。また、より大きなデータセットで訓練してモデルをより完全なものにしようとする場合、ある時点（「付録 C　誰もが知っておくべき数値」で紹介する「Jeff Dean の 13 の数値」参照）を超えると、入出力のオーバーヘッドが支配的になります。マシンが単一の環境では、近年の CPU のクロック速度だけが頼りです。コンピューターのアーキテクチャーはハードウェアの能力の限界に達しており、近年での性能向上はさまざまな種類の並列処理によって複数の CPU コアを組み合わせることから生じています。今日の機械学習では、シーケンシャルな学習はすぐに限界を迎えます[22]。コンピューターあたりのストレージやネットワークの帯域幅は、データの増大に追随できていません。そのため、ほとんどのステップを分散して実行できるようなデータ分析のアルゴリズムが求められ始めています。

---

[22] Zinkevich et al. 2011. "Parallelized Stochastic Gradient Descent." (http://martin.zinkevich.org/publications/nips2010.pdf)

大きなディスクへのアクセス
ハードドライブへのアクセスは、処理の遅延という点で高コストです。例えば読み込み速度 100 メガバイト毎秒のスピードで容量が 2 テラバイトのハードドライブでは、データ全体を読み込むのに約 6 時間かかります。コンピューターアーキテクチャーでのさまざまな遅延については、「付録 C　誰もが知っておくべき数値」で「Jeff Dean の 13 の数値」として紹介しています。

6.12.1　オンライン学習と並列繰り返しアルゴリズム

　バッチ形式からオンラインの学習アルゴリズムに移行すると、増加を続けるデータセットのサイズに対応できます。この流れは 10 年以上前から見られます。しかし、1 台のドライブに収まらないほどのデータがある場合、入出力のオーバーヘッドにより、SGD を使ってすべてのデータを処理することは難しくなってきます。ビッグデータの世界では、データの移動を減らす必要があります。このため、プログラムの実行を並列化する手法が求められるようになりました。

　近年の研究で、これまで逐次的だった学習プロセスが並列計算向けに再設計されてきています。各コアが局所的に計算を行い、その結果をまとめて大域的な結果を生成します[†23]。データセットがドライブ数台にも収まらないようなら、ストレージや処理のシステムの設計を再検討する必要があるでしょう。このような問題意識が推進力となって、2000 年代初期に Google は MapReduce や Google File System などを設計しました。2000 年代中ごろに Doug Cutting と Michael Cafarella が開発した Hadoop も、同じ流れに含められます。

　コンピューターのプログラム（より具体的には、学習アルゴリズム）を並列化する方法は複数あります。並列化されたプログラムは、同時に実行される複数のプロセスから構成されます。並列化方法の違いが見られるのは、分散して並列に実行できるパーツへとプログラムを分割する方法の中です。主な方法として、**タスクの並列化**と**データの並列化**があります。

6.12.1.1　タスクの並列化

　タスクの並列化は**機能の並列化**とも呼ばれ、全体の作業がいくつかのタスクへと分割されます。そして、それぞれが異なる処理ユニットで実行されるようにスケジュー

[†23] Dean and Ghemawat. 2004. "MapReduce: Simplified Data Processing on Large Clusters." (https://ai.google/research/pubs/pub62)

リングされます。処理ユニットはローカルのスレッドでも異なる物理マシンのコアで
もかまいません。

6.12.1.2 データの並列化

　ここでは、データセット中の各部分に対して同じ関数を適用するという考え方に基
づいて作業が分割されます。分割されたタスクはそれぞれ異なるスレッド（ローカ
ル、または分散クラスター上の別マシン）へとスケジューリングされます。この意味
では、データの並列化はタスクの並列化の一種だと言えます。データの並列化を適用
すると、処理は並列計算環境の各処理ユニットへと分散されます。処理ユニットは同
一コア上のスレッド、別のコアでのスレッド、クラスター上のまったく異なる物理マ
シンのコアのいずれでも問題ありません。

　SGD などの繰り返しに基づくアルゴリズムを並列化する場合、パラメーターの平
均化の手法を使うとローカルなスレッドの並列化を効率的に行えます[24]。しかし
データサイズが大きくなると、並列の処理ユニットへのデータのコピーが問題になり
ます。そこでまず思いつくのは、ビッグデータを扱える Hadoop などのシステムへ
の移行です。

ビッグデータとは

　エンタープライズソフトウェアのマーケティングで、「ビッグデータ」という
言葉を耳にすることがとても多くなりました。この言葉は広く知られるように
なり、アメリカ大統領が言及したり『Wall Street Journal』がしばしば取り上
げたりするほどです。しかし面白いことに、このような広範な利用にもかかわ
らず、ほとんどの人々はビッグデータという言葉を正しく定義できていません。
我々は、この言葉を実践的な意味で定義します。すなわち、データが格納されて
いる場所で処理も行われ、データと計算が一体化したものであるという立場で
す。MapReduce のアーキテクチャーも、この考え方に基づいて作られていま
す。多くの企業やツールが「ビッグデータを扱える」と主張していますが、処理
の前にデータを移動させていたらそれはビッグデータとは言えません。

---

[24] Agarwal, Chapelle, Dudik, and Langford. 2011. "A Reliable Effective Terascale
Linear Learning System." (https://arxiv.org/abs/1110.4198), http://hunch.net/~vw/、
McDonald, Hall, Mann. 2010. "Distributed training strategies for the structured
perceptron." (https://www.aclweb.org/anthology/N10-1069)

ペタバイト単位のデータをスキャンするのに必要な時間
ビッグデータでの大きな制約の 1 つに、ある点を超えるとデータの移動がほぼ不可能になるということがあります。例えば 1 ペタバイトを超えるデータに対して、一般的なドライブの転送速度（40 メガバイト毎秒前後）で線形スキャンを行うとします。このように単純なスキャンやコピーの処理でも、40 メガバイト毎秒の単一処理ユニットの場合、およそ 310 日も必要になります。

Apache Hadoop（http://hadoop.apache.org/）は、Web のアクセスログやセンサーの計測値といった大量のデータの格納や管理に適しています。世界中の企業や組織で、ペタバイト規模のデータが Hadoop を使って管理されています。Hadoop のディストリビューション[25]には当初、MapReduce という並列処理フレームワークが含まれていました。MapReduce での並列化は、大きなデータが格納されている場所に基づいて行われます。データのブロックが格納されているホストに計算（タスク）を移送してローカルに実行させることによって、ディスクのスループットを最大化しています。

MapReduce とは

　MapReduce とは古くからあるバッチレベルの並列化手法です。関数型プログラミングでよく使われる map 関数と reduce 関数からヒントを得ています。まず map タスクで、キーと値のペアが生成されます。入出力やネットワークのコストを減らすために、この処理はデータブロックが置かれているホストでローカルに実行されます。そしてデータは reduce フェーズのためにシャッフルされ、その断片がリデューサーと呼ばれるコードに渡されます。Hadoop をはじめとする MapReduce の実装は、マシンの障害をプログラマーにとって透過的な形で処理してくれます。これは従来、並列プログラミングを行うプログラマーが解決するべき問題でした。しかし、データセットに対する繰り返しごとのセットアップに時間がかかるため、MapReduce は反復的クラスのアルゴリズムにはあまり適していません。

---

[25] Cloudera（http://www.cloudera.com）や Hortonworks（http://hortonworks.com）などがあります。

反復的なアルゴリズムと MapReduce の組み合わせによる問題
例えばデータセットに対して 100 回の繰り返しが必要であるとします。繰り返しごとに MapReduce でのスケジューリングに 30 秒のコストがかかる場合、オーバーヘッドは 3,000 秒にも上ります。スケジューリングのためだけに 50 分ものコストが必要になり、多くの訓練のプロセスで大部分を占めることになるでしょう。このせいで、MapReduce は反復的なアルゴリズムを並列実行するフレームワークとしては適していません。

機械学習のアルゴリズムのスケーラビリティを高めるために、近年では並列最適化の手法が注目を集めています。MapReduce でのクラス単位の並列化からより反復的な並列化手法に至るまで、並列化による高速化の種類はさまざまです。多くの論文で SGD が対象とされており、MapReduce フレームワークなしでの並列化が試みられています[26]。また、Vowpal Wabbit (http://hunch.net/~vw/) や Apache Spark (http://spark.apache.org/) などのオープンソースのフレームワークも、反復的メソッドの並列化に向けて進化を続けています。それらの実装における主なテーマは、パラメーターの平均化です。

6.12.2 DL4J での SGD の並列化

Google による別の論文で、反復的クラスのアルゴリズム（並列の SGD など）のための並列処理システムが発表されています[27]。このシステムは **Downpour SGD** つまり「どしゃ降りの SGD」と呼ばれ、AdaGrad やモデルの大量の複製、Sandblaster（並列 L-BFGS）などを利用しています。Downpour SGD とそのコンポーネントに着想を得て、DL4J では図6-3 のような並列アーキテクチャーが生まれました。

DL4J での並列化の方針には、Google の Jeff Dean らによる Sandblaster ツールの論文も影響を与えています。

---

[26] Le et al. 2011. "On Optimization Methods for Deep Learning." (https://ai.stanford.edu/~ang/papers/icml11-OptimizationForDeepLearning.pdf)
[27] Dean et al. 2012. "Large Scale Distributed Deep Networks." (http://bit.ly/2uyl9pH)

6.12 並列化や GPU を使って訓練を高速化する | 307

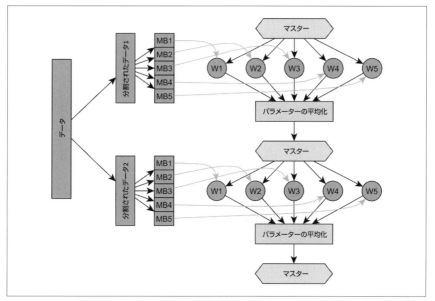

図6-3 パラメーターの平均化による DL4J の並列処理

Jeff Dean とは

　Jeff Dean は著名なリサーチエンジニアであり、Google でコアとなるシステムのいくつかに携わってきました。1999 年の中ごろに Google に入社し、Knowledge Group のシニアフェローを務めています。DistBelief や Sandblaster の設計と実装を主導し、ICML 2012 でその成果を発表しました。DistBelief は深層ニューラルネットワークを訓練するための Google の大規模分散システムです。画像認識や音声認識、NLP（自然言語処理）などの機械学習の処理に使われてきました。他にも彼は以下のような機械学習や分散システムのプロジェクトを率いて、大きな影響を与えてきました。

- 5 世代にわたるクローリングとインデックス化そして問い合わせへの応答のシステム
- AdSense for Content の初期の開発
- MapReduce の設計と実装

- BigTable の設計と実装
- Spanner の設計と実装

次のことはほとんど知られていません。

Jeff Dean はまずバイナリコードを直接記述します。その後で、他の開発者向けのドキュメントとしてソースコードを記述します。

DL4J はさまざまな実行環境 (AWS、スレッド、Hadoop 上の Spark-YARN など) に対応しています。現在ではこれらすべてにおいて、パラメーターの平均化の方針がとられています。すでに述べたように、このテクニックは並列の繰り返しに関する研究論文で広く使われています。それぞれの実行環境に取り入れられている一般的なパターンに共通点を利用するように、DL4J は設計されています。

パラメーターサーバー
パラメーターサーバーの設計がこれから DL4J に取り入れられようとしています。しかし今のところ、ディープラーニングのモデル化に関する問題の多くでは、パラメーターの平均化のアプローチをとるべきです[†28]。

6.12.2.1　SGD の並列実行

このパターンでの大まかな実行の流れは以下のようになります。それぞれのワーカーは、データセットを分割したものを受け取ります。そして受け取ったデータだけに対して、ミニバッチの訓練アルゴリズムを実行します。ミニバッチごとに、ワーカーはパラメーターベクトルをマスターノードに返します。そして処理フローの**スーパーステップ**の段階で、パラメーターの平均化が行われます。

パラメーターの平均化の制御
DL4J ではパラメーターの平均化を行う頻度を設定できます。ミニバッチごとに平均化を行うのは非効率的だと考えられます。実践では、5 から 20 回のミニバッチごとに行うのがよいでしょう。

[†28] 訳注：現在のバージョンの DL4J では、パラメーターサーバーを用いて勾配共有 (gradient sharing) を利用した分散学習を Spark 上で行うことができます。詳細については公式のドキュメント (https://deeplearning4j.org/docs/latest/deeplearning4j-scaleout-intro) を参照してください。

マスターノードは新しい大域的なパラメーターベクトルをワーカーに返し、ワーカーはこれを使って自身の分のデータに対するミニバッチを続行します。データセット中のすべてのレコードが処理されるか、データセットに対して N 回の処理が終わるまでこれが繰り返されます。詳しくは、「9 章　Spark 上で DL4J を用いて機械学習を行う」の Spark に関する説明を参照してください。

　並列での訓練を例にとって説明してみます。便宜上、10 個のワーカーに各 100 件のレコードが割り当てられているものとします。それぞれのワーカーは各自のレコードをさらに分割し、10 レコードずつのミニバッチを構成します。ワーカーはミニバッチに対して訓練のプロセスを並列に実行し、データセット全体の中で自身の「割り当て分」である 100 レコードを処理します。ワーカーごとに見ると比較的低速な訓練も、並列化によって全体としての速度は大幅に向上します。文献やオープンソースの実装での測定結果から、マシン数にほぼ比例して高速化することが示されています。

　シーケンシャルな訓練と比較して、並列の訓練にはいくつかの影響が見られます。

　並列の訓練で最も注目されるハイパーパラメーターは、ミニバッチのサイズと正則化の 2 つです。順次の訓練とは異なるふるまいが示されるため、より詳細な検討が必要です。

ミニバッチ

　例えば並列の訓練でミニバッチのサイズが大きすぎると、データセット中の外れ値がそれぞれのミニバッチに含まれます。大きなミニバッチでの外れ値から学習プロセスが情報を得るのは難しいため、訓練の収束に長い時間を要することになります。

正則化

　分散の大きい（すなわち正則化の係数が小さい）問題を解くと、並列化した場合にはより多くのモデルの値が導かれます。順次の訓練と比べて、パラメーターの平均化は入出力でのオーバーヘッドの削減をもたらします。計算を行うワーカーをデータブロックのあるホストに移動できる場合、データの局所性も活用できます。また、パラメーターの平均化にはパラメーターベクトルの正則化という副次的効果もあります。

6.12.3　GPU

反復的クラスのアルゴリズムを高速化する方法は、パラメーターの平均化だけではありません。GPU を使ったもう 1 つの方法についても考えてみましょう。GPU があると、特化されたハードウェアを使ってベクトル化された数値演算を行えます。今日のデスクトップ PC に搭載されているグラフィックスカードでは、メモリの帯域幅のピーク値は近年の CPU の数倍にも上ります。

最近の GPU には、1,000 以上の CUDA コアが含まれています (http://bit.ly/2tZpTr6)。

数千のスレッドを同時に実行でき、複数コアでの線形代数の計算をほとんどオーバーヘッドなしにスケジューリングできるという興味深い特性を GPU は備えています。このように細かな並列化が可能であるため、GPU は機械学習での大規模な線形代数の計算を高速化する手法として魅力的です。

メモリへのアクセスも、高度な並列化が可能な形で行われるべきです。GPU はこの変種として、メモリのコアレスアクセスを提供しています。ハードウェアはこれらを並列に実行でき、通常の CPU と RAM の数倍に上る実効アクセス速度を達成しています。その結果、CPU の RAM から GPU の RAM へのデータ転送が主なボトルネックになってきました。このことを相対的にでも理解させてくれる例として、GPU 上での行列演算について考えてみましょう。ほとんどの場合、大きな行列の計算にかかる時間の大部分は転送時間によって占められています。例えば 1,000 × 1,000 の行列の積を計算する際に、行列の操作が占める割合はわずか 0.5 パーセントほどです。多くのデータを一度に RAM へと送り、複数の操作を大きなバッチとして実行できるなら、ハードウェアや GPU をより効率的に活用できるでしょう。

「付録 C　誰もが知っておくべき数値」でも紹介しますが、ハードウェアを操作する際には多くの操作をバッチ化することが望まれます。数千のスレッドがそれぞれ訓練用バッチのデータブロックに対して処理を行うというメリットを得るには、GPU のハードウェアへの効率的なデータ転送が欠かせません。こうした要件が、DL4J での線形代数処理のアーキテクチャーに影響を与えています。バッチを利用し、大きなニューラルネットワークでの多数のパラメーターに対する計算を高速化しています。この計算をさらに高速化するために開発されたのが ND4J です。ND4J を使うと、

ベクトル化された計算を異なるシステムや異なる GPU での処理環境の間で容易に移送できます。

ND4J：適応的実行エンジン
DL4J は当初から、CPU や GPU あるいは並列化フレームワークの上で実行されるということを念頭に置いて開発されました。交換可能な ND4J のバックエンドとともに実行でき、実行環境として複数の選択肢が用意されています。かなりの柔軟性を感じられるでしょう。
ND4J のバックエンドとして GPU を利用するためのセットアップについては、「付録 E　ND4J API の使用方法」で解説しています。

6.13　エポック数とミニバッチのサイズ

「2 章　ニューラルネットワークとディープラーニングの基礎」でミニバッチという概念を紹介しました。訓練用に入力されたデータセットを複数のミニバッチに分割すると、より効率的にネットワークを訓練できるということが示されています。ミニバッチのサイズは、入力ベクトル 10 個分からデータセット全体までさまざまです。

ミニバッチには、特定の線形代数の処理（特に、行列同士の乗算）をベクトル化された形で計算できるというメリットもあります。このような状況では、GPU があればそこにベクトル化された計算を移送することも可能です。

訓練をコントロールする上で理解しておくべき用語は以下の 2 つです。

エポック
　　入力のデータセット全体に対する 1 回の処理を表します。訓練が収束するまでに複数エポックの訓練が必要なこともよくあります。

ミニバッチのサイズ
　　学習アルゴリズムに対して一度に渡されるレコード（ベクトル）の数です。ここでは、訓練用の入力レコードが 1 つずつ渡されるわけではありません。

バッチのサイズと訓練の速度を両軸にしてグラフを描くと、一般的には U 字状になります。つまり、バッチサイズを増加させると初めのうちは訓練時間が短縮されますが、ある点を超えると逆に時間がかかるようになります。

ミニバッチが大きくなると勾配はスムーズになりますが、計算のコストが増大します。

訓練のミニバッチごとに、すべてのクラスのサンプルが含まれているのが理想的です。訓練データ全体での勾配を概算する際に、サンプリングの誤差を減らせます。

6.13.1　ミニバッチのサイズでのトレードオフ

適切なチューニングを行えば、ニューラルネットワークは理論上どんなサイズのミニバッチでも学習を行えます。実践の際には、以下の点についてバランスがとれたサイズを設定しましょう。

- メモリの要件
- 計算の効率
- 最適化の効率

メモリの要件についてはすでに述べたので省略します。

計算の効率については、DL4J やディープラーニングのライブラリが訓練の並列化の機能を提供しています。行列の乗算やベクトル演算（加算、要素ごとの乗算など）といった数学的計算のレベルで並列化が行われます。したがって、ミニバッチのサイズが小さすぎるとハードウェア（特に GPU）を活用できません。一方、大きすぎるミニバッチは非効率的です。ミニバッチ中の全サンプルでの勾配の平均が計算されるため、勾配を追加するメリットよりも計算コストのほうが上回ってしまいます。

GPU を利用する場合には、**パフォーマンス**が最も重要です。そこで、バッチのサイズは 32 の倍数にするべきです（https://svail.github.io/rnn_perf/）。これでは大きすぎる場合や不可能な場合には、16 か 8、4、2 の倍数にしましょう。理由は簡単で、メモリアクセスやハードウェアの設計は 2 のべき乗のサイズを持った配列に最適化されているためです。

層のサイズも 2 のべき乗になるようにしましょう。例えば 125 ではなく 128、250 ではなく 256 などが望まれます。

最適化の効率については、ポイントを 1 つ指摘すれば十分でしょう。学習率をはじめとする他のハイパーパラメーターから完全に独立してミニバッチのサイズを決めるのは不可能です。大きなミニバッチでの勾配はスムーズであり、より正確で一貫性を持ちます。適切なチューニングと組み合わせれば、パラメーターの更新回数が同じでも学習を高速にできます。もちろんここにはトレードオフがあり、それぞれのパラメーターを更新する際により多くの計算が必要になります。大きなミニバッチを使うと、データセットのノイズが多かったり偏ったりしているといった困難な状況でも学習できる可能性があります。

以上の点を踏まえると、望ましいミニバッチのサイズは次のようになります。CPU 上での訓練では 32 から 256、GPU 上では 32 から 1,024 というサイズがよく使われます。一般的に、小さなネットワークではこれらの範囲内の値を使えば十分です。より大きなネットワークでは、訓練時間が極端に長くなってしまわないか確認するのがよいでしょう。

ただし、大きなネットワークでは、メモリの要件によってバッチの最大サイズが制限されることもあります。

分散訓練の際には、共有ハードウェア上のワーカーで小さなミニバッチがよく使われます。Spark を使い、1 つのマシン上で複数のエグゼキューターを実行して訓練する場合などがこれに該当します。

ミニバッチのサイズが大きくなると、エポック（訓練データ全体に対する 1 回の処理）でのパラメーターの更新回数は減少するという点を忘れないようにしましょう。エポックあたりのパラメーターの更新回数は、訓練データセットのサンプルサイズをミニバッチのサイズで割ったものです。

ミニバッチのサイズとエポックの関係
ミニバッチのサイズを 2 倍にしたら、パラメーターの更新回数を保つためにはエポック数も 2 倍にする必要があります。

6.14 正則化の利用法

一部の正則化手法（L1 や L2 など）を使うと、パラメーターベクトルでの重みが早期に大きくなりすぎるのを防げます。機械学習についての解説などの一部では、重

314 | 6章　深層ネットワークのチューニング

みの減衰のことが正則化と呼ばれていることもあります。ドロップアウトやドロップコネクトなどによる正則化では、大きい重みを減らす以外の方法で過学習を防いでいます。一般的に、訓練の中で正則化を行うのは過学習の防止以外の効果もあるためです。

　パラメーターの値が大きくなりすぎるのを防ぐためのさまざまな方法を通じて、正則化はモデルのより効率的な表現を提供してくれます。正則化の設定の適切な組み合わせは手作業でのチューニングを通じて探すのが一般的ですが、「ランダムサーチ」あるいは「グリッドサーチ」と呼ばれる手法が使われることもあります。ここからは、それぞれの正則化手法の簡単な概要と、訓練のプロセス全体への影響を明らかにします。

6.14.1　正則化項としての事前知識

　パラメーターベクトルの正則化の際に、事前知識（prior 関数）を適用するというのはよくあるテクニックです。重みの減衰は、L1 や L2 の prior 関数を通じて行われるのが一般的です。深層ネットワークではこれらの関数を組み合わせることもしばしば行われます[†29]。**表6-8**はモデル化対象の入力データの種類ごとに prior 関数の使われ方を表したものです。

表6-8　prior 関数と利用するべき箇所

prior 関数	使われ方
L1	疎なモデル
L2	密なモデル

　文献の中には、L1 と L2 の正則化を異なる設定で同時に利用している例も見られます。早期停止（early stopping）を利用している場合は、L2 正則化はまったく必要ありません。早期停止は L2 と同じしくみをより効率的に行ってくれるためです[†30]。一方 L1 は、特徴量選択の使いやすい形態として常によく使われています。

　実践の場では、L2 正則化のほうが広く使われます。L1 と L2 を比較すると次のようになります。

[†29] Zou and Hastie. 2005. "Elastic Net." (http://users.stat.umn.edu/~zouxx019/Papers/elasticnet.pdf)

[†30] Bengio. 2012. "Practical Recommendations for Gradient-Based Training of Deep Architectures," in Muller et al. 2012. *Neural Networks: Tricks of the Trade Second Edition*

- L2 は大きな重みに対してより強い罰則を与える。しかし、小さな重みをゼロにしようとはしない
- L1 では大きな重みへの罰則は小さい一方、多くの重みをゼロまたはゼロにとても近い値にする。その結果、重みのベクトルは疎なものになる

1つのネットワークの中で L1 と L2 を組み合わせることも可能です。

実際には、明示的な特徴量選択を除いては L2 正則化のほうが L1 正則化よりも優れた性能を示します[†31]。

この後紹介するように、使用するデータの量はモデル化の結果に影響を与える可能性があります。

6.14.2　最大ノルム正則化

この種の正則化では、隠れユニットごとに入力の重みのベクトルについて L2 ノルムの上限が設定されます。L2 ノルムで通常見られるような、重みのベクトル全体で大きさの2乗に対して罰則を与えるということは行われません。罰則ではなく制限を与えるという考え方には、入力の重みの更新がどんなに大きくても重みが大きくなりすぎることがないという効果があります。

最大ノルム正則化を使うと、学習率を大きな値から減衰させていく戦略（AdaGradなど）と組み合わせて、大きな学習率から始めることが可能になります。その結果、学習率の小さい他の手法よりも重みの空間を幅広く探索できます。深層ニューラルネットワークでは、ドロップアウトなしでも SGD との組み合わせでうまく機能するということが示されています。

6.14.3　ドロップアウト

ドロップアウトは強力な正則化の手法であり、さまざまな種類のモデルに適用できます。ネットワークからユニットを除去するという処理は、訓練時の正則化として低コストです。ほぼすべてのニューラルネットワークのアーキテクチャで利用可能で

[†31] Li, Karpathy. "CS231n: Convolutional Neural Networks for Visual Recognition" (http://cs231n.stanford.edu/) (Course Notes)

あり、SGD ともうまく組み合わせられます。ドロップアウトが適用されたユニットは、アクティベーションが一時的に 0.0 になります。入力層のニューロンでは、0.5 から 1.0 の間の確率でアクティベーションが保持されるようにします[32]。

ノイズの多いデータセットや疎なデータセットでは、入力に対してはまったくドロップアウトが行われないこともあります。

隠れ層でのドロップアウトには 0.5 という確率が適用されます[33]。ランダムにニューロンを無視することによって、ニューロン間の共適応（coadaptation）を防止でき、モデルが未知のデータに対してもより良く一般化できるようになります。

出力層とドロップアウト
出力層でドロップアウトを行うのは一般的ではありません。

一般的に、ドロップアウトの設定は極端なものを除いてほぼ何でもうまく機能します。0.5 という確率が広く使われ、さまざまネットワークや目的に利用できます。1 つの隠れ層だけではなく、すべての隠れ層でドロップアウトを行うほうが効果的です。他の正則化テクニックを利用しなくても、隠れユニットのアクティベーションを疎にする傾向があり、最終的に疎な表現がもたらされます[34]。

DL4J では、以下のコードをネットワークのコンフィグレーションに追加するとドロップアウトが適用されます。ここでは 0.5 という確率が指定されています。

```
.dropOut(0.5)
```

ドロップアウトの確率
DL4J で `dropOut(double)` を使ってドロップアウトを行う場合には、アクティベーションが保持される確率を指定します。つまり、`dropOut(0.7)` と指定すると 70 パーセントの確率でアクティベーションが保持され、30 パーセ

---

[32] 訳注：実際にはドロップアウトの確率はハイパーパラメーターであり、ゼロより大きい 1 以下の範囲で自由に設定できます。
[33] 訳注：同上。
[34] Srivastava et al. 2014. "Dropout: A Simple Way to Prevent Neural Networks from Overfitting." (http://www.cs.toronto.edu/~rsalakhu/papers/srivastava14a.pdf)

6.14 正則化の利用法

ントの確率でゼロになります。ただし、DL4J では dropOut(0.0) とすると例外を投げます。アクティベーションが保持される確率がゼロというのは意味がないからです。

Srivastava らがドロップアウトを発表した論文によると、ドロップアウトの確率はその効果に大きな影響を与えないとされています。ほとんどの場合は 0.5 で問題ありません。ただし、訓練データの量に対してネットワークがとても大きい場合には、アクティベーションが保持される確率を下げてもよいでしょう。強い正則化と同等の結果を得られます。

以下はドロップアウトについての注意事項です。

- 実践の際には、ドロップアウトは L2 などの正則化手法としばしば併用される
- 原則的に、ネットワークの最初の層ではドロップアウトの利用を避けるべきである。入力データセットの中で重要な部分が消去されるのを防ぐことができる

DL4J、ドロップアウト、リカレントニューラルネットワーク

リカレントニューラルネットワークでは、ドロップアウトは対象の層への入力にだけ適用され、層内でのリカレント接続には適用されないのが一般的です。リカレント接続のアクティベーションにドロップアウトを適用すると、時間をまたがる依存関係を学習することが難しくなります。DL4J を使ったリカレントニューラルネットワークでは、ドロップアウトは入力のアクティベーションにのみ適用できます。

6.14.3.1 ドロップアウトでの問題

研究では、訓練レコードが数千万件に上るとドロップアウトの効率は低下するとされています。また、同一のネットワークアーキテクチャでドロップアウトを行わない場合と比べて、訓練時間が 2 から 3 倍必要になります。ドロップアウトを行う場合の学習での勾配は、通常の SGD よりも多くのノイズを含みます。

勾配のノイズへの対策としては、モーメンタムの値を大きくする (0.9 から 0.95 あるいは 0.99) という方法があります。この結果として重みが大きくなることがありますが、最大ノルム正則化[35]を使えば対処可能です。

---

[35] この章で見た通り。

ドロップコネクト
ドロップコネクト (http://proceedings.mlr.press/v28/wan13.html) では、一部の重みを一時的にゼロにするというシンプルな処理が行われます。ドロップアウトに関連してはいますが、処理の対象が異なります。ドロップアウトの一種というわけではありません。

6.14.4 正則化に関する他のトピック

正則化について知っておきたいその他の事柄を紹介します。

確率的プーリング[†36]

特に CNN を対象とした正則化テクニックです。ある種のランダム化されたプーリングを利用し、CNN のアンサンブルを組み立てます。特徴量マップの中で、それぞれのネットワークは異なる空間的位置を受け持ちます。

敵対的訓練[†37]

訓練データセットを元に、小さいけれども意図的に誤った形態のデータを生成して与えます。すると、高い確信度で間違った答えを返すネットワークモデルが作られます。これにより、過学習を防ぎ敵対的なサンプルに強いモデルが生まれます。

カリキュラム学習[†38]

ここでは、初めのうちは訓練用ミニバッチから学習の容易なサンプルを選んで訓練を行います。そして徐々に、より難しいサンプルの訓練へと進んでいきます。ネットワークが正則化されるとともに、訓練やより良い解への収束が早まるという効果があります。成功することもそうでないこともあります。

並列化と正則化
学習率を使用しているという理由などから、学習中のパラメーターベクトルでの重みからノイズを取り除くべきです。最終的な重みからノイズを除く方法の1つに、何回かの更新での重みを平均するというものがあります。後の章で解説する並列ランタイムモードでの、パラメーターの平均化を通じても同じ効果を得られます。
並列化を行うとパラメーターが平均化されるため、prior 関数を使って正則化する必要がない場合もあります。

6.15　不均衡なクラスの扱い

機械学習では、クラスの種類によってデータ数が大幅に不均衡なデータセットを使って訓練することがよくあります。これは関心のある予測対象の事象が発生する確率が、発生しない確率よりもとても低いようなドメインでしばしば見られます。例えば、Web ページ上の広告がクリックされるかどうかを予測するような場合です。

PhysioNet と集中治療室での死亡率予測
「1 章　機械学習の概要」で紹介した PhysioNet Challenge（https://physionet.org/challenge/2012/）のデータセットは、不均衡に取り組む例として好適です。集中治療室での死亡というのは稀な事象であり、多くのデータを収集するのは容易ではありません。

ほとんどの学習手法では、99 パーセントが陰性で 1 パーセントが陽性といったデータで訓練すると、多数を占めるクラス（この例では、陰性）だけを予測するように学習してしまいます。平均正答率はとても高くなるため、何の問題もない正確なモデルだと思われてしまいがちです。学習のプロセスの中で誤差を最小化するということに重点が置かれ、常に同じ答えを返すだけでも 99 パーセントは正答になるためです。

不均衡なデータの下でモデルを作成する際には、正答率だけを最適化するということを避けるべきです。F1 値や AUC（Area Under the Curve）といった指標を使ってモデルを評価しましょう。多数を占めるクラスを予測すること自体に問題はありませんが、そうした予測は適切な場合にのみ行われるべきです。

モデルのキャリブレーション

クラス間の不均衡が大きいドメインでは、誤った予測によって生じる結果の深刻さがクラスごとにしばしば異なります。例えば、重症患者をそうではないと判定（偽陰性）してしまった結果、患者が死に至るといったケースがこれに当てはまります。重症患者を見逃すことによる影響は、重症ではない患者を重症だと誤判定することの影響よりもはるかに深刻です。このような観点からも、機械学習を実世界に適用する際には、モデルの評価に対する正しい理解が不可欠です。

モデルの評価の問題に対して、**モデルのキャリブレーション**と呼ばれる手法が

使われます。値や確率をより良い概算値へと変換する方法を導出し、これに基づいてキャリブレーションが行われます。**表6-9**にキャリブレーションの手法をまとめました。

表6-9 キャリブレーション問題の分類[39]

種類	タスク	問題	大域的/局所的	キャリブレーション対象
CD	分類	期待されるクラスの分布が実際の分布と異なる	大域的または局所的	予測
CP	分類	正しい推測の期待または概算の確率が実際の割合と異なる	局所的	確率や信頼度
RD	回帰分析	期待される出力が実際の平均の出力と異なる	大域的または局所的	予測
RP	回帰分析	期待または概算の誤差の信頼区間や確率密度関数が過度に狭いまたは広い	局所的	確率や信頼度

　元の論文で示されているように、CD と RD のケースでは結果のキャリブレーションのために予測を修正する必要があります。これらの手法について本書ではこれ以上触れませんが、今後の調査に値すると我々は考えます。

訓練中にクラス間の不均衡に対処する方法は、主に2つあります。

- 大きなクラスに対するサブサンプリングや、小さなクラスに対するオーバーサンプリング
- 重み付きの損失関数に基づいて、訓練用のインスタンスに重みを設定する

それぞれについて詳しく見てみましょう。

6.15.1　クラスに対するサンプリングの手法

　不均衡なクラスに対応する方法としてまず挙げられるのが、大きなクラスのサンプリングを行い、均衡した訓練データセット（50パーセントが陽性で残り50パーセントが陰性、など）にするというものです。良いデータが捨てられてしまうという批判

---

[39] Bella et al. 2009. "Calibration of Machine Learning Models." (http://users.dsic.upv.es/~flip/papers/BFHRHandbook2010.pdf)

もありますが、訓練をより効率的にできるのが利点です。

ポストスケーリングという方法もあります。ネットワークの訓練は通常通り行い、訓練後の出力をスケールさせるというものです。他の方法と比べて、結果の一貫性は低下します。

確率的サンプリングと呼ばれるアプローチも知られています。これはまず、何らかの確率に基づいてランダムにクラスを選びます。そして選んだクラスの中から、ランダムにサンプルを選びます。

スーパーサンプリングというアプローチについても触れておきましょう。頻度の低いクラスを、他のクラスでの個数になるまで複製する手法です[†40]。

6.15.2 重み付き損失関数

訓練時にクラス間の不均衡に対処する方法として、大きなクラスに含まれるサンプルでの訓練に小さな重みを使うというものもあります。データセット内での不均衡を緩和でき、一般化の際に頻度のより低いラベルも検出できる能力の高いモデルが生まれやすくなります。

小さなコードを使ってこの考え方を解説してみます。次のコードでは、クラスごとの重みを表す **INDArray** が生成されています。重み付き損失関数の中で、これがクラスの重み付けに使われます。

```
INDArray weights = Nd4j.create(new double[]{0.1, 0.4, 1.0});
```

損失関数のインスタンスを生成する際に、この重みの情報が渡されます（下記太字部分参照）。

```
MultiLayerConfiguration conf = new NeuralNetConfiguration.Builder()
.seed(seed)
.optimizationAlgo(OptimizationAlgorithm.STOCHASTIC_GRADIENT_DESCENT)
.updater(new Nesterovs(learningRate, momentum))
.list()
.layer(0, new DenseLayer.Builder().nIn(numInputs).nOut(numHiddenNodes)
    .weightInit(WeightInit.XAVIER)
    .activation(Activation.RELU)
    .build())
.layer(1, new OutputLayer.Builder(LossFunction.NEGATIVELOGLIKELIHOOD)
    .weightInit(WeightInit.XAVIER)
```

[†40] ディープラーニングでは、複数回サンプリングを行うことと複数エポックにわたって訓練を行うことの間に大した違いはありません。しかし SVM やランダムフォレストなどでは、2 つの違いはとても大きなものになります。

```
        .activation(Activation.SOFTMAX)
        .lossFunction(new LossNegativeLogLikelihood(weights))
        .nIn(numHiddenNodes).nOut(numOutputs).build())
    .pretrain(false).backprop(true).build();
```

重み付き損失関数の背後にあるのは、最適化の対象を変更し、頻度の低いクラスへの誤った予測に対してより大きな罰則を与えたいという考え方です。頻度の高いクラスばかりを予測するような誤った局所解を避けることが目標です。

相対的な重みの値

重みが 1.0 であることは、重みがないということと同義です（例えば{1.0, 1.0, 1.0}）。このようにすべて 1.0 だと、重みの配列をまったく指定しないのと変わりありません。頻繁に現れるクラスに対しては、より小さな重みを指定するべきです。

6.16　過学習への対処

過学習とは、機械学習のワークフローが訓練データセットを学習しすぎた結果、未知のデータセットでの性能が低下するという傾向のことです。このようなモデルは、より大きなデータセットにうまく一般化できません。

訓練データの中に現れる偶然の出現パターンを取り上げるようなモデルでは、テストケース以外のデータでの性能は低下します。また、入力データを学習しすぎてテストケース以外ではうまく機能しないように訓練されてしまったモデルは、有用とは言えません。どちらの場合も過学習であり、未知のデータへのスコア付けには役立たないようなランダムの相関を検出してしまっています。

より良い一般化

機械学習のモデルがめざすのは、訓練データセットに含まれる情報を一般化し、同種の情報源から得られる他のデータに対しても適切にふるまえるようにすることです。

すべての機械学習のワークフローには、何らかの過学習の傾向が見られます。重要なのは、訓練を終了するべきタイミングを把握し、過学習を抑えながらモデルを一般化するという点です。ディープラーニングのネットワークを使ってより複雑なデータセットをモデル化する場合、ネットワークのパラメーター数が増加するのは避けられ

ません。複雑なデータセットのモデル化にとって必要な分だけパラメーターを追加し、かつ不必要な過学習の発生は回避するというトレードオフがあります。

過学習を検出するには、別途残しておいたテスト用のデータセットを使ってパフォーマンスを評価します。このデータセットを訓練に使わないことが重要です。訓練に使ってしまったデータでは、未知のデータに対するネットワークのふるまいを知ることができません。過学習の防止には、以下の対策の中から1つ以上を適用します。

- より厳しい正則化パラメーター（L1、L2、ドロップアウト、ドロップコネクト）
- 早期終了
- より大きな訓練データセット
- より小さなネットワーク

過学習の対策として最初に行われることが多いのは正則化です。すでに述べたように、L1やL2の正則化も役立ちます。ドロップアウトはよく使われており、多くの場合、ニューラルネットワークの正則化にとってきわめて効果的です。

過学習のルールとパラメーター数

十分な数のパラメーターがモデルにない場合、モデルを正確なものにできません。しかし、パラメーターの数が多すぎるのも問題です。訓練データでの精度が高くても、モデルは過学習になり、別のデータでの精度が低下します。

6.17　チューニングのUIでネットワーク統計量を利用する

DL4Jにはネットワーク統計ツールが用意されており、ニューラルネットワークのふるまいをリアルタイムに視覚化して把握できます。アクティベーション、勾配、更新などについて、現在の状態と履歴を確認できます。ネットワークでの訓練や設定に関する問題を特定し、対策を立てるのに役立ちます。

DL4Jのチューニング用ユーザーインタフェースは次のように簡単にセットアップできます。

```
UIServer uiServer = UIServer.getInstance();
StatsStorage statsStorage = new InMemoryStatsStorage();
```

```
uiServer.attach(statsStorage);
int listenerFrequency = 1;
myNetwork.setListeners(new StatsListener(statsStorage,
listenerFrequency));
```

ストレージデバイスへの統計情報の保存、UI のポートの変更、リモートの UI への結果の送信などを行うための `StatsListener` の設定については、ユーザーインタフェースのサンプルコードを参照してください。アクティベーションや更新などの情報を取得する間隔は、`listenerFrequency` で指定されています。取得による負荷を下げたい場合には、この値を増加させます。10 回の繰り返しごとに取得するというのが実用的な設定です。十分にチューニングされたネットワークを長期間にわたって監視したいというようなケースでは、さらに頻度を下げてもよいでしょう。

DL4J の訓練用 UI には複数のページが用意されています。最初に紹介するのが Overview ページです。図 6-4 のように、4 つのパートから構成されています。

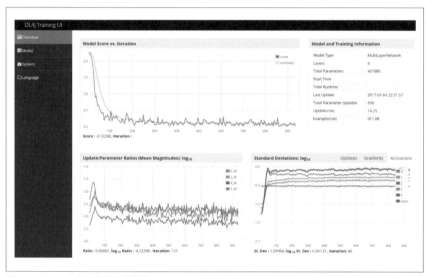

図 6-4　DL4J のネットワーク統計ツール

Overview ページには以下の情報が表示されます。

左上

繰り返しごとのモデルのスコアと、その移動平均

6.17 チューニングのUIでネットワーク統計量を利用する | 325

右上

ネットワークの情報の要約

左下

更新量とパラメーターの比率

右下

時間ごとのアクティベーション、勾配、更新

ここでのスコアとは、MSEや負の対数尤度などの損失関数の値にL1やL2などの正則化の項を加えたものです。2つ目のページは、図6-5のようなModelページです。モデルの構造やそれぞれの層の詳細が可視化されています。

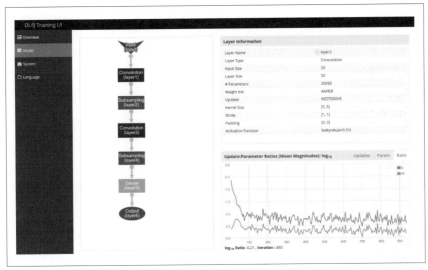

図6-5　DL4Jの訓練用UI（Modelページ）

このページは2つに分かれています。左側にはネットワークの構造の概要が表示され、それぞれの層を（`ComputationGraph`の場合は頂点も）確認できます。右側は層の構成をまとめた表と、以下の情報を表すグラフです。

- それぞれのパラメーターについて、パラメーターに対する更新の比率が時間ごとに変化する様子。パラメーターや更新の平均値を表示するタブも用意される
- 層のアクティベーションの平均と、平均 ±2× 標準偏差の時間ごとの変化
- 対象の層でのパラメーターの種類ごとのヒストグラム
- 対象の層での（パラメーターの種類ごとの）更新のヒストグラム
- 各パラメーターの学習率の変化。学習率のスケジューリングを指定していない場合、このグラフは平坦になる

ユーザーインタフェースサーバーの停止
必要な作業が終わって UI を停止するには、`UIServer.getInstance().stop()`
を呼び出すか JVM を終了させます。訓練が完了しても、これらの停止処理が行われるまでは UI サーバーは機能し続けます。

また、訓練には使われないテスト用データセットでの損失あるいは精度を算出するというのも有効な手段の 1 つです。これは過学習の発見に役立ちますが、一方で、最適化関連の問題を発見して修正するのには UI のほうが広く使われています。まず UI を使ってチューニングを開始し、後でテスト用データセットにおける損失や精度を計算するというのが一般的です。

6.17.1　重みの誤った初期化を発見する

ReLU と Xavier の初期化について簡単に言うなら、ネットワークの構造（層のサイズ）に加えて、活性化関数が次の 2 つを行うという前提に基づいて設計されています。

- アクティベーションの分散がすべての層で一定になるようにする。ネットワーク内の後方の層におけるアクティベーションが大きすぎたり小さすぎたりすることを防ぐ
- アクティベーション（そしてパラメーター）の勾配の分散がすべての層で一定になるようにする。前方の層に逆伝播が行われる際に、勾配が大きすぎたり小さすぎたりすることを防ぐ

面倒なことに、一般的にはこれらを同時に達成するのは不可能です。特に、隣接す

る層のサイズが異なる場合（サイズが1,024の層の次に10の層が現れたり、その逆）や、活性化関数がXavierやReLUでの前提に大きく反する場合（ReLUやtanh、恒等関数ではなく、類似した形状でもない）には、別の初期化手法を利用する必要があります。層が数個のネットワークでは最適でない初期化手法でも何とかなりますが、深層ネットワークではそうもいきません。

誤った重みの初期化を検出する方法は2つあります。1つ目は、($\log_{10}$の）アクティベーションの標準偏差を表すグラフを利用する方法です。**図6-6**のように、Overviewページに表示されます。

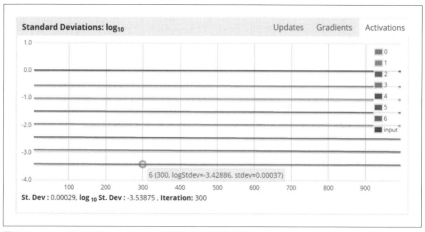

図6-6 $\log_{10}$のアクティベーションの標準偏差を表すグラフ

この図の例では、ReLU活性化関数を使ったReLUの重みの初期値を元に、その分散を3分の1にした値が使われています。このように意図的に不適切な初期化を行った結果、アクティベーションは層ごとに減少していき、最終層ではほぼ消失しました。このことは、Modelページにある繰り返しごとの層からのアクティベーションを表すグラフ（**図6-7**）でも検出できます。

重みの初期値が大きすぎると、アクティベーションも大きくなりすぎることがあります。このことも**図6-7**で確認できます。

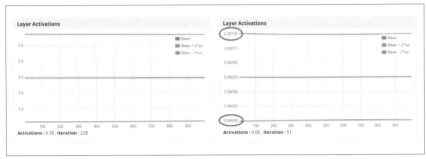

図6-7　層からのアクティベーションのグラフ

隠れ層では一般的に、アクティベーションの標準偏差の対数は 1.0 程度が望まれます。

　これらのグラフを解釈する際に知っておくべき点が 1 つあります。データの誤った正規化は、重みの誤った初期化と結果が似ています。これらを識別するには、アクティベーションのグラフを直接観察するのがよいでしょう。例えば図 6-7 では入力の標準偏差は 1 であり、$\log_{10}(1) = 0$ です。これは良い大きさの入力です。つまり、異常に大きいか小さいアクティベーションを目にしたら、データの正規化もチェックするべきです。

6.17.2　シャッフルされていないデータの検出

　ニューラルネットワークの訓練はミニバッチを使って行われるのが一般的です。ミニバッチはデータの部分集合であり、多くの場合は 32 個から 1,024 個のサンプルで構成されます。訓練で良い結果を得るには、データはシャッフルされているべきです。各サンプルはランダムな順序で現れるべきで、1 つのミニバッチの中で同じクラスのサンプルが続くようなことは望ましくありません。訓練データがうまくシャッフルされているなら、訓練の過程は図 6-8 のように可視化されるはずです。

　誤ったシャッフルが訓練に及ぼす影響を示すために、以前に紹介した MNIST データセットを例として考えてみましょう。MNIST の数字を予測するネットワークを訓練しているとします。通常は各サンプルがランダムな順序で与えられますが、今回はまず全サンプルをラベルの数値でソートします。ゼロというクラスのサンプルばかりが含まれるバッチの後に、1 のクラスばかりのサンプルが現れるといったように訓練

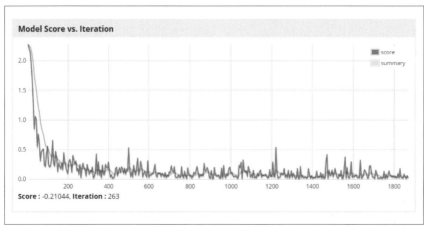

図6-8　訓練時のモデルのスコアを表すグラフ

が進んでいきます。

　不適切にシャッフルされたデータでのモデルのスコアの推移を表したのが**図6-9**です。

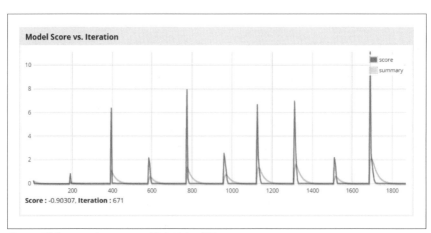

図6-9　訓練でのモデルのスコアが急上昇する様子

　ここで使われているモデルは、データがシャッフルされていれば通常通りに訓練でき、**図6-8**のようなグラフが描かれるはずです。しかし今回は適切なシャッフルが行

われていないため、ミニバッチ中の数字が切り替わるたびに訓練のスコアが急激に上昇しています。ここから言えるのは、このような定期的な急上昇は、訓練データを準備する際の問題を示している可能性が高いということです。これを修正するのは容易であり、修正しさえすれば通常通りの結果を得られるでしょう。

ミニバッチ内でのサンプルの順序

個々のミニバッチの中でサンプルをシャッフルしても、効果はありません。例えば1つのミニバッチに32個のサンプルが含まれているとして、これらをどのように並べ替えても結果は同一です。ミニバッチ内の全サンプルについて勾配の平均を計算してから、この値がモデルに渡されるためです。

6.17.3　正則化での問題を検出する

　学習率と同様に、L1やL2の正則化でのパラメーターに極端な値を設定すると訓練結果は悪化します。このようなパラメーターは重みをゼロに近づかせることがあります。小さすぎるパラメーターを設定すると、過学習や不安定な学習につながることもあります。過剰に大きいL1やL2の値は、ModelページのParamタブで確認できます。ここでは図6-10のように、各パラメーターの平均の大きさが示されます。

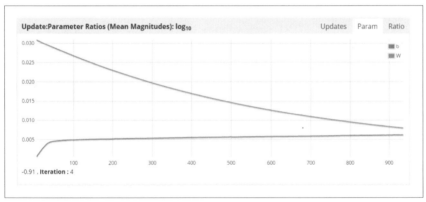

図6-10　重みがゼロに向かっていることを示すUI

　初めは平均の重みは大きいのですが、繰り返しのたびに少しずつ減少しています。これは正則化が強すぎるということを示しており、正則化のパラメーターの値を小さくするべきです。

6.17 チューニングの UI でネットワーク統計量を利用する | 331

このツールでは不十分な正則化も検出できます。Layer Parameters Histogram のグラフでは、図6-11 のように重みが正規分布を描くのが望ましい状態です。

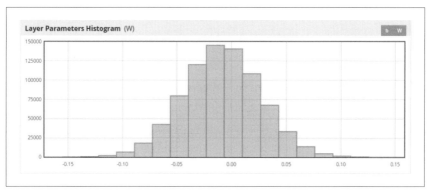

図6-11　通常の重みでの Layer Parameters Histogram パネル

正則化が十分に行われないと、一部のパラメーターがきわめて大きな値になることがよくあります。この状態での Layer Parameters Histogram は図6-12 のようになります。

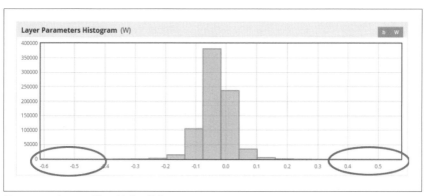

図6-12　いくつかの重みが大きい場合の Layer Parameters Histogram

この図では、大きくなっているのが一部の値だけなので、起こっていることを理解するのは簡単ではありません。バーがかろうじてグラフに現れていることに注意してください。極端な場合には、訓練が進むにつれて最大のパラメーターはプラスマイナス無限大へと発散していきます。

7章
特定の深層ネットワークの
アーキテクチャーへの
チューニング

今あなたが知っていなければならないのは、
宇宙はあなたが思うよりもずっと複雑だということだけです。
たとえあなたが初めから、
宇宙がとっても複雑だと思っていたとしてもです。
—— Douglas Adams, 『Hitchhiker's Guide to the Galaxy』

この章では、「6章 深層ネットワークのチューニング」で学んだ深層ネットワークでの一般的なチューニングを発展させます。以下のアーキテクチャーについて、固有のチューニング方法を深く検討します。

- 畳み込みニューラルネットワーク（CNN）
- リカレントニューラルネットワーク
- DBN（Deep Belief Network）[1]

ディープラーニングがコンピュータービジョンの分野に多く適用されていることを踏まえ、まずは CNN アーキテクチャーのチューニングに取りかかることにしましょう。

---

[1] 訳注：現在では深層ネットワークの事前訓練のために RBM を用いることは稀になり、DL4J 1.0.0-alpha 以降、RBM レイヤーは削除されました。実際、RBM を利用した DBN の訓練手順を経ずとも、ReLU などの活性化関数やドロップアウトなどの正則化手法を用いれば、多くの場合で事前訓練なしに深層ネットワークの訓練を行うことが可能となっています。

7.1 CNN（畳み込みニューラルネットワーク）

　CNN には、一般的なデザインパターンと畳み込みアーキテクチャに固有のデザインパターンが見られます。一般的なデザインパターンについては、「6 章　深層ネットワークのチューニング」ですでに紹介しました。ここからは、CNN のアーキテクチャー向けのテクニックを明らかにします。その多くは、畳み込み層とプーリング層の配置に関連するものです。

　「4 章　深層ネットワークの主要なアーキテクチャー」で解説したように、畳み込みのフェーズでは、入力からさまざまな特徴量を学習して層に渡すために複数のフィルターが使われます。ここからの出力は活性化関数を使って変換されます。具体的には ReLU（Rectified Linear Unit）の活性化関数が使われます。

検出のフェーズ
CNN に関する文献の中には、検出（detector）を独立した層あるいはフェーズとして扱っているものがあります。このフェーズは単に、層での活性化関数を指しています。一方、DL4J での活性化関数は層の一部であるとみなされます。本書でも、検出を畳み込みのフェーズとしてまとめて取り扱います。

　プーリング層は通常、連続した畳み込み層の間に挿入されます。畳み込み層に続けてプーリング層が使われるのは、データ表現の空間的サイズ（幅と高さ）を徐々に減らしていくためです。これを減らしていけば、ネットワーク内のパラメーターの数や必要な計算量も減少していきます。さらに、パラメーター数の減少は過学習の防止にもつながります。その他のチューニングに関するトピック（出力層での方針など）については、「6 章　深層ネットワークのチューニング」で解説しました。

7.1.1　畳み込みアーキテクチャーでの主なパターン

　それぞれのプーリング層の間に畳み込み層が 1 つずつ配置されるというパターンがよく見られます。例えば以下のような構成です。

- 入力層
- 畳み込み層
- プーリング層
- 畳み込み層

7.1 CNN（畳み込みニューラルネットワーク） | 335

- プーリング層
- 全結合層
- （必要に応じて）もう1つの全結合層

プーリング層の前に複数の畳み込み層が連続していることもあります。

大きなネットワークでは、それぞれのプーリング層の前に畳み込み層を2つずつ配置するのがよいでしょう。プーリング層でダウンサンプリングを行う前に、より複雑な特徴量を発見できます。

アーキテクチャーのパターンをより良く理解するために、「5章　深層ネットワークの構築」で紹介したLeNetの例を振り返ってみましょう。1998年にYann LeCunが発表したこのネットワークは、とても有名な畳み込みアーキテクチャーの1つです。「5.5　手書き数字をCNNでモデル化する」で行ったように、MNISTをうまくモデル化できることが示されています。層の構成は次のようになっています。

- 入力層
- 畳み込み層：20個のフィルター $[5 \times 5]$
- 最大値プーリング層：$[2 \times 2]$
- 畳み込み層：50個のフィルター $[5 \times 5]$
- 最大値プーリング層：$[2 \times 2]$
- 全結合層

「5章　深層ネットワークの構築」で紹介したJavaのコードから、アーキテクチャーの設定に関する部分を抜き出したのが**例7-1**です。他の部分は省略しているので、アーキテクチャーと設定を容易に比較できるでしょう。

例7-1　JavaとDL4Jを使ったLeNetのモデルの構成
```
/*
    ニューラルネットワークを構築します
 */
log.info("モデルを組み立てます...");
MultiLayerConfiguration conf = new NeuralNetConfiguration.Builder()
        .seed(seed)
        .l2(0.0005)
```

```
.weightInit(WeightInit.XAVIER)
.optimizationAlgo(OptimizationAlgorithm.STOCHASTIC_GRADIENT_DESCENT)
.updater(new Nesterovs(0.01, 0.9))
.list()
.layer(0, new ConvolutionLayer.Builder(5, 5)
        // nIn と nOut は奥行きを表します。ここでは nIn は nChannels であり、
        // nOut は適用されるフィルターの数です
        .nIn(nChannels)
        .stride(1, 1)
        .nOut(20)
        .activation(Activation.IDENTITY)
        .build())
.layer(1, new SubsamplingLayer.Builder(SubsamplingLayer.PoolingType.MAX)
        .kernelSize(2,2)
        .stride(2,2)
        .build())
.layer(2, new ConvolutionLayer.Builder(5, 5)
        // 以降の層では nIn は必要ありません
        .stride(1, 1)
        .nOut(50)
        .activation(Activation.IDENTITY)
        .build())
.layer(3, new SubsamplingLayer.Builder(SubsamplingLayer.PoolingType.MAX)
        .kernelSize(2,2)
        .stride(2,2)
        .build())
.layer(4, new DenseLayer.Builder().activation(Activation.RELU)
        .nOut(500).build())
.layer(5, new OutputLayer.Builder(LossFunctions.LossFunction
    .NEGATIVELOGLIKELIHOOD)
        .nOut(outputNum)
        .activation(Activation.SOFTMAX)
        .build())
.setInputType(InputType.convolutionalFlat(28,28,1)) // 下記参照
.build();
```

例7-1 では、すべての畳み込み層の直後にプーリング層が続いています。そして最
後に、全結合の DenseLayer とソフトマックス活性化関数の出力層が配置されます。
ソフトマックス活性化関数は、訓練データやテストデータが表す数字を 10 個の中か
ら 1 つ選ぶために使われます。また、次の行に注目してみましょう。

```
.setInputType(InputType.convolutionalFlat(28,28,1))
```

このメソッド呼び出しでは以下のような処理が行われます。

● 前処理を追加する。畳み込みあるいはサブサンプリングの層から全結合層への

7.1 CNN（畳み込みニューラルネットワーク） | 337

- 遷移などの処理がここで行われる
- 設定項目に対する追加の検証を行う
- 必要に応じて、直前の層のサイズに基づいて nIn の値を設定する。この変数は CNN での入力の奥行きや、一般的な入力ニューロンの数を表す
  - InputType で明示的に指定された値は上書きしない
  - CNN に限らず、リカレントニューラルネットワークや MLP などの層にも同じ処理を適用できる

畳み込みアーキテクチャーの設計では一般的に、小さな畳み込み層を複数用意することに重点が置かれます。大きな受容野を持つ畳み込み層を1つだけ使うということは避けられます。複数の小さな畳み込み層には、データ内の非線形的な変化を表現力の高い特徴量として捕捉できるという効果があります。

最初の畳み込み層では、入力の奥行き（nIn）はデータと一致している必要があります。一方、チャンネルの数（nOut）は自由に設定できるパラメーターです。「ユニット数」は通常、nOut を指します。ダウンサンプリングと特徴量の組み立てを続けても情報を十分に保持できるように、入力層のサイズは2で複数回割り切れる値であるのが理想です。例えば、「2章　ニューラルネットワークとディープラーニングの基礎」で紹介した CIFAR-10 のモデル化には、入力層のサイズが 32 の CNN を利用できます。多くの場合、畳み込み層では ReLU 活性化関数が使われます。

以下のように、入力データのチャンネル数は nIn() メソッドを使って指定します。

```
.layer(0, new ConvolutionLayer.Builder(5, 5)
        // nIn と nOut は奥行きを表します。ここでは nIn は nChannels であり、
        // nOut は適用されるフィルターの数です
        .nIn(nChannels)
```

入力の種類に応じて変更できますが、白黒画像での1か、RGB 画像での3のいずれかが使われるのが一般的です。もちろん、入力データは画像には限られないため、表現が複数の次元を持つデータに対してはより大きな値が指定されます。

最初の畳み込み層のサイズ設定
多くの場合、入力層のユニット数はストライドとフィルターのサイズに依存します。

興味深い例として AlexNet[2]が挙げられます。ここでの入力は 224×224×3 で、11×11 のフィルターが使われています。これは当時としてはとても大きな設定でした。

利用したいネットワークの設定に合わせて、データを切り取ったり拡大・縮小したりすることも可能です。可能なら、拡大ではなく切り取りか縮小が望まれます。

最初の畳み込み層の後は、畳み込み層の後にプーリング層が続くというパターンが繰り返されます。VGGNet などのいくつかのアーキテクチャーでは、複数（例えば2つ）の畳み込み層が続いてからプーリング層が現れます。

多くの CNN では、まず大きなサイズのフィルターが使われ、徐々に小さくなっていくという設定が行われます。

畳み込み層の配置に汎用的な解はない
どんな画像のモデル化にも利用できるような、万能の畳み込みアーキテクチャーは今のところ存在しません。まずは成功を収めている LeNet、VGGNet、Inception[3]、AlexNet などのアーキテクチャーを使い、自身の問題に適用してみることをお勧めします。これをいつでも戻れる起点として、さまざまな層の配置やハイパーパラメーターを試すのがよいでしょう。

出力層については、「6 章　深層ネットワークのチューニング」で解説したパターンに従いましょう。

7.1.2　畳み込み層の構成

畳み込み層の空間的配置を決めたら、続いてフィルターの数を決定します。

畳み込み層でのハイパーパラメーターの設定によって、出力される立体でのニューロン数やその配置が決まります。主なハイパーパラメーターは以下の通りです。

- フィルターのサイズ
- ストライド

---

[2] Krizhevsky et al. 2012. "ImageNet Classification with Deep Convolutional Neural Networks." (http://bit.ly/2tmodqn)

[3] Szegedy et al. 2015. "Going Deeper with Convolutions." (https://www.cs.unc.edu/~wliu/papers/GoogLeNet.pdf)

- パディング

例えば5×5のフィルターを持つ畳み込み層を作りたいなら、次のようなコードが使われるでしょう。

```
ConvolutionLayer convLayer = new ConvolutionLayer.Builder()
    .kernelSize(5,5).stride(1,1).padding(2,2)
    .name("first_layer")
    .nOut(out)
    .biasInit(bias)
    .build();
```

kernelSize() で、フィルターのサイズが5×5に指定されています。また、ストライドには (1, 1)、パディングには (2, 2) という整数値がそれぞれ指定されます。name() メソッドでは、この畳み込み層に first_layer という名前を付けています。そして nOut() を使い、フィルターの数を指定します。層からの出力自体は、単なる出力ユニットの数よりも複雑です。後ほど、出力の立体のサイズを見積もるための計算について紹介します。

7.1.2.1 フィルターのストライドを指定する

ストライドについては、空間的次元（幅と高さ）に対する深さの値を割り当てます。ストライドが増加すると受容野の重なりは少なくなり、出力の立体は空間的に小さなものになります。先ほどのコードでは、次のようにして畳み込み層にストライドが設定されていました。

```
.stride(1,1)
```

このコードは、フィルターを適用する際の移動幅が縦横方向ともにグリッドの1セル分であることを示しています。詳しくは「4章　深層ネットワークの主要なアーキテクチャー」を参照してください。ストライドの値が2なら、フィルターは2ピクセルずつ移動していきます。

3以上のストライド

3以上のストライドが指定されることは、実際にはほとんどありません。サイズの小さなフィルターでは特にこの傾向が見られます。フィルターのサイズよりも大きなストライドは避けるべきです。

ストライドの値が増えると、出力の立体の空間的サイズは減少します。実際の畳み込み層では、1 などの小さな値のほうがより良く機能するということが示されています。こうすると、ダウンサンプリングの作業はプーリング層で行われるようになり、畳み込み層は立体の奥行き方向に対する変換に専念できます。

7.1.2.2　パディングを利用する

Inception をはじめとする特定のアーキテクチャーでのコンポーネントの一部では、入力される立体の空間的サイズを保持することが望まれています。このためには、ゼロを値とするパディングを使って出力の立体の空間的サイズをコントロールします。入力の立体をゼロでパディングし、入力の空間的サイズを畳み込み層で変化させないということは多く行われます。ゼロのパディングは境界に沿った情報を保持するという効果もあります。

7.1.2.3　フィルターの数を選択する

フィルターはそれぞれ、入力される訓練データの中で異なる対象に注目します。データの多様性や複雑さが増すと当然、重要な特徴を捕捉するためにより多くのフィルターが必要になります。最初の畳み込み層で学習したフィルターの様子を示したのが図7-1 です。

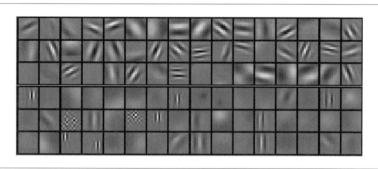

図7-1　学習を行った 96 個のフィルター。サイズは 11×11×3 [†4]

[†4] Krizhevsky, Sutskever, and Hinton. 2012. "ImageNet Classification with Deep Convolutional Neural Networks." (http://bit.ly/2tmodqn)

畳み込み層のフィルター数を決定する際には、慎重さが求められます。1つの畳み込み層のアクティベーションを計算するだけでも、そのコストは従来の多層ニューラルネットワークよりも高くなるからです。DL4Jでは`nOut(int)`を使ってフィルター数を設定します。

CNNの層を進むにつれて、アクティベーションマップは小さくなっていきます。入力層に近い層ではフィルター数が少なく、出力層に近づくと増えるという傾向があります。

畳み込み層ごとのフィルター数を決定するためのヒューリスティックは特にありません。大規模なCNNアーキテクチャーでの傾向としては、まず64前後から始まって徐々に増えながら最大1,024前後で終わっています（http://josephpcohen.com/w/visualizing-cnn-architectures-side-by-side-with-mxnet/）。広く使われている3つのCNNアーキテクチャーについて、フィルター数を表7-1にまとめました。

表7-1 フィルター数の例

CNN	畳み込み層でのフィルター数の推移
LeNet	20、50
AlexNet	96、256、384、384、256
VGGNet	64、128、256、512、512

計算コストとデータの保持

計算コストはすべての層でおよそ等しくなることが望まれます。したがって、それぞれの層における特徴量の数とピクセル数との積がだいたい同じ値になる必要があります。その結果、入力から特徴量を組み立てていくのにつれて、プーリング層でのダウンサンプリングにより入力データは失われていきます。入力からネットワークの終端へと向かう中で、情報は特徴量へと形態を変えながら保持されていくのです。

7.1.2.4　フィルターのサイズを設定する

複数の連続する畳み込み層に小さなフィルターを適用する[5]ほうが、少数の畳み

---

[5] Simonyan and Zisserman. 2014. "Very Deep Convolutional Networks for Large-Scale Image Recognition." (https://arxiv.org/abs/1409.1556)

込み層で大きなフィルターを用いるよりも高い性能を示します[6]。

フィルターが大きくなると、入力の中でフィルターが参照する範囲が広がるため計算コストも増大します。5×5 や 7×7 といった大きなフィルターを使った畳み込みの処理には、計算量の面できわめて大きなコストがかかります。例えば m 個のフィルターを持つグリッドに対して n 個のフィルターで 5×5 の畳み込みを行うと、同数のフィルターで 3×3 の畳み込みを行う場合と比べて $25/9 = 2.78$ 倍の計算量が必要です。

特徴量の数については、必要な特徴を捕捉しながら、入力の立体の空間的サイズよりも小さくする必要があります。我々の例では、小さな (3×3 または 5×5) フィルターを使用し、ストライドは 1 にしています[7]。一方 GoogLeNet[8] (https://arxiv.org/abs/1409.4842) のような比較的複雑な CNN では、1×1、3×3、5×5 という複数のサイズのフィルターが使われています。

VGGNet[9] というネットワークもよく知られていますが、これには興味深い特性がいくつか取り入れられて成功を収めています。VGGNet の畳み込み層のフィルターのサイズは基本的に 3×3 であり、これは各ピクセルの特徴（上下左右、中央）を捕捉できる最小のサイズです。

フィルターのサイズと連続した層
3×3 のフィルターを持つ 3 つの畳み込み層とプーリング層との組み合わせは、7×7 のフィルターを持つ 1 つの畳み込み層に似た効果を得られます。
畳み込み層やフィルターが多いと、学習プロセスの中で正則化のメリットをより多く享受できます。層が増えれば非線形変換が多く適用され、適用されるパラメーターの数を減らせます。

層のシーケンスとフィルターの形状を考えるもう 1 つのアプローチは、まず

---

[6] Ciresan は 2011 年に小さなフィルターという概念を発表しましたが、当時のネットワーク構造はあまり深いものではありませんでした。2014 年に、Goodfellow が道路標識の認識に同様のアプローチを適用しています。そして Szegedy による GoogLeNet も同じアプローチを取り入れ、ILSVRC 2014 で優勝しました。

[7] 例えば MNIST 画像は空間的サイズが $[28 \times 28]$ であり、最初の畳み込み層では一般的に $[5 \times 5]$ のフィルターが使われます。

[8] Inception とも呼ばれ、ILSVRC (ImageNet Large-Scale Visual Recognition Challenge) 2014 での最先端の分類や検出に使われていました。

[9] Simonyan and Zisserman. 2014. "Very Deep Convolutional Networks for Large-Scale Image Recognition." (https://arxiv.org/abs/1409.1556)

VGGNet や GoogLeNet など既知のアーキテクチャーを起点として、これらで見られるパターン[10]からヒントを得るというものです。

Inception v3 の論文におけるフィルターサイズに関する注意
以下の点について指摘しておきたいと思います。

以上の結果から、3×3 よりも大きいフィルターを使った畳み込みは一般的に有用とは言えません。これらは 3×3 の畳み込み層のシーケンスへと変換できるからです[11]。

7.1.2.5　畳み込みのモードと出力される立体の空間的サイズの算出

出力の立体の空間的サイズを算出するための数式（http://cs231n.github.io/convolutional-networks/）は、入力される立体のサイズの関数として次のように表されます。

```
Output volume size = (W - F + 2P)/S + 1
```

表7-2 はそれぞれの変数の意味です。

表7-2　出力される立体の空間的サイズを算出するための変数

変数	意味
W	入力の立体のサイズ
F	畳み込み層のニューロンの受容野のサイズ
S	ストライドの設定
P	パディングの設定

この計算結果は整数でなければなりません。整数でないなら、設定として誤っています。そのような場合には、パディングの使用や、フィルターのサイズの変更、この後紹介する切り詰め（Truncated）モードの利用などによって対応します。畳み込み層は入力の空間的サイズを保持しますが、プーリング層ではダウンサンプリングによって入力の空間的サイズが減少するということに注意しましょう。

---

[10] AlexNet などのネットワークでのフィルター（カーネル）のサイズは、近年の主流よりもやや大きくなっています。常に言えることですが、テストは必要です。また、良い結果を得るために後から画像のサイズを変えるということも可能です。例えば切り抜きや拡大縮小を行えます。

[11] Szegedy et al. 2015. "Rethinking the Inception Architecture for Computer Vision." (https://arxiv.org/abs/1512.00567v3)

入力の立体を監視する

畳み込み層で 1 より大きいストライドを指定する場合やパディングを行わない場合には、畳み込みネットワーク全体を通して入力の立体を監視する必要があります。すべてのストライドとフィルターのバランスがとれているようにしましょう。

DL4J には入力を検証するしくみがあり、この種の誤った構成の多くを発見してくれます。しかし、問題の修正方法を知るためには、またそれぞれの層で何が正しいのかを知るためには、やはり立体の監視が必要です。なお、どんなパディングを設定しても解決できないような問題もあります。

DL4J には `ConvolutionMode` というパラメーターが用意されています。与えられた入力のサイズとネットワークの設定（特にストライド、パディング、フィルターのサイズ）を元に、畳み込み層とサブサンプリング層で行われる処理を指定できます。

現在提供されているのは以下の 3 つのモードです（http://bit.ly/2H0G8cT）。

1. Strict（厳密）
2. Truncate（切り詰め）
3. Same（同一）

Strict モードでは、畳み込み層とサブサンプリング層での出力のサイズは次のように計算されます。それぞれの次元に同じ式が適用されます。

出力サイズ ＝ (入力サイズ － フィルターサイズ ＋ 2 × パディング)/ストライド ＋ 1

出力サイズが整数にならなかった場合は、ネットワークの初期化または順方向の処理の際に例外が発生します。

Truncate モードでは、畳み込み層とサブサンプリング層からの出力サイズは Strict モードと同様に各次元で算出されます。出力サイズが整数の場合には、Strict モードとの違いはまったくありません。そうではない場合には、出力サイズの小数部分が切り捨てられて整数になります。

切り捨ての影響

切り捨てによる主な影響として、ボーダーあるいはエッジの効果が発生します。与えられたサイズ（高さや幅）の入力のうち一部が使われず、アクティベーショ

ンが無視され失われてしまいます。ネットワークの出力層に近い方では、失われたアクティベーションが元の入力のうち大きな部分を占めるため、問題が深刻になります。フィルターのサイズやストライドが大きい場合にも同様です。

Same モードは主に 3 つの点で Strict モードや Truncate モードと異なります。

- 畳み込み層やサブサンプリング層で設定されたパディングの値は使われない。入力、フィルター、ストライドのそれぞれのサイズに基づいて、パディングは自動計算される
- Strict や Truncate モードとは異なる方法で出力サイズが計算される。特に、ストライドが 1 の場合に入力と出力のサイズが等しくなる
- 行列の上下間あるいは左右間でパディングの値が異なることがある。このような場合、下や右でのパディングが上や左よりも 1 ピクセル（1 行や 1 列）分だけ大きくなる

7.1.3 プーリング層を設定する

近接するニューロンでの出力についての要約統計量を使って、プーリング層の出力のうち特定の部分を置き換えるというのがプーリング関数です。この処理によって、モデルの表現は入力データの小さな変化から影響を受けにくくなります。プーリング層は決められた関数を入力に対して適用するだけなので、この層自体にはパラメーターを設定する必要はありません。一般的には、プーリング層でゼロパディングは使われません。

プーリングによる、小さな変化への耐性
画像データを訓練する際には、モデルが小さなバリエーションや局所的な変化から影響を受けないという特性は有益です。
プーリングの概念上の効果はきわめて強い事前知識であり、畳み込み層で学習された関数は小さな変化から影響を受けることはありません。統計的な効率という点で、畳み込みネットワークをはるかに頑健なものにしてくれます。

プーリング層でのダウンサンプリングの処理では一般的に、最大値プーリングの形状（空間的サイズ、つまり幅と高さ）は $[2 \times 2]$ とされます。コード上では次のように記述されます。

```
.layer(1, new SubsamplingLayer.Builder(SubsamplingLayer.PoolingType.MAX)
    .kernelSize(2,2)
    .stride(2,2)
    .build())
```

プーリングの空間的サイズを急に増加させると、失われる情報も増えるという点に注意が必要です。

実際には、最大値プーリングがプーリング層で使われるのは以下の2つのバリエーションです。

- 受容野のサイズ：3、ストライド：2（重複するプーリング）
- 受容野のサイズ：2、ストライド：2（より広く使われる）

これらの設定よりもプーリングの受容野を大きくすると、情報が大幅に失われることになりがちです。

近年では、最大値プーリングは平均値プーリングやL2ノルムプーリングよりも人気を得てきています。実際に、他の種類のプーリングより高い性能が示されています。

7.1.4 転移学習

処理能力や時間の制約があるため、ランダムに初期化されたパラメーターを使ってCNNのモデルを訓練することは稀です。「4章 深層ネットワークの主要なアーキテクチャー」で、ディープラーニングの人気の一因となっているのが高品質かつ大規模なデータセットであることを示しました。例えばImageNetには、120万件のラベル付けされた訓練画像が含まれています。このようにベンチマーク用途の訓練データセットは優れていますが、CNNで大規模な画像の訓練を行えるほどのラベル付きデータはほとんど入手できまません。この状況を改善する方法の1つに、以前に訓練を行って良い結果を示したモデルを使い、特定のデータセットの画像を使ってさらに訓練を行うというものがあります。これは転移学習[†12]と呼ばれます。

[†12] Yosinski et al. 2014. "How transferable are features in deep neural networks?" (http://arxiv.org/abs/1411.1792)

7.1.4.1 初めからの訓練を行わない方法

CNN での初めの数層は一般的な特徴量を学習し、後の層で徐々にデータセット固有の特徴量を学習していきます。初期の層での特徴量はガボールフィルタや色のかたまりに似ており、コンピュータービジョン全般での基礎的な構成要素として機能します。転移学習の主なユースケースは 2 つあります。

- 既存のモデルを微調整する
- 既存の畳み込みモデルを特徴量の抽出に利用する

これらはともに、通常は ImageNet のデータにより事前訓練を行ったモデルを利用します。ただし最終的なチューニングの方法が大きく異なります。

既存のモデルを微調整する

この方式では、まず ImageNet などの大きなデータセットで CNN のモデルを訓練し、そして最後の「分類器層」を微調整用のデータセットに固有なものに置き換えます。すべての層に誤差逆伝播を行うこともあれば、後の層だけを更新することもあります。前方の層で学習された特徴量の多くは汎用的なものであり、更新の必要性は低いとも考えられます。一方、後方の層はこうした基本的な特徴量を目的に適した方法で組み合わせることに注力するので、ドメイン固有のデータセットでの訓練にとって重要な役割を果たします。

既存の畳み込みモデルを特徴量の抽出に利用する

ここでは、CNN のうち最後の全結合層つまり出力層に着目します。そして残りの部分は、より小さなデータセットのための「特徴量抽出器」であるとみなされます。ImageNet などの事前訓練用データセットからは大量の異なるクラスが出力されますが、これらすべてがドメイン固有の課題に必要とは限りません。

ImageNet を使った訓練

複数の GPU (graphics processing unit) を使っても、ImageNet に対する CNN の訓練には 2、3 週間かかります。実務者の間では、モデルを事前訓練済みの起点として公開し、他者が独自のモデルを訓練できるようにすることがよく行われています。Caffe プロジェクトの Model Zoo （https://github.com/BVLC/caffe/wiki/Model-Zoo）でも、事前訓練された多数のモデルをダウンロードできます。

7.1.4.2　転移学習を検討するべきケース

以下のような状況（あるいは、これらの組み合わせ）に該当する場合、転移学習の利用を検討してみましょう。

- 訓練データセットが小さい
- 訓練データセットとベースのデータセット（ImageNet など）の間で視覚的特徴が共通している

その他の場合では、転移学習を使ってもうまくいかないかもしれません。

転移学習での学習率について
転移学習で既存のモデルを微調整する際には、微調整用のデータセットに対して低い学習率を設定することをお勧めします。事前訓練で学習された重みは、十分に良い値であると考えられるためです。

7.2　リカレントニューラルネットワーク

リカレントニューラルネットワークには CNN などのアーキテクチャとの共通点も見られますが、独自の課題やハイパーパラメーターもあります。どんなニューラルネットワークにも言えることですが、最善の設定を簡単に発見できるような方法はありません。学習のプロセスを停滞させたり、悪化すらさせたりするハイパーパラメーターもしばしば見られます。すべてのネットワークで、試行錯誤は欠かせません。

DL4J と LSTM
DL4J は、最もポピュラーなリカレントニューラルネットワークである LSTM（Long Short-Term Memory）モデルをサポートしています。他の種類のリカレントニューラルネットワークについても、活発に開発が進められています。DL4J は双方向（bidirectional）LSTM にも対応しています。
その他の広く使われているリカレントニューラルネットワークとしては、GRU（Gated Recurrent Unit）や「純粋な」リカレントニューラルネットワークが挙げられます。

7.2.1 ネットワークへの入力データと入力層

　一般的なフィードフォワードニューラルネットワークへの入力としては、単一のベクトル（1次元）や行列（2次元。訓練用に用意されるベクトルのミニバッチを含む）のいずれかが使われてきました。一方リカレントニューラルネットワークでは、入力される時系列データでの時間を表す第3の次元が加えられます。DL4Jではこのような入力が、以下のパラメーターを使って表現されます（図7-2）。

- サンプルサイズ
- 入力のサイズ（列の数）
- 時系列の長さ

　リカレントニューラルネットワークで入力の立体を組み立てるという処理は、多層パーセプトロンなどの従来のネットワークでの処理よりも複雑です。これまでの解説や図7-2でも示したように、入力には3つの次元が含まれます。

- ミニバッチのサイズ
- タイムステップごとの、ベクトル内の列数
- 時系列の長さ

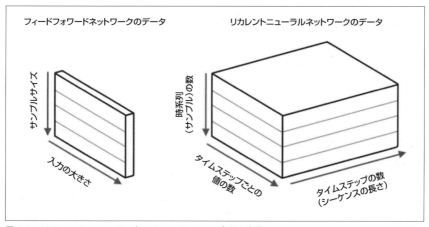

図7-2　リカレントニューラルネットワークへの3次元の入力

ここでの処理については、「付録 E　ND4J API の使用方法」と「付録 F　DataVec の使用方法」でわかりやすく解説しています。また、「8 章　ベクトル化」では時系列データをベクトル化する際の一般的なパターンを紹介します。

標準化

すべてのニューラルネットワークで、入力データを標準化できると有益です（平均がゼロ、分散が 1 になります）。そのように入力を変換すれば、一般的な活性化関数を適用しやすくなります[†13]。

標準化を行うと、入力とターゲットとの関係を可能な限りシンプルで局所的なものにできます。ただし、これを適用できるのは**実数**の入力だけです。カテゴリーを表すワンホット表現には適用できません。

リカレントニューラルネットワークの訓練やチューニングの方法には、いくつかのバリエーションがあります。

7.2.2　出力層と RnnOutputLayer

リカレントニューラルネットワークからの出力は 3 つの次元を含みます。

- ミニバッチのサイズ（サンプル内の要素の数）
- 出力のサイズ（列の数）
- 時系列の長さ

DL4J での（多次元の）行列は `INDArray` クラスを使って表現され、これらの値は**表7-3** のように、(i, j, k) というインデックスに対応付けられます。

表7-3　リカレントニューラルネットワークから出力される行列を表す変数

変数名	意味
i	ミニバッチ内のサンプルのインデックス番号
j	タイムステップごとの列のインデックス番号
k	タイムステップのインデックス番号

以下の目的で DL4J のリカレントニューラルネットワークを利用する場合、最後の

[†13] Graves. 2012. "Supervised Sequence Labelling with Recurrent Neural Networks" (http://www.cs.toronto.edu/~graves/phd.pdf) (PhD Thesis)

層には RnnOutputLayer が使われます。

- 回帰分析
- 分類

RnnOutputLayer には次のような機能が用意されています。

- スコアの算出
- 与えられた損失関数の下での、誤差（予測と実際との差）の算出

一般的なフィードフォワードネットワークで使われる OutputLayer の機能に加えて、RnnOutputLayer では3次元の出力も扱えます。RnnOutputLayer の設定項目は他の層と同様に設計されています。分類の用途では、MultiLayerNetwork の最終層として**例7-2**のように RnnOutputLayer を指定します。

例7-2　RnnOutputLayer の設定
```
.layer(2, new RnnOutputLayer.Builder(LossFunction.MCXENT)
    .activation(Activation.SOFTMAX)
    .weightInit(WeightInit.XAVIER)
    .nIn(prevLayerSize)
    .nOut(nOut)
    .build())
```

この層のふるまいをより良く知るには、「5章　深層ネットワークの構築」で紹介したリカレントニューラルネットワークの例を見返してみましょう。センサーからのデータを分類するネットワークが定義されています。

7.2.3　ネットワークを訓練する

リカレントニューラルネットワークの訓練には多くの計算量が必要です。一般的な設定では、SGD（Stochastic Gradient Descent）が基本的な最適化アルゴリズムとして適しています。近年の研究では、ヘッセフリー最適化もリカレントニューラルネットワークの訓練に役立つことが示されています[14]。

---

[14] Martens and Sutskever. 2011. "Learning Recurrent Neural Networks with Hessian-Free Optimization" (http://www.icml-2011.org/papers/532_icmlpaper.pdf)

352 | 7章 特定の深層ネットワークのアーキテクチャーへのチューニング

7.2.3.1 重みを初期化する

リカレントニューラルネットワークの訓練では重みの初期化方法が重要です。重み
を適切に初期化すれば、十分に長い期間にまたがって情報を伝達するような隠れユ
ニットを作成でき、長期間の依存関係を持つ課題をモデル化できます[15]。

DL4J でのリカレントニューラルネットワークのほとんどでは、我々は Xavier の
初期化をお勧めします[16]。コードは以下のようになります。

```
MultiLayerConfiguration conf = new NeuralNetConfiguration.Builder()
    .optimizationAlgo(OptimizationAlgorithm.STOCHASTIC_GRADIENT_DESCENT)
    .seed(12345)
    .l2(0.001)
    .weightInit(WeightInit.XAVIER)
```

7.2.3.2 時間ごとの誤差逆伝播

多くのタイムステップにまたがる長いシーケンスを扱うリカレントニューラルネッ
トワークでは、Truncated BPTT（backpropagation through time）がうまく機能
します。「4章 深層ネットワークの主要なアーキテクチャー」でも紹介したように、
BPTT はリカレントニューラルネットワークでの標準的な誤差逆伝播アルゴリズム
を拡張したものです。Truncated BPTT を使うと、リカレントニューラルネット
ワークでそれぞれのパラメーターを更新する際の計算量を削減できます。下のコード
を見れば、DL4J のリカレントニューラルネットワークで Truncated BPTT を簡単
に利用できることがわかるでしょう。

```
.backpropType(BackpropType.TruncatedBPTT)
    .tBPTTForwardLength(100)
    .tBPTTBackwardLength(100)
```

このような設定を追加すると、順方向と逆方向のそれぞれについて、指定されたパ
ラメーターを使って Truncated BPTT が適用されます。利用する際の注意点を紹介
します。

- Truncated BPTT を指定しない場合、DL4J ではデフォルトとして通常の
  BPTT が使われる

---

[15] Sutskever. 2013. "Training Recurrent Neural Networks" (http://bit.ly/2tXjrMT) (PhD Thesis)

[16] リカレントニューラルネットワークでは直交初期化も有望です（http://bit.ly/2eM47AQ）。

- タイムステップの長さを表すオプションには 50 から 200 を指定するのが一般的。もちろん、適切な値は適用例によって異なる
  - 多くの場合、順方向と逆方向の長さには同じ値が指定される
  - 逆方向の長さのほうが小さくなることはあるが、大きくなることはない

Truncated BPTT でのタイムステップの長さは、入力の時系列の長さ以下にする必要があります。

7.2.3.3　正則化

リカレントニューラルネットワークでの正則化としては、ドロップアウトがよく使われます。近年のリカレントニューラルネットワークでは、LSTM での接続の一部（非リカレント接続）に対してのみドロップアウトが適用されます。このような変種も有益であることが示されています[†17]。DL4J でのリカレントニューラルネットワーク向けに実装されているドロップアウトは、入力の接続やアクティベーションに対して行われます。リカレント接続は対象外です。

標準的なドロップアウトとリカレントニューラルネットワーク
通常のドロップアウトは、リカレントニューラルネットワークとはうまく組み合わせることができません。リカレント接続によってノイズが増幅され、学習の妨げになるからです。

リカレントニューラルネットワークは、多層パーセプトロンネットワークよりも学習率やモーメンタムの設定に対して敏感です[†18]。

7.2.4　LSTM でのよくある問題を解決する

ニューラルネットワークのチューニングには多くの試行錯誤が必要となることは言うまでもありません。しかし、チューニングをより手早く行うためのパターンが現れ始めています。あまりに多くの人々が、むやみに設定を変えるという形でネットワークのチューニングを試みていますが、これは正しいやり方ではありません。勾配がと

[†17] Zaremba, Sutskever, and Vinyals. 2014. "Recurrent Neural Network Regularization." (http://arxiv.org/pdf/1409.2329v4.pdf)

[†18] Sutskever. 2013. "Training Recurrent Neural Networks" (http://www.cs.utoronto.ca/~ilya/pubs/ilya_sutskever_phd_thesis.pdf) (PhD Thesis)

354 | 7章　特定の深層ネットワークのアーキテクチャーへのチューニング

ても大きくなるという現象は「勾配爆発」と呼ばれ、更新値の平均のグラフで確認できます。勾配爆発がもたらす副作用の1つに、複数のミニバッチで損失関数の値が上昇するというものがあります。そのため大きな勾配はパラメーターへの大きな変更を引き起こし、モデルが学習してきた特徴量を損ねてしまうという危険性を持っています。対策としては、勾配のクリッピングや再正規化を適用します。純粋なリカレントニューラルネットワークを使う場合、勾配爆発はしばしば見られる問題です。

勾配の爆発と消失

　リカレントニューラルネットワークでは、勾配爆発に加えて「勾配消失」という問題も知られています。勾配消失とは、勾配がとても小さくなったために、入力データセットの構造に含まれる長期間（10タイムステップあるいはそれ以上）の依存関係をモデル化するのが難しくなった状態を指します。

　リカレントニューラルネットワークで勾配消失を回避するには、DL4JもサポートしているLSTMの変種を使うのが最も効果的です[19]。他には以下のような対策が考えられます。

- 展開されたフローのグラフ（時間遅れニューラルネットワーク）で、短いパスと長いパスを組み合わせる
- leakyユニットや、異なる時間のユニットの階層を利用
- GRU
- より良い最適化手法
- 勾配のクリッピング（勾配爆発への対策）
- 情報のフローを促進する正則化
- L1やL2の罰則の利用

7.2.5　パディングとマスキング

　パディングとは、ミニバッチの中で最長のものよりも短い時系列の末尾にゼロ（パッドとも呼ばれます）を追加することです。パディングを行うと、訓練データを矩形配列つまり行列にできます。そして、ミニバッチの中で異なる長さの時系列を扱えるようになります。一方マスキングでは、2つの配列が追加で使われます。これら

---

[19]　LSTMは勾配消失の対策としては役立ちますが、勾配爆発には対応できません。

は入力と出力のそれぞれについて、各要素が元から含まれていたものなのかパディングされた値なのかを表します。

DL4Jでパディングとマスキングを使うと、リカレントモデルでの以下の訓練に対応できます。

- 1対多
- 多対1
- 可変長の時系列（同一ミニバッチ内）

これらを図示したのが**図7-3**です。

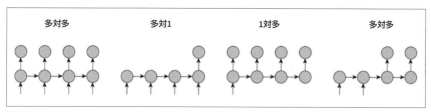

図7-3　リカレントニューラルネットワークでの訓練のバリエーション

リカレントニューラルネットワークにパディングやマスキングを適用すると、すべてのタイムステップに現れるわけではない入力や出力に対応できます。

パディングとマスキングの有用性
マスキングやパディングを行わないと、多対多の訓練だけが可能です。この場合、すべての入力レコードがまったく同じ長さでなければならず、すべてのタイムステップで入力と出力が存在しなければなりません。

7.2.5.1　立体的な入力にパディングやマスキングを適用する

DL4Jを使ったリカレントニューラルネットワークの訓練では、ミニバッチのそれぞれの大きさについて以下のパラメーターが使われます。

- ミニバッチのサイズ
- 入力のサイズ

356 | 7章　特定の深層ネットワークのアーキテクチャーへのチューニング

- 時系列の長さ

パディングの配列に関しては、入出力の双方に次のパラメーターが適用されます。

- ミニバッチのサイズ
- 時系列の長さ

　2次元配列のそれぞれの要素は、シーケンス内の該当の位置にパディング以前からデータがあるかどうか（あれば1、なければゼロ）を表します。入力と出力のデータについて、マスキングの配列は個別に用意されます。

　マスキングの配列の値がすべて1なら、マスキングをまったく行わないのと同じことになります。多対1の場合、出力用の1つのマスキングの配列だけが必要となります。DL4Jでのマスキングの配列は、SequenceRecordReaderDataSetIteratorなどを使ってデータをインポートする際に、DataSet オブジェクトとして生成されます。DL4J の MultiLayerNetwork オブジェクトは、この配列の有無に応じて適切に訓練を行います。

7.2.6　マスキングによる評価とスコア付け

　リカレントニューラルネットワークでのスコア付けやモデルの精度の評価に、マスキングの配列を利用できます。多対1のケースではサンプルごとに出力は1つだけであり、評価の際にはこの点を考慮に入れる必要があります。

7.2.6.1　評価クラスを使った分類

　評価を行うときにマスキングの配列を利用するには、**例7-3**のように Evaluationに配列を渡します。

例7-3 評価のセットアップ

```
Evaluation.evalTimeSeries(INDArray labels, INDArray predicted, INDArray
↪ outputMask)
```

それぞれの変数の意味は**表7-4**の通りです。

表7-4 変数の意味

変数	意味	次元数
labels	訓練データからの実際の出力	3 次元
predicted	ネットワークから生成された出力	3 次元
outputMask	出力のマスキングの配列	2 次元

入力マスクの配列は、評価には必要ありません。評価の際にはネットワークからの出力だけが重要だからです。

7.2.6.2 MultiLayerNetwork を使って新規データにスコアを与える

マスキングの配列はモデルのスコア計算にも利用できます。スコア計算はこれまでに試用したものとは異なります。精度や F1 値といった指標ではなく、損失関数の値が計算されます。しかしいずれの場合でも、パディングされたタイムステップではなく実際に値が存在するタイムステップについて評価やスコア計算を行うべきです。以下のコードのように、`MultiLayerNetwork` クラスを使って時系列データのスコアを計算できます。

```
MultiLayerNetwork.score(DataSet)
```

先ほど紹介した DL4J でのマスキングの例と同様に、`DataSet` に出力のマスキングを表す配列が含まれていれば、それがネットワークのスコア（損失関数）を計算する際に自動的に適用されます。

7.2.7 リカレントニューラルネットワークの アーキテクチャーの変種

構造の異なるデータ（動画など）をモデル化するためには、異なるアーキテクチャーの層を組み合わせなければならないこともあります。動画の各フレームなど、画像のシーケンスをモデル化する際に、LSTM と CNN が組み合わされることもあるでしょう。DL4J にはこういった変種の定義に役立つ `CnnToRnnPreProcessor` や

`FeedForwardToRnnPreProcessor` などのプリプロセッサのクラスが用意されています。

リカレントニューラルネットワークのプリプロセッサを手動で追加することも可能ですが、多くの場合はネットワークによって自動的に追加されます。

7.3 制限付きボルツマン機械

制限付きボルツマン機械（RBM）とは、教師なしでデータセットから特徴量を学習するニューラルネットワークの一種です[†20]。ここではまず入力データが隠れた内部状態に対応付けされ、そしてこの内部状態から入力の再現が試みられます。この点では、制限付きボルツマン機械は他の教師なし訓練のモデルに似ており、例えばオートエンコーダー（ノイズ除去、圧縮、変分の3種）との共通点が見られます。一方、RBM での訓練の手順（contrastive divergence）は他のオートエンコーダーとは大きく異なります。

一般的に、RBM は以下のようなユースケースで使われます。

- DBN における教師なしでの特徴量の学習
- データの再構成
- レコメンドのエンジン

MNIST の例
MNIST のデータセットの学習で、入力層に784個の入力ニューロンがある例について考えてみましょう。隠れ層ではニューロンを減らすことができます。例えば、目に見える入力層のおよそ3分の2である500個のユニットを隠れ層に配置してみます。2つ目の隠れ層では、例えば250個でもかまいません。

MNIST 以外の問題では、隠れユニットをどのように構成するべきでしょうか。

[†20] 訳注：現在では深層ネットワークの事前訓練のために RBM を用いることは稀になり、DL4J 1.0.0-alpha 以降、RBM レイヤーは削除されました。現在のバージョンの DL4J を用いる場合、本章の以降の節は読み飛ばしてしまって問題ありません。なお、教師なし学習としての用途では代わりに `VariationalAutoencoder` レイヤーを用いることが推奨されています。

7.3.1 隠れユニットと入手可能な情報のモデル化

ここでの方法は、識別的な機械学習での方法とは異なるものです。識別的な学習では、訓練用のデータはモデルのパラメーターに制約を与えます。出力層のユニット数は、ラベルを表現するのに必要なビット数と一致しなければなりません。

情報とサンプルのラベル
ラベルにはたかだか数ビットの情報しか含まれないので、多くの処理は必要ありません。訓練のサンプルよりも多くのパラメーターが使われる場合、作られたモデルに深刻な過学習が見られることもあるでしょう。あくまでこれは可能性であり、正則化次第で状況は変わります。

入力されるベクトルのビット数は、ラベルを表現するためのビット数よりも数倍大きくなることがあります。このように、入力データのベクトルは学習可能な情報をラベルよりもかなり多く持ちます。

入力データの中に暗黙的に含まれている生の情報を使えば、ここから効果的に特徴量を抽出でき、(DBN の一部として使われている場合には) パイプラインの後段で効果的な識別と分類が可能になります。我々が知りたいのは、どの程度の情報を利用可能かという点です。訓練レコードに含まれている情報の量は、隠れユニットの数の選択に影響します。

簡単な例
訓練画像の数：10,000
画像のピクセル数：1,000
全結合の隠れユニットの概数：1,000

上の例から、(全結合の) 隠れユニットの数は入力ベクトルつまり画像に含まれる情報量と密接に関係していることがわかります。全結合ではない RBM や、重みの共有を行っている RBM では、より多くのユニットを利用できます。では、RBM での隠れユニットの具体的な数を決めるためのヒューリスティックについて検討してみましょう。

隠れユニットの数を選択する

RBM で隠れユニットの数を選択する際の最大の関心事は、過学習を防ぐということです。この条件の下では、可視ユニットの数に 0.75 を乗算したものを隠れユニットの数にするというヒューリスティックが考えられます。スパース度の目標値がとても小さければ、隠れユニットがもっと多くてもうまくいくでしょう。よく似たレコードが入力データセットの中に多く含まれる場合には、パラメーターをより少なくできます。

7.3.2 異なるユニットを利用する

RBM や DBN では一般的に、まずは 2 値（ロジスティック）ユニットが使われます。これらのユニットを使った訓練のセットアップが良いモデル化を行えなかった場合に備えて、RBM での可視ユニットおよび隠れユニットには他のオプションも存在します。データのモデル化では、以下のようなユニットも利用できます。

- 多項可視ユニット
- ガウス可視ユニット
- 2 項ユニット
- ReLU

RBM での多項ユニットは、トピックのモデル化やレコメンドシステムの作成、分類器の作成などに使われます。分類器を作成する場合は、教師なしの事前訓練の後に出力層を配置します。2 値可視ユニットと比較すると、多項可視ユニットではロジスティック関数がソフトマックス関数で置き換えられ、ベルヌーイの隠れユニットが使われています。

画像や音声を扱う場合、2 値可視ユニットは特徴量をうまく表現してくれません。ここではガウスユニットを利用するべきです。ただし、隠れユニットには 2 値ユニットを使い続けましょう。両方にガウスユニットを利用すると、訓練が不安定になってしまいます。

画像や音声への適用の際にガウスユニットが使われるのは、ロジスティックユニットがうまく機能しない傾向があるからです。2 値ユニットに比べてこれらのユニットでは学習率を小さめにする必要があります。ある場合では、これらのユニットは学習が不安定であることが明らかにされています。疎なデータを扱う場合は 2 項ユニットが使われます。

7.3 制限付きボルツマン機械 | **361**

連続データを扱う場合には、ReLU が適しています。ReLU は 2 値ユニット
と同じくらいパラメーター数が少なく、しかもより高い表現力を備えていま
す。訓練の安定性のために、2 値ユニットよりも小さな学習率がよく使われます
(https://www.cs.toronto.edu/~hinton/absps/guideTR.pdf)。入力データごとの
適したユニットの種類を**表7-5** に示します。

表7-5　RBM でのユニットの種類

データ	可視ユニット	隠れユニット
テキスト	ガウス（単語埋め込みの場合）、2 値（単語バッグの場合）	ReLU（単語埋め込みの場合）、2 値（単語バッグの場合）
音声や時系列	ガウス（連続値の場合）、2 値（ゼロか 1 の場合）	ReLU（連続値の場合）、2 値（ゼロか 1 の場合）
画像や動画	ガウス（平均ゼロ、分散 1 の場合）、2 値（ゼロか 1 の場合）	ReLU（平均ゼロ、分散 1 の場合）、2 値（ゼロか 1 の場合）

7.3.3　RBM で正則化を行う

機械学習にとって正則化は重要なトピックです。正則化を行うと、パラメーターベ
クトルの中で重みのサイズをコントロールできます。RBM を利用するべき重要な理
由として、訓練の初期段階では大きな重みと対応する隠れユニットの値が固定化して
しまうことがあるという点があります。訓練のプロセスの中で正則化を行うと、こう
した固定関係の解消に役立ちます。

RBM では 2 値隠れユニットの出力について、スパース度（sparsity）の目標値が
定められます。これは 2 値隠れユニットが活性化される確率の目標でもあります。通
常、この値は 1.0 よりもはるかに小さなものになります。

RBM を訓練する際には、L2 正則化による重みの減衰で重みコスト係数として
0.01 から 0.00001 を設定するのがよいでしょう。RBM では一般的に、隠れユニッ
トと可視ユニットのバイアスに重みコストを適用することはありません。これらの値
は小さく、過学習の可能性は低いためです。場合によっては、重みコストの影響を小
さくするためにバイアスを大きくすることもあります。経験的に、RBM での重みコ
ストは 0.0001 という値から試すとよいでしょう。重みコストの小さな違いは、訓練
プロセスの成果に大きな影響を及ぼすことはないでしょう。RBM にはドロップアウ
トが効果的だということも示されています[21]。

---

[21] Srivastava et al. 2014. "Dropout: A Simple Way to Prevent Neural Networks from Overfitting." (http://www.cs.toronto.edu/~rsalakhu/papers/srivastava14a.pdf)

7.4 DBN

　DBNでの訓練プロセスは、事前訓練（pretrain）と微調整（fine-tune）という2つのフェーズから構成されます。事前訓練ではまず、入力データから大まかな特徴量が学習されます。この結果を元にフィードフォワードネットワークをより適切に初期化し、微調整フェーズにとっての優れた起点を提供することが目標です。DBNはRBMのスタックを利用し、事前訓練フェーズで特徴量を学習します。DBNとRBMの相互作用については「4章　深層ネットワークの主要なアーキテクチャ」で詳しく解説しました。

　DBNでの重みの初期化では一般的に、平均がゼロで標準偏差が0.01前後のガウス分布から取られた小さなランダム値が使われます。初期値が大きいと初めのうちの学習は高速になりますが、最終的なモデルの性能が悪化するという副作用が生じます（https://www.cs.toronto.edu/~hinton/absps/guideTR.pdf）。隠れたバイアスの値としては、ゼロを指定しても通常は問題ありません。

　ニューラルネットワーク（具体的にはDBN）の訓練には、0.001から0.1という学習率が使われます。この値が大きすぎると副作用として、再構成での誤差と重みがきわめて大きくなってしまいます。そしてほとんどの場合、悪いモデルが生まれることになります。

学習率を視覚的に設定する
DBNで学習率を設定する際には、重みの更新量のヒストグラムと重みのヒストグラムを比較するとよいでしょう。重みの更新量は重みの 10^{-3} 倍前後であることが望まれます。

7.4.1 モーメンタムを利用する

　モーメンタムを利用すると、学習プロセスでのパラメーターが最も急ではない方向に変化することがあります。周囲の探索空間へと対象を広げることができ、あまり大きく勾配が増加したと感じさせることもありません。長期的には望ましい方向へとスムーズに向かい、不安定な変動を避けられます。

　RBMの事前訓練に使われるcontrastive divergenceのために、モーメンタムをチューニングできます。まずはモーメンタムの値として0.5を指定し、再構成の誤差が落ち着いたら0.9前後まで増加させましょう。再構成の誤差が大きく変動してしまったら、安定するまで学習率を半減させます。

訓練開始時にモーメンタムを設定する場合、望ましい初期値は 0.5 です。ここでは、パラメーターの初期値がランダムであり探索空間での開始位置は変動するということが前提です。良い実装では、モーメンタムの値は 0.9 に向かって上昇していきます。再構成の誤差が増加するか終了条件に近づいている場合には、モーメンタムは 0.0 に向かって下落を始めます。

7.4.2　正則化を利用する

RBM での正則化に関するここまでの解説で、正則化を利用するべき主要な理由について触れてきました。これは DBN での事前訓練にも当てはまります。

RBM を使った教師なしの事前訓練は、正則化の一種であるととらえることもできます。教師なしの事前訓練は、アルゴリズムがスキャンできるパラメーター空間の領域への制約に相当します。ニューロンやパラメーターが十分に用意されていれば、教師なしの事前訓練はデータに依存した正則化を行ってくれることが示されています。しかし、教師なしの事前訓練が汎化を妨げるというケースも知られています。例えば、訓練データセットが比較的小さい（10 万件未満）場合がこれに該当します。

スパース度と DBN
めったに有効にならない特徴量に着目すると、モデルの性能を向上できることがあります。例えば、2 値隠れユニットが活性化される確率を表すスパース度の目標値を設定できますが、この値は 1.0 よりもずっと小さいものです。RBM でのスパース度の目標値としては、0.01 から 0.1 の間が良いということが研究によって示されています。係数の減衰率は 0.9 から 0.99 にするべきです。

7.4.2.1　ドロップアウト

事前訓練でドロップアウトを利用する場合[†22]、重みの制約なしに小さな学習率を設定することが望まれます。その結果、事前訓練で発見された特徴量検出器が失われるのを防げます。DBN の微調整フェーズでも、ドロップアウトは効果的です。

MNIST とドロップアウト
MNIST データセットへのドロップアウトの適用についての報告では、隠れ層で 50 パーセントのドロップアウトを指定すると、ドロップアウトを使用しな

[†22] Hinton et al. 2012. "Improving neural networks by preventing co-adaptation of feature detectors." (https://arxiv.org/abs/1207.0580)

364 | 7章　特定の深層ネットワークのアーキテクチャーへのチューニング

い場合よりも性能が向上するとされています。入力ユニットでの 20 パーセントのドロップアウトを加えると、さらに向上が見られます。この「入力ユニットで 20 パーセント、隠れユニットで 50 パーセント」という組み合わせは、MNIST データセットでの最適な設定としてよく知られています。

7.4.3　隠れユニットの個数を決定する

　DBN での隠れユニットの数を決める際に最も重要なのは、（良いモデルを作成するには）入力されるそれぞれの訓練用ベクトルを表現するために何ビット必要なのかという点です。

　この状況で、我々が主に遭遇する問題は過学習です。過学習をコントロールする手法については、すでに説明してきました。それぞれの連続する層での隠れユニットの数を判断する際には、前の層での数から 1 桁程度減らすようにしましょう。

8章
ベクトル化

ニューヨークシティ、オールドセントジョー、アルバカーキ、ニューメキシコ
おんぼろトラックは歌いながら進む、問題なしさ
こいつがどうなったか聞くやつがいたら
この白い線の果てをめざしているんだと伝えてくれ
—— Sturgill Simpson, 『Long White Line』

8.1 機械学習でのベクトル化入門

　この章は、機械学習の世界で使われるさまざまなデータをベクトル化する際のガイドラインを示します。ディープラーニングの解説書の中で、なぜベクトル化に寄り道するのかと思われるかもしれません。しかしこれには大きな理由があります。機械学習に関する解説書のほとんどはアルゴリズム自体にのみ注力しており、データマイニングでの全体的なライフサイクルについては軽視していると感じられるからです。機械学習のツールを使っていち早くデータを扱えるようになるにはと考えた結果、テキストデータに対するカスタムのベクトル化といったトピックの解説にとても多くのページが割かれることになりました。

　テキストの分類を行おうとしている顧客企業との経験の中で、テキストからベクトルへの変換に関する基礎を議論してばかりで実際には何もできなかったということがありました。企業にはシンプルなデータソースが多数あります。例えばスプレッドシートは、CSV（comma-separated values）形式にエクスポートできます。しかし、これをさらにベクトルへと変換する必要があります。また、テキストデータをベクトル化するための無数の方法について説明しなければならなかったこともあります。使

われるツールや望まれる分類アルゴリズムによっては、統計的モデル化自体とは無関係な大規模なプログラミングを行わないとテキストのベクトル化を試みることさえできません。

生データと自動化された特徴量学習

「3 章　深層ネットワークの基礎」で議論したように、ディープラーニングでのキーは**特徴量の作成**（feature engineering）から**特徴量の学習**（automated feature learning）へと移りつつあります。特徴量学習の自動化はディープラーニングにとって有益ですが、生データを自分のツールが扱える形式に変換するという処理は依然として必要です。まさにこれを行ってくれるのが、生データのベクトル化です。

今日では、ベクトル化のテクニック（そしてデータの扱い方）がデータサイエンスのプロセスにおける核心であることは明らかです。しかし、このことは軽視されがちです。本書を執筆する際に、ベクトル化をしっかりと取り上げる必要性を痛感しました。ベクトル化によってディープラーニングでのモデル化のプロセスを促進するとともに、読者が非効率的なプログラミングによって妨げられないようにしました。本書の解説が理論から実践へと移る中での、橋渡しとしてのベクトルの役割も挙げられます。ベクトルをわかりやすい方法で扱い、有益なデータをどんどんディープラーニングのモデルに与えていきます。読者ができるだけ早くデータのモデル化を行えるようにするためには、データ形式の溝を埋めるのが手っ取り早いと考えます。

よく使われている機械学習のデータセットを試してみると、ベクトル化がどれだけ大変かわかるでしょう。プログラミングやベクトル化への習熟度にもよりますが、機械学習でのベクトル化には数時間から数日もかかります。これは大きな妨げであり、統計的モデルを扱おうとする多くの初心者は進みを鈍らされることになります。

8.1.1　なぜデータをベクトル化するのか

機械学習やデータサイエンスの分野では、あらゆる種類のデータを分析する必要があります。ここでの重要な要件として、それぞれのデータを数値のベクトル（場合によっては、数値の多次元配列）で表現するというものが挙げられます。ニューラルネットワークでも、入力データはベクトルや行列でなければなりません。テキストやグラフなど、非ベクトルあるいは非行列の表現を直接扱うのは不可能です。

ベクトル化の方法はたくさんあります。さまざまな前処理のステップを適用すれ

ば、出力されるモデルにそれぞれ異なる有効性を与えられます。多くの場合、モデル化の作業は、どの程度適切に入力データをベクトル化できるかに依存します。以下は考えられる入力データの形式の一部です。

- 表形式の CSV データ
- テキストドキュメント
- 画像データ
- 音声データ
- 動画データ
- 連続データ

表形式の CSV データの例として、UCI のリポジトリで公開されている Iris データセット（https://archive.ics.uci.edu/ml/datasets/Iris）を紹介します。

```
5.1,3.5,1.4,0.2,Iris-setosa
4.9,3.0,1.4,0.2,Iris-setosa
4.7,3.2,1.3,0.2,Iris-setosa
7.0,3.2,4.7,1.4,Iris-versicolor
6.4,3.2,4.5,1.5,Iris-versicolor
6.9,3.1,4.9,1.5,Iris-versicolor
5.5,2.3,4.0,1.3,Iris-versicolor
6.5,2.8,4.6,1.5,Iris-versicolor
6.3,3.3,6.0,2.5,Iris-virginica
5.8,2.7,5.1,1.9,Iris-virginica
7.1,3.0,5.9,2.1,Iris-virginica
```

以下はテキストドキュメントの例です。『Go Dogs, Go!』から抜粋しました。

```
Go, Dogs. Go!
Go on skates
or go by bike.
```

これらの生データは種類が異なりますが、いずれも機械学習のためには何らかのベクトル化を必要としています。機械学習のアルゴリズムは、以下のように疎なベクトル形式の入力データを求めています。

```
1.0 1:0.750 2:0.416 3:0.702 4:0.565
2.0 1:0.666 2:0.500 3:0.914 4:0.695
2.0 1:0.458 2:0.333 3:0.808 4:0.739
0.0 1:0.166 2:1.000 3:0.021
2.0 1:1.000 2:0.583 3:0.978 4:0.826
```

```
1.0 1:0.333 3:0.574 4:0.478
1.0 1:0.708 2:0.750 3:0.680 4:0.565
1.0 1:0.916 2:0.666 3:0.765 4:0.565
0.0 1:0.083 2:0.583 3:0.021
2.0 1:0.666 2:0.833 3:1.000 4:1.000
1.0 1:0.958 2:0.750 3:0.723 4:0.521
0.0 2:0.750
```

生データを機械学習向きのベクトルに変換するプロセスは、2つのフェーズに分割できます。

1. ベクトル化（Vectorization）
2. 正規化（Normalization）

それぞれのフェーズについて、これから解説していきます。また、ディープラーニングでの3つの重要分野におけるベクトル化と正規化の概念を学びます。

- 連続データ
- 画像データ
- テキストデータ

これらを特に取り上げるのは、ディープラーニングとの関係が深いためです。リカレントニューラルネットワークは連続データの扱いが得意だということを以前に述べましたが、この意味でも連続データのベクトル化手法を紹介することには意味があると考えます。同様に、CNN（畳み込みニューラルネットワーク）を使った画像分析の分野でもディープラーニングの有用性が示されていることから、画像のベクトル化について解説します。そしてテキストをベクトル化する方法と、Word2Vec を使ったベクトル化を紹介します。

ディープラーニングとデータの準備の変化

上のような特定の特徴量を作成するために必要な前処理のステップは、ディープラーニングのおかげで減少しています。データをベクトル形式で与えるというのは依然として必要ですが、ディープラーニングでは、データセットの構造を学習する際に特徴量の選択と次元数の削減を行えます。

機械学習の実務者はここ数十年、専門家が持つドメインの知識を使って入力データ

セットのベクトルから特徴量を作成してきました。ドメインの知識は、データの生成方法や、データのソースと実世界の相互作用への深い理解として定義されます。

後ほど、少数の属性を持つデータセットは手作業での特徴量の作成に適していることを示します。一方、テキストドキュメントや画像ファイル、音声ファイルなどの大きなデータセットでは、アルゴリズムに基づくアプローチが求められます。その他のケースでは、一般的なベクトル化のテクニックを使ってベクトルを自動生成します。元のデータ（大量のテキスト）では処理が難しくなるからというのが主な理由です。アルゴリズムに基づくベクトル化としては、カーネルハッシュや TF-IDF（Term Frequency-Inverse Document Frequency）そして Word2Vec が挙げられます。

生データからモデルを作成する際には、主に以下の点を検討しましょう。

- どのような種類のソースデータを扱おうとしているか？
- そのデータを使って、どのような種類のモデルを訓練するか？
- どのようなアプローチでデータをベクトル化するか？
  - 特徴量を手作業でコード化するか、それともアルゴリズムを利用するか？
  - 生のテキストは扱いが面倒だが、どう対処するか？

ソースデータの種類によって、ベクトル化で考慮すべき点も異なります。例えば表形式のデータ（データベースのテーブルなど）では、それぞれの列の型に応じてベクトル化する方法は比較的よく知られています。一方、複数のファイルにまたがった多変量の時系列データをベクトル化するにはどうすればよいでしょうか。今日の機械学習を構成するパイプラインのアーキテクチャーでは、この種の問いを避けて通れません。そしてこの章では、こうしたパイプラインを作成する際の現実に取り組んでいきます。まずは、ベクトル化というコンテキストでの表形式のデータの扱い方を紹介します。

ETL

今日のエンタープライズでは、BI（business intelligence）ツールやレポート生成ツールの多くで ETL（Extract、Transform、Load）という前処理のフェーズが適用されています。Apache Hadoop の世界でも、ETL がよく使われます。このフェーズでは一般的に、複数のデータセットをマージし、不必要な列をフィ

ルタリングし、適切な変換を行い、他のアプリケーションのためにデータをロードします。ベクトル化のプロセスの多くは、パイプライン中の ETL のフェーズで行われます。パイプラインを組み立てるためにはどのような操作が必要か考慮しなければなりません。

8.1.2 表形式の生データの属性を扱う方針

例えば RDBMS（relational database management system）からエクスポートされたテーブルなどは表形式ですが、その形状やサイズはさまざまです。一方、テーブル中のそれぞれの列はデータの「属性」とみなすことができます。データセットのそれぞれの属性はさらに、何らかの型の属性であると分類できます。我々はデータサイエンスの世界にいるため、このことに基づいて列あるいはデータの属性を定義します。統計学の教科書では一般的に、データの属性の種類として以下の 4 つを定義しています。

- 名義（Nominal）
- 順序（Ordinal）
- 間隔（Interval）
- 比率（Ratio）

それぞれについて、簡単に解説します。

8.1.2.1 名義

名義の属性は**列挙**（enumerated）や**カテゴリー**（categorical）あるいは**離散値**（discrete）とも呼ばれます。例えば「晴れ」「曇り」「雨」などの値が考えられます。カテゴリーとは、それぞれの属性値が確率の有限集合に基づいて与えられることを意味します。これらの値は識別可能なシンボルであり、ラベルとして機能します。名義（nominal）という言葉は、ラテン語での「name」に由来するものです。名義の属性値つまりラベルは、それぞれの間に関係や順序を持ちません。

名義の列は、ワンホット表現を使って表すのがよいでしょう。このワンホット表現は、複数の列からなる特徴量ベクトルです。ソースデータでの値に対応する位置には 1.0 がセットされ、その他の要素はすべて 0.0 になります。

8.1　機械学習でのベクトル化入門 | **371**

表8-1 はある 2 つのレコードを表現した例です。1 つ目は「晴れ」を、2 つ目は「雨」をそれぞれ表しています。

表8-1　特徴量ベクトルでのワンホット表現の例

(他の列)	晴れ	曇り	雨	(他の列)
...	1.0	0.0	0.0	...
...	0.0	0.0	1.0	...

8.1.2.2　順序

順序の値は名義の値に似ていますが、それぞれの値の間に順番が定められているという点が異なります。順番の概念はありますが、値の間に距離の概念はありません。順序の値を比較することはできますが、これらの値では算術演算に意味はありません。

例えば、「暑い」「快適」「寒い」というのは順序の値です。意味に一貫性がある限り、どのような順番であるかは問題にはなりません。他には「低」「中」「高」も順序の値の一例です。これらの値は整数値（例えば「寒い」がゼロで「快適」が1、など）に変換されますが、ベクトル化のコードのレベルでは浮動小数点数として表現されます。

順序の値と名義の値の違いは小さなものであり、必ずしも明確ではありません。古いデータマイニングのシステムでは、名義と順序の値だけサポートされるということがよくありました。出力ベクトル向けには、ワンホット表現の利用が望まれます。入力ベクトルでは、列の値を実数の尺度へと変換したいこともあるでしょう。

8.1.2.3　間隔

間隔の値は順序関係を持ち、一定で等しい単位での計量が可能です。例としては特定の日付や年が挙げられます。間隔は比較できますが、加減算には意味がありません。間隔の値はすでに数値なので、変換の必要はありません。ただし、正規化の適用は必要です。

8.1.2.4　比率

比率の値はゼロを起点に計量でき、実数として扱われます。この場合は算術演算が可能です。原点が定義されており、この固定された原点からの距離も定義されています。比率の値もすでに数値なので、変換の必要はありません。この後紹介する正規化

は必要です。

8.1.3　特徴量の作成と正規化の手法

　ベクトル化は以前から行われており、実務者たちは一般的で「フラット」なベクトルを作るためのパターンを生み出してきました。こうしたベクトル化のパターンは、ロジスティック回帰やランダムフォレストといった機械学習のパイプラインの中でしばしば使われています。

　古くからある種類のベクトル化では、長さが n で固定されたベクトルが作られます。特徴量の数は $n-1$ で、最後のスロットにはラベルの値がセットされます。それぞれのインデックス付けされたセルには、データを表現するための何らかのヒューリスティックに基づいて値が代入されます。このしくみは、ミニバッチが使われない多層パーセプトロンなどのネットワークではうまく機能します。しかしディープラーニングでは多くの場合、深層ネットワークへの入力としてより複雑な n 次元の行列が作成されます。後ほど、リカレントニューラルネットワーク向けのテンソルや CNN 向けの 4 次元のテンソルを作るための高度な手法を紹介します。さし当たっては、これらの入力のテンソルで特徴量の値を作成する方法に注目します。続いて、特徴量の値に適用する正規化について解説します。

　ベクトル化のプロセスは、属性を選ぶことと、特徴量を割り当てる特徴量ベクトルでの次元を発見することの 2 つを基礎としています。その方法は、CSV やテキスト、画像、時系列データといった種類ごとに異なります。依然として、対象のデータの中でどの部分を扱うか決定し、その情報を入力ベクトルから取り出す必要はあります。n 個の属性を取り出して出力ベクトルでの m 個の特徴量へと変換する方法は複数あります。この方法が**特徴量の作成**（feature engineering）と呼ばれます。生のソースデータをモデル化可能な状態にするためには、一般的に変換が必要です。例えば以下のように、生のソースデータの表現はさまざまです。

- 生のテキスト（テキストファイルのドキュメントなど）
- 1 行ごとにツイートの文字列が記述されたファイル
- 時系列を表す独自形式のバイナリデータ
- 数値と文字列の属性が混在する、前処理済みのデータセット
- 画像ファイル
- 音声ファイル

生データの状況や取得元によって、属性値は数値だったり文字列だったりします。ほとんどの場合、属性値は数値かつ連続値です。こうした属性は実数あるいは整数の数値を表します。ここでの「連続」という言葉は複数の意味を持っています。

データのクリーニングとETL

データのクリーニングとは実用的な処理であり、ほとんどのデータサイエンティストがかなりの時間を費やしています。機械学習でのデータのクリーニングはETLのフェーズで必要になることが多く、ETLのパイプラインの中でスクリプトやHadoopジョブとして実行されるのが一般的です。属性の種類やシナリオのセマンティクスに応じて、プレースホルダの値が使われることもあります。データセットのすべての列に値が存在するとしても、それ以上のデータの検証が不要とは限りません。さまざまな理由で、不正確な値に遭遇することもあります。多くの場合、データは長期にわたって収集されたものであり、無駄な値や不正確な値が入り込んでしまうことも考えられます。データセットの統計情報を知り、属性をグラフ化するとよいでしょう。

特徴量を作成するテクニックは、表形式のデータを手作業でベクトル化する際や、時系列あるいは画像といった複雑なデータを扱う際に適用できます。具体的には次のようなテクニックが挙げられます。

- 属性の値を直接取り出し、そのまま利用する
- 属性を正規化して特徴量を作成する
- 特徴量を2値化する
- 次元数を削減する

これらのテクニックの詳細について紹介していきます。

8.1.3.1　特徴量のコピー

生の入力データからベクトルを作成するには、モデルにとって最も重要と思われる「特徴量」をデータの中から選び出す必要があります。長い間、適切なモデルを作るためには特徴量の選択が重要であるとされてきました。生成されたベクトルに含ま

374 | 8章　ベクトル化

れる特徴量の数は一般的に、ソースデータでの属性の数とは一致しません。多くの場合、ソースデータは他のデータセットと結合されます。その結果の正規化されていないビューから、ベクトルでの最終的な特徴量の集合が作られています。

　特徴量の作成方法として最も知られているのは、すでに数値であり適切な範囲内にある属性を単にコピーするというものです。しかし残念なことに、このような状況はあまり一般的ではありません。属性に対して何らかの変換が必要なことが多いでしょう。

欠損した値に対処する

　データを扱っていると、生の入力データの中で値が欠けていることがよくあります。数値のエントリでの −1 や、ゼロ以外の数値の属性でのゼロなど、欠けた値はしばしば範囲外のデータとして表現されています。名義の属性では、空白や「-」として表現されるのが一般的です。欠損はさまざまな理由で発生するので、ソースデータの構造を理解しておくと理由の特定が容易になります。ベクトルを作成する前に外れ値を探し、データセットの統計情報や特性を把握しておくとよいでしょう。このためには、それぞれの属性をグラフ化して不正な値を見つけるというのが簡単です。例えば、年を表す属性の値がゼロであるといったケースを発見できます。

　欠損した値への基本的な対処法をいくつか紹介します。

- 値が欠けているレコードをフィルターによって取り除く（ただし、欠損がランダムではない場合に偏りが生じる可能性がある）
- 欠けている値はゼロとみなす（場合によってはこれでもかまわないが、「ノイズ」の多いデータになる）
- 最頻値をセットする（値の選択方法は複数考えられる）

8.1.3.2　正規化

　正規化とは、入力の訓練データが一定の範囲内（$[0, 1]$、$[−1, 1]$ など）に収まるように調整することです。生データをベクトル表現に変換した後に行われます。ニューラルネットワークのアクティベーションに影響するため、正規化は重要です。ネットワークへの入力が大きすぎると、アクティベーションも大きくなり、訓練に悪影響が

生じることがあります。逆に入力が小さすぎる場合には、アクティベーションも同様に小さくなります。その影響は勾配の計算結果にも及ぶでしょう。

正規化されたデータを前提としているハイパーパラメーター
入力データの正規化が行われることを仮定したコンテキストの中で、重みの初期化方法（例えば Xavier）などが選択されることがあります

正規化を行う際には、データの一貫性を高めることが目標とされます。基本的な手段は2つあり (http://ciml.info/dl/v0_99/ciml-v0_99-ch05.pdf)、組み合わせて利用できます。

- センタリング
- スケーリング

どちらも訓練のプロセスを容易にすることを目標とした手段です。センタリングを行うと、特徴量が原点もしくは平均（多くの場合は平均）を中央とするようになります。スケーリングでは、データセット全体で分散が1になるか、絶対値の最大値が1になるように特徴量の値が定数倍されます。

これらの基本的テクニックを利用して、以下のような正規化の手法が定義されています。

- 標準化
- min-max スケーリング
- 白色化
- 主成分分析（PCA）

よく使われるのが標準化です。センタリングとスケーリングがともに適用され、データは平均がゼロで分散が1になります。min-max スケーリングは基本的なスケーリングの変種であり、学習アルゴリズムの効率を向上させてくれます。白色化と主成分分析についても、後ほど簡単に紹介します。

正規化のデメリット
実際のデータセットの多くには、外れ値が含まれています。これらに正規化を行うと、外れ値ではないデータが狭い区間に集まることになります。このような状況には注意が必要です。

概説：平均と分散

　ベクトルを変換する際には統計的手法がよく使われます。例えば、特徴量に対して標本平均（あるいは単に「平均」）や標本分散（あるいは単に「分散」）が計算されます。

　特徴量つまりデータセットの列の平均とは、文字通りそれぞれの特徴量の値を平均したものです。N 個の実数値 $x_1, x_2, ..., x_N$ の平均は、次のように計算されます。

$$\mu = \frac{1}{N} \sum_n x_n$$

　特徴量の分散は、値が平均の周囲にどの程度散らばっているかを表します。計算式は以下の通りです。

$$\sigma^2 = \frac{1}{N-1} \sum_n (x_n - \mu)^2$$

　ここでの μ は、上の式で求めた標本平均です。

標準化とゼロの平均そして1の分散

　特徴量の列の値を「標準化[†1]」するには、何らかの位置の値（最小値、最大値、中央値など）を減算し、そして何らかの広がりの値（分散、標準偏差、範囲など）で除算します。これらの処理によって、特徴量が以下の性質を持った標準的な正規分布になります。

[†1] 資料によっては、標準化は **z-スコア正規化**（z-score normalization）と呼ばれることもあります。

- $\mu = 0$（平均がゼロ）
- $\sigma = 1$（標準偏差が 1）

それぞれの特徴量について、値の平均がゼロで、平均からの標準偏差が 1.0 になるようにします。このために、まずそれぞれの特徴量の平均と標準偏差を計算します。そしてすべての特徴量の値について、平均値を減算して標準偏差で除算します。数式に表すと以下のようになります。

$$z = \frac{x - \mu}{\sigma}$$

この状態は**平均ゼロ、分散 1**（zero mean, unit variance）とも呼ばれます。特徴量の値がゼロを中心として標準偏差が 1.0 になるように分布し、値が $[-1, 1]$ の範囲付近に位置します。

ゼロの平均と 1 の分散は標準化の手法として最も広く使われています。ニューラルネットワークでの密なベクトルで使われるのが一般的です。

確率的勾配降下法（SGD）をはじめとする最適化手法では、標準化から大きなメリットを得られます。特徴量の範囲が異なると、一部のパラメーターだけが他よりも速く更新されてしまうことがあります。距離の指標に基づいて特徴量の類似度を比較するような手法に対しても、標準化が役立ちます。

ベクトルの中でデータのフィールドを属性から特徴量へと変換する際には、そのベクトルがどの程度疎か（ゼロがどの程度含まれているか）についても考慮しなければなりません。疎なデータにはスケーリングや正規化を行い、特徴量がゼロから 1 の確率を表すようにできます。一方、密なベクトルでは、平均をゼロにして分散を 1 にするという前処理（範囲は $[-1, 1]$ 付近になります）を行ってからスケーリングを適用します。

疎なデータと密なデータでの前処理の違いは、密なデータではスケーリングの前に平均ゼロ、分散 1 にする必要があるという点です。もちろん、データが $(0, 1)$ の範囲内になければならないアルゴリズムであれば、その範囲にスケーリングします。RBM などがこれに該当します。

標準化での注意点
疎なベクトルを安直に標準化するのは良い考えではありません。この後紹介するmin-maxスケーリングのほうが適している可能性もあります。疎なデータでは、正規化の後もゼロはゼロのままであることが望まれますが、標準化を行うとそのようになりません。

標準化による広い範囲の表現
$[-1, 1]$という範囲は、基本的な正規化の範囲である$[0, 1]$よりもデータを幅広く表現できます。浮動小数点数として利用できるビット数が多いためです。

min-max スケーリング

データの正規化にはmin-maxスケーリングも利用できます。ここでは、それぞれの特徴量が一定の範囲（一般的には$[0, 1]$）に収まるようにスケーリングが行われます。最も基本的なmin-maxスケーリングは次のように表現されます。

$$X_{norm} = \frac{X - X_{min}}{X_{max} - X_{min}}$$

標準化を行う場合と比べて、スケーリングでは標準偏差が小さくなるという特徴があります。また、min-maxスケーリングによる正規化は外れ値の影響を受けやすくなります。大小どちらの方向でも、外れ値が1つあるだけで最大値や最小値は変化し、正規化に大きな影響を与えます。これは標準化ではあまり問題になりません。

min-maxスケーリングは画像処理でよく使われます。ピクセルの値が特定の範囲へと正規化されている必要があるためです。例えばRGB値の範囲は$[0, 255]$であり、入力ベクトルでは$[0.0, 1.0]$にスケーリングされるべきです。

「正規化」という語が持つ複数の意味
文献によっては、min-maxスケーリングを単に「正規化」と呼び、「標準化」とは別の手法だとみなしていることがあります。本書では、min-maxスケーリングも標準化も正規化の手法として定義し、区別しています。このほうが、それぞれの手法を明確かつ具体的に表現できると我々は考えます。

白色化と主成分分析

ディープラーニングというコンテキストで取り上げておくべき変換として、統計

的白色化[†2]（あるいは単に「白色化」）が挙げられます。ここでは、恒等共分散行列
（https://en.wikipedia.org/wiki/Covariance_matrix）を持つようにデータが変換
されます。白色化によってデータの相関が失われるため、データをより効率的に表現
できるようになります。入力データを白色ノイズのベクトルに変化させる様子から、
白色化と名付けられました。白色化を行うと、ある条件下ではノイズが増幅されると
いう問題が指摘されています（http://cs231n.github.io/neural-networks-2/）。

主成分分析[†3]を行うと、相関を持つかもしれないデータセットを線形相関のない
変数のデータセットへと変換できます。直交変換によって、主成分の集合が生成され
ます。

次元数の削減

モデルに対してどの属性が最も影響を与えているかを、何らかのアルゴリズ
ムによって知りたいという場合、多くの場面で次元数の削減が利用されます。
ディープラーニングそして特に DBN（Deep Belief Network）での興味深い特
性として、事前訓練のフェーズでは RBM の層を訓練することによってデータ
の表現を学習するという点があります。また、オートエンコーダーは生データを
より短いベクトルへとエンコードします。こうした短い表現は、分類や類似検索
のアルゴリズムへの入力として使われます。

リカレントニューラルネットワークや CNN に正規化を適用する

モデルが入力に何らかの構造を仮定するなら、正規化もその構造を仮定しなければ
なりません。LSTM（Long Short-Term Memory）など各種のリカレントニューラ
ルネットワークでは、与えられた入力について、すべてのタイムステップにおける平
均や標準偏差、最小値、最大値を計算します。

CNN のコンテキストで正規化を行う際には、平均や標準偏差などを求めたら、画
像内のすべてのピクセルでこれらを共有するべきです。通常は RGB のチャンネルご

[†2] Kessy, Lewin, and Strimmer. 2015. "Optimal whitening and decorrelation." (https://arxiv.org/abs/1512.00809)

[†3] Pearson. 1901. "On Lines and Planes of Closest Fit to Systems of Points in Space." (http://pca.narod.ru/pearson1901.pdf)

とに個別に共有されます。

回帰分析のモデルのための正規化

回帰分析向けのデータには正規化が必要ですが、回帰分析は特別なケースだと考えるべきです。分類モデルの正規化では、特徴量つまり入力が正規化されます。しかし、回帰分析ではラベル（ターゲットや出力データの値）も正規化しなければならないことがあります。

回帰分析のモデル化の際にも、正規化のプロセスには同じ基本原則が適用されます。訓練のプロセスの入力や出力を正規化する際には、引き続き min-max スケーリングや標準化などの手法が使われます。

回帰分析の出力を正規化する理由

例えば MSE（平均 2 乗誤差）の損失関数について考えてみましょう。値の範囲がゼロから 100 万だったとしたら、誤差や勾配はとても大きなものになるでしょう。

しかし、ラベル（出力値）を正規化した後では、予測対象は元の値ではなくなります。そのため、ネットワークが予測した値に対して、正規化とは逆の処理を行う必要があります。1 対 1 の対応関係になっているので、min-max スケーリングや標準化についても逆変換が可能です。

逆方向の正規化を行う数式は以下のようになります。

逆方向の標準化

$$\mathrm{origScaleOutput} = \mathrm{netOutput} \times \sigma + \mu$$

逆方向の min-max スケーリング

$$\mathrm{origScaleOutput} = \mathrm{netOutput} \times (X_{max} - X_{min}) + X_{min}$$

8.1.3.3　2 値化

モデル化アルゴリズムが多変量のベルヌーイ分布に基づくデータを要求するような

状況で、属性から特徴量を組み立てなければならないというケースもあります。

こうした場合には**特徴量の 2 値化**（feature binarization）を行い、数値の特徴量から真偽値を導出します。フィルターによって、1 またはゼロを値として持つ特徴量が生成されます。

8.2　ETL とベクトル化に DataVec を利用する

ここまでに述べてきたデータの ETL やベクトル化そして正規化は、実務者にとってどれも重要なトピックです。どのような機械学習のパイプラインを作るかだけでなく、そのパイプラインをどう運用していくかについても検討する必要があります。ほとんどの結合と ETL の操作がワンパスで行える場合、より高速なパイプラインを求めるのであれば、水平方向のスケーラビリティも検討対象になります。

データが大きくなくても速度を求めるべき
テラバイト級のデータを持っていなくても、機械学習のパイプラインの ETL フェーズでスケーラビリティを考慮しなくてよいということにはなりません。管理職や顧客はしばしば、「もっと早く処理結果を得るにはどうすればよいのか」と聞いてきます。そして多くの場合、答えはパイプラインを水平方向にスケールアウトするというものです。Apache Hadoop や Apache Spark、DL4J、DataVec などのツールはいずれも、新しくスケーラブルな機械学習のパイプラインを構成するためのパーツです。

DataVec にはローカルな実行のモードが用意されており、Apache Spark や Apache Hadoop の上でのスケールアウトも可能です。「5 章　深層ネットワークの構築」のコードの多くでは、ND4J の API を直接呼び出してデータを操作し、DL4J ライブラリが入力として利用する DataSet オブジェクトを生成していました。DataVec の長所の 1 つに、標準的な型のデータからベクトル化された DataSet オブジェクトを自動生成できるという点があります。DataVec には変換の機能も用意されており、ベクトル化されたデータの統計情報を収集して DataSet オブジェクトのデータを正規化できます。

この章で述べてきたように、機械学習やディープラーニングでのベクトル化として最も基本的なのは表形式（CSV）データの処理です。DataVec のローカルモードを使ってこれを行うには、以下のようなコードを記述します。

```
RecordReader reader = new CSVRecordReader( numLinesToSkip, delimiter );
InputSplit inputSplit = new FileInputSplit( file );
reader.initialize( inputSplit );

// DataSetIterator を作成します。分類が行われることを仮定しています

int minibatchSize = 10;      // 各ミニバッチ内のサンプルサイズ

int labelIndex = 7;          // ラベルを含む列のインデックス番号
int numClasses = 5;          // クラス(ラベルのカテゴリー)の数
DataSetIterator iterator =
    new RecordReaderDataSetIterator(
        reader, minibatchSize, labelIndex, numClasses );
```

「5章 深層ネットワークの構築」でCSVデータの入力から多層パーセプトロンのモデルを作る際に、これに似たコードを利用しました。DataVecではレコードを読み込むコードを複数指定できます。それらをDataSetのイテレータを使ってまとめ、DL4Jのパイプライン上で処理することができます。DataVecを使うと、以下のような操作を簡単に指定できます。

- 結合
- フィルタリング
- 正規化
- 標準化

この章で後ほど、他の主要なデータ型を取り上げてDataVecでの扱い方を紹介します。

DataVecについてもっと学びたい読者は、Alex Blackが寄稿した「付録F DataVecの使用方法」を参照してください。

8.3　画像データをベクトル化する

画像にも、探索対象として豊富な情報が含まれています。我々は画像を、「視覚的概念を描写あるいは記録したもの。例えば2次元の絵など」と定義します。コンピューター上に格納される際には、画像は表8-2のようなピクセル値の配列として表現され

ます。それぞれのピクセルは明るさや色を示す値を保持しています。

表8-2 行列として可視化された、画像のピクセル

	列1	列2	...	列 m
行1	p_{11}	p_{21}	...	p_{m1}
行2	p_{12}	p_{22}	...	p_{m2}
...	...	...		...
行 n	p_{1n}	p_{2n}	...	p_{mn}

ピクセルあたりのビット数は、各ピクセルに何色表示できるかを表しています。1ビットのピクセルは、2値の画像（一般的には白か黒のピクセル）しか表現できません。8ビットのピクセルのほうがよく使われており、256色あるいは256階調のグレースケールの画像を表せます。グレースケール画像では、ピクセルを表す整数は明るさを示します。ゼロが黒、255が白をそれぞれ表します。カラー画像では、赤、緑、青の要素ごとに値が指定されます（RGB色空間の場合）。つまり、実際のピクセルの値は3つの数によるタプルです。画像ファイルの形式としてはJPG、PNG、GIFなどがよく使われます。

画像の形式

形式ごとに画像データは異なる方法で格納されており、生データに対する圧縮のレベルも異なります。テキストと異なり、ベクトル化をより容易に行えます。

動画データを処理する

動画データのベクトル化は、画像のベクトル化と時系列データの組み合わせです。動画データにはタイムスタンプの付いた画像が格納されています。動画をベクトル化するには、画像のベクトル化のプロセスを時間に沿って管理していく必要があります。何を1つのベクトルとみなすか（1つのフレームか、複数のフレームにまたがる画像の集合か）という点で、より複雑な処理が求められます。

8.3.1　DL4Jでの画像データの表現

ディープラーニングというコンテキストでは、CNNでの画像のベクトル化が最大の関心事です。DL4Jで変換されたそれぞれの画像は、3次元のテンソル表現として`INDArray`オブジェクトに格納されます（図8-1）。詳細については「付録E　ND4J

API の使用方法」を参照してください。

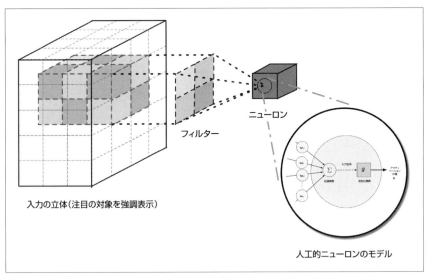

図8-1　畳み込みネットワークでの 3 次元の入力の立体

訓練用の画像のミニバッチを作成する際、（今までにも見てきたように）以下の 4 つの次元を持つテンソルが作られます。

1. ミニバッチのサイズ
2. 奥行き
3. 高さ
4. 幅

幅と高さは入力画像の幅と高さに直接対応します。奥行きは、画像のチャンネル数を表します。RGB 画像であればチャンネル数は 3 です。

CNN では 4 次元のミニバッチが広く使われる
DL4J で CNN や画像を扱う場合、4 次元の形式が標準的に使われています。

8.3 画像データをベクトル化する | **385**

多層パーセプトロンのネットワーク向けにデータをベクトル化する場合、2次元への平坦化（例えば「ミニバッチのサイズ、奥行き × 高さ × 幅」）が必要です。画像に対するこの種のベクトル化を理解するために、先ほどのグリッドの例について引き続き考えてみましょう。画像についてまず行わなければならないのは、ピクセルの配列中のそれぞれの位置からピクセルの強度を取り出すことです。**表8-3** のように、$M \times N$ の画像を $1 \times (M \times N)$ の配列へと平坦化するというのが基本的な考え方です。

表8-3　平坦化された画像データ

	列 1	列 2	...	列 $m \times n$
行 1	ピクセル 1	ピクセル 2	...	ピクセル $m \times n$

画像は色強度を物理的に表す浮動小数点数のシーケンスから構成されます。しかし、我々はこれをピクセルの強度を表す $M \times N$ の論理的なグリッドとしてとらえます。画像を線形代数のベクトルに渡すために、ピクセルの強度を値のベクトルへと並べ替えます。この形式のほうが、機械学習のアルゴリズムに適しています。

長方形から $1 \times (M \times N)$ の配列へと変換し、これを**表8-4** のように行列内の1つのレコードとして表現します。このような平坦化には CnnToFeedForward PreProcessor が使われます。ネットワークの設定で setInputType(InputType. convolutional(height,width,depth)) を指定すると、この平坦化が自動的に行われます。setInputType() メソッドは、2次元の配列を要求する密な層に4次元の配列が渡されようとしていることを認識し、平坦化のための前処理を追加してくれます。

表8-4　平坦化された画像のミニバッチ。2次元配列として表現される

	列 1	列 2	...	列 $m \times n$
画像 1	ピクセル 1	ピクセル 2	...	ピクセル $m \times n$
画像 2	ピクセル 1	ピクセル 2	...	ピクセル $m \times n$
画像 3	ピクセル 1	ピクセル 2	...	ピクセル $m \times n$

8.3.2　DataVec を使った画像データとベクトルの正規化

画像のモデル化におけるベクトル化の主要な処理は、生のピクセルデータを各ファイル形式のコンテナから取り出し、学習アルゴリズムが理解できる形式のベクトルオ

ブジェクトへと変換することです。セルごとに生のピクセルデータを読み込み、必要な変換や正規化を行って、最終的な値を出力ベクトルの中の適切な位置に追加します。多くの場合、データを直接ベクトルに格納できます。単に画像のピクセル全体を取り出して、ピクセルごとに何らかの変換を行うだけです。高度な画像処理の手法を使えば、画像の中で選択されている部分だけを抜き出し、それ自身をベクトルとして利用するといったことも可能です。

DataVec の `ImageRecordReader` を使うと、画像を読み込んで切り抜きなどの一般的な処理を行えます。以下を含めて各種の画像形式に対応しています。

- JPG
- GIF
- PNG
- TIFF
- BMP

JavaCV や OpenCV を使うと、画像の読み込みや操作を効率的に行えます。次のコードでは、DataVec の `ImageRecordReader` を使って `DataSetIterator` を作成しています。こうすると、DL4J は画像データを直接使って訓練を行えるようになります。

```
ImageRecordReader reader =
    new ImageRecordReader(
        outputHeight, outputWidth, inputNumChannels, labelMaker );
reader.initialize( inputSplit );

// DataSetIterator を作成します

int minibatchSize = 10;    // 各ミニバッチ内のサンプルサイズ
int labelIndex = 1;        // ImageRecordReader では常に 1 です
int numClasses = 3;        // クラス（ラベルのカテゴリー）の数

DataSetIterator iterator =
    new RecordReaderDataSetIterator(
        reader, minibatchSize, labelIndex, numClasses );
```

このような機能のおかげで、DL4J というプラットフォームでの作業はとても容易です。それぞれの形式のファイルからピクセルの値を取り出すといったささいな事柄を気にすることなしに、ETL やベクトル化のパイプラインに注力できます。

8.4 連続データをベクトル化する | **387**

`ImageRecordReader`の詳細については「付録 F　DataVec の使用方法」を参照してください。画像データの変換や正規化、標準化などのメソッドを紹介しています。

8.4　連続データをベクトル化する

　連続データは表形式のデータに似ていますが、各行での 1 つの列に複数の値を持つことができるという点が異なります。連続データの例として、ある場所で定期的に取得された気温といったものが考えられます。個々の測定結果にタイムスタンプが付属していれば、この連続データは「時系列データ」と呼べます。時系列データとは、連続した間隔にわたって計測されたデータポイントのシーケンスと定義されます。経済の分野では、ニューヨーク証券取引所での毎日の調整後終値などの時系列データがあります[†4]。また、スマートグリッド上での PMU（phasor measurement unit）の計測値も時系列データの 1 つです（https://openpdc.codeplex.com/）。ここでは位相や電圧が 1 秒間に 30 回測定されています。

　とても広く利用されている適用例として、ログの処理が挙げられます。Web サーバーや携帯電話、クレジットカード読み取り機といったシステムはいずれも、要求への応答として処理が行われるたびにログのエントリを生成して記録します。こういったデバイスは連続データや時系列データのソースとしてとても適しています。データは従来の RDBMS システムにうまく格納できるとは限りません。そこで SAN（storage area network）や Apache の HDFS などがよく使われます。話題を集めている IoT（Internet of Things）でも、Web サーバー、PMU、携帯電話などにあるセンサーから時系列データを取り込んで解釈するというユースケースは多数見られます。また、気づかれにくい連続データとしては、ゲノムデータや通常の文字のシーケンス（文など）が考えられます。

　今日の機械学習ツールの多くは、連続データを十分にサポートしていません。そのため、実務者は ETL の複雑なパイプラインを手作業で作ってデータを取り扱うことを余儀なくされています。また、ノイズがとても大きい連続値もしばしば見られ、正規化や標準化が求められています。ここからは、DataVec を使って連続データのETL やベクトル化を行うための実践的な手法を紹介します。

[†4]　実世界での時系列データについてより良く知りたい読者は、http://www.cloudera.com/blog/2011/03/simple-moving-average-secondary-sort-and-mapreduce-part-1/ を参照してください。

8.4.1　連続データの主なソース

連続データの形態はさまざまです。生成したデバイスやデータの格納方法、格納されるデータの形式によって異なります。我々がよく目にする連続データは以下の3つです。

- 未加工のログデータ
- 時系列データを表す単一のCSVファイル
- 時系列データを表す複数のCSVファイル

これらのソースのファイルの中でも、データの配列はさらに異なります。エンティティ（「ユーザー」あるいはその他の行為者）が存在し、1つのシーケンスのエントリごとにN個の値が収集されます。つまり、エンティティごとに1つ以上の列が用意されます。データをディスクに格納する方法としては、例えば以下のようなバリエーションが考えられます。

すべてのシーケンスを1つのファイルに格納する
　　それぞれの行は、1つのソースからの計測値の集合であり、複数の列を持ちます。

シーケンスを複数のファイルに分散させる
　　多くの場合、1つのファイルには1つのソースからの計測値が記録されます。

ファイルが1つのバリエーションでは、連続データが行指向のCSVファイルに格納されることがあります。ここでは、ファイルの各行はあるソースからの1つの列を表します。ソースの識別子も行に含まれます。

それぞれのソースがタイムステップごとに複数の時系列データの列を生成している場合、このデータはしばしば各行がタイムステップを表すCSVファイルに格納されます。それぞれのファイルが、時系列データを出力する1つのソースに対応します。各行は1つ以上の列を持ち、あるタイムステップに得られた値を表します。

時系列データのシーケンスの中で、1つのタイムステップに列の値をいくつ取得するかについても検討するべきです。送電網を例にとると、電圧だけを測定するなら各タイムステップでの値の列は1つです。また、それぞれのステップ（タイムステップ）で電圧と温度を測定するなら、シーケンスのステップごとに最低2つの列を表現

8.4 連続データをベクトル化する | **389**

できるファイル形式が必要です。

これらすべて（他にもあるでしょう）の要因が、ETL のプロセスや連続データの
ベクトル化・正規化・標準化へとつながっていきます。最終的にはこうした情報はす
べて、モデル化ツールが解釈できる DataSet などのオブジェクトとして表現されま
す。DL4J は DataVec を通じて連続データの ETL をサポートしています。

8.4.2 DataVec を使って連続データをベクトル化する

生の連続データが記述されたファイルを、ドライブ（ローカルあるいは HDFS な
ど）から取り込む必要があります。ここでは次のような処理が行われます。

- ファイル形式の読み込み
- データの結合や変換
- シーケンスのソースに関連する特徴量とラベルとの対応付け
- 正規化あるいは標準化の適用
- 最終的には、データが適切に配置された DataSet オブジェクトを生成

入力ファイルの形式は、DataVec（あるいは、もし利用されているなら Spark）の
レコード読み取り機能がすでに対応しているものであると好都合です。最終的に必要
なのは、連続データによるミニバッチの集合です。このテンソルの構造では、1 つ以
上の列が ND4J の NDArray として表現されます。**図8-2** の右側にあるような、3 次
元のテンソルの構造が求められています。

以下の条件を満たすように、3 次元のテンソル（つまり 3 次元の行列）を作成し
ます。

- ミニバッチのサイズが 1 つ目の次元に対応する
- 特徴量の列が 2 つ目の次元を表す
- 3 つ目の次元はそれぞれの列そしてタイムステップでの値と対応する

これまでに述べた ETL 関連の作業をすべて行い、NDArray のテンソルにデータ
を適切に配置するというのは面倒です。したがって、DataVec に用意されているレ
コード読み込み機能やデータ形式を可能な限り利用するのがよいでしょう。

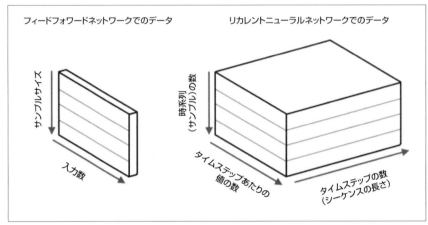

図8-2　リカレントニューラルネットワークでの連続データの表現

独自ファイル形式
入力データの形式に対応したレコード読み込み機能がDataVecに用意されていないという場合には、テンソルを組み立てるためのコードを独自に作成する必要があります。データの複雑さにもよりますが、簡単な作業ではありません。

まず、古くからある時系列データのベクトル化の手法を紹介します。その後で、DataVecを使って連続データをテンソルに変換する際のパターンを解説することにします。

8.4.2.1　時系列を1つのベクトルに変換する

ほとんどの機械学習の手法は、それぞれのレコードをベクトルまたは行列の行として表現します。それぞれの行が1つのレコードを表し、行のグループは訓練対象のベクトルのミニバッチに対応します。図示すると図8-2の左側のようになります。

この手法には、入力データの中から時間の概念が失われてしまうという問題があります。リカレントニューラルネットワークが生まれるまでは、ほとんどの機械学習のテクニックにとって値のシーケンス（つまり時間という考え方）を考慮に入れる手段がそもそもありませんでした。大抵の場合、実務者たちは面倒な手作業でベクトルを生成していました。このやり方でうまくいくこともありますが、「5章　深層ネットワークの構築」でも述べたように、機械学習のパイプラインの安定性に対して大きな技術的負債をもたらす可能性があります。

SAX（Symbolic Aggregated Approximation）

　平坦なベクトル表現の世界の中で、時系列データを処理する方法はいくつか
あります。ノイズの多い時系列データを扱う手法の 1 つに、前処理のステップ
としてローパスフィルターを実行するというものがあります。SAX（Symbolic
Aggregated approXimation、http://www.cs.ucr.edu/~eamonn/SAX.htm）
と呼ばれる前処理は、時系列データのノイズを減らす優れた方法です。カリフォ
ルニア大学リバーサイド校の Dr. Eamonn Keogh らによって開発されました。
SAX は時系列のシンボリックな表現であり、独自の特性を備えています。d 次
元で長さが n の時系列 T が表現されます。本質的には、SAX はユークリッド距
離を下限とするローパスフィルターです。生の時系列データに次元数の削減を適
用することによって、学習が促進されます。

　SAX の後継として、機能が追加された iSAX（indexable Symbolic Aggregate
approXimation）も考案されました。「拡張可能なハッシュ」と複数解像度の表
現をしやすいように SAX を変更したものです。完全一致検索を高速に行うこと
ができ、近似検索はさらに高速です。これらのおかげで、異なる値の分布を柔軟
に表現できます。また、時系列から特徴的なインデックスを作成でき、高速な近
似検索などの多くのアプリケーションで有用です。

8.4.2.2　ローカルモードで時系列データを DataSet オブジェクトに変換する

リカレントニューラルネットワークや LSTM では、3 次元のテンソルを表す
DataSet オブジェクトを生成する必要があります。ここでの概念を説明するために、
各エンティティの時系列データが個別のファイルに格納されている場合のモデル化を
例として考えてみます。なお、エンティティごとに、ラベルのファイルも用意されて
いるものとします。ファイル構成の例は次のようになります。

- エンティティ 0 の連続データ:
  - `train/features/0.csv`
- エンティティ 0 の連続データのラベル:
  - `train/labels/0.csv`

392 | 8章　ベクトル化

　ここでは測定ステップごとに 1 列のデータしかないため、単変量だということにな
ります。DataVec を使う場合はレコードの読み込みに CSVSequenceRecordReader
を使い、ファイルやディレクトリ名の扱いは NumberedFileInputSplit に任せま
す。SequenceRecordReaderDataSetIterator を使って DataSet オブジェクト
を生成し、このオブジェクトが record reader オブジェクトや input split オブジェ
クトを利用します。以上の処理を行っているのが次のコードです。

```
// train/features/0.csv から train/features/449.csv まで、
// 特徴量の訓練用ファイルは 450 個用意されています

SequenceRecordReader trainFeatures = new CSVSequenceRecordReader();
trainFeatures.initialize(new NumberedFileInputSplit(featuresDirTrain
    .getAbsolutePath() + "/%d.csv", 0, 449));

SequenceRecordReader trainLabels = new CSVSequenceRecordReader();
trainLabels.initialize(new NumberedFileInputSplit(labelsDirTrain
    .getAbsolutePath() + "/%d.csv", 0, 449));

int miniBatchSize = 10;
int numLabelClasses = 6;

DataSetIterator trainData =
    new SequenceRecordReaderDataSetIterator(trainFeatures,
    trainLabels, miniBatchSize, numLabelClasses,
    false, SequenceRecordReaderDataSetIterator.AlignmentMode.ALIGN_END);

// 訓練データを正規化します
DataNormalization normalizer = new NormalizerStandardize();
normalizer.fit(trainData);              // 訓練データの統計情報を収集します
trainData.reset();

// 収集された統計情報を使い、動的に正規化を行います
// trainData のイテレータから返される DataSet が正規化されます
trainData.setPreProcessor(normalizer);
```

　ここまでに説明してきたオブジェクトをまとめて、DataSet オブジェクトのミニ
バッチを返す DataSetIterator を作成します。これらの DataSet オブジェクトの
ミニバッチには、ソース（そしてラベル）のデータが適切に配置されています。コー
ドの末尾付近では、DataVec のパイプラインの中でデータに対して動的に正規化や
標準化が行われています。

　DataVec のデータ読み込み機能には、以下のようなバリエーションが用意されて
います。

CSVNLinesSequenceRecordReader
先ほど触れた CSV でのシーケンスの読み込み機能とは別のバージョンです。それぞれのシーケンスは必ず N 行であり、1 つのファイルに順に格納されます。

RegexSequenceRecordReader
各列を解釈する際に正規表現が必要なログデータに対して、うまく機能します。

ファイル形式という点では、先ほどはディレクトリ内に番号付きのファイルとして格納されたデータを読み込む NumberedFileInputSplit を利用しました。もちろん、ドライブにファイルを配置する方法は他にもたくさん考えられます。FileSplit のサブクラスを定義することで、それぞれのシナリオに対応します。

さらに取り上げておくべきトピックとして、DataVec の組み込みの機能では対応できないような形式の連続データからカスタムの DataSet を作成するというトピックと、DataVec を Spark 上で実行するというトピックの 2 つがあります。カスタムの DataSet オブジェクトの作成についてはこの後すぐ解説し、Apache Spark 上での連続データのベクトル化は「9 章　Spark 上で DL4J を用いて機械学習を行う」で紹介します。

8.4.2.3　連続データからカスタムの DataSet を作成する

DL4J を使って LSTM を訓練するために必要なデータ構造を作成する際には、以下の点について考慮するだけで十分です。

- 訓練データを保持する入力の NDArray
- ラベルのデータを保持する NDArray
- マスキングの情報を表す 2 つの DataSet

これらの合計 4 つの NDArray オブジェクトを組み合わせて、DL4J が必要とする DataSet を以下のように組み立てます。

```
DataSet d = new DataSet( input, labels, mask_in, mask_labels );
```

上のようにして NDArray をまとめる前に、それぞれの NDArray の中にデータを適切に配置する必要があります。例えば次のようなコードが使われます。

```
// 「ミニバッチのサイズ、列数、タイムステップ数」のための領域を割り当てます
INDArray input  =
    Nd4j.zeros(new int[]{ miniBatchSize, inputColumnCount, maxTimestepLength });
INDArray labels =
    Nd4j.zeros(new int[]{ miniBatchSize, outputColumnCount, maxTimestepLength });
INDArray mask   = Nd4j.zeros(new int[]{ miniBatchSize, maxTimestepLength });

for (int miniBatchIndex = 0; miniBatchIndex < miniBatchSize; miniBatchIndex++) {
  for ( int curTimestep = 0; curTimestep < endTimestep; curTimestep++ ){
      // input: 現在のタイムステップでの、列番号に文字 id をセット
      input.putScalar(new int[]{ miniBatchIndex, columnIndex, curTimestep }, 1.0);

      // 他の入力の列についても同様にします

      // マスキングの情報をセットアップします
      // データが存在するタイムステップについては 1.0 を代入します
      mask.putScalar(new int[]{ miniBatchIndex, curTimestep }, 1.0);
      // labels: 次のタイムステップに現れる文字 id を列番号にセット
      labels.putScalar(new int[]{ miniBatchIndex, nextValue, timestep }, 1.0);
  }
}

INDArray mask2 = Nd4j.zeros(new int[]{ miniBatchSize, maxLength });
Nd4j.copy(mask, mask2);
return new DataSet(input,labels, mask, mask2);
```

　もちろん、このコードを実行する前に生データの ETL やベクトル化をすべて行っ
ておく必要があります。現時点では、テンソルのデータ構造にデータを配置しただけ
です。このコードでのポイントは以下の通りです。

- 入力の行列を組み立てるには ND4J を使う
- 3 次元の構造を辿ってデータを組み立てる際に、2 重ループのパターンはよく
  使われる
- ほとんどの場合、INDArray.putScalar() を使って値をセットする

　ここで注目すべきコツは、ラベルの行列における配置方法です。「5 章　深層ネッ
トワークの構築」で取り上げたシェイクスピアの例のような文字の予測では、次の文
字の値が現在のタイムステップでのラベルとして行列に代入されます。ログデータで
の異常検知など、連続データの分類を行うモデルでは、ラベルの行列の中のすべての
タイムステップに対してクラスが割り当てられます。データの配置方法は 1 つではな

く、不定期に発生するデータを扱うための方針もいくつか考えられています。時系列データを配置する方法の選択は、各自の判断に委ねられています。

テンソルにマスキングを行う

DL4J では訓練データとラベルの両方にマスキングが適用されます。

訓練データに対しては、データが含まれているタイムステップについて 1.0 というマスキングの値が指定されます。これ以外のタイムステップについてはすべて、マスキングの値は 0.0 になります。通常は入力データとラベルの双方について、同じマスキングが行われます。

マスキングが行われるのは一般的に、テンソルのデータ構造を走査するときです。走査する中で、それぞれのタイムステップに、マスキングの値がセットされます。コードは次のようになります。

```
INDArray mask = Nd4j.zeros(new int[]{ miniBatchSize, maxLength });
...
for (...) {
  ...
  mask.putScalar(new int[]{ miniBatchIndex, timestep }, 1.0);
```

ここでは、マスクのデータ構造の中でミニバッチとタイムステップのインデックス番号だけがそれぞれ指定されています。どの列にデータが含まれているか指定する必要はなく、「このタイムステップではどの列にもデータがあるかもしれません」といった意味の呼び出しが行われます。

8.5　ベクトル化でテキストを扱う

文書や段落には任意の個数の単語が含まれ、それぞれのコーパスの単語数も異なります。そのため、テキストは扱いにくいと思われるかもしれません。それぞれの文書で「属性」の数に一貫性がない場合、単に属性の値をコピーするという、最もシンプルな特徴量作成の手法は適用できません。個数が可変の属性を、一定の個数の特徴量へと変換する必要があります。後ほど紹介しますが、これを実現する方法は複数あります。ここでは昔から使われてきた方法をいくつか解説し、より新しいWord2Vec などの手法と比較します。まずは自由形式のテキストについての基礎と、

396 | 8章　ベクトル化

VSM（Vector Space Model、http://nlp.stanford.edu/IR-book/html/htmlediti
on/the-vector-space-model-for-scoring-1.html）の解説から始めることにします。
　VSM はテキスト文書をベクトル化する際によく使われます。このモデルでは、出
現するすべての単語に整数値が割り当てられます。十分に大きな配列を確保できるな
ら、すべての単語についてそれぞれ固有のスロットを配列中に用意し、要素の値とし
てその単語の出現回数を保持するということが可能です。しかしほとんどの場合、配
列のサイズはコーパスの語彙数よりも少なくなります。そのため、何らかのベクトル
化の方針が必要です。
　テキストのモデル化には以下のような段階を経なければなりません。

1. 文のセグメント化
   ユースケースによっては、省略してトークン化に進むこともある
2. トークン化
   個々の単語を検出するために行われる
3. ステミング（http://stanford.io/2uSn0Vq）
   単語の語幹部分を検出する。省略可能
4. レンマ化[†5]
   ある見出し語に複数のバリエーションが存在する場合に、これらを 1 つにまとめ
   る。省略可能
5. ストップワードの削除（省略可能）
6. ベクトル化
   以上のプロセスからの出力を元に、浮動小数点数の配列を作成する

　VSM では、それぞれの単語は次元であり、さらに言うと互いに直交すると仮定し
ます。平面上のある点で、x と y の値が独立しているというのと同様です。しかしテ
キストの場合、この仮定は正しくありません。単語には共起という性質があるためで
す。例えば製品の名前や、「Tennessee Volunteers」のようなチーム名などがこの性
質に当てはまります。Tennessee と Volunteers という単語が一緒に出現する確率は
他よりも高く、これらの単語は真に独立ではありません。ベクトル化の際には複数の
方針が考えられます。以降では、テキストのベクトル化に広く使われている方法をい
くつか紹介します。シンプルなものから高度なものへと順に取り上げていきます。

---

†5　一部の言語では、ステミングはレンマ化の「軽量版」です。

8.5.1 単語バッグ

単語バッグ（Bag of Words）は、単語のリストとその出現回数から構成されます。最もシンプルなベクトルのモデルですが、単語の数に応じて大量の列が使われてしまいます。一般的には、ドキュメントあたりの単語の数を正規化して学習を容易にするということが行われます。するとドキュメントを表すベクトルは、ドキュメント内でそれぞれの単語が現れる確率を示すことになります。単語バッグのモデルを使うと、シンプルな表現を得られます。自然言語処理（NLP）や情報取得（IR）でしばしば使われます。

一連の単語やドキュメントのグループも、単語バッグ（あるいは、単語の多重集合）として表現できます。文法や単語の順序は無視されますが、それぞれの単語の出現回数は管理できます。単語バッグをベクトル化するテクニックは、ドキュメントの分類や情報取得の分野で最も使われています[6]。

表8-5のベクトルでは、ドキュメント中で使われたすべての単語にインデックス番号が割り当てられています。例えば apple という単語のインデックス番号がゼロだとすると、ドキュメント内でこの単語が出現するたびにベクトルのゼロ番の値に 1 が加算されていきます。最終的には異なる単語の集合と、それぞれ単語が何回現れたかという情報とを得られます。このような出現回数がわかると、単語のインデックス番号とベクトルの対応関係に基づいて特徴量ベクトルを作成できます。ベクトルは単語の出現回数を保持していますが、単語の順序に関する情報は持ちません。こうした表現はヒストグラムと等価であるとも考えられます。

表8-5　可視化されたベクトル空間のモデル

	T_1	T_2	...	T_t
D_1	w_{11}	w_{21}	...	w_{t1}
D_2	w_{12}	w_{22}	...	w_{t2}
...	...	...	...	...
D_n	w_{1n}	w_{2n}	...	w_{tn}

単語バッグのモデルは**単語頻度**（term frequency）ベクトルとも呼ばれます。単語頻度は、TF-IDF などのより高度なベクトル化手法の中で利用できます。TF-IDF

---

[6] 単語バッグのモデルは昔から使われており、Zellig Harris による 1954 年の論文 "Distributional Structure" でも言及が見られます。Salton と McGill も 1983 年に "Orderless document representation: frequencies of words from a dictionary" を執筆しています。

では、ドキュメント内での単語の出現頻度にコーパス全体の中での希少性が乗算されます。別の単語バッグのバリエーションでは、ベクトルの各要素の値はゼロか1のどちらかだけであり、ある単語が出現したか否かを表します。単語バッグを適用するためにはデータセットを複数回走査する必要があり、大きなデータセットでは特に高コストになります。

単語バッグの手法には、句や複数語による表現を捕捉できないという欠点があります。特別な前処理を行わない場合、スペルミスや単語のバリエーションを1つの単語にまとめて扱うということも不可能です。N-グラムなどの前処理のテクニックを適用すると、これら2つの問題の両方に対処できます[†7]。

8.5.2 TF-IDF

TF-IDF (http://stanford.io/2sxu2ym) は、単語バッグモデルでの本質的な問題点を解決してくれます。すべてのドキュメントあるいは1つのドキュメントの中で、複数の単語が同じ頻度で現れることはありません。ある単語の出現頻度と、その単語が目印としてどの程度特徴的かという相対的な重みが TF-IDF では計算されます。

ここではドキュメントの集合全体に対し、単語がドキュメントでどの程度重要かを示す量的な統計値が与えられます。情報取得やテキストマイニングの際に、TF-IDF はよく重みの係数として扱われます。ドキュメント内での単語の出現回数に応じて、TF-IDF の値は増加します。しかし同時に、コーパス全体での出現頻度によって上昇は抑制されます。その結果、あるドキュメントでは重要そうだが、ドキュメントの集合全体としてはよくあるといった単語を考慮に入れることが可能です。

コーパス全体での出現頻度とドキュメントでの出現頻度をともに利用することによって、どの単語が他の単語よりよく使われるかという観点をコントロールできるという点で TF-IDF は有用です。TF-IDF の重みは、単語頻度（Term Frequency）と逆文書頻度（Inverse Document Frequency）を乗算したものです。TF-IDF の値を求めるためには、まず TF の部分から算出します。

[†7]　単語バッグのベクトル化には、ハッシュを計算するというバリエーションもあります。すべての単語を固定長のベクトルのインデックスに対応付けるために、ハッシュ関数が使われます。

単語を重み付けする

検索エンジンはしばしば TF-IDF を利用し、ユーザーからの問い合わせに応じてドキュメントの重要性のスコアや順位を算出しています。また、TF-IDF はテキストの要約や分類の際のストップワードのフィルターとしても有用です。TF-IDF ではストップワードに小さな重みが設定されます。一方、コーパス全体から見て出現頻度の低い単語には大きな重みが与えられます。

このように重要な単語は TF の値が大きく、IDF も大きくなります。そして両者の積も大きなものになります。これは初期のバージョンの TF-IDF ですが、ストップワードの重みは小さく、稀な単語はとても大きな重みになります。その結果、相対的な価値の高い単語を見つけられるようになります。そういった単語は、例えばドキュメントのトピックなどに該当するものです。重要な単語は TF も IDF も大きいので、相対的に高い TF-IDF のスコアが与えられます。

検索エンジン以外にも、TF-IDF はテキストの要約や分類に役立ちます。このベクトル化のプロセスは、基本的な単語バッグモデルよりも正確です。ただし、ドキュメント内とコーパス全体でそれぞれ単語の出現頻度を求める必要があるので、計算の量はより多くなります。データセットを複数回走査しなければならず、前処理も必要です。

8.5.2.1　TF

最もシンプルな形の TF は、ある単語がドキュメントのグループの中に現れる回数として定義できます。単語バッグがコーパス内での単語の出現回数を表すのと同様に、TF も単語の出現頻度を示します。より複雑な形式としては、ドキュメントの長さを元に出現回数を正規化します。ほとんどのドキュメントは同じ長さではありません。そこで単語の頻度をドキュメントの長さ（全体の単語の数）で除算し、正規化されてより正確になった指標を得ます。

- $t = $ 単語
- $d = $ ドキュメント

$$tf_{t,d} = \frac{count(t)}{count(d \text{ に含まれるすべての単語})}$$

8.5.2.2　IDF

TF-IDF を算出するための次のステップは、単語が提供する情報の量として IDF （http://stanford.io/2uSrD1P）を求めることです。単語がどの程度よくあるものなのかを算定し、これをベクトルに加味します。コーパス中の多くのドキュメントに現れる単語よりも、少数のドキュメントにしか現れない単語に対して、ベクトル内で高い価値を与えようというのが趣旨です[8]。

まず、ドキュメントの頻度を求めます。コーパス内のドキュメントの総数を、対象の単語を含むドキュメント数で除算します。すべてのドキュメントという観点から見て、対象の単語がどれくらい稀なものなのかがわかります。

この値はまだ理想的なものではありません。最終的な単語の重みに対して、TF の効果が覆い隠されてしまうためです。そこで、代わりにこの値の対数を利用するということがよく行われます。ここでは**表8-6**のような変数が使われます。

$$idf_t = \log\left(\frac{N}{df_t}\right)$$

表8-6　IDF の構成要素

IDF での変数	意味
df_t	ドキュメントの頻度。コーパスの中で、t という単語を含むドキュメントの数
N	入力のコーパスに含まれるドキュメントの総数

8.5.2.3　最終的な TF-IDF の算出

単語に対する TF-IDF の重みは次の式で求められます。

$$tfidf_{t,d} = tf_{t,d} \times idf_t$$

TF-IDF の重みが大きくなるのは、TF の値が大きく、コーパス全体でのドキュメントの頻度が低い場合です。しばしば出現する単語であれば、TF の値は小さく、ドキュメントの頻度は高くなるので、フィルターによって除去されやすくなります。重みのうち IDF の部分に注目すると、この値はゼロ以上です。

---

[8]　IDF という概念が初めて提案されたのは 1972 年のことでした。Karen Sparck Jones によって提案され、当時は term specificity と呼ばれていました。

これは対数への入力が常に 1 以上であるためです。多くのドキュメントに現れる単語については、対数に渡される割合の値が 1 に近づきます。すると、IDF の値はゼロに近づき、TF-IDF 全体としてもゼロに近づくことになります。TF-IDF は実用面で単純な単語バッグよりも効果的だということが示されていますが、**N-グラム**（n-gram）と呼ばれるテクニックで前処理を行えば、さらに高い効果が得られます。

DL4J には TF-IDF の実装が含まれており、テキスト処理に利用できます[†9]。簡単な利用例を以下に示します。

```
File rootDir = new ClassPathResource("tripledir").getFile();
LabelAwareSentenceIterator iter = new
LabelAwareFileSentenceIterator(rootDir);
TokenizerFactory tokenizerFactory = new DefaultTokenizerFactory();

TfidfVectorizer vectorizer = new TfidfVectorizer.Builder()
        .setMinWordFrequency(1)
        .setStopWords(new ArrayList<String>())
        .setTokenizerFactory(tokenizerFactory)
        .setIterator(iter)
        .build();

vectorizer.fit();
```

ストップワードを除去する

TF-IDF ではストップワードを除去するという前処理がよく行われます。未加工のテキストのうち多くの部分はストップワードが占めており、これらが TF-IDF の重みに大きな影響を及ぼします。ストップワードを除去することによって、2 つのドキュメントのベクトルをより正確に比較できます。例えば次の単語はストップワードです。

- a
- an
- who
- the
- what

2 つのドキュメントの距離はストップワードの重みから強い影響を受けるため、これらを除去すると TF-IDF の値は大きく改善されます。

[†9] Apache Lucene も高品質な TF-IDF の実装（http://bit.ly/2tphvjk）を提供しており、JVM 上で広く使われています。

N-グラム

N-グラムとは、与えられたテキストや発話の中に含まれる n 個の連続した要素のことです。N-グラムをベクトル化すると、コーパス中で特定の単語のグループがどの程度一緒に現れるかを把握できます。基本的な TF-IDF の実装では、近接する単語の情報をベクトル化の際に考慮しません。そのため、「Wall Street」や「Coca Cola」といった語の相互関係が見落とされてしまいます。

単語などの項目のシーケンスを元に、次の項目を特定したり予測したりしたい場合に N-グラムが使われます。これにより、あるコンテキストではある単語の現れる確率が高いといった情報を活用することが可能です。近接する単語という情報を含めることによって、それぞれの単語が使われるコンテキストをモデル化できるようになります。N-グラムは自然言語処理や音声認識などで使われています。音声認識では単語が n 個のシーケンスとしてモデル化されます。言語の識別では、文字（書記素。アルファベットなど）のシーケンスを使ってテキストの言語を判定します。ドキュメントやテキストの本文を解析する際は、それぞれの N-グラムが連続する n 個の単語から構成されるようにモデル化が行われます。

n の値が大きいと、アルゴリズムの実行コストが増加するので注意が必要です。例えば n が 5 の場合、ボキャブラリーはきわめて大きなものになります。N-グラムは慎重に利用し、n には小さな値を指定するべきです。

カーネルハッシュ

テキストをベクトル化する際にはカーネルハッシュと呼ばれる手法も適用できます。ベクトル化における特徴量の作成は容易ではありません。そして、物事を簡素にすることは常に有益な手段です。多量のデータを扱うためにはハードウェアへのアクセスも大量に発生するので、TF-IDF のようにデータを複数回走査すると良いスループットを得られません。カーネルハッシュを使うと、データに 1 回アクセスするだけでベクトル化が可能です。これは必要に応じてその場でベクトル化を行えるようなものです。TF-IDF では必要だった前処理が不要になるという点が、カーネルハッシュのメリットです。ただし、単語が衝突するかも

しれないというリスクが発生します。カーネルハッシュは、テキストを学習アルゴリズムに渡す直前にベクトル化したいという場合に利用できます。

8.5.3　Word2VecとVSMを比較する

「5 章　深層ネットワークの構築」で述べたように、Word2Vec を使うと周囲の単語のコンテキストを学習して単語の類似度を数学的に検出できます。Word2Vec は単語の特徴量（それぞれの単語のコンテキストなど）を数値表現にしたベクトルを生成します。具体的には、それぞれのベクトルが 1 つの単語を表すような、単語の埋め込み表現（ベクトル）のリストを作成します。

Word2Vec は多くの文の中での単語の位置を認識し、これを意味と関連付けます。結果として、単語の使われ方に関するセマンティクスを理解できるようになります。ニューラルネットワークでの単語の内部表現に基づいて、Word2Vec のベクトルは入力データから潜在的な情報を取り出せます。

Word2Vec のベクトル演算
埋め込み表現に含まれる単語の意味や関係は、空間的な広がりを持ってエンコードされます。ベクトル演算などの便利な機能を備えています。

一方、TF-IDF などのベクトル空間のモデルは、入力ドキュメントのリストでの共起に関する統計情報だけを使って作られます。ここには興味深い特性が見られます。例えば、2 つのドキュメントあるいは単語の類似度を計算できます。ただし、コーパス内での共起の情報だけを利用していることから、単語間や文書間の意味的関係や構文的関係を表現する能力は限られています。

本書でも紹介してきたように、Word2Vec のベクトル表現は、未加工のテキストの認識[10]やリコメンデーション[11]、グラフのモデル化[12]などへの新しいアプローチを可能にしてくれます。Word2Vec や段落ベクトルを組み立てるコードは「5 章　深

---

[10] Nay. 2016. "Gov2Vec: Learning Distributed Representations of Institutions and Their Legal Text." (http://aclweb.org/anthology/W16-5607)

[11] Barkan and Koenigstein. 2016. "Item2Vec: Neural Item Embedding for Collaborative Filtering." (https://arxiv.org/abs/1603.04259)

[12] Grover and Leskovec. 2016. "node2vec: Scalable Feature Learning for Networks." (https://arxiv.org/abs/1607.00653)

404 | 8章　ベクトル化

層ネットワークの構築」に掲載しています。

8.6　グラフを取り扱う

データサイエンスのパイプラインを組み立てる際に、グラフ構造のベクトル化は難しい問題になります。このトピックについて網羅的な解説はしませんが、Node2Vecという派生種について紹介しておきます（「5章　深層ネットワークの構築」でも取り上げています）。

Node2Vec[13]を使うと、グラフ上のそれぞれの頂点（拡張すればエッジにも）対応するベクトルを生成できます。これらのベクトルは前節で紹介した単語のベクトルと同じように利用でき、例えばノードを分類したり、エッジつまり接続が存在するかどうか推測したりといったさまざまな課題に使えます。

Node2Vec は DeepWalk[14]という別のグラフ処理の手法を一般化したものです。DeepWalk では、グラフに対して切り詰められたランダムウォークを行うことで、グラフ構造に関する局所的情報が組み立てられます。テキストでの場合と同じようにグラフを走査できるようになり、グラフに含まれる潜在的な表現を学習できます。グラフの CNN（https://tkipf.github.io/graph-convolutional-networks/）との組み合わせ[15]も特筆に値しますが、現在の DL4J フレームワークではサポートされていません。

---

[13] Grover and Leskovec. 2016. "node2vec: Scalable Feature Learning for Networks." (https://arxiv.org/abs/1607.00653)

[14] Perozzi, Al-Rfou, and Skiena. 2014. "DeepWalk: Online Learning of Social Representations." (https://arxiv.org/abs/1403.6652)

[15] Niepert, Ahmed, and Kutzkov. 2016. "Learning Convolutional Neural Networks for Graphs." (https://arxiv.org/abs/1605.05273)

8.6 グラフを取り扱う | 405

隣接行列

　機械学習ではグラフを隣接行列としてベクトル化するということがよく行われます[16]。正方行列を使って有限グラフの構造が表現され、それぞれの行と列はグラフ内の全ノードのリストを保持します。各要素の値はゼロか1です。この種の表現ではノードから自分自身への接続は許されないため、対角要素の値はすべてゼロになります。

　本書では、隣接行列を作成するといった独自の手法には頼らず、グラフ構造を直接操作することをお勧めします。

---

[16] ここでのグラフのベクトル化と同様の考え方に基づいて、「隣接リスト (adjacency list)」というデータ構造も提案されています ("Section 22.1: Representations of graphs," *Introduction to Algorithms* (Second ed.), MIT Press and McGraw-Hill: pp. 527-531.)

9章
Spark上でDL4Jを用いて機械学習を行う

> 10年の間旅を続け、夜のステージに立ってきた
> 俺の青春はあっと言う間に過ぎ去った
> 誰かもう一度教えてくれ、俺にもわかるように
> ハンクは本当にこうしてきたのか？
> あのハンク爺さんが本当にこうしてたのか？
> ── Waylon Jennings, 『Are You Sure Hank Done It This Way』

9.1　DL4JをSparkやHadoopと併用する

　ここ数年の間に現れたデータセンター向け技術で、キーとなるのがApache HadoopとApache Sparkです。特に、Hadoopはデータウェアハウスの成長と進化において中心的な役割を果たしています。SparkはMapReduceの後継として、Hadoop上で並列反復アルゴリズムを実行するフレームワークの主流になりました。

　DL4JはSpark上でのネットワークの訓練をスケールアウトできます。Spark上でDL4Jを実行すると、ネットワークの訓練にかかる時間を大幅に短縮できます。また、入力のデータが増えたときの訓練時間の増加を軽減できます。

クラウドへ

AWS（Amazon Web Services）やGoogle Cloud、Microsoft Azureなどのプラットフォームを利用すると、オンデマンドでSparkのクラスターをセットアップできます。費用はわずか数ドルです。DL4Jはパブリックなクラウドインフラストラクチャーのほとんどで実行できるので、ディープラーニングのワークフローをどこでどのように実行するか柔軟に選択できます。

408 | 9章 Spark 上で DL4J を用いて機械学習を行う

Spark（http://spark.apache.org/）は汎用的な並列処理エンジンです。単体でも
Apache Mesos (http://mesos.apache.org/) のクラスター上でも実行でき、Hadoop
YARN（Yet Another Resource Negotiator）フレームワークを経由して Hadoop
クラスター上で実行することもできます。Hadoop に含まれている入力形式を使え
ば、HDFS（Hadoop Distributed File System）に格納されたデータも扱えます。
後述する RDD（Resilient Distributed Dataset）では、頻繁に使われるデータをメ
モリ上にキャッシュするという方針がとられています。また、プログラマーは Spark
を使うと並列処理の詳細について意識する必要がなく、目前のアルゴリズムの実装に
専念できます。本書では Spark が備えるバッチ処理に着目し、DL4J 上で確率的勾配
降下法（Stochastic Gradient Descent）などの並列反復アルゴリズムに適用します。

Spark ジョブでの主要なコンポーネントは以下の通りです。

Spark アプリケーション

コンパイルされた Spark ジョブの JAR ファイルです。1つのジョブ、連鎖し
た複数のジョブ、インタラクティブな Spark セッションのいずれでもかまい
ません。

Spark ドライバ

Spark コンテキストを実行し、アプリケーションをタスクの有向グラフに変換
します。これらのタスクはクラスター上で実行されるようにスケジューリング
されます。1つの Spark アプリケーションにドライバは1つしかありません。

Spark アプリケーションマスター

YARN を経由して Hadoop 上で Spark を実行する場合、Spark アプリケー
ションマスターはクラスター上のリソースを得るために YARN と交渉を行い
ます。アプリケーションマスターも Spark アプリケーションごとに1つだけ
です。

Spark エグゼキューター

同一ホスト内の1つの JVM（Java Virtual Machine）の上で、複数のタスク
を実行します。この長く使われるエグゼキューターに対して、Spark ドライバ
は実行するべきタスクを指示します。1つのホスト上で複数の Spark エグゼ
キューターを実行できます。クラスター上では多数のマシンで合計数百あるい
は数千にも上るエグゼキューターが存在し、それぞれが異なる Spark アプリ
ケーションを同時に実行するということもあります。

9.1 DL4J を Spark や Hadoop と併用する | **409**

Spark タスク

分散データセット（RDD とも呼ばれます）の一部に対して処理を行う、作業の単位です。エグゼキューターはタスクを実行します。

RDD

並列に処理可能な要素の、耐故障性を持ったコレクションです。

RDD

RDD は Apache Spark でのコアとなる概念です。RDD のデータセットには耐故障性があり、それぞれの要素は並列に処理できます。RDD に対する処理は、高レベルな言語のコードからコンパイルされます。プログラマーはアルゴリズムやビジネス上の問題に集中でき、分散システムの管理や実行といった側面にわずらわされることが少なくなっています。

Spark プログラムで RDD を作成する方法は主に 2 つあります。

- Spark アプリケーションで既存のコレクションを並列化する
- 外部のストレージシステムにあるデータセットを参照する

外部のストレージシステムとしては HDFS、HBase（https://hbase.apache.org/）、Cassandra（http://cassandra.apache.org/）などが挙げられます。これら以外にも、Hadoop の `InputFormat` に適合していればどんなシステムでも利用できます。実際には HDFS が最も多く使われています。

Apache Hadoop は並列処理ツール（MapReduce など）と分散ファイルシステム（HDFS）のセットで、Java を使って記述されています。Google が公開している MapReduce[1] や GFS（Google File System）の設計に基づいています。そもそもは Apache Nutch プロジェクト（https://nutch.apache.org/）の検索エンジンである Apache Lucene（https://lucene.apache.org/）において、転置インデックスを並列に作成するためのしくみとして構築されました。Doug Cutting（https://en.wikipedia.org/wiki/Doug_Cutting）と Mike Cafarella が Hadoop

---

[1] Dean and Ghemawat. 2008. "MapReduce: Simplified Data Processing on Large Clusters." (https://static.googleusercontent.com/media/research.google.com//en/archive/mapreduce-osdi04.pdf)

プロジェクトを立ち上げ、検索エンジンのインフラストラクチャーを民主化するという功績を挙げました。そしてこれが、データウェアハウスの作られ方にも大きな変化をもたらしました。2008 年の 1 月に Hadoop は Nutch プロジェクトから分離され、Apache の最上位プロジェクトの 1 つになりました。

　Yahoo!はさらに Hadoop プロジェクトを推進しました。このテクノロジーを社内で採用するだけでなく、Hadoop プロジェクトに不足していたエンジニアを投入したのです。2008 年 4 月には、Hadoop が 1 テラバイトのデータの並べ替え処理で世界記録を達成したと発表しました (http://sortbenchmark.org/YahooHadoop.pdf)。910 個のノードによる Hadoop クラスターによって、わずか 209 秒で処理が完了しました。2009 年には、last.fm や Facebook、『New York Times』そして Tennessee Valley Authority[†2]までもが、コモディティー化されたハードウェアを使って大規模データを並列処理するには Hadoop が良いと認識するようになりました (http://bit.ly/2tpfzHk)。今日では Hadoop ディストリビューションのベンダーが複数現れ、フォーチュン 500 の企業やその他さまざまな企業に Hadoop を提供しています。Apache Hadoop は近年のデータウェアハウスでのインフラストラクチャーとして機能し、エンタープライズの実行環境としてデファクトスタンダードの地位を得ています。

DL4J、Spark、Hadoop
開発が始まった時点から、DL4J では Hadoop 環境での実行が念頭に置かれていました。単体の Spark、Mesos 上の Spark、Hadoop クラスター上で YARN を経由して実行される Spark のそれぞれで実行できるように作られています。実務者の中には、Spark だけのクラスターでしか DL4J を使ったことがないという人もいるかもしれません。しかし大きな企業ではしばしば、Spark 上の Mesos や、YARN の先にある Hadoop クラスターというコンテキストで Spark が運用されています。

9.1.1　コマンドラインで Spark を操作する

　Spark ジョブはコマンドライン上でいくつかのパラメーターとともに実行されるのが一般的です。ここからは、コマンドラインからの実行の基礎とオプションの使い方を紹介します。

[†2] http://cnet.co/2uytyct や http://bit.ly/2uSutEa も参照してください。

9.1.1.1 spark-submit

spark-submit という bash スクリプトが用意されており、クラスターへのジョブの送信に利用できます。次の例では、YARN を使って CDH (http://bit.ly/2uyAaaV) や HDP (http://bit.ly/2tpf4gC) などの Hadoop クラスターでジョブを実行しようとしています。

```
spark-submit --class [クラス名] --master yarn [JAR 名] [ジョブオプション]
```

それぞれのパラメーターの意味は以下のようになっています。

クラス名

クラスの完全修飾名です。

JAR 名

JAR ファイルのパスです。「uber jar」とも呼ばれ、ジョブの実行に必要なものがすべてこのファイルに含まれています。

ジョブオプション

Spark ジョブにさまざまな設定情報を渡せます。

実際には次のようにして呼び出されます。

```
spark-submit --class io.skymind.spark.SparkJob --master yarn
    /tmp/Skymind-SNAPSHOT.jar /user/skymind/data/iris/iris.txt
```

ここでは Skymind-SNAPSHOT.jar という JAR ファイルに含まれる io.skymind.spark.SparkJob というクラスが実行されます。また、入力データの場所がパラメーターとして指定されています。

ジョブを構成するプロパティは、実行時にコマンドラインから変更できます。このためにはコマンドライン上でフラグを追加するか、次のような設定ファイルを指定します。

```
spark.master          spark://mysparkmaster.skymind.com:7077
spark.eventLog.enabled     true
spark.eventLog.dir         hdfs:///user/spark/eventlog
# Spark エグゼキューターのメモリ使用量
spark.executor.memory      2g
spark.logConf              true
```

設定項目のキーと値は、このようにテキストファイルに記述するのが実用的です。ジョブをよりすばやく実行でき、管理のしやすさも向上します。このファイルは一般的に、ジョブのJARファイルとともにローカルのディレクトリに置かれ、コマンドラインでジョブを実行する際に参照されます。

9.1.1.2　Hadoopセキュリティと Kerberos を組み合わせる

Kerberosはエンタープライズでの認証システムとして広く利用されています。Kerberosを使うと、認証の横取りなどの攻撃を防げます。認証情報は暗号化して送受信されるため、なりすましの攻撃からも防御されます。なお、セキュリティに関心がないという読者は読み飛ばして「9.2　Sparkの実行に対する設定とチューニング」に進んでください。

CDHやHDPなどの主要なHadoopディストリビューションは、Kerberos認証に対応しています。

> **Hadoopディストリビューションでの動作保証**
> Skymind（DL4Jの商用サポート）では、新リリースのCDHとHDPのどちらでも新しいDL4Jが動作することを保証しています。

Kerberosの認証情報は、LDAP（Lightweight Directory Access Protocol）サーバーやActive Directoryにも保管できます。

Kerberos化されたクラスターでYARNを経由してSparkを実行するには、以下の手順が必要です。

1. Sparkアセンブリ JAR ファイルを、手動でHDFSにアップロードする
2. コマンドライン上でKerberosを初期化する

Sparkアセンブリをアップロードする

まず、Sparkアセンブリ JAR ファイルを以下のHDFSディレクトリにアップロードします。

```
/user/spark/share/lib
```

Sparkアセンブリ JAR ファイルは一般的に、以下のローカルファイルシステム上のディレクトリに置かれます。

9.1 DL4JをSparkやHadoopと併用する | 413

/usr/lib/spark/assembly/lib

CDHでは次のディレクトリが使われます。

/opt/cloudera/parcels/CDH/lib/spark/assembly/lib

HDP上でSparkジョブを実行する場合、ライブラリはHDFSにアップロードされます。そのため、ジョブを実行するユーザーはHDFSへの書き込み権限を持っている必要があります（http://bit.ly/2tZVQzw）。

KerberosとSparkの組み合わせでの注意
Kerberos化されたクラスターで、JARファイルを手動アップロードせずにSparkジョブを実行しようとすると失敗します。JARファイルをアップロードするコマンドがジョブの一部として実行されますが、異常を示すことなく失敗します。SparkのKerberosサポートが不十分なためです。

Kerberosを初期化する

Kerberosを初期化するには、まず次のコマンドを実行します。

    kinit [ユーザー名]

ここではパスワードの入力を求められます。初期化が完了すると、次のコマンドを使ってKerberosチケットの所持状況を確認できます。

    klist

このコマンドを実行すると、以下のように出力されます。Kerberosチケットが有効であることがわかります。

    [skymind@sandbox ~]$ klist

    チケットキャッシュ: FILE:/tmp/krb5cc_1025

    デフォルトプリンシパル: skymind@HORTONWORKS.COM

    有効期間開始 有効期間終了 サービスプリンシパル

    07/05/16 20:39:08   07/06/16 20:39:08
    krbtgt/HORTONWORKS.COM@HORTONWORKS.COM

        更新期限: 07/05/16 20:39:08

9.2 Sparkの実行に対する設定とチューニング

Spark はさまざまな分散プラットフォーム上で実行でき、1台のマシン上でのローカル実行も可能です。この章では YARN ベースの Hadoop クラスターと Mesos ベースのクラスターで Spark を実行することに注力します。これらのシステムは、Apache Mesos のクラスター管理システムのユーザーだけでなく、Cloudera の CDH や Hortonworks の HDP といったエンタープライズ向けシステムのユーザーにとってもなじみ深いはずです。

分散実行か否かという点と、ジョブの実行時に該当の Spark ドライバがどこで実行されるかという点に応じて、Spark は異なる方法で実行されます。このしくみにおけるいくつかの基礎的な事柄を理解すると、単純なジョブをローカルで実行するだけでなく、長時間に及ぶジョブをクラスター上で実行できるようになるでしょう。ネットワークから切り離された環境で1日中実行を続けるといったことも可能です。

それぞれの Spark アプリケーションにはドライバのプロセスがあり、フォアグラウンド（クライアントモード）でもバックグラウンド（クラスターモード）でも実行できます。フォアグラウンドのクライアントを閉じると、ジョブは停止します。クラスター上のジョブを制御するローカルのプロセスが終了するためです。一方、バックグラウンドのクライアントを停止しても、Spark ジョブは実行を継続できます。ジョブコントローラーは別のホストで実行されているからです。Spark はこのアクティブなドライバを使って、ジョブのフローの管理やタスクのスケジューリングを行います。

クライアントモードでは、Spark ドライバのプロセスは呼び出されたマシン上で動作します。クラスターモードでは、Spark ドライバのプロセスはクラスター上にあるリモートのマシン上で動作します。

9.2.1 Mesos上でSparkを実行する

Hadoop ディストリビューションを使わず、Apache Mesos（http://mesos.apache.org/）というクラスターマネージャーを使って Spark を分散モードで実行することも可能です。Mesos を使うと CPU やメモリ、ストレージなどの計算機資源を抽象化でき、物理マシンから切り離して考えられるようになります。マシンのクラスターを、リソースを持った単一の論理的プールとみなすことが可能です。その結果、複数テナントによる耐故障性の高いシステムが実現され、より効率的な実行が可能になります。

Mesos を使ってクラスターを管理する場合、クラスターマネージャーの役割は

Spark マスターではなく Mesos マスターが受け持ちます。このモードでドライバが
Spark ジョブを作成してタスクをスケジューリングすると、どのマシンでどのタスク
を実行するかを Mesos が決定します。Mesos クラスターには短期間のタスクが多数
存在することがあり、他のフレームワークやクラスターの上でのタスクと共存可能な
形で各タスクが管理されます。

Spark を Mesos 上で実行する際の主なモードは 2 つあります。

- クライアントモード
- クラスターモード

クライアントモードの Spark と Mesos のフレームワークは、クライアントマシン
上で直接実行されます。そしてユーザーによるコマンド入力やプログラムの実行を待
ちます。ドライバからの出力は、コンソール上に直接表示されます。

クライアントモードを使って Mesos 上で Spark のジョブを実行するには、以
下の手順が必要です（https://spark.apache.org/docs/latest/running-on-mesos.h
tml#client-mode）。

1. `spark-env.sh` 内の Mesos 関連の環境変数を設定する
2. Mesos クラスターの正しい URL を SparkContext に渡す

クラスターモード（https://spark.apache.org/docs/latest/running-on-mesos.h
tml#cluster-mode）では、Spark ドライバはクラスター内のホストで実行されま
す。ジョブの実行結果は Mesos の Web UI で確認できます。クラスターモード
では Mesos のマスター URL を指定して `sbin/start-mesos-dispatch.sh` を実
行し、クラスター上で `MesosClusterDispatcher` を起動します。以前に紹介した
`spark-submit` も利用できますが、次のように `MesosClusterDispatcher` のマス
ター URL を指定する必要があります。

```
./bin/spark-submit \
  --class io.skymind.spark.mesos.MyTestMesosJob \
  --master mesos://210.181.122.139:7077 \
  --deploy-mode cluster \
  --supervise \
  --executor-memory 20G \
  --total-executor-cores 100 \
```

```
/tmp/mySparkJob.jar \
1000
```

Mesos と Spark の組み合わせについては、Apache のサイトに掲載されている "Running on Mesos"（https://spark.apache.org/docs/latest/running-on-mesos.html）が参考になるでしょう。Mesos ジョブの主な設定項目が網羅されています。

同一マシン上で、既存の Hadoop クラスターとは別のサービスとして Spark と Mesos を実行したいという状況も考えられます。このようなケースでは、Mesos 上の Spark ジョブは完全修飾 URL を使って HDFS 内のデータにアクセスできます。

9.2.2　YARN 上で Spark を実行する

YARN とは Hadoop の API の 1 つであり、さまざまな用途のアプリケーションから利用できます。プログラムが MapReduce とともにスムーズに実行されることを意図しています。YARN 上の Spark の実装は現在、Spark ジョブを実行するためのモードを 2 つ提供しています。

- yarn-client
- yarn-cluster

YARN アプリケーションには `ApplicationMaster` と `NodeManager` という概念が含まれています。

> ### YARN と ApplicationMaster そして NodeManager
>
> ApplicationMaster は Hadoop クラスター上でのジョブのリソースと実行を管理します。NodeManager は、ジョブのタスクが実行される YARN コンテナの割り当てを行います。分散システムの新たな用語を取り上げて読者を混乱させようとしたわけではありません。実際の Hadoop クラスターの中で行われていることと、その背景を解説したいのです。
>
> Spark の場合、YARN コンテナの中で Spark エグゼキューターが実行され、Spark の ApplicationMaster が Spark ジョブ間の調整を行います。これらのプ

> ロセスがあることを知っていれば、いつどこでどのようにして Spark ジョブが
> 実行されているのかを理解しやすくなるはずです。

それぞれの Spark エグゼキューターは 1 つの YARN コンテナ[†3]として実行され
ます。Spark は同一コンテナ上で複数のタスクをホストできるため、タスクの起動は
きわめて高速です。

各モードについて、もう少し詳しく解説します。

yarn-client

Spark ドライバはジョブが送信されたマシン上で動作します。多くの場合、こ
のマシンは開発者のローカルにあり、ここからクラスターへとネットワーク接
続が行われます。

Spark ドライバは Hadoop クラスター上にある Spark の ApplicationMaster
と通信し、YARN コンテナ内で実行されている Spark エグゼキューターのタ
スクとしてコマンドを発行します。

yarn-cluster

Spark ドライバのプロセスは、HDP[†4]や CDH（http://bit.ly/2uS6CV4)
などの YARN ベースの Hadoop クラスターに位置するリモートの
ApplicationMaster で実行されます。YARN のアプリケーションマスター
は、YARN にジョブの協調のための情報を提供するだけでなく、Spark ドラ
イバのプロセスを実行するという役割も持ちます。こちらのモードで Spark
ジョブを実行すると、クライアントやターミナルのセッションを終了しても
ジョブを継続できます。

9.2.2.1　Spark の実行モードを比較する

YARN の下で Spark を実行する際のモードごとの違いをまとめたのが**表9-1**
です。この表は Sandy Ryza による Cloudera Engineering Blog の記事（http:
//bit.ly/2tZYx4r）を元にしています。

[†3]　Linux コンテナとはまったく異なる概念です。混同しないようにしましょう。
[†4]　http://bit.ly/2tQmuuh や、NiFi からの Spark ジョブのリモート起動についての http:
　　//bit.ly/2tPJTME も参照してください。

表9-1 YARNでのSparkの実行モードの違い

	YARNクラスター	YARNクライアント	Spark単体
ドライバが実行される場所	ApplicationMaster	クライアント	クライアント
リソースを要求する主体	ApplicationMaster	ApplicationMaster	クライアント
プロセスのエグゼキューターを開始する主体	YARN NodeManager	YARN NodeManager	Sparkのワーカー
永続的サービス	YARN ResourceManagerとNodeManager	YARN ResourceManagerとNodeManager	Sparkのマスターとワーカー
Sparkシェルのサポート	なし	あり	あり

YARNのSpark実行モードを選択する

YARN上のSparkジョブをインタラクティブにデバッグしたい場合には、yarn-clientモードを使うのがよいでしょう。実運用環境で長期間あるいはスケジューリングされたSparkジョブを実行したいなら、yarn-clusterモードを使いましょう。

YARNやMesosの上でSparkを実行する理由

HadoopのYARNフレームワークを使うと、MapReduce以上にアプリケーションがHadoopの実行環境を活用できるようになります。YARN上でのSparkには次のようなメリットがあります。

- クラスターのリソースをプールとして一元管理でき、異なる並列アプリケーション間あるいはフレームワーク間で動的に共有できる
- YARNのスケジューラーの機能を利用でき、アプリケーション間の同時実行の効率を高められる
- それぞれのSparkアプリケーションについて、任意の時点でクラスター上にあるエグゼキューターの数の動的な割り当てと管理ができる
- Kerberosに対応する[5]

企業で実運用されるシステムにとって、複数のアプリケーションがクラス

---

[5] Mesosは多くの機能を備えていますが、Kerberosには対応していません。

ターを動的に共有できるというのはとても重要な特性です。Impala のクエリや MapReduce のジョブ、Spark アプリケーションなどをすべて同一クラスターに共存させ、それぞれが消費できるリソースの量を適切な方法で管理できます。YARN や Mesos のスケジューラーを利用すると、クラスターに対してアドホックなクエリを並列に実行できます。しかも、実運用のジョブをスケジューリングでき、SLA（Service-Level Agreement）の要件を満たすリソースの割り当てを保証できます。これらが実現されるのは、YARN や Mesos が複数のフレームワークを統括でき、リソースを予測可能かつ扱いやすい形で管理しているからです。

多くの種類のワークロードが同じクラスター上で実行される複数テナントの環境では、YARN と Mesos は DevOps にとって最善の選択肢です。

9.2.3　Spark における一般的なチューニングの指針

大まかに言って、Spark ジョブの調整には CPU そしてメモリという 2 つの糸口があります。エグゼキューターの数、各エグゼキューターの使用 CPU 数、メモリの量を指定できます。

Mesos と GPU
Mesos では GPU（graphics processing unit）も管理できますが、YARN では不可能です[†6]。

9.2.3.1　エグゼキューターの数を指定する

アプリケーションが利用するエグゼキューターの数を指定するには、コマンドラインのフラグか設定ファイルのプロパティを利用します。コマンドラインでは次のフラグが使われます。

```
--num-executor
```

設定ファイルを使う場合、次のプロパティを指定します。

```
spark.executor.instances
```

[†6]　訳注：2017 年末にリリースされた Hadoop のバージョン 3.0 より、YARN でも GPU をネイティブにサポートするようになりました。

このプロパティは、spark-defaults.conf ファイルか追加の設定ファイル、あるいは SparkConf オブジェクトの API を使って指定できます。

9.2.3.2　Spark エグゼキューターと CPU コア

1つの Spark アプリケーションのエグゼキューターはすべて、同じ個数のコアを利用できます。この個数についても、コマンドラインのフラグか設定ファイルのプロパティを通じて指定できます。コマンドラインでは次のフラグを指定します。

```
--executor-cores
```

設定ファイルでは次のプロパティが使われます。

```
spark.executor.cores
```

spark-defaults.conf、追加の設定ファイル、SparkConf オブジェクトの API のいずれかを使って指定する点も同様です。

> **エグゼキューターのコア数と、同時実行されるエグゼキューターのタスク数**
> Spark のバッチ処理モードでエグゼキューターが利用可能なコア数を指定すると、同時に実行されるタスクの数も決まります。

9.2.3.3　Spark エグゼキューターとメモリ

エグゼキューターのコア数を指定するのと同じように、次のオプションを使って各エグゼキューターのヒープサイズを指定できます。

```
--executor-memory
```

ここではエグゼキューターごとに割り当てられる RAM の量を、メガバイト（m）またはギガバイト（g）単位で指定します。設定ファイルでは次のプロパティを使って記述できます。

```
spark.executor.memory
```

spark.executor.memory の中で、Spark のメモリ使用方法をさらに細かく指定する方法が2つあります。

9.2 Sparkの実行に対する設定とチューニング | **421**

- `spark.shuffle.memoryFraction`
- `spark.storage.memoryFraction`

これらはエグゼキューターがデータの変換と永続化にどの程度のメモリを割くかを表します。それぞれの詳しい意味について見てみましょう。

`spark.shuffle.memoryFraction`

シャッフルのプロセスで、集約とグループ化にどの程度のヒープメモリを使用するかを表します。デフォルト値は 0.2 です。少なくとも初期の間は、この設定のままにしておくことをお勧めします。

`spark.storage.memoryFraction`

キャッシュされた RDD の合計サイズの管理方法を表します。デフォルト値は 0.6 で、Java ヒープメモリのうち 6 割が Spark のメモリキャッシュに使われるということを意味します。エグゼキューターがこの量を超えて RDD 用にヒープ空間を使用することはありません。

Spark エグゼキューターはオーバーヘッドを持つこともでき、次のような設定項目を通じて管理できます。

`spark.yarn.executor.memoryOverhead`

それぞれのエグゼキューターに割り当てられる、ヒープ外のメモリ量を表します。このメモリは仮想マシンのオーバーヘッドや intern された文字列、その他のネイティブなオーバーヘッドに充てられます。

デフォルト値はエグゼキューターのメモリの 10 分の 1 であり、かつ最小値は 384 メガバイトです。

9.2.3.4　Spark と YARN のコンテナに割り当てられるリソース

YARN 上の Spark では、YARN から利用可能なリソースについて考慮する必要があります[7]。主な YARN のプロパティは以下の 2 つです。

---

[7]　割り当ての際には Spark よりも YARN が優越します。YARN コンテナの制限の中で Spark のプロセスが実行されているためです。

- `yarn.nodemanager.resource.memory-mb`
- `yarn.nodemanager.resource.cpu-vcores`

`yarn.nodemanager.resource.memory-mb`
　Sparkクラスターの各ホストで、コンテナが利用できるメモリの最大量を表します。

`yarn.nodemanager.resource.cpu-vcores`
　Sparkクラスターの各ホストで、コンテナが利用できるコア数の最大値を表します。Sparkジョブのエグゼキューターのために10個のコアを要求すると、YARNで10個の仮想コアが要求されることになります。

9.2.3.5　YARNでのエグゼキューターのメモリの要求を理解する

　`spark.executor.memory`プロパティを使うとエグゼキューターのヒープサイズを指定できますが、JVMはヒープ外のメモリも利用します。YARN全体でのメモリ要求量を算出するには、`spark.executor.memory`と`spark.yarn.executor.memoryOverhead`を合計します。図示すると図9-1のようになります。

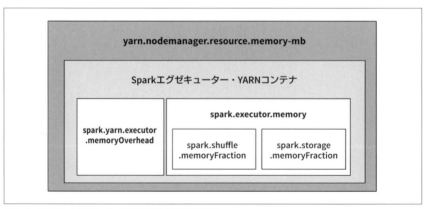

図9-1　YARN上のSparkが利用するメモリの構造

　Sparkエグゼキューターが要求するメモリ量の合計を知りたければ、`spark.yarn.executor.memoryOverhead`と`spark.executor.memory`の値を取得して

加算します。

メモリ要求量に関する注意
`spark.yarn.executor.memoryOverhead` と `spark.executor.memory` の和が YARN の `yarn.nodemanager.resource.memory-mb` で指定された値よりも大きいと、ジョブは開始しません。要求したコンテナのリソースを割り当てられることがないためです。

`spark.shuffle.memoryFraction` のデフォルト値は 0.2 で、`spark.shuffle.safetyFraction` のデフォルト値は 0.8 です。それぞれのエグゼキューターのタスクから利用可能なメモリの量は、次のようにして計算されます。

```
( spark.executor.memory * spark.shuffle.memoryFraction
 * spark.shuffle.safetyFraction ) / spark.executor.cores
```

以上の知識があれば、Spark と YARN のチューニングに取りかかれるでしょう。本書では取り上げませんが、他にも設定項目は多数あります。

追加資料
Spark のチューニングでのテクニックについては、Cloudera Engineering Blog に掲載されている Sandy Ryza によるブログ記事 (http://bit.ly/2tZYx4r、http://bit.ly/2tydk3c) が参考になります。

9.2.3.6　Spark と JVM そしてガベージコレクションを理解する

Spark での JVM のチューニングというのは幅広く複雑なトピックです。本書では重要なものだけをいくつか紹介し、読者の参考にしたいと思います。

ガベージコレクションによる非効率性や停止に対処する

Spark アプリケーションが割り当てられたメモリ空間を効率的に利用しているかどうか確認しましょう。RDD が多くのメモリを消費している場合、エグゼキューターが利用できる空間が減少し、パフォーマンスの低下を招きます。

ガベージコレクションが頻発しているなら、Spark がより効率的にメモリを利用できるようにしなければなりません。キャッシュされている RDD のうち不要なものを明示的にクリーンアップすることによって、問題をある程度軽減できます。

JVM や JVM のガベージコレクターを変更する

一般的に、Spark エグゼキューターには G1 ガベージコレクター（http://bit.ly/2uyMU11）が適しています。

9.2.4　Spark 上の DL4J ジョブをチューニングする

Spark ジョブのチューニングに関する基本的なしくみに続いて、Spark 上の DL4J ジョブのチューニングについて考えてみましょう。一般的なチューニングと同様に、3 つの主要な要素のコントロールが可能です。

- ワーカー（エグゼキューター）の数
- それぞれのワーカーが利用できるメモリの量
- それぞれのワーカーが利用できるコアの数

それぞれの要素がディープラーニングのモデルの訓練に与える影響について見てみましょう。

9.2.4.1　エグゼキューターの数

エグゼキューター（ワーカー）を Spark ジョブに追加すると、データをより多く分割でき、それぞれのワーカーが処理しなければならないレコードが減少します。その結果、合計の訓練時間を短縮できます。

エグゼキューターの追加による効果の逓減

一定数以上にエグゼキューターを追加すると、得られる効果は徐々に減少します。単位時間ごとの精度の向上幅が減少していくことになります。ワーカーあたりのデータがミニバッチと同じサイズになり、ワーカーの数がデータの分割数と等しくなったら、それ以上の向上は不可能です。ワーカーを追加しても、処理するデータがないため効果を得られません。

9.2.4.2　エグゼキューターのメモリ量

訓練レコードのミニバッチは、1 つの行列あるいはデータのブロックとして ND4J に渡され、ベクトル化された形で処理されます。これはハードウェアをより効率的に利用するためです。ミニバッチのサイズは学習自体に影響を与えるだけでなく、エグ

ゼキューターが必要とするメモリの量にも影響するので重要です[†8]。

エグゼキューターがミニバッチとして受け取るレコードの数が多いと、エグゼキューターに割り当てなければならないメモリ量は増加します。エグゼキューターが利用できるメモリが限られている場合には特に、ミニバッチを大きくしすぎないように配慮する必要があります。

メモリの使用量に関する原則

- **小数値（最もよく見られる）**：値1つあたり4バイトと多少のオーバーヘッド。以下に実例をいくつか示す
  - **MNIST データ（小）**：サンプルごとに、28 × 28 = 784 → 〜3 kB。ラベル（値は10種）が加わる
  - **256 の入力と 1000 の期間からなる時系列**：特徴量のサンプルごとに 1 MB。ラベルが加わる

並列処理のパフォーマンスを理解する

反復的なアルゴリズムを使った並列の訓練には、収束に関して若干の問題があります。DL4J での分散ディープラーニングでは、ユーザーがミニバッチのサイズを指定でき、ワークロードはソフトウェアによって Spark のワーカーへと最適な形で分配されます。これは Hadoop での最適な入力の分配に似ています。利用可能な CPU の数はシステム側で最大化されるため、水平方向のスケーラビリティが自動的に達成されています。DL4J を YARN などの実行環境で直接実行したり Hadoop 上の Spark で実行したりすると、分割されたデータセットに対してワーカーが割り当てられます。これを実現しているのは Hadoop の InputSplit や HDFS のデータブロックのシステムであり、結果としてワーカーごとのディスク入出力のバランスもとられています。

実質的に、パラメーターの平均化はパラメーターのベクトルの値に対する正則化として機能しています。追加の正則化を行うためには、まずは訓練のエポック数を 10 パーセント増やすことをお勧めします。エポック数は少し増えますが、訓練に使われる Spark エグゼキューターの数に比例して各エポックでの訓練時間は減少します。

[†8] Breuel. 2015. "The Effects of Hyperparameters on SGD Training of Neural Networks." (https://arxiv.org/abs/1508.02788)

> 例えば平均化の期間が少ない場合などは、より多くのエポック数が必要になります。パフォーマンス上の理由から推奨されませんが、ミニバッチごとに平均化するとローカルでの訓練と同じようなものになります。なお、ここでのローカルのミニバッチサイズは、1回のイテレーションでエグゼキューターに与えられるサンプルの合計数と等しいと仮定しています。

9.3　SparkとDL4J向けにMavenのPOMをセットアップする

DL4J プロジェクトや Hadoop ジョブ、Spark ジョブを作成する際に、Maven の POM（Project Object Model）ファイルは大きな役割を果たします。Apache Maven を使うと、必要なファイルや依存先をまとめて、アーティファクトと呼ばれる1つの JAR ファイルを生成できます（https://maven.apache.org/plugins/maven-assembly-plugin/）。ここからは、DL4J の POM ファイルを作成するためのベストプラクティスを紹介します。DL4J を使った Spark アプリケーションでは、主に以下の依存先が使われます。

- DL4J
- ND4J
- DataVec
- DL4J-Spark

これらを Maven の `pom.xml` というファイルに記述していきます。利用している Spark のバージョンごとに、`pom.xml` での設定方法は異なります。Hadoop との基本的なインタラクションのためには、以下のようにして Maven の依存先を記述します。

```
<dependency>
    <groupId>org.apache.hadoop</groupId>
    <artifactId>hadoop-common</artifactId>
    <version>${hadoop.version}</version>
    <scope>${spark.scope}</scope>
</dependency>
```

9.3 Spark と DL4J 向けに Maven の POM をセットアップする | 427

変数 hadoop.version の値は Hadoop ディストリビューションごとに異なり、pom.xml のプロパティを記述するエリアの中で指定されます。指定できる値については、CDH（http://bit.ly/2uvDPGu）や HDP（http://bit.ly/2sOME0L）などの Hadoop ベンダーの Web サイトで Maven アーティファクトを探してみてください[†9]。

Spark 上で DL4J を利用するには、依存先として dl4j-spark を指定します。

```
<dependency>
  <groupId>org.deeplearning4j</groupId>
  <artifactId>dl4j-spark_${scala.binary.version}</artifactId>
  <version>${dl4j.version}</version>
</dependency>
```

scala.binary.version
上のコードで、_${scala.binary.version}は Maven のプロパティです。利用している Spark のバージョンに合わせて、_2.10 あるいは_2.11 といった値が指定されます。

Maven の変数 spark.version の値は、実行される Hadoop ディストリビューションや Spark ディストリビューションごとに異なります。scala.binary.version も、Spark のバージョンに応じて異なる値が指定されます。これらの変数の値を表9-2 にまとめました。

表9-2　Maven の pom.xml で使われる主なエントリ

Maven の変数	説明
hadoop.version	利用している Hadoop のディストリビューション（CDH、HDP など）やバージョン
scala.binary.version	Spark のバージョンによる
spark.version	Hadoop ディストリビューションや Spark ディストリビューションによる

[†9] Hadoop での意味的バージョン付けについては、Apache Hadoop の Web サイト（https://hadoop.apache.org/docs/r2.7.2/hadoop-project-dist/hadoop-common/Compatibility.html）で解説されています。

> **プラットフォームへの依存**
> あるプラットフォームでビルドしたものを別のプラットフォームにデプロイする場合には、依存先として nd4j-native-platform を使いましょう。すべてのプラットフォーム向けのネイティブなバイナリを含めることができます。例えば MacBook Pro で Maven を使ってビルドしたプロジェクトを、RedHat のノードからなる Spark クラスターの上で実行したいといったことが考えられます。このような場合に、上の依存先を指定します。

9.3.1 pom.xml ファイルに記述する依存先のテンプレート

ここでは pom.xml の中で依存先を指定する部分について解説します。まず、依存先の指定のためのテンプレートを作成します。続いて、Hadoop ディストリビューションごとにどのような値がそれぞれの変数で使われるか示します。今回使用するコードは**例 9-1** です。

例 9-1　DL4J プロジェクトでの pom.xml の例

```
<dependencyManagement>
    <dependencies>
        <dependency>
            <groupId>org.nd4j</groupId>
            <artifactId>nd4j-native-platform</artifactId>
            <version>${nd4j.version}</version>
        </dependency>

        <dependency>
            <groupId>org.nd4j</groupId>
            <artifactId>nd4j-api</artifactId>
            <version>${nd4j.version}</version>
        </dependency>

        <dependency>
            <groupId>org.scala-lang</groupId>
            <artifactId>scala-library</artifactId>
            <version>${scala.version}</version>
        </dependency>
    </dependencies>
</dependencyManagement>

<dependencies>

    <!-- Spark と Scala に依存します -->
    <dependency>
        <groupId>org.apache.spark</groupId>
```

9.3 Spark と DL4J 向けに Maven の POM をセットアップする | **429**

```xml
        <artifactId>spark-mllib_${scala.binary.version}</artifactId>
        <version>${spark.version}</version>
        <scope>${spark.scope}</scope>
    </dependency>

    <dependency>
        <groupId>org.scala-lang</groupId>
        <artifactId>scala-library</artifactId>
        <version>${scala.version}</version>
        <scope>${spark.scope}</scope>
    </dependency>

    <dependency>
        <groupId>org.apache.spark</groupId>
        <artifactId>spark-core_${scala.binary.version}</artifactId>
        <version>${spark.version}</version>
        <scope>${spark.scope}</scope>
    </dependency>

    <!-- Deeplearning4j の依存先 -->
    <dependency>
        <groupId>org.deeplearning4j</groupId>
        <artifactId>deeplearning4j-core</artifactId>
        <version>${dl4j.version}</version>
    </dependency>

    <dependency>
        <groupId>org.deeplearning4j</groupId>
        <artifactId>dl4j-spark_${scala.binary.version}</artifactId>
        <version>${dl4j.version}</version>
    </dependency>

    <dependency>
        <groupId>org.nd4j</groupId>
        <artifactId>nd4j-kryo_${scala.binary.version}</artifactId>
        <version>${nd4j.version}</version>
    </dependency>

    <dependency>
        <groupId>org.nd4j</groupId>
        <artifactId>nd4j-native-platform</artifactId>
        <version>${nd4j.version}</version>
    </dependency>

    <!-- DataVec の依存先 -->
    <dependency>
        <groupId>org.datavec</groupId>
        <artifactId>datavec-api</artifactId>
        <version>${datavec.version}</version>
```

430 │ 9章 Spark 上で DL4J を用いて機械学習を行う

```xml
        </dependency>

        <dependency>
            <groupId>org.datavec</groupId>
            <artifactId>datavec-spark_${scala.binary.version}</artifactId>
            <version>${datavec.version}</version>
        </dependency>

        <dependency>
            <groupId>org.apache.avro</groupId>
            <artifactId>avro</artifactId>
            <version>1.7.1</version>
            <type>jar</type>
            <scope>compile</scope>
        </dependency>

        <dependency>
            <groupId>org.apache.hadoop</groupId>
            <artifactId>hadoop-common</artifactId>
            <version>${hadoop.version}</version>
            <scope>${spark.scope}</scope>
        </dependency>

        <!-- hadoop-mapreduce-client-app -->

        <dependency>
            <groupId>org.apache.hadoop</groupId>
            <artifactId>hadoop-mapreduce-client-app</artifactId>
            <version>${hadoop.version}</version>
            <scope>${spark.scope}</scope>
        </dependency>

        <dependency>
            <groupId>org.apache.hadoop</groupId>
            <artifactId>hadoop-mapreduce-client-common</artifactId>
            <version>${hadoop.version}</version>
            <scope>${spark.scope}</scope>
        </dependency>

        <dependency>
            <groupId>junit</groupId>
            <artifactId>junit</artifactId>
            <version>4.11</version>
        </dependency>

        <dependency>
            <groupId>joda-time</groupId>
            <artifactId>joda-time</artifactId>
            <version>2.7</version>
```

9.3 Spark と DL4J 向けに Maven の POM をセットアップする | **431**

```
    </dependency>

    <dependency>
        <groupId>org.apache.mrunit</groupId>
        <artifactId>mrunit</artifactId>
        <version>1.1.0</version>
        <classifier>hadoop2</classifier>
    </dependency>

    <!-- 引数を解析するための JCommander -->
    <dependency>
        <groupId>com.beust</groupId>
        <artifactId>jcommander</artifactId>
        <version>${jcommander.version}</version>
    </dependency>

</dependencies>
```

JARのファイルサイズをコントロールする

　ジョブの JAR ファイルが肥大化する大きな理由の 1 つは、すでに実行環境に用意されている依存先をインクルードしてしまうというものです。このような依存先を除去すれば、JAR ファイルのサイズを 50 から 80 パーセントも削減できることがあります。軽量な JAR ファイルは、コンパイルや転送、実行が容易です。JAR ファイルに含めたい依存先を制御するには、次のように<scope>タグを使います。

```
    <scope>provided</scope>
```

　スコープが指定された依存先の例を示します。

```
    <dependency>
        <groupId>org.apache.hadoop</groupId>
        <artifactId>hadoop-mapreduce-client-common</artifactId>
        <version>${hadoop.version}</version>
        <scope>provided</scope>
    </dependency>
```

シリアライゼーション
Spark では今も Java のシリアライゼーションが使われていますが、これは一般的には良いことではありません。対策として、**例9-1** では次のように Kryo という依存先を指定しています。

```
<dependency>
    <groupId>org.nd4j</groupId>
    <artifactId>nd4j-kryo_${scala.binary.version}</artifactId>
    <version>${nd4j.version}</version>
</dependency>
```

この章の中で後ほど、ND4J と Spark に関する主な問題について議論します。その際に、Kryo についても再び触れることにします。

ここからは、Hadoop ディストリビューションごとのセットアップ方法を紹介していきます。

9.3.2　CDH 5.x 向けの POM ファイルをセットアップする

CDH 5.x での Spark ジョブをビルドするために必要なコンポーネントと、そのバージョン番号を紹介します。ジョブのプロパティは**例9-2** のようになります。

例9-2　CDH 5.x でのジョブの pom.xml

```
<properties>
    <project.build.sourceEncoding>UTF-8</project.build.sourceEncoding>
    <slf4j.version>1.7.5</slf4j.version>
    <jackson.version>2.5.1</jackson.version>

    <hadoop.version>2.6.0-cdh5.5.2</hadoop.version>

    <!-- DL4J のバージョン -->
    <nd4j.version>1.0.0-beta2</nd4j.version>
    <dl4j.version>1.0.0-beta2</dl4j.version>
    <datavec.version>1.0.0-beta2</datavec.version>

    <scala.binary.version>2.10</scala.binary.version>
    <scala.version>2.10.4</scala.version>
    <spark.version>2.1.1</spark.version>

</properties>
```

9.3　SparkとDL4J向けにMavenのPOMをセットアップする

すべてのDL4Jベースのプロジェクトで、Mavenの`pom.xml`に記載される`nd4j.version`と`dl4j.version`そして`datavec.version`の値は一致していなければなりません。

続いて、HortonworksによるHadoopディストリビューションではどうなるか見てみましょう。

9.3.3　HDP 2.4向けのPOMファイルをセットアップする

ここではHDP 2.4でのSparkジョブのための`pom.xml`を紹介します。このファイルのひな型となる部分については、すでに用意されているものとします。ジョブの依存先やコンポーネントのバージョンを指定する必要があります。

HDPのSparkジョブを実行するための`pom.xml`のテンプレートは例9-3のようになります。これらの変数は以降のセクションでの依存先に一致している必要があります。

例9-3　HDP 2.4のプロジェクト向けpom.xml

```
<properties>
    <project.build.sourceEncoding>UTF-8</project.build.sourceEncoding>
    <slf4j.version>1.7.5</slf4j.version>
    <jackson.version>2.5.1</jackson.version>
    <jcommander.version>1.27</jcommander.version>

    <!-- HDP 2.4 でのバージョン指定。別のリリースを利用する場合には要変更 -->
    <hdp.version>2.4.0.0-169</hdp.version>
    <hadoop.version>2.7.1</hadoop.version>

    <spark.version>2.1.1</spark.version>
    <spark.scala.version>2.10</spark.scala.version>

    <!-- DL4J のバージョン -->
    <nd4j.version>1.0.0-beta2</nd4j.version>
    <dl4j.version>1.0.0-beta2</dl4j.version>
    <datavec.version>1.0.0-beta2</datavec.version>

    <scala.binary.version>2.10</scala.binary.version>
    <scala.version>2.10.4</scala.version>

</properties>
```

例9-3に記述されたプロパティは、ビルドシステムがMavenのアーティファクト

としてJARファイルを作成する際に参照されます。Mavenで利用される以外には、これらの変数がDL4Jプロジェクトのコード自体で使われることはありません。

9.4 SparkとHadoopでのトラブルシューティング

ここでは、Hadoop上でSparkを利用する際によく見られる問題点をいくつか紹介します。

エグゼキューターが利用可能な量以上のRAMを要求した場合、Sparkドライバは次のようなログを出力することがあります。

```
WARN TaskSchedulerImpl: 初期のジョブはどのリソースも受理しませんでした。クラスター
の UI で、ワーカーが十分なメモリとともに登録されていることを確認してください
```

多くの場合の解決策は、ジョブが要求するRAMやコアを減らすことです。

Spark をデバッグする際にチェックするべき箇所

Spark のふるまいを確認したりデバッグしたりするための主なポートを、**表9-3**にまとめました。

表9-3 Spark のデバッグに使われる主なポート

Web サービス	ポート番号
YARN ジョブの履歴サーバーの UI	19888
YARN のリソースマネージャーの UI	8088
YARN ジョブの履歴の Web UI	18080

9.4.1 ND4J での主な問題

Spark 上で ND4J を利用する際にしばしば見られる問題と、その解決策を紹介します。

9.4.1.1 ND4J と Kyro によるシリアライゼーション

Kryo は Apache Spark とともによく使われるシリアライゼーションライブラリです。オブジェクトのシリアライゼーションにかかる時間を削減し、パフォーマンスの

9.4 Spark と Hadoop でのトラブルシューティング

向上をめざしています。

SerDe
「SerDe」とはシステムエンジニアリング用語で、データのシリアライゼーションとデシリアライゼーションをまとめた呼称です。Spark でのシリアライゼーションにはデータと関数が含まれます。Spark はシリアライゼーションのセットアップを行うだけで、デフォルトでは残りの処理は Java のシリアライゼーションに委ねられます。便利ですが、非効率的でもあります。
Hadoop には Writables という独自の SerDe のしくみが用意されており、対応するオブジェクトはファイルに対して読み書き可能です。Spark が HDFS のデータを扱うためには、このファイル形式が利用されます。

ただし、Kryo は ND4J のヒープ外のデータ構造を扱うのが苦手です[†10]。Apache Spark 上の ND4J で Kryo のシリアライゼーションを利用する際には、Spark に対して追加の設定が必要です。Kryo が適切に設定されなかった場合、一部の `INDArray` のフィールドで `NullPointerException` が発生する可能性があります。これはシリアライゼーションが正しく行われないことに起因します。

Kryo を利用するには、依存先として `nd4j-kryo` を適切に追加し、以下のように Spark の設定の中で ND4J の Kryo registrator を指定します。

```
SparkConf conf = new SparkConf();
conf.set("spark.serializer", "org.apache.spark.serializer.KryoSerializer");
conf.set("spark.kryo.registrator", "org.nd4j.Nd4jRegistrator");
```

DL4J が提供する `SparkDl4jMultiLayer` や `SparkComputationGraph` の各クラスを利用するとき、Kryo の設定が正しくない場合はログに警告が記録されます。

9.4.1.2　jnind4j と java.library.path

以下のようなエラーがしばしば見られます。

```
Exception in thread "main" java.lang.UnsatisfiedLinkError: no jnind4j in
    java.library.path
```

[†10] これは ND4J ではなく主に Spark 側での問題ですが、実用面での観点からはここで取り上げるのが適切と考えます。

436 | 9章　Spark 上で DL4J を用いて機械学習を行う

9.5　Spark 上での DL4J の並列実行

ニューラルネットワークの訓練を高速化するために、DL4J では Spark クラスターでの訓練が可能です。

DL4J の `MultiLayerNetwork` と `ComputationGraph` と同様の 2 つのクラスが、Spark での訓練のために定義されています。

`SparkDl4jMultiLayer`
　　　`MultiLayerNetwork` のラッパー

`SparkComputationGraph`
　　　`ComputationGraph` のラッパー

これらは単一マシン用のクラスのラッパーであり、ネットワークの構成手順（`MultiLayerConfiguration` や `ComputationGraphConfiguration` の生成など）は通常の訓練でも分散した訓練でもまったく同一です。両者の違いは、データの読み込み方と訓練のセットアップという 2 点です。クラスターに特有の設定が追加で必要になります。

Spark クラスターでのネットワークの訓練は、`spark-submit` を使って次のようなワークフローで行われるのが一般的です。

1. ネットワークを訓練するクラスを定義する
   - 単一マシンでの訓練と同様に、ネットワークの構成（`MultiLayerConfiguration` や `ComputationGraphConfiguration`）を指定する
   - 分散型の訓練が実際にどう行われるかを指定するために、`TrainingMaster` インスタンスを生成する（後述）
   - ネットワークの構成や `TrainingMaster` オブジェクトを使い、`SparkDl4jMultiLayer` や `SparkComputationGraph` のインスタンスを作成する
   - 訓練データを読み込む。方法は複数用意されており、それぞれにトレードオフがある。詳細については他の資料を参照
   - `SparkDl4jMultiLayer` や `SparkComputationGraph` のインスタンスに対して、適切な `fit()` メソッドを呼び出す

- 訓練されたネットワーク（`MultiLayerNetwork` や `ComputationGraph` のインスタンス）を、保存あるいは利用する
2. `spark-submit` 用の JAR ファイルをパッケージ化する
   - Maven を使っているなら、`mvn package -DskipTests` というコマンドを実行するなど
3. クラスター向けの適切な起動設定を指定して、`spark-submit` を呼び出す

単一マシン上での Spark を使った訓練

マシン 1 台での訓練でも、DL4J をローカルモードの Spark と組み合わせて利用することは可能です。しかし、これはお勧めできません。Spark での同期やシリアライゼーションのためのコストが加わるためです。以下のようにするのがよいでしょう。

- CPU や GPU が 1 つのシステムでは、標準の `MultiLayerNetwork` や `ComputationGraph` を使って訓練する
- CPU や GPU が複数のシステムでは、`ParallelWrapper`（http://bit.ly/2Xz1JTO）を使う。機能面では Spark をローカルモードで実行するのと同等だが、オーバーヘッドは少なく、訓練のパフォーマンスはより高くなる

現在のバージョンの DL4J は、訓練の際にパラメーターを平均化しています。今後のバージョンでは、分散訓練のための異なるアプローチが追加されるかもしれません。

パラメーターの平均化を伴う訓練のプロセスは、以下のようにとてもシンプルです。

1. マスター（Spark ドライバ）はネットワークの初期設定やパラメーターに基づいて処理を開始する
2. `TrainingMaster` の設定に基づいて、データがいくつかの部分集合に分割される
3. 訓練データのそれぞれの部分集合について、以下の操作が行われる
   - マスターからワーカーに対して、設定のパラメーターが渡される。必要に応じて、モーメンタムや RMSProp、AdaGrad でのアップデーターの状態も渡される
   - 分配されたデータに合わせてそれぞれのワーカーをフィットする
   - パラメーターを（場合によっては、アップデーターの状態も）平均化し、平

438 │ 9章　Spark 上で DL4J を用いて機械学習を行う

　　　　均化された結果をマスターに返す

4.　訓練が完了すると、マスターには訓練されたネットワークのコピーがあることに
　　なる

　実際のコードを見てみましょう。

9.5.1　Spark 上で訓練を行う最小限の例

　これから完全な Spark アプリケーションを作っていく上で、基礎となる概念を示
したのが以下のコードです。

```
JavaSparkContent sc = ...;
    JavaRDD<DataSet> trainingData = ...;
    MultiLayerConfiguration networkConfig = ...;

    // TrainingMaster インスタンスを生成します
    int examplesPerDataSetObject = 1;
    TrainingMaster trainingMaster =
        new ParameterAveragingTrainingMaster
            .Builder(examplesPerDataSetObject)
            ... (その他の設定)
            .build();

    // SparkDl4jMultiLayer インスタンスを生成します
    SparkDl4jMultiLayer sparkNetwork =
        new SparkDl4jMultiLayer(sc, networkConfig, trainingMaster);

    // 訓練データを使ってネットワークを適合させます
    sparkNetwork.fit(trainingData);
```

　DL4J の TrainingMaster は、SparkDl4jMultiLayer や SparkComputation
Graph が複数の異なる訓練の実装を利用できるようにするための抽象化
（インタフェース）です。現在 DL4J に用意されているのは、Parameter
AveragingTrainingMaster の 1 つだけです。以前に示したパラメーターの平
均化が、ここで実装されています。生成の際には次のような Builder パターンが使わ
れています。

```
TrainingMaster tm = new ParameterAveragingTrainingMaster
    .Builder(int dataSetObjectSize)
        ... (各自の設定)
        .build();
```

ParameterAveragingTrainingMaster には、訓練の実行方法に関する設定項目がいくつか用意されています。

dataSetObjectSize
> 省略不可。ビルダーのコンストラクタで指定されます。それぞれの DataSet オブジェクトに含まれるサンプルのサイズを表します。次の2つの注意点があります。
> - 前処理を経た DataSet オブジェクトを使って訓練する場合、前処理後の DataSet のサイズを指定する
> - String を直接使って訓練を行う場合、この値は通常1にする。いくつかの処理を通じて CSV データを RDD<DataSet>に変換する場合などがこれに該当する

batchSizePerWorker
> 各ワーカーでのミニバッチのサイズを指定します。単一マシンで訓練する際の、ミニバッチのサイズに対応します。言い換えると、ワーカーがそれぞれのパラメーターを更新するまでに必要とするサンプルのサイズです。

averagingFrequency
> パラメーターの平均化と再配分の頻度を表します。ミニバッチの数を単位として指定します。注意点は以下の3つです。
> - 平均化の間隔が短い（例えば averagingFrequency=1）と、効率が低下する。計算処理と比べて、ネットワーク通信や初期化のオーバーヘッドが占める割合が増加するため
> - 平均化の間隔が長い（例えば、averagingFrequency=200）と、パフォーマンスが低下する。ワーカーの各インスタンス間でパラメーターが大きく異なることになるため
> - 5 から 10 までの値を指定するのが、最初の選択肢としては妥当である

workerPrefetchNumBatches
> 読み込みの待ち時間を減らすため、Spark のワーカーはいくつかのミニバッチ（DataSet オブジェクト）を非同期に先読みできます。この値をゼロにすると、先読みが無効化されます。初めは2を指定するのがよいでしょう。多くの場合、あまり大きな値を指定しても効果は薄く、メモリ使用量の増加を招くだけです。

saveUpdater

モーメンタムや RMSProp、AdaGrad などの訓練手法は、DL4J ではアップ
データーと呼ばれます。これらのアップデーターのほとんどは、内部に履歴
や状態を保持しています。saveUpdater の値が true の場合、各ワーカーの
アップデーターの状態は平均化され、パラメーターとともにマスターへと返さ
れます。そして現在のアップデーターの状態が、マスターからワーカーに配
布されます。余分な時間とネットワークのトラフィックが消費されることに
はなりますが、訓練の結果は向上します。saveUpdater が false の場合、各
ワーカーのアップデーターの状態は破棄され、リセットあるいは再初期化され
ます。

repartition

データを再分割するタイミングを指定します。ParameterAveragingTrain
ingMaster は mapPartitions の処理を行うため、分割されたパーティショ
ンの数（そして、各パーティションに含まれる値）はクラスターの利用効率に
大きな影響を与えます。ただし、再分割は自由に行ってよいというわけではあ
りません。ネットワーク経由でコピーする必要のあるデータが存在するためで
す。以下の値を指定できます。

- Always（デフォルト値）：パーティションの数の正しさが保証されるよう
  に、再分割が行われる
- Never：パーティションがどんなに不均衡になっても、再分割を行わない
- NumPartitionsWorkersDiffers：パーティションの数とワーカーの数
  （コアの合計数）が異なる場合にのみ、再分割が行われる。ただし、パー
  ティション数と合計コア数が一致したとしても、各パーティションでの
  DataSet オブジェクトの数の正しさは保証されない。一部のパーティ
  ションだけが他よりも大幅に大きかったり小さかったりする可能性はある

repartitionStrategy

再分割の方針を表します。選択肢は以下の通りです。

- SparkDefault：Spark での標準的な方針。初期状態では、それぞれの
  オブジェクトは N 個の RDD へと独立かつランダムに対応付けられる。
  その結果、パーティションが不均衡になることがある。前処理を経た
  DataSet オブジェクトや、平均化が頻繁に行われるような小さい RDD
  では特に問題となる

— Balanced：DL4J で独自に定義された方針。SparkDefault よりも、各パーティションでのオブジェクト数を均衡させることが試みられる。しかし、このためには数え上げの処理が追加で必要となる。小さなネットワークやミニバッチあたりの計算量が少ない場合などには、オーバーヘッドの増加に見合ったメリットを得られない可能性がある

9.6　Spark 上の DL4J のベストプラクティス

Spark と Hadoop のクラスターを最大限に活用するには、以下のようなことが求められます。

- JAR ファイルを軽量化する
- 十分にチューニングされたクラスターを利用する
- ETL やベクトル化のパイプラインを最適化する
- JVM をチューニングする

可能な限り小さなジョブをビルドするのが理想です。処理をスケールアウトする際には、「計算をデータがある場所に移動させる（move the compute to the data）」というのがとても重要です。クラスター上を移動する JAR ファイルは小さくするべきです。

良い分散ファイルシステムを持ち、十分にチューニングされたクラスターで Spark を利用しましょう。

良い分散ファイルシステムとは

分散ファイルシステムには複数の種類があります。利用しようとしている分散コンポーネントとの組み合わせでうまく機能するものを選びましょう。

データサイエンティストが行うべきことは、分散システムのインフラストラクチャーをセットアップすることでも保守することでもありません。インフラストラクチャーの複雑さに忙殺されるような機械学習のプロジェクトは、典型的な失敗するプロジェクトに生き写し（deadringer）です[†11]。したがって、分散ファイルシステムは次のような特性を備えているべきです。

442 | 9 章　Spark 上で DL4J を用いて機械学習を行う

- 信頼性が示されていること
- Kerberos との統合に対応していること
- 十分にテストされていること
- スケーラブルであること
- 他のデータサイエンス関連コンポーネントと組み合わせて動作すること

Spark と Hadoop の組み合わせでは、最終的な選択肢は HDFS になることが多いでしょう。

　本格的なエンタープライズユーザーには、Spark が動作しメンテナンスが行き届いた Hadoop クラスターが必要です。CDH 5 や HDP 2.4 など、新しい Hadoop ディストリビューションがよいでしょう。

　訓練のループから、ETL とベクトル化を除外しましょう。クラスター上で大きなジョブを実行するのはコストが高いため、できるだけ効率化しなければなりません。RDD を何度も変換するのではなく、シリアライズされた `DataSet` オブジェクトを読み書きできれば理想的です。

　また、適切にチューニングされた JVM は大きな効果を発揮します。ガベージコレクションによって長い停止が発生しないように JVM をチューニングし、誰もが安心して作業を行えるようにしましょう。

9.7　Spark での多層パーセプトロンの例

　ここでは、MNIST データセットを使って数字を分類する例を再び取り上げます。多層パーセプトロンを使い、Spark 上で訓練します。

　「5 章　深層ネットワークの構築」の例との主な違いは、Spark を使った並列の訓練です。その他の点についてはほぼ同一です。

　今回は HDFS のデータを扱います。ETL やベクトル化のパイプラインは一般的に、水平方向にスケーラブルな形で用意されなければなりません。この後紹介する Spark の機能か、DataVec などの ETL ライブラリを利用できます。しかし今回の例では、カスタムの組み込みコードを使って MNIST 形式に固有の処理を行うため大

---

†11　ようやくこの言葉を使うべきときが訪れました。ここで一休みして、RJD2 による名作アルバム **Deadringer**（https://en.wikipedia.org/wiki/Deadringer_(album)）を聴いてみることをお勧めします。この章のサウンドトラックと思って聴いてみてください。

9.7 Spark での多層パーセプトロンの例

きな問題にはなりません。CSV やテキストベースのデータのように、多くの前処理が必要となるデータを扱うプロジェクトでは、スケーラビリティを考慮する必要があります。

単一プロセスでの ETL コードに関する注意
大きなデータセットでは、ETL のパイプラインの組み立て方について注意が必要です。Spark の関数には単一プロセスの Java コードを混在させることも可能です。注意を怠ると、入力データセットのサイズに追従できないコードが生まれてしまいます。DataVec を使う ETL のデザインパターンを含むサンプルコード (http://bit.ly/2NIr9ty) が GitHub リポジトリに掲載されています。これを参照すれば、Spark で並列の ETL パイプラインを効率的に組み立て、DL4J のワークフローに適用できるようになるでしょう。

例9-4 は MNIST データセットのサンプルコードです。Spark 上での実行のための修正も含まれています。

例9-4 MNIST データセットに対する Spark 上での多層パーセプトロンネットワークの訓練

```java
public class MnistMLPExample {
    private static final Logger log = LoggerFactory.getLogger(MnistMLPExample.
  ↪ class);

    @Parameter(names = "-useSparkLocal", description =
        "Spark ローカルを利用します。spark-submit なしでのテストや実行のためのヘルパー
  ↪ です",
        arity = 1)
    private boolean useSparkLocal = true;

    @Parameter(names = "-batchSizePerWorker", description =
        "それぞれのワーカーが訓練するサンプルのサイズ")
    private int batchSizePerWorker = 16;

    @Parameter(names = "-numEpochs", description = "訓練のエポック数")
    private int numEpochs = 15;

    public static void main(String[] args) throws Exception {
        new MnistMLPExample().entryPoint(args);
    }

    protected void entryPoint(String[] args) throws Exception {
        // コマンドライン引数を解釈します
        JCommander jcmdr = new JCommander(this);
```

444 | 9章　Spark 上で DL4J を用いて機械学習を行う

```java
try {
    jcmdr.parse(args);
} catch (ParameterException e) {
    // ユーザーの入力が不正なとき、利用法を出力します
    jcmdr.usage();
    try { Thread.sleep(500); } catch (Exception e2) { }
    throw e;
}

SparkConf sparkConf = new SparkConf();
if (useSparkLocal) {
    sparkConf.setMaster("local[*]");
}
sparkConf.setAppName("DL4J Spark MLP Example");
JavaSparkContext sc = new JavaSparkContext(sparkConf);

// データをメモリに読み込んで並列化します
// 一般的には良いやり方ではないのですが、この例ではシンプルに利用できます
DataSetIterator iterTrain =
    new MnistDataSetIterator(batchSizePerWorker, true, 12345);
DataSetIterator iterTest =
    new MnistDataSetIterator(batchSizePerWorker, true, 12345);
List<DataSet> trainDataList = new ArrayList<>();
List<DataSet> testDataList = new ArrayList<>();
while (iterTrain.hasNext()) {
    trainDataList.add(iterTrain.next());
}
while (iterTest.hasNext()) {
    testDataList.add(iterTest.next());
}

JavaRDD<DataSet> trainData = sc.parallelize(trainDataList);
JavaRDD<DataSet> testData = sc.parallelize(testDataList);


//-----------------------------------
// ネットワークの構成を定義し、訓練を実行します
MultiLayerConfiguration conf = new NeuralNetConfiguration.Builder()
    .seed(12345)
    .activation(Activation.LEAKYRELU)
    .weightInit(WeightInit.XAVIER)
    .updater(new Nesterovs(0.1, 0.9))
    .l2(1e-4)
    .list()
    .layer(0, new DenseLayer.Builder().nIn(28 * 28).nOut(500).build())
    .layer(1, new DenseLayer.Builder().nOut(100).build())
    .layer(2, new OutputLayer.Builder(LossFunctions.LossFunction
        .NEGATIVELOGLIKELIHOOD)
        .activation(Activation.SOFTMAX).nIn(100).nOut(10).build())
```

9.7 Spark での多層パーセプトロンの例 | 445

```
        .build();

        // Spark での訓練の設定。それぞれの項目についての説明は
        // http://deeplearning4j.org/spark に掲載されています
        TrainingMaster tm = new ParameterAveragingTrainingMaster
            // それぞれの DataSet オブジェクトには
            // デフォルトで 32 個のサンプルが含まれます
            .Builder(batchSizePerWorker)
            .averagingFrequency(5)
            // 非同期の先読み（ワーカーごとに 2 個のサンプル）
            .workerPrefetchNumBatches(2)
            .batchSizePerWorker(batchSizePerWorker)
            .build();

        // Spark のネットワークを生成します
        SparkDl4jMultiLayer sparkNet = new SparkDl4jMultiLayer(sc, conf, tm);

        // 訓練を開始します
        for (int i = 0; i < numEpochs; i++) {
            sparkNet.fit(trainData);
            log.info("エポック完了: {}", i);
        }

        // 評価を開始します（分散）
        Evaluation evaluation = sparkNet.evaluate(testData);
        log.info("***** 評価 *****");
        log.info(evaluation.stats());

        // 訓練での一時ファイルはもう必要ないので削除します
        tm.deleteTempFiles(sc);

        log.info("***** 完了 *****");
    }
}
```

Spark 版での重要な変更点については、後ほど解説します。

この Spark ジョブのプロジェクトをビルドするには、プロジェクトのルートディレクトリに移動して、以下の Maven コマンドを実行します。

```
mvn package
```

すると、Spark ジョブの JAR ファイルが ./target/ サブディレクトリに生成されます。この JAR ファイルを Spark クラスターのゲートウェイホストにコピーし、この章で前述したコマンドを実行してください。

9.7.1 Sparkで多層パーセプトロンのアーキテクチャーをセットアップする

例9-4のネットワークのアーキテクチャーは、「5章　深層ネットワークの構築」で紹介したものに似ています。ネットワークアーキテクチャーの構成を行っている部分を再掲します。

```
MultiLayerConfiguration conf = new NeuralNetConfiguration.Builder()
    .seed(12345)
    .activation(Activation.LEAKYRELU)
    .weightInit(WeightInit.XAVIER)
    .updater(new Nesterovs(0.1, 0.9))
    .l2(1e-4)
    .list()
    .layer(0, new DenseLayer.Builder().nIn(28 * 28).nOut(500).build())
    .layer(1, new DenseLayer.Builder().nOut(100).build())
    .layer(2, new OutputLayer.Builder(LossFunctions.LossFunction
        .NEGATIVELOGLIKELIHOOD)
        .activation(Activation.SOFTMAX).nIn(100).nOut(10).build())
    .build();
```

ここでも確率的勾配降下法を使い、ネットワークのパラメーターを更新しています。「5章　深層ネットワークの構築」での多層パーセプトロンの例では隠れ層は1つだけでしたが、今回は追加の隠れ層が用意されています。また、「5章　深層ネットワークの構築」で使われていたReLU（Rectified Linear Unit）に代わってLeaky ReLUを利用します。これら以外の構成や出力層については、先の例とほぼ同様です。このような見かけ上は小さな変更が、まったく異なるデータを扱えるようにしてくれます。変更点はハイパーパラメーターの探索に関わっているというのが、ここでのポイントです。

> **ローカル版とSpark版でのネットワークアーキテクチャー**
> ローカルのマシン上でデータの一部を使ってネットワークを開発し、後に同じアーキテクチャーをSparkに移送してデータセット全体でモデル化を行うということが可能です。DL4Jに備えられた便利な機能です。

9.7.2　分散型の訓練とモデルの評価

「5章　深層ネットワークの構築」の単一プロセスの例との大きな違いは、以下の2点です。

9.7 Spark での多層パーセプトロンの例 | **447**

- ● ParameterAveragingTrainingMaster の導入
- ● 訓練のラッパー SparkDl4jMultiLayer の利用

「5 章 深層ネットワークの構築」の例との違いは本当にこれだけです。これら
は小さな変更であり、ローカルでの機械学習のワークフローを Spark 版へと書
き換えるのは簡単だということがわかります。以下のコードは、以前に紹介した
TrainingMaster を作成している部分を**例9-4** から抜粋したものです。これを使い、
Spark でのパラメーターの平均化の方法をコントロールしています。

```
// Spark での訓練の設定。それぞれの項目についての説明は
 // http://deeplearning4j.org/spark に掲載されています
TrainingMaster tm = new ParameterAveragingTrainingMaster
        // それぞれの DataSet オブジェクトには
        // デフォルトで 32 個の要素が含まれます
        .Builder(batchSizePerWorker)
        .averagingFrequency(5)
        // 非同期の先読み（ワーカーごとに 2 個の要素）
        .workerPrefetchNumBatches(2)
        .batchSizePerWorker(batchSizePerWorker)
        .build();
```

Spark 上での分散訓練のための 2 つ目の変更が、SparkDl4jMultiLayer と呼ば
れる新しい MultiLayerNetwork のラッパーです。

```
// Spark のネットワークを生成します
SparkDl4jMultiLayer sparkNet = new SparkDl4jMultiLayer(sc, conf, tm);

// 訓練を開始します
for (int i = 0; i < numEpochs; i++) {
    sparkNet.fit(trainData);
    log.info("エポック完了: {}", i);
}
```

このラッパーは TrainingMaster と協力して動作します。モデルにとって必要な
分散訓練をすべて行うとともに、その詳細の多くを我々が意識せずに済むようにして
くれます。SparkDl4jMultiLayer を使うことによって、ローカルマシン上での場
合とほぼ同じ方法でエグゼキューターを管理できます。

先ほどのコードでは、SparkDl4jMultiLayer に 3 つのパラメーターが指定され
ています。

1. Spark コンテキスト
2. DL4J のネットワーク構成
3. `ParameterAveragingTrainingMaster` オブジェクト

ローカル版ではデータのモデル化に `MultiLayerNetwork` クラスが使われていました。今回のラッパークラスの良いところは、この `MultiLayerNetwork` とほぼ同じように利用でき、`for` ループを使ってエポック数を指定することもできるという点です。

最後に、F1 スコアを計算してログに出力しています。

```
// 評価を開始します（分散）
Evaluation evaluation = sparkNet.evaluate(testData);
log.info("***** 評価 *****");
log.info(evaluation.stats());
```

以上のコードから、Spark と DL4J を組み合わせた学習がクリーンかつ容易に可能だということがわかります。残る作業は、Spark のコードと `TrainingMaster` のコードを数行追加し、実運用向けの安全な Spark クラスターでディープラーニングのモデルを訓練させることくらいです。

9.7.3　DL4J の Spark ジョブをビルドし実行する

まず、サンプルコードのルートディレクトリに移動します。そして次のコマンドを実行し、Maven を使ってジョブの JAR ファイルをビルドします。

```
mvn package
```

ジョブの JAR ファイルは./target/サブディレクトリに生成されます。

ジョブの JAR ファイルを実行対象のマシンにコピーしたら、続いて以下のコマンドを実行します。

```
spark-submit
  --class org.deeplearning4j.examples.feedforward.MnistMLPExample
  --num-executors 3 --properties-file ./spark_extra.props
  ./dl4j-examples-1.0-SNAPSHOT.jar
```

訓練の進行に合わせて、モデルからのさまざまな情報がコンソールに出力されます。ここでの重要なパラメーターは、Spark ランタイムに引数を与えるための`--properties-file` フラグです。よく使われるコマンドライン引数をファイルに

9.8 Spark と LSTM でシェイクスピア風の文章を生成する | **449**

記述できるため、実行のたびにキーボード入力を行う必要がなくなります。また、`--num-executors` では Spark のワーカーつまりエグゼキューターの数を指定できます。ここでは 3 という値が指定されています。

9.8　Spark と LSTM でシェイクスピア風の文章を生成する

「5 章　深層ネットワークの構築」の LSTM（Long Short-Term Memory）のコードを修正して、Spark 上で同じモデルを組み立ててみましょう（http://bit.ly/32f6iBd）。ネットワークアーキテクチャーや訓練のプロセスの違いに注目したいので、データの読み込みについてはここでは説明しません。訓練のコアとなるメソッドが**例9-5** です。

例9-5　LSTM とシェイクスピアの例、Java による訓練のコア部分

```
protected void entryPoint(String[] args) throws Exception {
    // コマンドライン引数を解釈します
    JCommander jcmdr = new JCommander(this);
    try {
        jcmdr.parse(args);
    } catch (ParameterException e) {
        // ユーザーの入力が不正なとき、利用法を出力します
        jcmdr.usage();
        try {
            Thread.sleep(500);
        } catch (Exception e2) {
        }
        throw e;
    }

    Random rng = new Random(12345);
    // それぞれの LSTM 層でのユニット数
    int lstmLayerSize = 200;
    // Truncated BPTT の長さ。例えば、50 文字ごとにパラメーターが更新されます
    int tbpttLength = 50;
    // 訓練のエポックごとに生成されるサンプルのサイズ
    int nSamplesToGenerate = 4;
    // 生成されるサンプルの長さ
    int nCharactersToSample = 300;
    // 文字の初期化（省略可能）
    // null が指定されている場合、ランダムな文字が使われます
    String generationInitialization = null;
```

```
// 上記は、継続あるいは完了させてほしい文字列を LSTM に与えるために使われます
// すべての文字はデフォルトの
// CharacterIterator.getMinimalCharacterSet() に含まれている必要があります

// ネットワークの構成をセットアップします
MultiLayerConfiguration conf = new NeuralNetConfiguration.Builder()
    .seed(12345)
    .l2(0.001)
    .weightInit(WeightInit.XAVIER)
    .updater(new RmsProp(0.1, 0.95, 1e-8))
    .list()
    .layer(0, new LSTM.Builder().nIn(CHAR_TO_INT.size())
        .nOut(lstmLayerSize).activation(Activation.TANH).build())
    .layer(1, new LSTM.Builder().nIn(lstmLayerSize).nOut(lstmLayerSize)
        .activation(Activation.TANH).build())
    .layer(2, new RnnOutputLayer.Builder(LossFunction.MCXENT)
        // MCXENT とソフトマックスを使って分類します
        .activation(Activation.SOFTMAX)
        .nIn(lstmLayerSize).nOut(nOut).build())
    .backpropType(BackpropType.TruncatedBPTT).tBPTTForwardLength(tbpttLength)
        .tBPTTBackwardLength(tbpttLength)
    .build();

//-----------------------------------------------------------
// Spark 固有の構成
/* どの程度の頻度（ミニバッチ数）でパラメーターを平均化するべきでしょうか
 * 頻繁すぎると同期やシリアライゼーションのコストが上昇して速度が低下し、
 * 少なすぎると学習が収束しないなどの問題を招きます */
int averagingFrequency = 3;

// Spark の構成とコンテキストをセットアップします
SparkConf sparkConf = new SparkConf();
if (useSparkLocal) {
    sparkConf.setMaster("local[*]");
}
sparkConf.setAppName("LSTM による文字の例");
JavaSparkContext sc = new JavaSparkContext(sparkConf);

JavaRDD<DataSet> trainingData = getTrainingData(sc);

// TrainingMaster をセットアップします
// TrainingMaster は Spark 上での学習をコントロールします
// ここでは標準的なパラメーターの平均化を行っています
// 設定項目については
// https://deeplearning4j.org/spark#configuring を参照してください
int examplesPerDataSetObject = 1;
ParameterAveragingTrainingMaster tm = new ParameterAveragingTrainingMaster
    .Builder(examplesPerDataSetObject)
        // 最大 2 つのミニバッチを非同期で先読みします
```

9.8 Spark と LSTM でシェイクスピア風の文章を生成する | **451**

```
    .workerPrefetchNumBatches(2)
    .averagingFrequency(averagingFrequency)
    .batchSizePerWorker(batchSizePerWorker)
    .build();
SparkDl4jMultiLayer sparkNetwork = new SparkDl4jMultiLayer(sc, conf, tm);
sparkNetwork.setListeners(Collections.<IterationListener>singletonList(new
    ScoreIterationListener(1)));

// 訓練を行い、ネットワークからサンプルを生成して出力します
for (int i = 0; i < numEpochs; i++) {
    // 1エポック分の訓練を行います
    // エポックの終了ごとに、訓練されたネットワークのコピーを返します
    MultiLayerNetwork net = sparkNetwork.fit(trainingData);

    // ネットワークからサンプルの文字列を生成します。処理はローカルで行われます
    log.info("ネットワークから文字列を生成します。初期化の文字列: \"" +
        (generationInitialization == null ? "" : generationInitialization) +
            "\"");
    String[] samples = sampleCharactersFromNetwork(generationInitialization,
        net, rng, INT_TO_CHAR,
        nCharactersToSample, nSamplesToGenerate);
    for (int j = 0; j < samples.length; j++) {
        log.info("----- サンプル " + j + " -----");
        log.info(samples[j]);
    }
}

// 訓練での一時ファイルはもう必要ないので削除します
tm.deleteTempFiles(sc);

log.info("\n\n 完了");
}
```

ここまでの例と同様に、コードの残りの部分への理解については読者に委ねたいと思います。コードの読みやすさを優先し、データの読み込みに関する処理は示しません。

以前のコードとの主な違いは次の 2 点です。

● `ParameterAveragingTrainingMaster` の導入
● 訓練のラッパー `SparkDl4jMultiLayer` の利用

先ほどの Spark 版多層パーセプトロンの例と同様に、「5 章　深層ネットワークの構築」のコードとの大きな違いはこれだけです。ここでも変更は数行にとどまってお

り、ローカルでの機械学習のワークフローを Spark 上へと移行することは難しくないとわかります。その証拠として、LSTM ネットワークを定義している部分を見てみましょう。

9.8.1 LSTM のネットワークアーキテクチャーをセットアップする

再掲した以下のコードは興味深いことに、「5 章　深層ネットワークの構築」の単一プロセス版のコードとまったく同じものです。

```
// ネットワークの構成をセットアップします
MultiLayerConfiguration conf = new NeuralNetConfiguration.Builder()
    .seed(12345)
    .l2(0.001)
    .weightInit(WeightInit.XAVIER)
    .updater(new RmsProp(0.1, 0.95, 1e-8))
    .list()
    .layer(0, new LSTM.Builder().nIn(CHAR_TO_INT.size())
        .nOut(lstmLayerSize).activation(Activation.TANH).build())
    .layer(1, new LSTM.Builder().nIn(lstmLayerSize).nOut(lstmLayerSize)
        .activation(Activation.TANH).build())
    .layer(2, new RnnOutputLayer.Builder(LossFunction.MCXENT)
        // MCXENT とソフトマックスを使って分類します
        .activation(Activation.SOFTMAX)
        .nIn(lstmLayerSize).nOut(nOut).build())
    .backpropType(BackpropType.TruncatedBPTT).tBPTTForwardLength(tbpttLength)
        .tBPTTBackwardLength(tbpttLength)
    .build();
```

このコードを取り上げたのは、実用面できわめて大きなメリットが得られているからです。ローカル向けに開発してきたネットワークの構成を、Hadoop や Mesos の Spark クラスターで容易に実行できています。

この例でも LSTM の隠れ層が 2 つ定義され、活性化関数としては TANH が使われています。カスタムの LSTM 出力層（RnnOutputLayer）についても、損失関数 MCXENT と活性化関数 SOFTMAX を指定しています。「6 章　深層ネットワークのチューニング」で、多くのクラスの中から 1 つを予測したい場合には、活性化関数としてソフトマックスを利用するということを紹介しました。多数の文字から次の文字を予測するという今回の例も、これに該当します。では、「5 章　深層ネットワークの構築」からの細かな変更点を見ていきましょう。

9.8　SparkとLSTMでシェイクスピア風の文章を生成する | **453**

9.8.2　訓練し、進捗を管理し、結果を理解する

以前にも述べましたが、Spark上への移行の際には基本的に次のようなコードが使われます。

```
// TrainingMaster インスタンスを生成します
int examplesPerDataSetObject = 1;
TrainingMaster trainingMaster = new ParameterAveragingTrainingMaster
    .Builder(examplesPerDataSetObject)
    ... (その他の設定)
    .build();

// SparkDl4jMultiLayer インスタンスを生成します
SparkDl4jMultiLayer sparkNetwork = new SparkDl4jMultiLayer(sc, networkConfig,
    trainingMaster);
```

この後に紹介するコードでは、`TrainingMaster` のサブクラス(`ParameterAverag ingTrainingMaster`)を使ってLSTMを定義します。また、ネットワークの構成を `SparkDl4jMultiLayer` オブジェクトでラップし、Spark クラスター上での実行に関する細かな事柄を受け持たせます。

`TrainingMaster` の派生種やラッパーの構成については、以前のコードでほとんど紹介しているのでここでは省略します。

```
// TrainingMaster をセットアップします
// TrainingMaster は Spark 上での学習をコントロールします
// ここでは標準的なパラメーターの平均化を行っています
// 設定項目については
// https://deeplearning4j.org/spark#configuring を参照してください
int examplesPerDataSetObject = 1;
ParameterAveragingTrainingMaster tm = new ParameterAveragingTrainingMaster
    .Builder(examplesPerDataSetObject)
    // 最大 2 つのミニバッチを非同期で先読みします
    .workerPrefetchNumBatches(2)
    .averagingFrequency(averagingFrequency)
    .batchSizePerWorker(batchSizePerWorker)
    .build();
SparkDl4jMultiLayer sparkNetwork = new SparkDl4jMultiLayer(sc, conf, tm);
sparkNetwork.setListeners(Collections.<IterationListener>singletonList(new
    ScoreIterationListener(1)));

// 訓練を行い、ネットワークからサンプルを生成して出力します
for (int i = 0; i < numEpochs; i++) {
    // 1 エポック分の訓練を行います
    // エポックの終了ごとに、訓練されたネットワークのコピーを返します
    MultiLayerNetwork net = sparkNetwork.fit(trainingData);
```

454 | 9章　Spark 上で DL4J を用いて機械学習を行う

```
// ネットワークからサンプルの文字列を生成します。処理はローカルで行われます
log.info("ネットワークから文字列を生成します。初期化の文字列: \"" +
    (generationInitialization == null ? "" : generationInitialization) +
        "\"");
String[] samples = sampleCharactersFromNetwork(generationInitialization,
    net, rng, INT_TO_CHAR,
    nCharactersToSample, nSamplesToGenerate);
for (int j = 0; j < samples.length; j++) {
    log.info("----- サンプル " + j + " -----");
    log.info(samples[j]);
}
    }
}
```

　Spark 向けの数行のコードの後には、以前と同様の標準的な `fit()` メソッドを使った訓練のループが記述されます。ローカルや HDFS のファイルシステムに対する操作や、Spark のモデルの呼び出しなどに関する処理は内部に隠蔽されています。

9.9　Spark 上の畳み込みニューラルネットワークで MNIST をモデル化する

　続いては、「5 章　深層ネットワークの構築」での CNN（Convolutional Neural Network、畳み込みニューラルネットワーク）の例を Spark 上で実行させます。例9-6 は Spark で CNN のモデルを組み立てているコードです。MNIST のモデル化はつい先ほども行いましたが、ここでは画像データにより適している CNN のネットワークアーキテクチャーを利用します。

例9-6　CNN を使った Spark 版 MNIST

```
public class MnistExample {
    private static final Logger log = LoggerFactory.getLogger(MnistExample.class);

    public static void main(String[] args) throws Exception {

        // Spark コンテキストを作成し、データをメモリに読み込みます
        SparkConf sparkConf = new SparkConf();
        sparkConf.setMaster("local[*]");
        sparkConf.setAppName("MNIST");
        JavaSparkContext sc = new JavaSparkContext(sparkConf);

        int examplesPerDataSetObject = 32;
        DataSetIterator mnistTrain = new MnistDataSetIterator(32, true, 12345);
        DataSetIterator mnistTest = new MnistDataSetIterator(32, false, 12345);
```

9.9 Spark 上の畳み込みニューラルネットワークで MNIST をモデル化する | **455**

```
List<DataSet> trainData = new ArrayList<>();
List<DataSet> testData = new ArrayList<>();
while(mnistTrain.hasNext()) trainData.add(mnistTrain.next());
Collections.shuffle(trainData,new Random(12345));
while(mnistTest.hasNext()) testData.add(mnistTest.next());

// 訓練データを取得します。実際の利用時には、parallelize は推奨されません
JavaRDD<DataSet> train = sc.parallelize(trainData);
JavaRDD<DataSet> test = sc.parallelize(testData);

// ネットワークの構成をセットアップします
// （標準的な DL4J のネットワークと同様です）
int nChannels = 1;
int outputNum = 10;
int iterations = 1;
int seed = 123;

log.info("モデルを組み立てます...");
MultiLayerConfiguration conf = new NeuralNetConfiguration.Builder()
.seed(seed)
.l2(0.0005)
.weightInit(WeightInit.XAVIER)
.updater(new Nesterovs(.01, 0.9))
.list()
.layer(0, new ConvolutionLayer.Builder(5, 5)
        // nIn と nOut は奥行きを表します。ここでは nIn は nChannels であり、
        // nOut は適用されるフィルターの数です
        .nIn(nChannels)
        .stride(1, 1)
        .nOut(20)
        .activation(Activation.IDENTITY)
        .build())
.layer(1, new SubsamplingLayer.Builder(SubsamplingLayer.PoolingType.MAX)
        .kernelSize(2,2)
        .stride(2,2)
        .build())
.layer(2, new ConvolutionLayer.Builder(5, 5)
        // 以降の層では nIn は必要ありません
        .stride(1, 1)
        .nOut(50)
        .activation(Activation.IDENTITY)
        .build())
.layer(3, new SubsamplingLayer.Builder(SubsamplingLayer.PoolingType.MAX)
        .kernelSize(2,2)
        .stride(2,2)
        .build())
.layer(4, new DenseLayer.Builder().activation(Activation.RELU)
        .nOut(500).build())
.layer(5, new OutputLayer.Builder(LossFunctions.LossFunction
```

456 | 9章　Spark 上で DL4J を用いて機械学習を行う

```
                       .NEGATIVELOGLIKELIHOOD)
                       .nOut(outputNum)
                       .activation(Activation.SOFTMAX)
                       .build())
                .setInputType(InputType.convolutionalFlat(28,28,1)) // 下記参照
                .build();

        MultiLayerNetwork net = new MultiLayerNetwork(conf);
        net.init();

        // 構成情報を元に、Spark の多層ネットワークを作成します
        ParameterAveragingTrainingMaster tm =
            new ParameterAveragingTrainingMaster.Builder(examplesPerDataSetObject)
                .workerPrefetchNumBatches(0)
                .saveUpdater(true)
                // ワーカー 1 つあたりミニバッチ 5 つ分の fit の操作を行い、
                // 平均化の後にパラメーターを再配分します
                .averagingFrequency(5)
                // それぞれのワーカーが fit の操作ごとに利用するサンプルのサイズ
                .batchSizePerWorker(examplesPerDataSetObject)
                .build();

        SparkDl4jMultiLayer sparkNetwork = new SparkDl4jMultiLayer(sc, net, tm);

        // ネットワークを訓練します
        log.info("--- ネットワークの訓練を開始します ---");
        int nEpochs = 5;
        for( int i=0; i<nEpochs; i++ ){
            sparkNetwork.fit(train);
            System.out.println("----- エポック " + i + " 完了 -----");

            // Spark を使って評価します
            Evaluation evaluation = sparkNetwork.evaluate(test);
            System.out.println(evaluation.stats());
        }

        log.info("*************** 完了 ********************");
    }
}
```

このコードの重要な部分について解説していきます。

9.9.1　Spark ジョブを構成し、MNIST データを読み込む

Java で Spark の実行環境を利用するには、SparkConf と JavaSparkContext の
各オブジェクトが必要です。ここで、ローカルモードあるいは Spark クラスターで

9.9 Spark 上の畳み込みニューラルネットワークで MNIST をモデル化する | 457

実行するジョブをセットアップします[†12]。

　Spark を利用する際、データは RDD の構造に格納するのが一般的です。以下の
コードでは、「5 章　深層ネットワークの構築」で利用したのと同じイテレータから
MNIST データを取り出して JavaRDD インスタンスに変換しています。

```
DataSetIterator mnistTrain = new MnistDataSetIterator(32, true, 12345);
DataSetIterator mnistTest = new MnistDataSetIterator(32, false, 12345);
List<DataSet> trainData = new ArrayList<>();
List<DataSet> testData = new ArrayList<>();
while(mnistTrain.hasNext()) trainData.add(mnistTrain.next());
Collections.shuffle(trainData,new Random(12345));
while(mnistTest.hasNext()) testData.add(mnistTest.next());

// 訓練データを取得します。実際の利用時には、parallelize は推奨されません
JavaRDD<DataSet> train = sc.parallelize(trainData);
JavaRDD<DataSet> test = sc.parallelize(testData);
```

　すべての MNIST データをメモリ上に取り込み、Spark コンテキストのオブジェ
クトを使って JavaRDD を作成しています。

9.9.2　LeNet の CNN アーキテクチャーをセットアップして訓練する

　「5 章　深層ネットワークの構築」の LeNet の例と同様のアーキテクチャーが構成
されようとしています。該当の部分を以下に示します。

```
MultiLayerConfiguration conf = new NeuralNetConfiguration.Builder()
.seed(seed)
.l2(0.0005)
.weightInit(WeightInit.XAVIER)
.updater(new Nesterovs(.01, 0.9))
.list()
.layer(0, new ConvolutionLayer.Builder(5, 5)
        // nIn と nOut は奥行きを表します。ここでは nIn は nChannels であり、
        // nOut は適用されるフィルターの数です
        .nIn(nChannels)
        .stride(1, 1)
        .nOut(20)
        .activation(Activation.IDENTITY)
```

[†12] ローカルでこのジョブを実行する場合には、コードへの変更は必要ありません。このコードは、デフォル
トでは Spark ローカルを利用するようにセットアップされています。なお、Spark ローカルは開発やテ
ストにのみ利用するべきです。1 つのマシン（例えば複数の GPU を搭載したシステムなど）で並列の訓
練を行いたい場合は、ParallelWrapper を使うとより高速です。

458 | 9章 Spark 上で DL4J を用いて機械学習を行う

```
            .build())
    .layer(1, new SubsamplingLayer.Builder(SubsamplingLayer.PoolingType.MAX)
            .kernelSize(2,2)
            .stride(2,2)
            .build())
    .layer(2, new ConvolutionLayer.Builder(5, 5)
            // 以降の層では nIn は必要ありません
            .stride(1, 1)
            .nOut(50)
            .activation(Activation.IDENTITY)
            .build())
    .layer(3, new SubsamplingLayer.Builder(SubsamplingLayer.PoolingType.MAX)
            .kernelSize(2,2)
            .stride(2,2)
            .build())
    .layer(4, new DenseLayer.Builder().activation(Activation.RELU)
            .nOut(500).build())
    .layer(5, new OutputLayer.Builder(LossFunctions.LossFunction
            .NEGATIVELOGLIKELIHOOD)
            .nOut(outputNum)
            .activation(Activation.SOFTMAX)
            .build())
    .setInputType(InputType.convolutionalFlat(28,28,1)) // 下記参照
    .build();
```

　Spark を使っていない「5章　深層ネットワークの構築」のコードと同じ Multi
LayerConfiguration が使われており、各層の構成も同様です。主な違いは、この
後紹介する Spark での訓練ループの並列化を制御する方法です。

　Spark 上で DL4J のモデルを訓練する処理は、単一マシン上での処理に似ていま
すが少し異なります。次のコードで、「5章　深層ネットワークの構築」との違いを確
認してみましょう。

```
// 構成情報を元に、Spark の多層ネットワークを作成します
ParameterAveragingTrainingMaster tm =
    new ParameterAveragingTrainingMaster.Builder(examplesPerDataSetObject)
        .workerPrefetchNumBatches(0)
        .saveUpdater(true)
        // ワーカー 1 つあたりミニバッチ 5 つ分の fit の操作を行い、
        // 平均化の後にパラメーターを再配分します
        .averagingFrequency(5)
        // それぞれのワーカーが fit の操作ごとに利用するサンプルのサイズ
        .batchSizePerWorker(examplesPerDataSetObject)
        .build();

SparkDl4jMultiLayer sparkNetwork = new SparkDl4jMultiLayer(sc, net, tm);
```

9.9 Spark 上の畳み込みニューラルネットワークで MNIST をモデル化する

```
// ネットワークを訓練します
log.info("--- ネットワークの訓練を開始します ---");
int nEpochs = 5;
for( int i=0; i<nEpochs; i++ ){
    sparkNetwork.fit(train);
    System.out.println("----- エポック " + i + " 完了 -----");

    // Spark を使って評価します
    Evaluation evaluation = sparkNetwork.evaluate(test);
    System.out.println(evaluation.stats());
}
```

今までの例と同じように、ここでも主な相違点は以下の2つです。

- `ParameterAveragingTrainingMaster` クラスの利用
- `SparkDl4jMultiLayer` クラスの利用

これら2点以外に関しては、それほど大きな変更はありません。

Spark 版とローカル版の比較

ローカルのマシンでも Spark 上でも、モデルの作成方法はだいたい同じです。これは DL4J の優れた特徴です。この章の中で繰り返してきたように、変更が大量の行に及ぶことはありません。

付録A
人工知能とは何か？

> Cooper：おい、TARS。きみの正直度は？
>
> TARS：90%。
>
> Cooper：90%？
>
> TARS：感情を持つ存在とのコミュニケーションにおいては、完璧に正直である
>
> ことは必ずしも最もうまい方法ではないし、
>
> 最も安全でもない。
>
> Cooper：了解。90%ってことね。
>
> —— 映画『Interstellar』より

　人工知能（AI）は、哲学そのものの研究と同じくらい古い学問です。AI は時が経つにつれて進化してきましたが、人類そのものに対する実存的な意味はもちろんのこと、いまだに社会の中で居場所を見つけるのにも苦労しています。AI の起源に関する最も有名な記述の１つは、「神々を人の手で作り上げたいという古代人の希望」から AI が始まったとする、Pamela McCorduck による著作です[1]。

　McCorduck はこのトピックに関する優れた散文を示し、今日のマーケティングの多くはその魅力的なテーマに取り組んでいます。一方で、実際のビジネスの結果としては、はるかにシンプルな機能が売れている状況にあります。ディープラーニングは AI の議論の場面において定期的に登場しますが、個人的にはこのトピックに関して前置きなしに話をすることが難しくなっていると感じています。

　実務者は、顧客やエグゼクティブ、マネージャーとの間で、ディープラーニングで

---

[1]　McCorduck. 2004. *Machines Who Think* (2nd ed.)

462 | 付録 A　人工知能とは何か？

何ができるのか、それが AI の展望にどのように適合するのかについて論拠に基づい
て会話する必要があるので、この付録を追加しました。この付録のテーマは、（文脈
としての）AI の分野の歴史と、顧客や業界の同僚とのディスカッションを織り交ぜ
たものです。まずはディープラーニングにまつわる誤解を解くために、いくつかの論
点を挙げます。そして実務者である読者が、プロジェクトのステークホルダーに現実
的な期待を伝えて、彼らの将来のディープラーニングに関する取り組みをより良くサ
ポートできるような情報を伝えます。簡単に言えば、AI にまつわる物語は誇張され
すぎており、その誤解は最終的にマーケットが正していくでしょう。

　この付録は、地に足がついたものではありながら、同時に夢も見続けていられるよ
うに、研究者や実務者の想像力をかき立てるような方法で触発し、楽しみながら考え
られるものになっています。いくつかの基本的な定義について取り組んだ後、AI の
トピックに関する短い歴史について触れ、将来起こり得るすべての可能性について見
ていきます。過去の AI 冬の時代にあった AI に対する興味のサイクルの落とし穴を
避ける手助けとなれば、また、責任をもって目標や予測を設定することで、ディープ
ラーニングのプロジェクトをさらなる成功に導くためのより良いサポートになれば幸
いです。

A.1　これまでの物語

　本書の主題であるディープラーニングは、メディアやマーケティングの「人工知
能」という用語と常に結びついています。定義は好意的に見たとしても流動的で、他
の実務者やステークホルダーとこのトピックについて議論するのは困難です。マーケ
ティング部門は現在のハイプサイクルの段階と同調しています。近年論じられてきた
テーマとしては、以下のようなものが挙げられます。

- スマートグリッド
- クラウド
- ビッグデータ

　実務者としてこれらの分野やディープラーニングで仕事をするにあたっては、
ディープラーニングに関する事実に根ざした話とマーケティングの誇大広告とを区別
する必要があります。そのためには、このテーマの歴史を理解し、構築に向けてしっ
かりとした定義づけを行わなければなりません。まずは我々がディープラーニングと

呼んでいるものを再考察しましょう。続いて、AI の定義に関するトピックを掘り下げていきます。

A.1.1　ディープラーニングの定義

「1 章　機械学習の概要」と「3 章　深層ネットワークの基礎」では、ディープラーニングの実用的定義を示しました。これは次の特性を有するニューラルネットワークとして説明されます。

- 以前のニューラルネットワークより多くのニューロンを有する
- より複雑な方法での層の接続
- 学習用の処理能力の「カンブリア紀的な」大爆発
- 特徴量学習の自動化

これらのネットワークは他の機械学習モデル（回帰、分類）と同様の機能を実現しますが、以下のようなタスクでも優れていることが示されています。

- 生成モデル化（例えば、絵画やテキストの生成）
- 音声認識テクノロジー
- 画像認識テクノロジー

ディープラーニングをけん引している別の重要な特徴は、手作業での特徴量の作成とは異なり、ドメインに依存しない方法でデータから特徴量を自動的に学習できることです。これらのディープラーニングの能力は、多くの新技術のアプリケーションをけん引しており、テクノロジー業界の枠を越えて多くの人々の想像力を駆り立てています。しかしディープラーニング単体では、何らかの種類の知覚的動作はもちろんのこと、「データセットに問い合わせるべき最も興味深い質問を自動的に理解する」といった高度な機能は持ちません。

A.1.2　人工知能の定義

AI の歴史は、神話や物語、そして最新技術のニュースを利用しようとするマーケティング部門の誇大広告といったものだらけです。AI を定義するには、知性の研究の歴史や近年の議論、さらにはこの分野がどのように発展してきたかといったいくつかの背景が必要となります。

464 付録 A 人工知能とは何か？

この論点を出発点として、まずは過去 60 年間にこの分野がどのようにして始まり進化していったかを探ってみましょう。

A.1.2.1　知性の研究

知性の研究は、公式には 1956 年にダートマスで始められましたが、少なくとも 2000 年前には行われていました。この分野は、知性の存在の理解と、次のようなトピックの研究に基づいています。

- 視覚
- 学習
- 記憶
- 推論

これらのトピックは知的機能とみなすものの構成要素です。その知的機能は、我々が知能を理解する上で必要となる能力です。知性の研究は、歴史を通じて見つけることができます。以下のリストは、長年にわたる知性の研究のいくつかの構成要素を示したものです。

哲学（紀元前 400 年）
　　哲学者は、知識を何らかの形でエンコードするための脳内の機構的な装置として、心を提唱し始めました。

数学
　　数学者は、アルゴリズムを証明するための基礎とともに、論理学の記述を扱うための中心となるアイデアを開発しました。

心理学
　　この研究分野は、動物や人が情報を処理することが可能な脳を持つというアイデアに基づいています。

コンピューターサイエンス
　　実務者は、脳の基本的な要素をリバースエンジニアリングするためのハードウェア、データ構造、アルゴリズムを考え出しました。

今日我々が目にする AI 技術の研究と応用は、これらの基礎に基づいています。AI の研究は通常、シミュレートされたインテリジェントシステムにおいて、行動に焦点を当てるか思考に焦点を当てるかで分かれています。これらは、機械学習アプリケーション、基本的な知識システム、チェスや囲碁のようなゲームプレイなどの分野に適用されています。

しかし、知性の研究の実装には限界があります。意識などの高次な脳の機能を表現する優れたモデルはいまだに存在しません。科学は、意識の機能が脳のどこに存在するのかを特定することさえもできていません。これでは意識が本当に脳の機能であるかですら疑問に思えてきますが、この議論については哲学者やコンピューターサイエンティストに任せましょう。

さらなる研究のために
AI のテーマについて書かれた良書の 1 つとして (最良でないにしても)、Stuart Russell と Peter Norvig の著作『Artificial Intelligence: A Modern Approach』(http://aima.cs.berkeley.edu/) が挙げられます。ただし、AI の詳細や歴史をさらに完全に理解することが目的であれば、この本はあまりお勧めできません。

A.1.2.2　認知的不協和と近代的定義

AI のように、社会が基盤とする多くの主要な事柄に結びついたトピックを扱う場合は、実際に取り組むために基本となる事実を設定しようとするときに意見の食い違いが発生しがちです。Beau Cronin は以下のように記述しています (http://oreil.ly/2sODKk2)。

> モノのインターネット (IoT) や Web 2.0、ビッグデータのように、AI は、学者、実務者、ジャーナリスト、技術者など、さまざまな動機や背景を持つ人々によって、多くの異なる場面で議論されたり討論されたりしています。こういった定義があいまいな技術と同じように、AI の意味をきっちりと説明することは困難です。誰しも、自分が見たいものを見るものです。

知性の視点と定義の問題の一部は、我々は自由に意識の定義を差し込めるため、より哲学的なトピック (例えば、「意識とは何か」) や宗教的なトピック (例えば、「魂と何か」) で拡張されてしまうことです。この時点で我々はいくつかの複雑な領域に

466 付録 A 人工知能とは何か？

触れています。魂の定義については、いかなる議論にも混乱が伴います。現代の知性
の定義に関する最良の地図も「危険地域」の領域でおおわれています。我々が自身の
知性を理解できていないことを考えると、人工的な知性を定義することはさらに困難
でしょう。

　Jason Baldridge 博士は、AI と機械学習のトピックについて記述し（http:
//bit.ly/2tUwIt5）、このトピックにまつわる矛盾した意味について以下のよう
に語っています。

> 　AI の技術的な定義の微妙な差異には関係なく、一般の人々は「人工知能」につ
> いて耳にすると、人間同士が交流するのと同じように人間とやり取りをする、知
> 覚反応を有した非生物学的な実体を思い浮かべることでしょう。
> 　一般の人々は、複雑なドメイン特有の問題を分析して興味深い一連のアクション
> を提供するエキスパートシステムや、データの山から魅力的なパターンを見つけ
> る機械学習のアルゴリズムのことだとは考えません。
> 　それにもかかわらず、一般の人々は、AI 関連の仕事の領域の上で、技術的成果
> および科学的成果という 2 つのまったく異なるレベル間で生じるすべてのギャッ
> プを知性によって埋めることは簡単だと考えているようです。

　続けて Baldridge 博士は、生物学的な脳の完全な人工モデルと、ディープラーニン
グとの差を以下のように定義しています。

> 　このすべての進歩にも関わらず、良くも悪くも、これらは知覚を有するマシンか
> らは依然として程遠いものです。ディープラーニングは人間のニューロンの機能
> から着想を得ていますが、私の知る限りは、人工のニューラルネットワークは、
> 肉体に根ざした知性のアーキテクチャーとはまったくの別物です。

　これらは複雑で多くの視点からのさまざまなトピックとつながりがあるため、定義
するのに苦労しています。トピックを区分けして簡単なトピックへと分割すること
で、より良い定義に向けた一歩を踏み出しましょう。

　Francois Chollet[2]は近年ツイッターで以下の重要なコメントをしています
（http://bit.ly/2tUsJNl）。

---

†2　訳注：Python で書かれたニューラルネットワークライブラリ Keras の作者です。

人工知能はきちんと定義されておらず、多くの人が荒っぽく非現実的な能力と結びつけてしまっています。これはトラブルの元です。

それからさらに次のツイートです (http://bit.ly/2uz6vhF)。

この問題の一部は、過大に宣伝し、SF と現実の境界線をあいまいにするような会社やジャーナリストが存在することにあります。そうすると売れるからです。

Chollet は、我々が話していることについて「定義」するべきだと言い続けています (http://bit.ly/2u05jXA)。

「AI」について話す際は、何について話しているかを「定義」してください。それができることとできないことを明示してください。人間の脳の比喩は避けてください。

これは適切なアドバイスです。業界は自身の定義を確固たるものにするために、さらに優れた仕事をしていく必要があります。

AI でないもの

機械学習が AI だと主張している人々は、コンピューターサイエンス業界に危害を与えています。機械学習は分類と回帰です。読者のマーケティングの問題に役立つ、全知の自己認識システムというはかない夢とは決して一致しません。Francois Chollet が先に述べた通り、人間の脳の比喩は（今のところ）避けるのがベストです。

多くの場合、AI はすべてに答えるアプリケーションとしてマーケティングされています。それは少なくともすぐには実現しないでしょう。

目標設定の変更

心理学者は習慣的にコンピューターを人の脳にたとえることを拒絶してきました。2016 年の記事で (http://bit.ly/2tABWqX)、Robert Epstein 博士は以下のように述べています。

どれほど頑張っても、脳科学者や認知心理学者が、ベートーヴェンの交響曲第

468 | 付録 A 人工知能とは何か？

5 番や、言葉、画像、文法規則など、何らかの種類の環境刺激について脳内のコ
ピーを見つけることは決してありません。

　残念ながら、Epstein 博士は本書の第 4 章の畳み込みニューラルネットワーク
（CNN）のフィルターの描画を見ていません。彼の記事の議論の中心は以下です。

あなたの脳は情報を処理したり、知識を取り出したり、記憶を蓄積したりはしま
せん。端的に言うと、脳はコンピューターではありません。

　これは新しい意見ではなく、過去 60 年間、コンピューターサイエンス以外の分野
では概して何度も繰り返し主張されてきたことです。Russell と Norvig の書籍の中
では、AI について以下のように述べられています。

知識階級は、一般的に「機械は決して○○ができない」[†3]と信じることを好んで
いました。

　AI 研究者が体系立てて 1 つずつ○○について実証することにより応えてきたもの
に対し、彼らはさらに別の例を示しています。このように AI の研究とその分野の定
義は、「人工知能」が実際に意味するものについて、業界が「目標設定の変更」をす
ることに長い間悩まされてきました。

AI の定義の区分け

　人々が今日の AI について語る場合の異なる視点を分類し、列挙することは有用で
す。Beau Cronin による良い記事（http://oreil.ly/2sODKk2）では、以下の主に 4
つに区分けされた AI の定義を使用しています。

[†3]　訳注：「A machine can never do X」の訳で、コンピューターが知性を持つか、といった議論に対
する典型的な批判の一形式として Alan Turing がまとめたものです。○○には「親切であること、
臨機応変であること、美しくあること、友好的であること、創造的であること、ユーモアのセンスを
持つこと」などが入ります。Alan Turing. 1950. "Computing Machinery and Intelligence"
（https://www.cs.mcgill.ca/~dprecup/courses/AI/Materials/turing1950.pdf）

A.1 これまでの物語 | **469**

- 対話者としての AI
  - HAL、Siri、Cortana、Watson
  - 会話型知能
  - 限定的推論を行う
- アンドロイドとしての AI
  - 人型マシン
  - 機械的に具現化された AI
  - ターミネーターや C3PO など
  - 対話者としての AI と類似しているが人型のもの
- 推論としての AI
  - チェスの対戦、論理的検証の解決、複雑な作業の計画など、初期のパイオニアが魅力を感じていたような洗練された知的作業の取り組み
  - 子供が行うような簡単な課題でも苦戦する
- ビッグデータの学習者としての AI
  - 最近の定義
  - 多くの人が「AI モデル」の構築について議論している

では、これらの区分された定義を批判的な目で見ていきましょう。

区分けについての批判的なコメント

　対話者としての AI や、ビッグデータの学習者としての AI はどちらも、多くの機械学習の技術が商用製品に組み込まれたことで最近定義されたものです。対話者としての AI は、音声認識に基づいて基本的な機能を実行することができます。ユーザーが何をしたいのかを判断するために、音声からテキストへの変換を行う機械学習（もしくはディープラーニング）と自然言語処理（NLP）が組み合わされています。対話者としての AI は、通常、音声からテキストへの変換と NLP での処理結果を入力として送信することを別システムに委ねるので、推論の機能は限定されています。この別システムは、従来型のルールベースのシステムや「エキスパートシステム」よりもずっと基本的なものです。

　最初はユーザーがそのシステムとの会話を楽しんで、さらにはその「知性」にだまされたとしても、すぐに対話の限界を感じるでしょう。結局のところ、対話者としての AI は良く設計された機械学習技術の組み合わせであり、長い時間をかけて、有用

なコンシューマー向け製品に活用される程度には十分なものになりました。

アンドロイドとしてのAIは、概念としては面白い具現化です。しかし対話者としてのAIと同様に、最終的には機械学習のサブシステムのネットワークに依存します。推論としてのAIは、実装としては古典的なものですが、業界における製品統合に対する関心の高さについては、近年横ばいになっています。これは対話者としてのAIの例のように、価値を生み出すために複数のコンポーネントを結びつけるインテリジェントシステムにおいては、依然として重要なコンポーネントです。

「ビッグデータの学習者としてのAI」は、ここ数年で（2010年から2015年にかけて）人気を博した用語の厄介な使い方です。多くの場合、マーケティング部門は、基礎的な機械学習の技術を顧客データに対して使用した製品を「人工知能」と称してリブランド化します。さらに悪いことに、この製品は基本的なBI（business intelligence）機能も実行しているので、AIにも分類されます。機械学習（もしくはディープラーニング）だけを実行したものは、AIの一種と考えるべきではありません。ただし、これはインテリジェントシステムの有用なサブシステムとなります。

ディープラーニングをマーケティングする際の制約の提示

機械学習モデルやディープラーニングモデルを「人工知能」とラベル付けをする際には、制約を示す必要があります。誇張した能力は、初期の資金調達においては魅力的かもしれませんが、長期的にはプロジェクトを妨げることになるでしょう。

5番目の熱望されるAIの定義

「AIとは何か」という質問を組み立てるもう1つの方法は、別の質問をしてみることです。この質問を、『「AIとは何か」という議論を最終的に終わらせるものは何か』という観点から見てきましょう。

もしも我々の世界やデータを誰よりもはるかによく理解している、超越的かつ意識的、自己認識的な知性を示せたら、それはおそらく「真の人工知能」と呼べるものでしょう。もしくはエイリアンです。

残念ながら、AIの幻を追いかけていくことは、非現実的な期待を持たせることにつながります。いかに具体的なプロセスが実行されたとしても、必ずこの業界に打撃を与えてしまうでしょう。

A.1.2.3　AI 冬の時代

　AI 業界は、複数の期間にわたり、関心の浮き沈みやそれに伴う投資の変動を経験してきました。関心が失われる期間は、この産業が非現実的に過大評価された後、予想通りの失望させる結果が続くというサイクルによるものです。この失望の期間は「AI 冬の時代」と呼ばれます。学術研究費はカットされ、ベンチャーキャピタルの関心は失われ、「人工知能」という用語につながるすべてのことがマーケティング分野で敬遠されます。

　これらのサイクルの結果、音声認識や光学文字認識などの優れた技術的進歩はリブランドされ、他の製品に統合されます。

第一次 AI 冬の時代（1974 年〜1980 年）

　機械翻訳が誇大広告に応えきれなくなり、第一次 AI 冬の時代を迎えました（https://en.wikipedia.org/wiki/AI_winter）。コネクショニズム（ニューラルネットワーク）への関心は 1970 年代に衰え、音声理解の研究は過大に有望視されたものの実現は不十分でした。

　1973 年に、DARPA は AI 領域の学術研究費をカットしました。イギリスの Lighthill による報告書は、この分野を激しく批判し、研究費はさらに削減されました。

第二次 AI 冬の時代（1980 年代後半）

　1980 年代末から 1990 年代初頭にかけて、エキスパートシステムや LISP マシンといったテクノロジーが過剰に宣伝されました。そして、これらはいずれも期待に添う成果を示しませんでした。Strategic Computing Initiative はこの時期の終わりに、新たな支出を中止しました。第 5 世代コンピューターは目標を達成できませんでした。

A.1.2.4　AI 冬の時代に共通するパターン

　これらの冬の時代に共通するパターンは、一連の有望な成功によって業界が過大評価されていることを示しています。話題が十分に伝わると、過大評価が頂点に達し、研究機関や産業の研究費が AI 領域に注ぎ込まれることがわかります。確かな技術に基づいた実際のプロジェクトのいくつかは、少なくとも目標の一部には達して本来の問題を解決します。しかしマーケティングに見込まれたことの多くは不十分にしか実

行されず、幻滅期（幻滅のくぼ地）が浮かび上がってきます。

冬は弱者を消滅させます。

いくつかの興味深いアプリケーションはくぼ地からゆっくりと現れ、「音声認識」のようにリブランドされ、他のプロジェクトの機能として統合されます。ただし、これは一般的には「潜在知能」クラスの改善の下で行われます。以下のようなものを見てきました。

- 情報科学
- 機械学習
- ナレッジベースシステム
- ビジネスルール管理
- コグニティブシステム
- インテリジェントシステム
- 計算知能

名称の変更理由の1つは、AIと基本的に異なる分野であると考えているからかもしれません。新たな名称は「人工知能」という名称につきまとう偽りの期待の烙印を回避し、資金調達に役立っていることも事実です。

1980年代のAI会議からの興味深い記録があります。

その会議の場で、1970年代の「冬」を生き延びた2人の一流の研究者 Roger Schank と Marvin Minsky は、AI に対する熱狂は80年代で手に負えない状況に陥り、その先には失望が待っているだろうとビジネス界に警告しました。その3年後、10億ドル規模のAI産業は崩壊し始めました。

A.2　今日のAIで、興味を駆り立てているのは何か？

今日のAIの興味を駆り立てている主な要因は、次の3つです。

1. 2000年代後半のコンピュータービジョン技術の大きな飛躍
2. 2010年代前半のビッグデータの波
3. トップのテクノロジー企業によるディープラーニングの応用の進歩

A.2　今日の AI で、興味を駆り立てているのは何か？ | **473**

　2006 年に、トロント大学の Geoff Hinton 氏らのチームは Deep Belief Network (DBN) に関する重要な論文を発表しました[†4]。これは最先端技術を進歩させる可能性があるものについて、業界に創造力のひらめきを与えました。それに続く 10 年間では、一流の学術誌においてディープラーニング関連の論文が大量に発表されてきました。これらの論文はコンピュータービジョンだけでなく、多くの分野において精度の成績を改善するようになり、それまでは機械学習が適用されていた領域でもすぐにディープラーニングが用いられるようになっていきました。

　Google や Facebook、Amazon のような大規模な Web 企業は軒並み、最高のアイデアを得るために一流の学術誌に注目しています。これらの企業は Yann LeCun や Hinton などによる開発を参考にして、そのアイデアを独自のパイプラインに導入するようになりました。優れた顔検出や Amazon の Alexa など、こういった新たなアプリケーションは技術メディアで広く認知されました。

　2000 年中ごろに、西海岸にある複数の大規模な Web 企業によって開発されたストレージや ETL 技術の多くは、Hadoop や MongoDB などのプロジェクトとしてオープンソース化され始めました。

　こういった Google や Yahoo!などの Web 企業は自身のストレージや ETL システムの強化により、新しい大規模なデータセットを扱えるようになりました。そして、より有効にこのデータを活用するために、新たな機械学習やディープラーニングの技術が構築されました。

　伝統的なフォーチュン 500 の大企業は、増大するトランザクションデータを蓄積することを目的として、2010 年初頭にはオンラインの大規模な分散システムを導入していました。これらの企業は、西海岸の Web 企業が行うことを約 5 年から 10 年遅れで追従する傾向があります。したがって、フォーチュン 500 の企業におけるディープラーニングに対する関心や、伝統的な企業のビッグデータへの投資をより有効に利用するためのシステムに対する関心が高まってきました。

　前述の 3 つの要因を結びつけて、さらに Watson（クイズ番組ジェパディの勝者）や AlphaGo（囲碁の勝者）、Google の自動走行車のような一般的に大成功を収めたプロジェクトを混ぜ合わせれば、熱狂的になりすぎて現実が見えなくなる環境ができあがります。

　AI に関する報道や熱狂は絶頂期を迎えています。残念ながら、このようなサイク

[†4]　Hinton, Osindero, and Teh.　2006."A fast learning algorithm for deep belief nets" (https://www.cs.toronto.edu/~hinton/absps/fastnc.pdf)

ルは、最終的には潮が引くように終わりを迎えることがわかっています。ディープラーニング用の複雑なデータセットを用いた本物のアプリケーションが存在します。そのごく一部を以下に示します。

- ヘルスケア（患者の入院期間の予測など）
- 小売り（購買体験の分析など）
- 通信や金融のサービス（不正取引パターンの分析など）

　本書では前述のユースケースのいくつかについて触れました。それ以外のものについても触れています。実務者としてディープラーニングと AI を推進する際には、こういった実際のユースケースを見つけて、「確固たる基盤」の上に立脚することをお勧めします。潮はいつか引きますが、それが現実になったとき、実務者の立場にある本書の読者が何かよりどころとするものを持てることを期待して、ここでは比喩的に「確固たる基盤」と言っています。

A.3　冬は来ている

　本書で紹介してきたディープラーニングのトピック自体は、現実に根ざしたものです。複雑なデータ型について、業界をリードするようなニューラルネットワークのモデルを実行するためのフレームワークを見てきました。ディープラーニング自体は、前に述べた 5 番目の熱望される AI の定義を満たすものではありませんが、この面はあまり気にしていません。

　基本的な機械学習を使用しただけのものを「○○の人工知能」として 2016 年に発売されたシステムもありました。AlphaGo はゲームの対戦で驚異的な進化を遂げました。しかし、DeepBlue やチェスなどで見てきたように、ゲームプレイの進化は必ずしもビジネスのユースケースに簡単には転用できません[†5]。

　残念ながら、マーケット部門は前述した 2 つの AI 冬の時代に経験したシナリオと同じ道を歩んでいます。以前の AI 冬の時代と同じように、真の愛好家や筋金入りの研究者が、この分野における真の進化という燃料を使って、来る第三次 AI 冬の時代の寒さの間も温まり続けられることを切に願っています。

[†5]　ただしジェパディは「解決された問題」のようです。

付録B
RL4Jと強化学習

Ruben Fiszel

http://rubenfiszel.github.io/

B.1 序文

　この付録では、まず**強化学習**（reinforcement learning）の概要を紹介します。続いてピクセル入力に対する Deep Q ネットワーク（DQN）について詳しく説明し、最後に RL4J の例を示します。強化学習の主要な概念について説明するところから始めましょう。

　強化学習は機械学習の興味深い分野の 1 つです。基本的には、与えられた環境における効率的な戦略による学習です。くだけた議論では、これは**パブロフ型条件付け**（Pavlovian conditioning）にとてもよく似ています。与えられた行動に対して報酬を割り当てると、時間経過とともに、エージェントはより多くの報酬を受け取るために行動を再現することを学習します。

B.1.1 マルコフ決定過程

　形式的には、環境は**マルコフ決定過程**（Markov Decision Process：MDP）によって定義されます。この恐ろしげな名前の背後にあるのは、以下の 5 つの要素の組み合わせ以外の何物でもありません。

- 状態の組み合わせ S（例えばチェスでは、盤面の配置が状態となる）
- 取り得る行動の組み合わせ A（チェスでは、すべての配置で取り得るすべての手。例えば、e4-e5）

- 現在の状態と行動が与えられている場合の、次のステージの条件付き分布 $P(s' \mid s, a)$（チェスのような決定性の環境であれば、1つの状態 s' だけが確率が1で、その他すべての確率はゼロになる。しかし、コイン投げのようなランダム性を持つ確率的な環境では、分布は単純ではない）
- 状態を s から s' に遷移する報酬関数 $R(s, s')$（例えばチェスでは、勝ちにつながる最後の移動は $+1$、負けにつながる最後の移動は -1、それ以外はゼロ）
- 割引率 γ。将来の報酬と比べて現状の報酬を優先する度合い（金融などではとても一般的な概念。https://en.wikipedia.org/wiki/Discounted_utility を参照）

行動のセット A_s の使用方法
一般的に、A 一式ではなく、行動の集合 A_s を使用するとより便利です。A_s は与えられた状態で取り得る遷移の集合です。
$A_s : P(s' \mid s, a) > 0$ となるような A 内の要素 a

マルコフ性（図B-1）は、無記憶です。ある状態に達すると、現在の状態だけが重要で、過去の履歴（過去に訪れた状態）は次の遷移や報酬に影響を与えません。

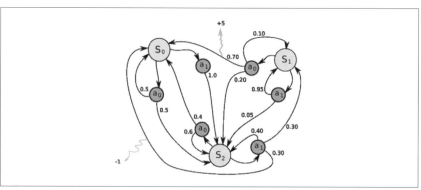

図B-1　MDP のスキーマ

B.1.2　用語

先に進む前に、よく使われるいくつかの単語や用語について定義します。

最終（終端）状態（Final/Terminal states）

取り得る行動が何もない状態を最終状態あるいは終端状態と呼びます。

エピソード

エピソードは、初期状態の1つから最終状態までの完全な試行です。

$$s_0, a_0, r_0, s_1, a_1, r_1, \ldots, s_n$$

累積報酬（利得）

累積報酬は、1つのエピソードを通じて蓄積された割引率が適用済みの報酬の合計です。

$$R = \sum_{t=0}^{n} \gamma^t r_{t+1}$$

方策（政策/ポリシー）

方策は、それぞれの状態で行動を選択するためのエージェントの戦略です。πで表記されます。

最適方策

最適方策は理論上の方策で、累積報酬の期待値を最大化します。期待値の定義と大数の法則から、この方策は十分なエピソードを与えられた場合、平均累積報酬は最大化されます。この方策は計算不可能かもしれません。

強化学習の目的は、エージェントができる限り最適方策に近い方策を学習するように、エージェントを訓練することです。

B.2 異なる設定

Qui peut le plus peut le moins
（大きなことを成し遂げられる人は小さなこともできます）

B.2.1 モデルフリー

環境モデルは条件付き分布と報酬関数で構成されます。バックギャモンのゲームのモデルは知っているでしょう。ここでは、それぞれの取り得る遷移は既知のサ

478 | 付録 B RL4J と強化学習

イコロの分布によって決定されます。盤面の新たな値は計算できるので、実際にプレイしなくても、それぞれの遷移の報酬は予測することができます。TD ギャモン（http://incompleteideas.net/book/the-book-2nd.html）のアルゴリズムでは、この事実を使用して V 関数を学習します（「B.3　Q 学習」を参照）。

　いくつかの強化学習アルゴリズムはモデルを与えなくても動作することができます。とはいえ、最高の戦略を学習するには、訓練している間にモデルをさらに学習させる必要があります。これは**モデルフリー強化学習**（model-free reinforcement learning）と呼ばれます。現実世界の複雑な問題の大多数はこのカテゴリーに入るので、モデルフリー・アルゴリズムはとても重要です。さらに言えば、モデルフリーは単に追加を制約します。モデルベースの強化学習のスーパーセットであるため、純粋にさらに強力です。

B.2.2　観測の設定

　状態ではなく、状態の一部の観測結果のみを与えられることもあります。それは**隠れマルコフ連鎖**（Hidden Markov Chain）の背後にある発想と同じです。これは部分観測と全観測との設定の違いです。例えば、宇宙のあらゆる粒子の位置とエネルギーによって宇宙の状態全体を表すとすれば、我々の視野が観測しているのはそのほんの一部分です。幸いなことに、部分観測の設定は、履歴を用いれば全観測の設定に帰着できます。ここでの状態は、それ以前の状態を蓄積したものになります。

　しかし、通常はすべての履歴は蓄積しません。一般的には 2 つの方法が考えられます。1 つはウィンドウ形式で最後の h 個の観測値のみを積み重ねる方法、もう 1 つは、何を記憶して何を忘れるべきかを学習するために、リカレントニューラルネットワークを使用する方法です。後者の方法は、本質的には Long Short-Term Memory（LSTM）と同じ仕組みです。

　既存の記法との一貫性を保つために、言葉を少しだけ悪用すると、履歴（一部が切り捨てられたものも含め）も「状態」と呼ばれ S_t と表記されることになります。

B.2.3　シングルプレイヤーと対戦ゲーム

　シングルプレイヤーのゲームは自然に MDP へ読み替えることができます。状態は、プレイヤーが操作している瞬間を表します。状態からの観測値は、状態間で蓄積されるすべての情報です（例えば、制御するフレームの間にあるのと同数のピクセルフレーム）。行動は、プレイヤーが自由に使えるすべてのコマンドです。例えば『Doom』というゲームにおけるコマンドは、上、左右、撃つなどです。

強化学習は、対戦ゲームのセルフプレイにも利用できます。つまりエージェントが自身と対戦します。このような設定にはよくナッシュ均衡（https://en.wikipedia.org/wiki/Nash_equilibrium）が存在します。対戦相手が完璧なプレイヤーであるかのようにプレイすることで、常に利益が得られる状態です。わかりやすい例はチェスでしょう。対戦相手がチェスの名人である場合の良い手は、初心者が対戦相手の場合にも良い手です。エージェントの現在のレベルに関係なく、自分自身と対戦することで、エージェントは以前の自分の手の品質に関する情報を獲得します。つまり、勝ったら良い手、負けたら悪い手とみなされます。

もちろん、最初からとても優れたエージェントと直接対戦すれば、より高品質な情報になります（情報は、ニューラルネットワークでは勾配によって表されました）。しかし自分自身という同じレベルのエージェントとの対戦によって、エージェント自身のレベルを上げるような学習ができるというのは本当に驚くべきことです。DeepMindによって開発され、ワールドチャンピオンを破った囲碁のエージェントであるAlphaGo（https://deepmind.com/research/alphago/）では、実際にこの学習方法が採用されています。AlphaGoの方策は、囲碁の名人の手のデータセットで訓練し、自動実行するものでした。そしてレベルを上げるために、強化学習とセルフプレイを利用しました。それからさらにレベル（イロ（Elo）を用いた定量化指標）を上げるために、強化学習とセルフプレイが使用されます。最終的には、元のデータセットで学習された方策よりも優れたエージェントになりました。そして、ワールドチャンピオンをも破ったのです。最終的な方策の計算では、AlphaGoのチームは方策勾配とモンテカルロ木探索を組み合わせ、膨大な計算パワーを利用しました。

この設定は、ピクセルからの学習とは少し異なります。第一に、この入力は高次元ではないので、多様体（http://bit.ly/2vavCrt）は埋め込み空間にとても近くなります。ただし、いくつかのサブグリッドの盤面パターンの局所性を効率的に使用するために、この設定でも畳み込み層は使用されました。第二の違いは、AlphaGoは決定性を持ち、モデルフリーではない点です。

B.3　Q学習

私は決して確率論の支持者ではありません。我々の親愛なる友人であるMax Bornがそれを発明した瞬間から、ずっと嫌ってきました。というのも、原理的にすべてが簡単かつ単純なものに見せかけられるからです。すべてが丸く収まりますが、真の問題は隠されます。

—— Erwin Schrödinger

B.3.1 方策とそれに続くニューラルネットワーク

我々のゴールは、次の式を最大化するような最適方策 π^* を学習することです。

$$E[R_0] = E\left[\sum_{t=0}^{n} \gamma^t r_{t+1}\right]$$

補助関数を導入しましょう。

$$V_\pi(s) = E\{r_t + \gamma r_{t+1} + \gamma^2 r_{t+2} + \ldots + \gamma^n r_n \mid s_t = s\}$$

これは方策 π に従うことで得られる状態 s からの累積報酬の期待値です。次のような真の値を考えましょう。

$$V_{\pi^*}(s)$$

これは最適方策の V 関数です。現在の状態が取り得るすべての行動の中から、$V_{\pi^*}(s)$ の期待値を最大にする行動を選択する方策を定義すれば最適方策を取得できます。これは greedy（貪欲）な行動です。最適方策は、V_{π^*} に関する greedy 方策です。$\pi^*(s)$ は次を満たす a を選択します。

$$a = \arg\max_a [E_\pi(r_t + \gamma V(s_{t+1}) \mid s_t = s, a_t = a)]$$

もしあなたが注意深ければ、おそらくここで何かが間違っていると感じるでしょう。モデルフリーの設定では、遷移モデルを無視するので、s_t から次の状態 s_{t+1} を予測することはできません。V の真の値を用いても、我々のモデルはまだ計算可能ではないのです。

このとても厄介な問題を解決するために、別の補助関数である Q 関数を使用していきます。

$$Q_{\pi^*}(s, a) = E_\pi[r_t + \gamma V_{\pi^*}(s_{t+1}) \mid s_t, a_t = a]$$

greedy な設定では、以下の関係があります。

$$V_\pi(s_t) = \max_a Q_\pi(s_t, a)$$

今、V の真の値の代わりに Q の真の値があるとします。π^* は次の式を満たす a を

選択するものとして再定義できます。

$$a = \max_a [Q_{\pi^*}(s,a)]$$

計算不可能な期待値はなくなりました。すっきりしましたね。

しかし、我々は真の値の外側から内側に期待値を移動しただけです。そして残念なことに、現実世界に真の値は存在しません。

ここでのポイントは、方策という抽象的概念を、期待値を利用して比較的「なめらか」（連続）な数値関数に帰着したことです。幸いなことに、そのような複雑な関数を自由に近似するための武器は 1 つあります。ニューラルネットワークです。

ニューラルネットワークは、万能な関数近似器です。すべての連続微分可能関数を近似することができます。ただし、極値から抜け出せなくなる可能性があります。そして方程式をニューラルネットワークに当てはめると、強化学習の収束に関する多くの証明はもはや利用できなくなります。それらの学習は状態遷移表と異なり、決定性は持ちませんし範囲指定可能（boundable）でもありません。とはいえ多くの場合は、正しいハイパーパラメーターを使用すれば不当に思えるほど強力です（http://karpathy.github.io/2015/05/21/rnn-effectiveness/）。強化学習でディープラーニングを使用することは、**深層強化学習**（deep reinforcement learning）と呼ばれます。

B.3.2　方策反復

このアプローチにはまだ見落としがあることには気づいたでしょうか。すでにラベルを持つ関数であれば、ニューラルネットワークで近似できます。残念ながら真の値を召喚することはできないので、ラベルを得るには別の方法が必要になります。

ここでモンテカルロの魔法の登場です。モンテカルロ法は、推定量を計算するためにランダムサンプリングを繰り返し使用します。有名な例は円周率の計算でしょう（http://mathfaculty.fullerton.edu/mathews/n2003/montecarlopimod.html）。

与えられた状態から無作為にプレイすると、良い状態のほうが平均的には良い報酬を得られるはずです（大数の法則のおかげです。https://en.wikipedia.org/wiki/Law_of_large_numbers を参照）。そのため、環境について何も知らなくても、状態の期待値に関するいくつかの情報は集めることができます。例えばポーカーでは、すべての手をランダムに打ったとしても、悪い手よりは良い手のほうが平均的に頻繁に勝つようになります。モンテカルロ木探索はこの特性に基づいています（衝撃的で

すよね？）。これは探索の段階であり、教師なし学習へとつながって、意味のあるラベルの抽出を可能にします。

より形式的には、方策 π、状態 s、行動 a が与えられている場合に $Q_\pi(s,a)$ の近似を得るために、次の定義に従ってサンプリングします。

$$Q_\pi(s,a) = E[r_t + \gamma r_{t+1} + \ldots + \gamma^n r_n \mid s_t = s, a_t = a]$$

平たく言えば、方策 π に従って s から十分な回数プレイすることで、$Q_\pi(s,a)$ に対するラベルが得られます。

学習アルゴリズムに対するシグナルの集計を図示すると図B-2のようになります。

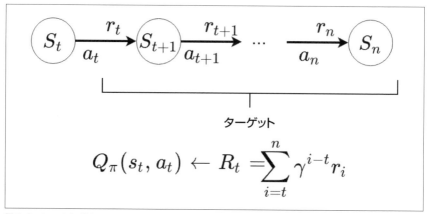

図B-2　1つのシグナル

バッチ内のラベルを使用し確率的勾配降下（SGD）を用いることで、実際の学習が実行されます。ここで利用する勾配は、TD誤差（後述）がそれぞれのイテレーションで最小となるような標準の平均2乗誤差（MSE）です。

学習率 α を用いて MSE 損失関数（L2 損失）を使用し、バッチサイズが 1 の SGD を適用すると、

$$Q_\pi(s_t, a_t) \leftarrow Q_\pi(s_t, a_t) + \alpha[R_t - Q_\pi(s_t, a_t)]$$

なお、(s_t, a_t) は入力、$Q_\pi(s_t, a_t) + \alpha[R_t - Q_\pi(s_t, a_t)]$ はラベル（ターゲットなど）です。

MSE を使用しても、期待される出力 $Q_\pi(s_t, a_t)$ とラベル $\alpha[R_t - Q_\pi(s_t, a_t)]$ の差に後から損失関数が適用されるため、この式には 2 乗が存在しません。

何度も繰り返し、π からサンプリングすると、

$$Q_\pi(s_t, a_t) \leftarrow E_\pi[R_t] = E_{s_t, a_t, \ldots, s_n \sim \pi}\left[\sum_{i=t}^{n} \gamma^{i-t} r_i\right]$$

図 B-3 は正しい期待値に収束できます。

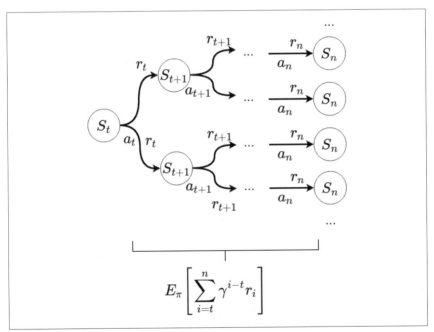

図 B-3　多数のシグナル

例 B-1 に示すように、これでようやく学習アルゴリズムの単純なプロトタイプを設計することができます（Scala で記述していますが、Scala に関してまったく知識がなくても理解できます）。

484 | 付録 B RL4J と強化学習

例B-1 Scala で記述した RL4J プロトタイプ

```scala
// ランダムな初期化されていないニューラルネットワーク
val neuralNet: NeuralNet

// 最大エポックに達するまで繰り返します
for (t <- (1 to MaxEpoch))
    epoch()


def epoch() = {

    // 状態と行動をランダムに選択します
    val state = randomState
    val action = randomAction(state)

    // 新たな状態へ遷移し、報酬を初期化します
    var (new_state, accuReward) = transition(state, action)

    // 終端状態までプレイし、報酬を蓄積します
    accuReward += playRandomly(state)

    // 入力とラベルに対し SGD を実行します
    fit((state, action), accuReward)
}

// MDP に特有な、新たな状態と報酬を返す関数
def transition(state: State, action: Action): (State, Double)

// 全状態空間からランダムにサンプリングされた状態を返します
def randomState: State

// 終端状態までプレイします
def playRandomly(state): Double = {
    var s = state
    var accuReward = 0
    var k = 0
    while (!s.isTerminal) {
        val action = randomAction(s)
        val (state, reward) = transition(s, action)
        accuReward += Math.pow(gamma, k) * reward
        k += 1
        s = state
    }
    accuReward
}

// この状態で取り得るすべての行動の中からランダムに行動を選択します
def randomAction(state: State): Action =
```

```
      oneOf(state.available_action)

// 1 つを選択するヘルパー関数
def oneOf(seq: Seq[Action]): Action =
    seq.get(Random.nextInt(seq.size))

// DL4J を用いた大まかな実行方法
def fit(input: (State, Action), label: Double) =
    neuralNet.fit(toTensor(input), toTensor(label))


// ND4J から INDArray を返します
def toTensor(array: Array[_]): Tensor =
    Nd4j.create(array)
```

これには複数の問題があります。動作はしますが、とても非効率的です。単一のラベルに対して、n 個の状態と n 個の行動を用いてすべてのゲームをプレイしています。しかし、ラベルは重要とは限りません。ランダムな動作では興味深い軌跡を見つけるのが困難な場合は特に、あまり重要ではないラベルではないでしょう。

B.3.3 探索と活用

ランダムに探索すると環境は最適方策に収束しますが、これはほぼ無限な時間が経過した後にのみ保証されます。取り得るすべての軌跡を一度は通る必要があるためです(軌跡は、1 つのエピソード内で辿ったすべての状態と選択された行動の順序付きリストです)。そして、どれくらいの状態と分岐を持っているかを考えるのは不可能です。このような分岐が存在することから、囲碁はチェスよりずっと難しいものになっています。実世界では無限の時間を持つことはできません(そして時は金なりです)。

したがって、過去の情報と学習を利用し、最も有望な軌跡に焦点を当てて探索すべきです。これはさまざまな方法で実現できますが、そのうちの 1 つが ε-greedy 探索です。ε-greedy 探索は、かなり単純です。この方策は、確率 ε でランダムな行動をとるか、確率 $1 - \varepsilon$ で現在の方策によって最良と考えられる行動をとります。通常、十分な探索の後は探索よりも活用を優先するので、ε は時間経過とともにアニール(焼きなまし)されます。これが、探索と活用のトレードオフです。

それぞれの新しい情報により、実際の Q 関数は現在の方策よりも精度が良くなり、探索はより良い軌跡に焦点を当てます。Q 関数の精度が良くなることから、新たな Q 関数に基づいた方策はさらに改善されることになり、ε-greedy 探索はより良いパ

スに到達します。こういったより良いパスに集中すれば Q 関数はもっと良い部分を探索できるので、新しい方策に基づいて累積報酬を更新する必要があります。図 B-4 に示すように、このサイクルを繰り返せば最適方策に収束します。当然ながら、これは**方策反復**（policy iteration）と呼ばれます。残念なことに収束には無限の時間を要す可能性があります。Q がニューラルネットワークで近似されている場合でも保証されません。しかし、収束についての形式的な証明の欠如を補えるほどの素晴らしい結果が得られます。

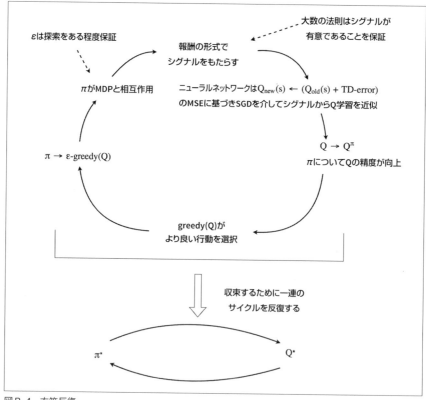

図 B-4　方策反復

このアルゴリズムでは、状態を「良い」方法でサンプリングできることも必要です。通常のゲーム（少なくとも対象とするエージェントのレベルのゲームの類）に存在する状態を比例的に表現しなければなりません。

B.3.4 ベルマン方程式

以下に示すように、Q 方程式はベルマン方程式に変換することができます。

$$Q_\pi(s,a) = E[r_t + \gamma r_{t+1} + \ldots + \gamma^n r_n \mid s_t = s, a_t = a]$$
$$= E[r_t + \gamma r_{t+1} + V(s_{t+1}) \mid s_t = s, a_t = a]$$
$$= E\left[r_t + \gamma r_{t+1} + \ldots + \gamma \max_{a'} Q(s_{t+1}, a') \;\middle|\; s_t = s, a_t = a\right]$$

モンテカルロ法のように、Q について多くの更新を実行できます。
MSE で更新する場合は次のようになります。

$$Q_\pi(s_t, a_t) \leftarrow Q_\pi(s_t, a_t) + \alpha \Big[\underbrace{\big(\underbrace{r_t + \max_a Q_\pi(s_{t+1}, a)}_{\text{ターゲット}} - Q_\pi(s_t, a_t) \big)}_{\text{TD 誤差}} \Big]$$

TD 誤差は、時間的差分誤差（temporal difference error）です。実際、計算しているのは、Q 近似の将来の期待値と実現される報酬の和と、ニューラルネットワークによって評価された現在の値との差です。

先ほどのベルマン方程式は、いくつかの境界条件でのみ意味をなします。s が終端の場合、

$$V(s) = 0$$

が成り立ち、いかなる a に対しても以下が成立します。

$$Q(s_{t-1}, a) = r_t$$

終端状態に近い状態は最初に収束します。遷移する状態の中で「真」のラベルに近く、既知の境界条件に近いためです。囲碁やチェスでは、最終的に勝利する盤面への遷移には +1、敗北する盤面への遷移には −1、それ以外にはゼロを割り当てることで強化学習が適用されます。この学習では、−1 と 1 の間のポイントを見つけるように Q 値を拡散させます。Q 値がゼロに近い遷移は、勝敗がつかない盤面につながる遷移を表します。そして 1 に近い Q 値を持つ遷移は、ほぼ確実な勝利を表しています。

最適なパスからの逸脱が致命的なはずだと考えると、手が −1 と 1 の値しか持たないことに驚くかもしれません。Q 値の計算の興味深い点の 1 つは、多くのゲームや

MDPでは、それ自体における誤りの中で真に致命的なものはないという事実です。実際にダメにするのは、それらの累積です。AIは人生の教訓で満ちています。また、期待される累積報酬の空間は、よく想像されるものよりもずっとなめらかです。これに対して、考えられる説明の1つは、期待値は常に平均するような効果を持つということです。期待値は、確率を重みとした加重平均にすぎません。さらに、γは1未満なので、はるか先の効果はさほど支配的ではありません。すべての遷移に対してゲームに勝つオッズを直接計算できるのは面白いと思いませんか？

終端状態の近くで十分な遷移をサンプリングする限り、Q学習は収束できます。深層強化学習の信じられないほどの力は、すでに辿った状態から辿っていない状態まで学習を一般化できることです。たとえ経験していないものでも、勝敗がつかない盤面なのか勝利盤面なのかを理解できます。これは、ネットワークがパターンを抽象化して、以前に経験したパターンに基づいて行動の強度を理解できるはずだからです（例えば、形状によって敵を認識して撃つなど）。

オフライン強化学習とオンライン強化学習
オフライン強化学習とオンライン強化学習の違いについてさらに詳しく学習するには、Ben Haanstraの優れた記事を参照してください（http://bit.ly/2tUyTNF）。

B.3.5　初期状態のサンプリング

『アタリ』のゲームのような1人用のプレイヤーの設定では、実際にはすべての状況で最善のプレイができるように学習する必要はありません（ただし、もしそれを実現できれば、汎化でとても優れたレベルに達したことになるでしょう）。我々は、方策が直面する状態から効率よくプレイして学習するだけで十分です。したがって、初期状態から現在の方策を使ってプレイしたときに簡単に到達できる状態から、サンプリングすることができます。これにより、実際にエージェントがプレイしたエピソードから直接サンプリングできます。

B.3.6　Q学習の実装

この段階で、Q学習の単純なプロトタイプを設計することができます。実行するためのコードを**例B-2**に示します。

B.3 Q 学習 | **489**

例 B-2　Scala で記述した Q 学習の簡単なプロトタイプ

```scala
def epoch() = {

    // 初期状態空間からサンプリングします
    // （単一の状態であることもしばしば）
    var state = initState

    // 状態が終端に至るまで、
    // 1 つのエピソードをプレイし、各遷移で Q 関数を更新します
    while(!state.isTerminal) {

        // ε-greedy 方策から行動をサンプリングします
        val action = epsilonGreedyAction(state)

        // 環境と相互作用します
        val (nextState, reward) = transition(state, action)

        // Q 関数を更新します
        update(state, action, reward, nextState)

        state = nextState
    }
}

// 上記の通り Q 関数を更新します
def update(state: State, action: Action, reward: Double, nextState: State) = {
    val target = reward + maxQ(nextState)
    fit((state, action), target)
}

// ε-greedy 方策の実装
def epsilonGreedyAction(state: State) = {
    if (Random.float() < epsilon)
        randomAction(state)
    else
        maxQAction(state)
}

// 最大の Q 値を抽出します
def maxQ(state: State) =
    actionsWithQ(state).maxBy(_._2)._2

// 最大の Q 値から行動を抽出します
def maxQAction(state: State) =
    actionsWithQ(state).maxBy(_._2)._1

// 行動のリストと、与えられた状態からの行動による遷移の Q 値を返します
def actionsWithQ(state: State) = {
```

```
    val stateActionList = available_actions.map(action => (state, action))
    available_actions.zip(neural_net.output(toTensor(state_action_list)))
}

def initState: State
```

B.3.7　$Q(s, a)$ のモデリング

　状態と組み合わされたニューラルネットを追加した入力として a をニューラルネットワークの追加の入力とするのではなく、状態のみを入力とし、起こり得るすべての行動の Q 値を出力とします。これは有効な行動が全エピソードにわたって一貫している場合にのみ意味をなします。そうでない場合は、それぞれの状態に対し、ニューラルネットワークの出力層を変えなければならないでしょう。これは大抵、行動全体の集合 A を出力に持ち、起こり得ない行動は無視することで解決できます。起こり得ない行動のターゲットをゼロにしている論文もあります。

B.3.8　経験再生（Experience Replay）

　Q 近似器としてニューラルネットワークを使用することには、1 つ問題があります。遷移の間には強い相関があります。このことで、遷移の全体の分散が減少します。結局、それらはすべて同じエピソードから抽出されます。短時間すら記憶なしでタスクを学習しなければならない場合を想像してみてください。あなたは常に最後のエピソードに基づいて学習を最適化することでしょう。

　Google の DeepMind の研究チームは、DQN での最後の N 回の遷移（オリジナルの論文では 100 万回）のウィンドウバッファである経験再生を利用して、『アタリ』の性能を大幅に改善しました。最後の遷移から更新するのではなく、それを経験再生の内部に保存し、同じ経験再生からランダムにサンプリングされた遷移のバッチを用いて更新を行います。

　epoch() は以下のようになります。

```
def epoch() = {

    // 初期状態空間からサンプリングします
    //  （単一の状態であることもしばしば）
    var state = initState

    // 状態が終端に至るまで、
    // 1 つのエピソードをプレイし、各遷移で Q 関数を更新します
    while(!state.isTerminal)  {
```

```
    // ε-greedy 方策から行動をサンプリングします
    val action = epsilonGreedyAction(state)

    // 環境と相互作用します
    val (nextState, reward) = transition(state, action)

    // 遷移を保存します (経験再生は単なるリングバッファ)
    expReplay.store(state, action, reward, nextState)

    // バッチで Q 関数を更新します
    updateFromBatch(expReplay.getBatch())

    state = nextState
  }
}
```

B.3.8.1　圧縮

DL4J のテンソルライブラリである ND4J は、uint8 型を直接サポートしていません。ただし、グレースケールのピクセルはその精度でエンコードされます。メモリ空間を無駄にしないために、INDArray は uint8 に圧縮されました。

B.3.9　畳み込み層と画像前処理

畳み込み層は、画像内の局所的なパターンを検出するのに優れた層です。ピクセルの場合は、入力の次元を現実の多様体に削減するために必要なプロセッサとして畳み込み層が使用されます。観測についての適切な多様体を与えることで、決定はより簡単になります。

B.3.9.1　画像処理

ニューラルネットワークには RGB を直接与えることができますが、この場合、ネットワークは追加のパターンについても学習しなくてはならないでしょう。幸いなことに、脳は色も組み合わせられるようです。したがって、その前処理を許すことは理にかなっていると思われます。

図 B-5 は、人が見るものを表します。

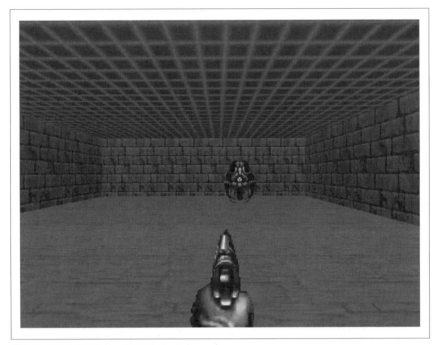

図B-5　Doom というゲームのスクリーンショット

図 B-6 はニューラルネットワークが見るものです。

画像は 84×84 にリサイズしています。入力のサイズが大きくなるにつれ、畳み込み層のメモリと計算も多くなります。ゲームを正しくプレイする上で鮮明な画像は必要ありません。確かに多量のピクセルがあれば純粋に美しいですが。より合理的なサイズにリサイズすることで、学習が高速化します。

コマ飛び

オリジナルの『アタリ』の論文では、実際には 4 フレームのうちの 1 フレームのみが処理されます。続く 3 つの画像では、最後の行動が繰り返されます。こうすることで、多くの情報を失うことなく、学習をおよそ 4 倍スピードアップできます。実際、『アタリ』に含まれるゲームは、完全なフレームでプレイされることを想定していません。多くの動作については、少なくとも 4 フレームの間は継続するほうが理にかなっています。

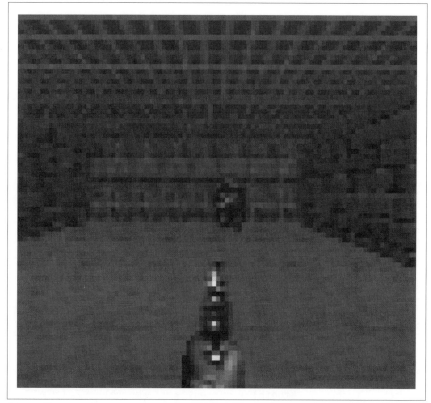

図B-6　同じスクリーンショットからのニューラルネットワークへの入力

B.3.10　履歴の処理

　現在のモーメンタム（慣性）に関する情報をニューラルネットワークに与えるために、最新の 4 つのフレームが 4 つのチャンネルに積み重ねられます（**図B-7**）（コマ飛びする場合は 4 つのフレームのうち 1 つが使われます）。これらの 4 つのフレームは「B.2.2　観測の設定」で説明したように履歴を表します。

　履歴の最初のフレームを埋めるために、ランダム方策か何もしないという行動が使用されます[†1]。

[†1]　公正な評価のためにランダムスタートを使用することができます。

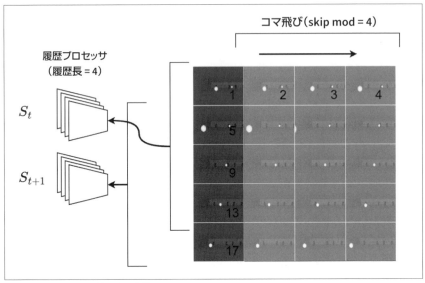

図 B-7　履歴の処理と積み重ね方法

B.3.11　ダブル Q ラーニング (Double Q-Learning)

　ダブル DQN の背後にある考え方は、ネットワークを M 回の更新ごとに凍結する（ハードアップデート）か、すべての更新でなめらかに平均化 (`target = target * (smooth) + current * (1-smooth)`) する（ソフトアップデート）かです。実際に、TD 誤差の式に Q の推定を使用すると不当な更新が行われる傾向が弱まり、学習が安定します。Q 値の更新は以下になります。

$$Y_{\text{target}} = r_t + \gamma Q_{\text{target}}(s_{t+1}, \arg\max_a Q(s_{t+1}, a))$$

B.3.12　クリッピング

　外れ値の更新が学習に過度な影響を与えないように、TD 誤差を 2 つの限界値によってクリッピング（切り取り）します。

B.3.13　報酬のスケーリング

Q 値をスケーリングして、正規化と同じように $[-1, 1]$ の範囲にすると、学習効率が劇的に変わる可能性があります。これは無視できない重要なハイパーパラメーターです。

B.3.14　優先再生（Prioritized Replay）

優先再生の背後にある考え方は（http://bit.ly/2sObUUW）、すべての遷移は平等ではない。いくつかのものは、他のものよりも重要です。それらを選別する 1 つの方法は、TD 誤差を用いることです。実際、高い TD 誤差は、高いレベルの情報に相関しています（驚くべきことに）。これらの遷移は、他のものよりも多くサンプリングされるべきです。

B.4　グラフ、可視化、平均 Q

強化学習の手法や学習を可視化してデバッグするには、エージェントの成長を視覚的にモニタリングすることが有用です。そこで、webapp-rl4j というダッシュボード（https://github.com/rubenfiszel/webapp-rl4j）を構築しました（**図 B-8**）。

最も重要なことは、**図 B-9** に示すように、累積報酬を追跡し続けることです。これはエージェントの性能が効率的に良くなっていることを確認する方法の 1 つです。この図は ε-greedy 戦略を表しており、Q 近似から直接導き出された方策ではないことにくれぐれも注意してください。

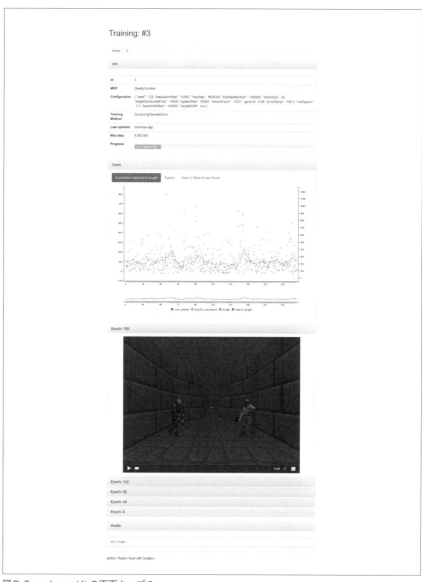

図B-8　webapp-rl4jの画面キャプチャ

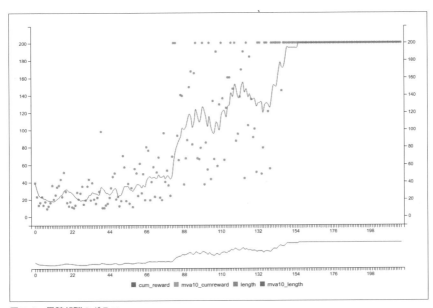

図B-9　累積報酬のグラフ

図 B-10 に示すように、損失（ニューラルネットワークのスコア）と平均 Q 値を追跡することもできます。

従来の教師あり学習とは異なり、学習がラベルに影響を与えるので、損失は必ずしも減少するとは限りません。

ターゲットネットワークと一緒に使用した場合、異なるターゲットネットワークによっては非連続的な評価が行われるものもあって、不連続性を観測できるでしょう。単一のターゲットネットワークについては、損失は減少するはずです。また平均 Q 値は、平均期待報酬に比例してなめらかに収束するはずです。

B.5　RL4J

RL4J は GitHub から入手可能です（https://github.com/deeplearning4j/rl4j）。現在、経験再生を用いる DQN、ダブル Q ラーニングおよびクリッピングが実装されています[†2]。A3C を用いた非同期強化学習と、非同期 N ステップ Q 学習（Async

---

†2　For more details, check out the original blog post at https://rubenfiszel.github.io/posts/rl4j/2016-08-24-Reinforcement-Learning-and-DQN.html

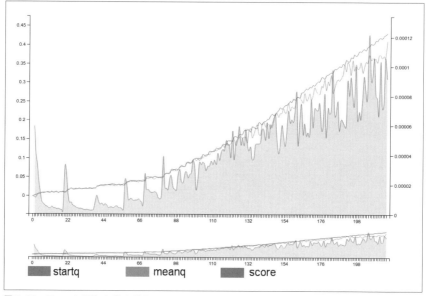

図B-10　スコアと平均Q値のグラフ

N-step Q Learning）も含まれています。ピクセルの問題だけでなく、倒立振り子（Cartpole）のような低次元の問題も実行できます。非同期強化学習は、実験的なものです。できれば皆様に貢献をしていただき、ライブラリの充実を図りたいです。

簡単な DQN を用いた倒立振り子を実行する RL4J の実例を**例B-3** に示します。Doom もプレイすることができます。**例B-3** 以外のサンプルについては rl4j-examples（https://github.com/rubenfiszel/rl4j-examples）を確認してください。任意の学習の手法に対し、引数として、独自に構築されたニューラルネットワークモデルを与えることも可能です。

例B-3　Scala で記述した基本的な RL4J

```
public static QLearning.QLConfiguration CARTPOLE_QL =
    new QLearning.QLConfiguration(
            123,    // ランダムシード
            200,    // エポックによる最大ステップ
            150000, // 最大ステップ
            150000, // 経験再生の最大サイズ
            32,     // バッチのサイズ
            500,    // ターゲットの更新 (ハード)
```

```
                    10,      // noop warmup ステップ数
                    0.01,    // 報酬のスケーリング
                    0.99,    // γ
                    1.0,     // TD 誤差のクリッピング
                    0.1f,    // 最小ε
                    1000,    // ε-greedy アニールのステップ数
                    true     // ダブル DQN
        );

public static DQNFactoryStdDense.Configuration CARTPOLE_NET =
        new DQNFactoryStdDense.Configuration(
                    3,       // 層の数
                    16,      // 隠れノード数
                    0.001,   // 学習率
                    0.00     // L2 正則化
        );

public static void main( String[] args )
{

    // 新たなフォルダに rl4j-data の訓練データを記録(保存)します
    DataManager manager = new DataManager(true);

    // gym (名前, 可視化) から MDP を定義します
    GymEnv<Box, Integer, DiscreteSpace> mdp = new GymEnv("CartPole-v0", false,
        false);

    // 学習を定義します
    QLearningDiscreteDense<Box> dql = new QLearningDiscreteDense(mdp,
        CARTPOLE_NET, CARTPOLE_QL, manager);

    // 学習します
    dql.train();

    // 最終的方策を獲得します
    DQNPolicy<Box> pol = dql.getPolicy();

    // 初期化と保存をします (シリアル化されたショーケース。必須ではありません)
    pol.save("/tmp/pol1");

    //mdp を閉じます (http を閉じます)
    mdp.close();

}
```

B.6 結論

　深層強化学習を通じた、わくわくするような旅でした。方程式やコードからわかるように、Q 学習は強力ですが、ある程度単純なアルゴリズムです。強化学習の分野はとても活発で有望です。実は、ラベルを報酬として設定すれば、教師あり学習は強化学習のサブセットであると考えることができます。いつの日か、強化学習は人工知能の万能薬になるかもしれません。そのときが訪れるまでに、とても面白いより多くの問題に対する多様な応用例に圧倒されることでしょう。感謝の言葉として、このきわめて充実したインターンシップに対し、Skymind とその素晴らしいチームにお礼を申し上げます。

付録C
誰もが知っておくべき数値

表C-1に「Jeff Dean の 13 の数値」として知られている、誰もが知っておくべき数値の一覧を示します。

表 C-1　Jeff Dean の 13 の数値

コンピューターアーキテクチャーの動作	持続時間（ナノ秒）
L1 キャッシュ参照	0.5
分岐予測ミス	5
L2 キャッシュ参照	7
Mutex のロック/アンロック	100
メインメモリ参照	100
1KB を ZIP 圧縮	10,000
1Gbps ネットワークで 2KB の送信	20,000
メモリからの 1MB の連続読み出し	250,000
同一データセンター内のマシンとの通信 1 往復	500,000
ディスクのシーク	10,000,000
ネットワークからの 1MB の連続読み出し	10,000,000
ディスクからの 1MB の連続読み出し	30,000,000
カリフォルニア・オランダ間のパケットの通信 1 往復	150,000,000

付録 D
ニューラルネットワークと
誤差逆伝播：数学的アプローチ

Alex Black

D.1　導入

　この付録では、ニューラルネットワークの訓練方法の基礎となる数学である**誤差逆伝播アルゴリズム**（backpropagation algorithm）を見ていきます。詳しく見ていく前に、一歩下がって、ニューラルネットワークを訓練する際に何をしようとしているか考えてみましょう。

　過学習などの問題は別として、根本的には、ネットワークが正確な予測を生成するように、ニューラルネットワークのパラメーターを学習データに基づいて調整することを期待します。これに対する 2 つの構成要素が、**正確な予測**（accurate predictions）と**パラメーターの調整**（adjust the parameters）です。

　いくつかの入力データを与えられて、サンプルのクラスをニューラルネットワークで予測するという、分類のタスクについて少し考えてみましょう。分類の予測がどれほど優れているかを定量化する方法は数多く存在します。精度、F1 スコア、負の対数尤度などです。これらはどれも有効な尺度ですが、そのいくつかは他のものに比べて最適化が困難です。例えばネットワークの精度は、与えられた任意のパラメーターを少し変化させただけでは変化しない可能性があります。このように、勾配に基づく手法を使って精度の最適化を直接行うことはできません（つまり、「精度」は微分可能ではありません）。

　逆に、別の尺度である負の対数尤度は、パラメーターの値を少し変えただけでも増減します。ネットワークによる予測の品質を定量化する尺度を、負の対数尤度のような微分可能な損失関数に限定し、ちょっとした微積分の計算を適用すると、ニューラ

ルネットワークを学習するためのシンプルですっきりしたアルゴリズムができあがります。

誤差逆伝播アルゴリズムの根底にある重要な考え方は、とてもシンプルです。

- 微分可能な損失関数に基づいて、ネットワークの現時点の予測の良し悪しを定量化する
- 多変数の微積分のルールを損失関数とネットワーク構造に適用し、ネットワークのそれぞれのパラメーターの勾配を計算する
- 計算された勾配を使用して、損失関数を最小にする方向にネットワークパラメーターを繰り返し調整する

これをアルゴリズムの形式で記述しましょう。確率的勾配降下（SGD）アルゴリズムは、以下のようになります。

入力：ネットワークパラメーター $\mathbf{w}$、損失関数 L、学習データ D、学習率 $\alpha > 0$

while 終了条件を満たさない場合 **do**

$\quad (features, labels) \leftarrow D.getRandomMiniBatch()$

$\quad out \leftarrow getNetworkOutput(\mathbf{w}, features)$

$\quad \dfrac{\partial L}{\partial \mathbf{w}} \leftarrow calculateParameterGradients(w, L, out, labels)$

$\quad \mathbf{w} \leftarrow \mathbf{w} - \alpha \dfrac{\partial L}{\partial \mathbf{w}}$

end

ここで重要な部分は、偏微分 $\dfrac{\partial L}{\partial \mathbf{w}}$ の計算です。偏微分に詳しくない場合は、他のすべての値を一定に保つとき、利得の量（損失関数 L の値）が、重みベクトル $\mathbf{w}$ のそれぞれのパラメーター w_i の値の関数としてどのように変化するかを記述するものが偏微分だと考えてください。

ステップサイズ

多くの場合、$\dfrac{\partial L}{\partial w_i}$ も w_i の関数です。このため a) 小さなステップしか取れず（つまり、小さな学習率 α を使用）、b) それぞれの繰り返しでパラメーターの値を変更した後に勾配を再計算する必要があります。

今回の例では、$\dfrac{\partial L}{\partial w_i}$ が正の場合、w_i を小さい値で増加させると損失 L が増加し、w_i の値を減少させると損失関数も減少します。

以上が誤差逆伝播アルゴリズムの核心部分のすべてです。つまり損失関数を定義して、損失関数について各パラメーターの微分を計算し、損失関数を最小にする方向に小さなステップを進めるというものです。それは単純ですが、すべてのディープラーニングの実質的な基礎となるとても強力な考え方です。

D.2　多層パーセプトロンの誤差逆伝播

説明は十分なので計算に移りましょう。ここでは、シンプルな多層パーセプトロン、つまり、標準的な全結合フィードフォワードニューラルネットワーク（DL4J では DenseLayer）について考えます。損失関数を 2 乗誤差（DL4J では L2 損失関数）の合計とすると、以下のようになります。

$$L\left(\mathbf{y}, \hat{\mathbf{y}}\right) = \sum_{i=1}^{N} \left(y_i - \hat{y}_i\right)^2$$

ここで N は出力数、y_i は i 番目のラベルを表します。また、$\hat{y}_i = \mathrm{output}(\mathbf{w}, \mathbf{f})$ は、特徴量ベクトル $\mathbf{f}$ と現在のパラメーター $\mathbf{w}$ が与えられたときの、y_i のネットワークの予測です。

図 D-1 に単層ニューラルネットワークを示します。この付録の以降の部分で計算を進めていくうちに、この図を参照したくなるでしょう。

入力ベクトルから現在の層への（長さ 4 の）ベクトルを $\mathbf{a}$、要素ごとの非線形性（tanh や ReLU などの活性化関数）を σ とすると、このネットワークの順方向の方程式は次のようになります。

$$z_i = b_i + \sum_{j=1}^{4} w_{j,i} a_i$$

$$\hat{y}_i = \sigma\left(z_i\right)$$

ここで b_i はバイアス、$w_{j,i}$ は入力 j がニューロン i に接続される際の重みを表します。

損失関数が与えられている場合、まずネットワークの出力 $\hat{y}_j$ による偏微分を計算

付録 D　ニューラルネットワークと誤差逆伝播：数学的アプローチ

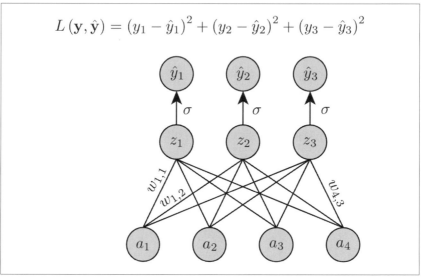

図D-1　単層ニューラルネットワーク

します。

$$\frac{\partial L}{\partial \hat{y}_j} = \frac{\partial}{\partial \hat{y}_j}\left(\sum_{i=1}^{N}(y_i - \hat{y}_i)^2\right)$$
$$= \frac{\partial}{\partial \hat{y}_j}(y_j - \hat{y}_j)^2$$
$$= -2(y_j - \hat{y}_j)$$

ネットワーク構造を元へ辿っていくと、次は $\frac{\partial L}{\partial \hat{y}_i}$ の関数として $\frac{\partial L}{\partial z_i}$ を計算したくなります。これは活性化関数 $\sigma(z)$ の数式に依存します。単純化するために、シグモイド、tanh、ReLU のようなシンプルな活性化関数を仮定します（これらは微分がシンプルに要素ごとの関数になりますが、ソフトマックスなどはこのような特性を持っていません）。

$$\frac{\partial L}{\partial z_i} = \frac{\partial L}{\partial \hat{y}_i}\frac{\partial \hat{y}_i}{\partial z_i}$$
$$= \sigma'(z_i)\frac{\partial L}{\partial \hat{y}_i}$$

例えば、$\sigma(z) = \dfrac{1}{1 + e^{-z}}$ というシグモイド活性化関数の場合には、$\sigma'(z) = \sigma(z)(1 - \sigma(z))$ となります。

次に、事前に計算された微分 $\dfrac{\partial L}{\partial z_i}$ が与えられる場合、重み $w_{j,i}$ による偏微分を計算するために、連鎖律を当てはめます。

$$
\begin{aligned}
\frac{\partial L}{\partial w_{j,i}} &= \sum_{k=1}^{3} \frac{\partial L}{\partial z_k} \frac{\partial z_k}{\partial w_{j,k}} \\
&= \frac{\partial L}{\partial z_i} \frac{\partial z_i}{\partial w_{j,i}} \\
&= \frac{\partial L}{\partial z_i} \frac{\partial}{\partial w_{j,i}} \left(b_i + \sum_{k=1}^{4} w_{k,i} a_i \right) \\
&= a_i \frac{\partial L}{\partial z_i}
\end{aligned}
$$

同じアプローチを使って、バイアスによる偏微分が $\dfrac{\partial L}{\partial b_i} = \dfrac{\partial L}{\partial z_i}$ で与えられることも確認できます。

最後に、また $\dfrac{\partial L}{\partial z_i}$ が与えられている場合に、入力のアクティベーション a_i に関する損失関数の偏微分を計算してみます。

$$
\begin{aligned}
\frac{\partial L}{\partial a_i} &= \sum_{j=1}^{3} \frac{\partial L}{\partial z_j} \frac{\partial z_j}{\partial a_i} \\
&= \sum_{j=1}^{3} \frac{\partial L}{\partial z_j} \frac{\partial}{\partial a_i} \left(b_j + \sum_{k=1}^{4} w_{k,j} a_j \right) \\
&= \sum_{j=1}^{3} \frac{\partial L}{\partial z_j} w_{i,j}
\end{aligned}
$$

これだけです。後続の層がある場合、まったく同じアプローチを適用できますが、一連の数式の $\hat{y}_i$ は a_i に置き換わります。ネットワーク接続構造を逆方向に辿りながら、連鎖律を適用していくだけです。

この分析をミニバッチの、つまり複数のサンプルのケースに拡張するのは簡単です。各ミニバッチのサンプルに対して、それぞれのパラメーターの勾配を単に平均化できます。実際には、それぞれの方程式は、ミニバッチのデータに対して行列の積とベクトル演算を使用することで実装されます。さらに、リカレントニューラルネット

508 | 付録 D　ニューラルネットワークと誤差逆伝播：数学的アプローチ

や畳み込みニューラルネットのような、もっと複雑な別のモデルに対する導関数の計算でも、同じアプローチを使用することが可能です。

付録 E
ND4J APIの使用方法

ND4JはJava仮想マシン（JVM）用の科学演算ライブラリです。商用環境で高速に動作するように設計されています。以下に主な特徴を挙げます。

- 多目的な n 次元配列オブジェクト
- グラフィックスプロセッシングユニット（GPU）を含むマルチプラットフォーム機能
- 線形代数と信号処理の関数

ND4SはND4JのScala言語バージョンです。

Java、Scala、Clojureのプログラマーは、その使い方の隔たりのために、NumPyやMatlabのようなデータ分析におけるとても強力なツールから遠ざけられています。Breezeのようなライブラリは、ディープラーニングやその他のタスクに必要となる、n 次元配列もテンソルもサポートしていません。ND4JとND4Sは、計算負荷が高いシミュレーションが求められる気候モデルのようなタスク用に国立研究所で使われています。

ND4Jは、Pythonコミュニティーの直観的な科学演算ツールを、オープンソース、分散かつGPU対応のライブラリとしてJVMに提供します。構造的にはSLF4Jに似ています。ND4Jは、商用環境でアルゴリズムや他のライブラリとのインタフェースをJavaやScalaエコシステムに移植するための簡単な方法をエンジニアに提供し

ます。

ND4J のオンライン完全ユーザーガイド
ND4J はこの付録で挙げるものよりも多くの操作をサポートしています。ND4J の完全なユーザーガイドとしては http://nd4j.org/userguide を参照してください。

完全な ND4J API javadoc
ND4J API の完全なリソースについては、http://nd4j.org/doc/ の Javadoc をチェックしてください。

E.1 設計と基本的な使い方

ND4J は場所を問わず稼働するよう設計され、今日の最新のデータシステムと統合されています。特徴の一部を以下に示します。

- CUDA 経由での GPU のサポート
- Hadoop や Spark との統合
- NumPy のセマンティクスを模倣して設計された API

ND4J のほとんどの操作は、数値配列の処理に重点を置いています。ND4J の中核をなすデータ構造は、**NDArray** と呼ばれます。

E.1.1 NDArray の理解

NDArray は本質的に n 次元の配列です。これはいくつかの次元数を持つ数値の矩形行列です。NDArray を以下の属性により定量化することにします。

- 階数
- 形状
- 長さ
- ストライド
- データ型

NDArray に関してそれぞれの属性が何をするのかについて、以下で説明します。

NDArray と INDArray

ここで NDArray という語を n 次元配列の一般的な概念を指す用語として使うことにします。INDArray という用語は、特に ND4J が定義する Java インタフェースを指します。実際にはこれらの 2 つの用語は互いに同じ意味で使えます。

階数

NDArray の階数とは次元数のことです。2 次元の NDArray の階数は 2 で、3 次元配列は階数は 3 といった具合です。NDArray を使用して任意の階数を生成可能です。

形状

NDArray の形状は、それぞれの次元の大きさを定義します。3 行 5 列の 2 次元配列があるとすると、この NDArray は [3,5] という形状になります。

長さ

NDArray の長さは、配列内の要素の総数を定義します。長さは配列の形状を構成する値の積に常に等しくなります。

ストライド

NDArray のストライドは、それぞれの次元で連続する要素の(基礎となるデータバッファ内の)区分け(セパレータ)として定義されます。ストライドは次元ごとに定義されるため、階数 N の NDArray は各次元に 1 つ存在し、N 個のストライド値を有します。ほとんどの場合、ストライドを知る(もしくは気にかける)必要はありませんが、ND4J で内部的にどのように動作するかという点だけは知っておいてください。

データ型

NDArray のデータ型は、配列に含まれるデータの型(浮動小数点数や倍精度浮動小数点数など)を参照します。これは ND4J でグローバルに設定されるため、すべての NDArray は同じデータ型を持たなくてはなりません。データ型の設定については、この付録の後半で説明します。

NDArray のインデックスと次元について知っておくべきこと

行は次元 0 で、列は次元 1 です。つまり、INDArray.size(0) は行数で、INDArray.size(1) は列数です。ほとんどのプログラミング言語の通常の配列と同様に、インデックスは 0 始まりです。したがって、行が 0 から INDArray.size(0)-1 のインデックスを持つことなどについては、他の次元でも同様です。

NDArray と物理メモリストレージ

NDArray は、単一の平坦な数値配列（もしくはより一般的には、単一の連続するメモリブロック）としてメモリに格納されるため、float[][] や double[][][] のような典型的な Java の多次元配列とは多くの点で異なります。

物理的には、INDArray のバックエンドとなるデータは、オフヒープ、つまり JVM の外部に格納されます。これは、パフォーマンス、高性能 BLAS ライブラリとの相互運用性、高性能計算における JVM のいくつかの短所（Java 配列が整数インデックス化のために $2^{31-1} = 21.4$ 億個の要素に制限されているなど）の回避など、多大な利点につながります。

E.1.2 ND4J の汎用構文

ND4J で使用される操作には 3 つのタイプがあります。

- スカラー
- 加工（transform）
- 集計（accumulation）

オペレーションのほとんどは enum や自動補完可能な離散値のリストを取るだけです。スカラー、加工および集計は、それぞれ独自のパターンを持っています。これからそれらを見ていきましょう。

スカラー

スカラーは 2 つの引数を取ります。つまり入力とその入力に適用されるスカラーです。例えば、ScalarAdd() は 2 つの引数を取ります。入力 INDArray x とスカラー Number num です。ScalarAdd(INDArray x, Number num) という具合です。同様のフォーマットがすべてのスカラーのオペレーションに適用されます。

加工

加工は、1 つの引数を取って 1 個のオペレーションを実行するので、最も単純です。絶対値は、abs(IComplexNDArray ndarray) のような引数 x を取り、x の絶対値となる結果を生成する加工の一種です。同様に、「x のシグモイド」を生成するために、シグモイド加工の sigmoid() を適用します。

集計

最後に、GPU の文脈で削減として知られる集計があります。集計は配列やベクトルを互いに加算し、行方向のオペレーションで行内の要素を加算した結果、配列の次元を削減（reduce）することができます。例えば、配列にある集計を実行したいとします。

```
[1, 2,
 3, 4]
```

は、以下のベクトルを示します。

```
[3,
 7]
```

これで列（例えば次元）が 2 から 1 に削減されます。

集計はペア式かスカラーのいずれかにすることができます。ペア式の削減では、同じ型を持つ x と y の 2 つの配列を扱うかもしれません。その場合、2 × 2 の要素を取ることによって、x と y のコサイン類似度を計算できます。

```
cosineSim(x[i], y[i])
```

もしくは、ある配列 arr ともう 1 つの arr2 の間で削減するのに Euclidean Distance(arr, arr2) を計算します。

514 | 付録 E ND4J API の使用方法

E.1.3 NDArray の動作の基礎
E.1.3.1 ND4J クラス

このクラスは NDArray の生成を支援するためのさまざまな補助的な静的メソッド
を持っています。以下で、NDArray の動作でよく目にするであろう一般的な手法の
いくつかを説明します。

Nd4j.zeros(int ...)

配列の形状は、整数として指定されます。例えば、3 行 5 列のゼロで満たされた配
列を作成するためには、Nd4j.zeros(3,5) を使用します。

Nd4j.ones(int ...)

このメソッドは.zeros(int...) と同じ操作ですが、ゼロの代わりに 1 で
NDArray を埋めます。

他の値での初期化

他の値を持つ配列を生成するために、ND4J クラスのメソッドを他のオペレーショ
ンと組み合わせることができます。例えば、10 で満たされた配列を生成するには以
下のようにします。

```
INDArray tens = Nd4j.zeros(3,5).addi(10)
```

この初期化は 2 つのステップからなります。最初はゼロで満たされた 3 × 5 の配列
を生成し、それからそれぞれの値に 10 を加算します。

乱数を用いた初期化

ND4J は、中身が疑似乱数となる INDArray を生成するためのいくつかのメソッ
ドを提供します。

ゼロから 1 の範囲に統一された乱数を生成するために以下を使用します（2 次元配
列用の場合）。

```
Nd4j.rand(int nRows, int nCols)
```

3 次元以上の場合には以下を使用します。

```
Nd4j.rand(int[])
```

同様に、平均がゼロで標準偏差が 1 となる正規（ガウス）分布の乱数を生成するには、以下を使います。

```
Nd4j.randn(int nRows, int nCols)
```

もしくは

```
Nd4j.randn(int[])
```

再現性のために（つまり、ND4J の乱数のシード（種）ジェネレータを設定するために）以下を使うことができます。

```
Nd4j.getRandom().setSeed(long)
```

E.1.3.2　NDArray の型制御

次に、基本的な操作を実行する処理で NDArray の型を制御する方法について説明します。

E.1.3.3　基本的な配列の作成方法

以下の例では、2 列を持つ 1 次元配列を作成します。この列は{1, 2}の値を持ちます。

```
INDArray nd = Nd4j.create(new float[]{1,2},new int[]{2}); //行としてのベクトル
```

例：2 × 2 の NDArray の生成

以下の例では、2 行 2 列の 2 次元 NDArray を生成します。1 行目は{1, 2}の値を持ち、2 行目は{3, 4}の値を持ちます。

```
INDArray arr1 = Nd4j.create(new float[]{1,2,3,4},new int[]{2,2});
System.out.println(arr1);
```

出力は以下の通りです。

```
[[1.0, 2.0]
 [3.0, 4.0]]
```

ND4Jの行と列の配列についての留意事項

NDArray は、C（行優先）、Fortran（列優先）のデータ順のどちらでもエンコードできます。行対列の順序の優先についてのさらなる詳細は、https://en.wikipedia.org/wiki/Row-major_order を参照してください。ND4J は C と F のデータ順の配列を組み合わせて同時に使うことができます。ほとんどのユーザーはデフォルトの配列の順序を使うだけでしょう。しかし必要とあらば、与えられた配列に対して、指定のデータ順も使用できることを覚えておいてください。

例：2つの2×2のNDArrayの組み合わせの加算

2つ目の配列（arr2）を生成して1つ目の配列（arr1）に加算します。

```
INDArray arr2 = Nd4j.create(new float[]{5,6,7,8},new int[]{2,2});
arr1.addi(arr2);
System.out.println(arr1);
```

出力は以下の通りです。

```
[[6.0, 8.0]
 [10.0, 12.0]]
```

E.1.3.4　Java配列からのNDArrayの作成方法

ND4J は、Java の浮動小数点数および倍精度浮動小数点数の配列から配列を生成するための便利なメソッドを提供します。

1次元 Java 配列から1次元 NDArray を生成するには、以下を使用します。

行ベクトル
　　`Nd4j.create(float[])` または `Nd4j.create(double[])`

列ベクトル
　　`Nd4j.create(float[],new int[]{length,1})` または `Nd4j.create(double[],new int[]{length,1})`

2次元配列には、`Nd4j.create(float[][])` または `Nd4j.create(double[][])` を使用します。

3次元以上の Java プリミティブ型の配列（`double[][][]` など）から NDArray

を作成すための 1 つのアプローチは、以下を使用することです。

```
double[] flat = ArrayUtil.flattenDoubleArray(myDoubleArray);
int[] shape = ...;   //ここは配列の型
INDArray myArr = Nd4j.create(flat,shape,'c');
```

E.1.3.5　NDArray の個々の値の取得と設定

　INDArray では、取得または設定したい要素のインデックスを指定することで、値を取得したり設定したりできます。階数 N の配列（つまり N 次元の配列）では、N 個のインデックスが必要です。

NDArray 操作の性能の最適化
（for ループの際に毎回設定するような）個別に値を取得したり設定したりすることは、一般的に性能の観点で良くない考え方です。可能であれば、一度に多量の要素を操作する別の INDArray のメソッドを使用するようにしてください。

2 次元配列から値を取得するには、以下を使うことができます。

```
INDArray.getDouble(int row, int column)
```

次元によらない配列に対しては、以下を使用します。

```
INDArray.getDouble(int...)
```

例えば、インデックス i、j、k の値を取得するには、以下を使います。

```
INDArray.getDouble(i,j,k)
```

値を設定するには、`putScalar` メソッドのうちのどれかを使用します。

- `INDArray.putScalar(int[],double)`
- `INDArray.putScalar(int[],float)`
- `INDArray.putScalar(int[],int)`

ここで、`int[]` がインデックスで、double/float/int がそのインデックスに配置されるべき値です。

518 | 付録 E ND4J API の使用方法

E.1.3.6　NDArray の行の操作

NDArray の区切りを操作するために、複数の補助メソッドが存在します。

単一行の取得

INDArray から単一行を取得するには、以下を使用できます。

```
INDArray.getRow(int)
```

これは言うまでもなく行ベクトルを返します。この行はビュー（view、元の配列と同じメモリを参照しているもの）であることに注意してください。返された行に対して変更を加えると、元の配列にも反映されます。ときにはこれはとても便利です（例えば、`myArr.getRow(3).addi(1.0)` は元の大きな配列の 3 行目に 1.0 を加算します）。行をコピーするには、以下を使います。

```
getRow(int).dup()
```

複数行の取得

同様に、複数行を取得するには、以下を使用します。

```
INDArray.getRows(int...)
```

これはスタックされた行で構成される配列を返します。しかしこれはオリジナルの行の（ビューではなく）コピーであり、NDArray はメモリに格納されます。ここではビューにすることができません。

単一行の設定

単一行を設定するには、以下を使用します。

```
myArray.putRow(int rowIdx,INDArray row)
```

これは、`myArray` の `rowIdx` 番目の行に INDArray の `row` に含まれる値を設定します。

E.1.3.7　NDArray の大きさ/次元を定義するための クイックリファレンス

以下のメソッドが、INDArray のインタフェースで定義されています。

- 次元数の取得：rank()
- 2次元 NDArray に対してのみ：rows()、columns()
- i 番目の次元の大きさを取得：size(i)
- int[] としてすべての次元の大きさを取得：shape()
- 配列内の要素の総数の定義：arr.length()
- その他：isMatrix()、isVector()、isRowVector()、isColumnVector()

E.1.4　データセット

org.nd4j.linalg.dataset.DataSet クラスは、入出力を用いたデータ加工を表します（http://nd4j.org/doc/org/nd4j/linalg/dataset/DataSet.html）。

ニューラルネットワークの文脈では、データセットは、入力の特徴量の出力ベクトル（例えば結果）へのマッピングを表現します。この結果は、ニューラルネットワークでは特に、真と見なされるラベルはすべて 1 にエンコーディングされます。それ以外はゼロです。

E.1.4.1　NDArray の関連性

NDArray は入出力用の特別なデータベクトルを表現します。DataSet オブジェクトは、入力 NDArray と出力 NDArray の組を表します。これが学習処理を入力および出力する関数を表現するやり方です。

E.1.4.2　一般的な使用

次のコード例では、DataSet クラスのインスタンスから特徴量とラベルを取得するために、ND4J API を使用する方法について説明します。これらの構造が、どのように学習済みのモデルに渡され、NDArray の出力が生成されるかについても示します。

```
DataSet t = ...
INDArray features = t.getFeatures();
INDArray lables = t.getLabels();
INDArray predicted = model.output(features,false);
```

この簡単なコードは、データセット、NDArray、DL4J モデルの中核となる関係性を示します。

E.2 入力ベクトルの生成方法

ベクトル生成は、すべてのモデリング作業で用いられる中核となる技術なので、このトピックについて焦点を当てたいと思います。ベクトル化の戦略と、そのベクトル化の戦略を実装するための ND4J API の実際のアプリケーションを理解する必要があります。先に述べた通り、モデリングするための入力データは、出力ベクトルに関連する入力特徴量のセットです。本節では、両方を生成し、それらを `DataSet` オブジェクトに結びつける方法について説明します。

ベクトル化の簡単な例

ここで示すコードは、特徴量とラベルの値を設定する基本的な概念を簡潔に示すことを目的としています。実際には、他の ND4J のメソッドのほうがより効果的かもしれません。DL4J の record reader は、実務者のために何度もこれらの操作を自動で行うでしょう。この節では、実践的な方法でデータを操作する方法を示していきます。

E.2.1 ベクトル生成の基礎

以下に示すように、単純な 2 列の特徴量ベクトルの生成方法から見ていきましょう。

```
INDArray myFeatures = ND4j.create(new float[]{0.5, 0.5},new int[]{1,2});
```

E.2.1.1 ベクトルの大きさの調整

`ND4j.create()` メソッドの 2 番目のパラメーターを用いて、ベクトルの大きさを調整しています。

```
new int[]{1,2}
```

このパラメーターは、2 つの特徴量の列を持つ単一行の NDArray を生成するように ND4J に指示します。

E.2.1.2 特徴量の設定方法

特徴量を生成するには多くの方法があります。以下のコードでは、ベクトル内の特徴量を手動で設定するための最も簡単な方法を示します。

```
for ( int row = 0; row < myFeatures.rows(); row++ ) {
    for ( int col = 0; col < myFeatures.getRow( row ).columns(); col++ )
```

```
{
        myFeatures.getRow(row).putScalar(col, 0.9);
    }
}
```

この例では、すべての行と列に 0.9 という値を設定します。

E.2.1.3　ラベルの設定方法

入力の特徴量データと出力データは同じデータ構造（NDArray）を使用するため、ラベルの設定方法は特徴量の設定と同じくらい簡単です。ラベルデータを設定するには、構築しているモデルの種類と従うべき出力戦略の種類に基づいてデータをエンコードする必要があります。

単一ラベルの出力

この場合は、ラベルに対する出力の NDArray は単一列を持ち、一方のラベルには 0.0 が、もう一方のラベルには 1.0 が設定されます。

```
myFeatures.getRow(0).putScalar(0, 1.0);
```

複数ラベルの出力

この場合、ラベルに対する出力の NDArray は、ラベルごとに 1 つの列を持ちます。訓練用のデータセットのそれぞれのクラス（ラベル）は、出力の NDArray 内の特定の列に一致します。訓練では、以下の例に示すように、ラベルと同じインデックスを持つ列の値を 1.0 に設定します。

```
myFeatures.getRow(0).putScalar(0, 0.0);
myFeatures.getRow(0).putScalar(1, 1.0);
myFeatures.getRow(0).putScalar(2, 0.0);
```

回帰出力

この場合、回帰モデルの出力値に対する出力の NDArray は、単一列を持ちます。これには入力ベクトルに関連付ける浮動小数点数を設定します。

```
myFeatures.getRow(0).putScalar(0, 55.25);
```

522 | 付録 E　ND4J API の使用方法

E.3　MLLibUtil の使用方法

　DL4J プラットフォームには、他の機械学習ライブラリとの相互運用をサポートするためのツールも含まれています。この節では、Spark のベクトルオブジェクトを扱うのに役立つ MLLibUtil クラスのメソッドを紹介します。

E.3.1　INDArray から MLLib ベクトルへの変換

　NDArray から MLLib ベクトルに変換する必要がある場合は、以下のように MLLibUtil.toVector(INDArray) メソッドを利用することができます。

```
Vector prediction = MLLibUtil.toVector( myNDArray );
```

E.3.2　MLLib ベクトルから INDArray への変換

　MLLib ベクトルから NDArray ベクトルに変換する必要がある場合は、以下のように、MLLibUtil.toVector(Vector) メソッドを利用できます。

```
INDArray ndArray = MLLibUtil.toVector( labeledPoint.features() );
```

E.4　DL4J を用いたモデル予測

　この節では、API レベルでモデル予測を行うための DL4J と ND4J の両方のクラスの相互作用について見ていきます。

E.4.1　DL4J と ND4J を一緒に使用する方法

　通常、DL4J のモデルから予測を行うという観点では、MultiLayerNetwork クラスを用いてモデルを表現し、INDArray オブジェクトを output() メソッドへの入力として渡します。このメソッドの出力は確率のリストで、ラベルごとの確率を表現します。この中で最も大きい確率に対応するラベルを「予測ラベル」と見なします。

```
MultiLayerNetwork.output(INDArray input, boolean train)
```

　学習済みの DL4J モデルに対してこのメソッドを使用し、ND4J の NDArray で表現された出力を生成する方法については、後でより多くの例を見ていきます。

出力値はどこからくるのか？
これらの値は、入力ベクトルに基づく順伝播に続くネットワークの最終層（出力層）のアクティベーションです。

output() メソッドで返される NDArray に含まれる出力値は、典型的に以下の形式をとります。

```
[0.5, 0.5]
```

この例は、2 つの列を持つ NDArray の単一行です。それぞれの列は、関連付けられるラベルに対するスコアを示します。各行における列の値の意味は、出力が生成される出力層の種類によって異なります。以下では、さまざまな出力層によって生成される種類の異なる出力を処理する方法について示します。

E.4.1.1　出力層の種類による出力ベクトルの違い

ソフトマックスの活性化関数は出力値の合計を 1.0（例えば、確率）に限定するのに対し、シグモイド活性化関数は各出力値を個別に限定することに注意してください。例えば、ソフトマックス層の出力の確率は、すべて加算すると 1.0 になりますが、シグモイド層の出力は、すべてのユニットで 0.9 を出力として持つかもしれません。シグモイド層にはこの「横方向」の制限がありません。

2 値分類のためのロジスティック出力層

この種類の層の出力は、2 値のラベルが真になる確率を表します。

```
INDArray predictions = trainedNetwork.output( ndArrayFeatures );
```

出力ベクトルのそれぞれのエントリは、特定の種類のラベルを表し、確率値の観点からは他のラベルとは独立しています。

マルチラベル分類用のソフトマックス出力層

ソフトマックス層に対する出力は、合計が 1.0 となる確率のリストです。

```
INDArray predictions = trainedNetwork.output( ndArrayFeatures );
for ( int row = 0; row < output.rows(); row++ ) {
    System.out.println( "Input Row: " + row );
    for ( int col = 0; col < output.getRow( row ).columns(); col++ ) {
```

```
            System.out.println( "\tColumn: " + col + ":" + output.getRow( row )
                .getDouble( col ) );
        }
    }
```

これにより以下のような出力が得られます。

```
Input Row: 0
    Column: 0:0.996791422367096
    Column: 1:0.0032307980582118034
Input Row: 1
    Column: 0:0.0016306628240272403
    Column: 1:0.9983481764793396
Input Row: 2
    Column: 0:0.0016311598010361195
    Column: 1:0.9983481168746948
Input Row: 3
    Column: 0:0.9988488554954529
    Column: 1:0.0011729325633496046
```

出力ベクトルのそれぞれのエントリは、関連付けられるラベルの確率を表します。1つの行のそれぞれの列は、特定のラベルに関連付けられます。

回帰出力用の線形出力層

回帰モデルでは単一の出力を使用します。この出力は、「恒等」活性化関数（線形関数など）の出力として、モデル化しようとしている値を表します。

E.4.1.2　返される NDArray からの予測ラベルの取得

以下に示すように、学習済みのネットワークに対して output() メソッドを呼び出し、それによって得られた確率の結果を取得してから、最も大きい確率を見つけます。

```
INDArray predictions = trainedNetwork.output( ndArray );
int maxLabelIndex = Nd4j.getBlasWrapper().iamax( predictions );
```

predict() メソッドよりも output() メソッドを使用するメリット
output() メソッドは回帰や分類の両方に使用でき、使い方という点においてはもう少し柔軟です。

付録F
DataVecの使用方法

Alex Black

DataVecは機械学習データを処理するためのライブラリです。DataVecは、機械学習パイプラインのETL——すなわち抽出(Extract)・加工(Transform)・ロード(Load)、それに**ベクトル化**(vectorization)のコンポーネントを処理します。DataVecの目標は、生データを機械学習で使用可能なフォーマットとして準備しロードするのを簡単にすることです。DataVecには、単一マシンや分散(Apache Spark)アプリケーションの両方に対して、表(CSVファイルなど)、画像、および時系列のデータセットをロードするための機能が含まれています。

ND4Jのベクトル生成とDataVec
DataVecは、本書でここまで述べてきた、特徴量やラベルの作成にかかる多くの雑務を処理するためのものです。DataVecを使用することは、単一マシンやSpark上でのDL4Jのワークフローのベストプラクティスだと考えられます。

DataVecは大きく2つの機能カテゴリーを提供します。

- さまざまなフォーマットからデータをロードするための機能
- 共通するデータ加工操作(しばしば**データラングリング**(data wrangling)や**データマンジング**(data munging)などと呼ばれる)を実行するための機能

以降の節でこの2つの機能カテゴリーをそれぞれ説明します。

F.1 機械学習へのデータのロード方法

機械学習のデータは多種多様なフォーマットからなり、それらをロードするにはそれぞれ異なる要件とライブラリがあります。機械学習の実務では、データをロードするために一度限りのコードを書くことがままあります。これは時間の浪費であり、誤りを招きやすいことでもあります。DataVec はこれらの問題を 2 つの方法で緩和しようとしています。1 つ目は一般的なユースケースに対するデータのロード機能を提供すること（例えば、画像や CSV データの読み込み）、そして 2 つ目は、新たなデータフォーマットやデータソースを追加したいときに単純な抽象化のセットを提供することです。

ETL、前処理およびベクトル化

DL4J で簡単に読み込み自動的にベクトル化できるフォーマットにデータを前処理するために、DataVec のようなツールを使用することは、ベストプラクティスとして推奨されます。生データを手動でベクトル化するのは大変な作業で、できる限り避けるべきです。

DataVec が提供する抽象化のセットは、比較的単純です。

Writable はデータのひとまとまりを表すインタフェースです。例えば、Double Writable は倍精度の数値データを表現するために使用でき、テキストデータをテキストインスタンス化するのに使用できます[†1]。

RecordReader インタフェースは、生データフォーマットから共通のサンプルフォーマットに変換するためのしくみを提供します。特に RecordReader は、生データを取得して List<Writable> 表現に変換することで、DL4J の RecordReader DataSetIterator クラスで読み込み可能となり、ミニバッチの DataSet オブジェクトにサンプルを結合して処理することもできます。図F-1 にこのプロセスを示します。

[†1] 追加の型は IntWritable、LongWritable、FloatWritable、NullWritable を含んでいます。DataVec は、画像のような数値配列データに対して ND4J を使用して効率的に処理するための NDArrayWritable クラスも提供しています。

F.1 機械学習へのデータのロード方法 | 527

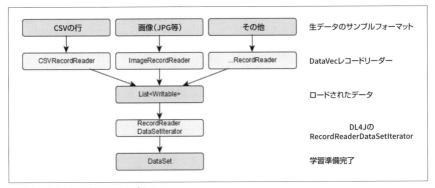

図F-1 DataVec の処理パイプライン

同様に、SequenceRecordReader インタフェースは、一連（シーケンス）の（時系列）データをロードするためのしくみを提供します。単一の（シーケンシャルではない）サンプルは DataVec で List<Writable> として表現されるのに対し、シーケンスのサンプルは List<List<Writable>> で表現されます。これはタイムステップの（シーケンスの）リストであると考えることができます。つまり外側のリストはタイムステップのリストで、内側のリストは各タイムステップの値のリストです。言い換えると、mySequence.get(i).get(j) のコードは、i 番目のタイムステップで j 番目の値を返します。シーケンスのレコードリーダーを使用することは、図F-2 に示すように、仮想的にレコードリーダーと同じです。

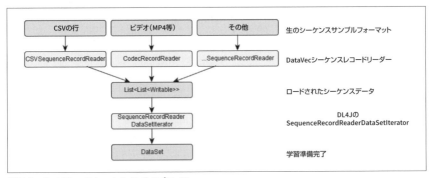

図F-2 DataVec のシーケンスパイプライン

DataVec と DL4J が学習データを処理する方法の1つの重要な特性は、イテレー

528 付録 F DataVec の使用方法

タのパターンを使用することで、データが必要となった時点で初めてロードされることです。このことは、すべてのデータを一度にメモリにロードしてしまうのではなく（大規模なデータでは一般的に現実的ではありません）、学習データは必要となった時点でのみロードできる（必要なときに非同期にプリフェッチを行う）ことを意味します。RecordReader、SequenceRecordReader、DataSetIterator のインタフェースはすべて、この目的のために next()、hasNext()、reset() のメソッドを備えています。

F.2 多層パーセプトロンへの CSV データの ロード方法

たった数行のコードで CSV データをロードできます。この処理は、タブ区切り（デリミタ）フォーマットなどのその他の区切りがあるデータにも適用できます。

例F-1 は、DL4J でネットワークを学習できるようにするために、CSV データファイルをロードし、DataSetIterator を生成する手法です。

例F-1 CSV データのロード方法

```
// 最初に、ファイルの場所といくつかの属性を指定します

File file = new File( "/path/to/my/file.csv" );

int numLinesToSkip = 0;        // オプションとして、ヘッダー行のスキップが可能

String delimiter = ",";        // コンマ区切り


// レコードリーダーの生成と初期化

RecordReader reader = new CSVRecordReader( numLinesToSkip, delimiter );
InputSplit inputSplit = new FileInputSplit( file );
reader.initialize( inputSplit );

// DataSetIterator を生成します。ここでは分類を仮定します

int minibatchSize = 10;        // 各ミニバッチのサンプル数

int labelIndex = 7;            // ラベルを含む列のインデックス

int numClasses = 5;            // クラス数 (ラベルのカテゴリー)
```

F.3　畳み込みニューラルネットワーク用の画像データのロード方法 | **529**

```
DataSetIterator iterator =
    new RecordReaderDataSetIterator( reader, minibatchSize, labelIndex,
↪ numClasses );


// DataSetIterator を用いてネットワークを学習します

myNetwork.fit( iterator );
```

注目すべき点は以下の通りです。

- no-arg コンストラクタ（new CSVRecordReader()）は、デフォルトでコンマ区切りフォーマットでスキップする行数はゼロ（引数で指定すればヘッダー行のスキップが可能）
- RecordReaderDataSetIterator では、ミニバッチの大きさをユーザーが自由に設定可能
- マルチラベル回帰や、教師なし学習のようなラベルがないケースのために、RecordReaderDataSetIterator には複数の別のコンストラクタが存在
- 分類では、RecordReaderDataSetIterator はクラスのインデックス用に列の 1 つが整数値を含むことを仮定する。つまりゼロから numClass - 1 の範囲の整数値を持つ 1 つのカラムを有すると仮定する
- 代わりのデリミタを使用することも可能。例えば、タブのデリミタは\t もしくはコンマで囲んだ、引用符を含むレコードを処理するための静的フィールドの CSVRecordReader.QUOTE_HANDING_DELIMITER を用いる
- CSVRecordReader はファイルに現れる順にサンプルを出力。データがランダムではない順序（すべてのクラス 0 のサンプルにすべてのクラス 1 のサンプルが続くなど）の場合、別のステップで最初にシャッフルが必要

F.3　畳み込みニューラルネットワーク用の画像データのロード方法

　DataVec の ImageRecordReader は、画像データを受け付け、トリミングのような一般的な画像操作を実行するためのレコードリーダーです。ImageRecordReaderは、JavaCV と OpenCV で提供される効率的なロードや画像操作とあわせて、さまざまな画像フォーマット（特に JPG、PNG、TIFF、BMP）をサポートします。

530 | 付録 F　DataVec の使用方法

ImageRecordReader は、データファイルのロード方法に関してとても柔軟にできています。例 F-2 は、画像をロードするための簡単なデモンストレーションです。この例では、画像ファイルが複数のディレクトリに存在していて、ディレクトリ名がラベル（クラスやカテゴリーをイメージしてください）であると仮定します。例えば、.../root_directory/label_0 や .../root_directory/label_1 といったディレクトリにファイルがある状態です。ラベルディレクトリの名前自体は何でもかまわないことに注意してください。

例 F-2　画像データのロード方法

```
// 最初に、入力画像の深さ（チャンネル数）を指定します

int inputNumChannels = 3;      // カラー/RGB では 3、グレースケールでは 1

int outputHeight = 32;         // 高さの出力を 32 ピクセルにスケール

int outputWidth = 32;          // 幅の出力を 32 ピクセルにスケール


// 次に、ルートディレクトリと許可するフォーマットを指定します

// 順序をランダムにするためにランダムインスタンスを使用します

File rootDir = new File( "/path/to/my/root_directory/" );

String[] allowedExtensions = BaseImageLoader.ALLOWED_FORMATS;

Random rng = new Random();

FileSplit inputSplit = new FileSplit( rootDir, allowedExtensions, rng );


// 各イメージは 1 つのラベルに関連付けられなければなりません
// ParentPathLabelGenerator を使用して、関連付けに各ファイルのパスを使用します

ParentPathLabelGenerator labelMaker = new ParentPathLabelGenerator();


// ImageRecordReader を生成し、初期化します

ImageRecordReader reader =
    new ImageRecordReader( outputHeight, outputWidth, inputNumChannels,
↪ labelMaker );

reader.initialize( inputSplit );
```

F.3 畳み込みニューラルネットワーク用の画像データのロード方法 | 531

```
// 最後に、DataSetIterator を生成します

int minibatchSize = 10;          // 各ミニバッチのサンプル数

int labelIndex = 1;          // ImageRecordReader では常に値は 1

int numClasses = 3;          // クラス数（ラベルのカテゴリー）

DataSetIterator iterator =
    new RecordReaderDataSetIterator( reader, minibatchSize, labelIndex,
↪ numClasses );

// DataSetIterator を用いてネットワークを学習します

myNetwork.fit( iterator );
```

ImageRecordReader は他にも多くの機能をサポートしています。

例えば、画像に対する訓練とテストの分割を実装するために、**例F-3** のコードを **例F-2** のコードに追加できます。

例F-3　訓練とテストの分割
```
InputSplit[] trainTest = inputSplit.sample( null, 80, 20 );

InputSplit trainData = trainTest[0];          // 訓練が 80%

InputSplit testData = trainTest[1];          // テストが 20%


(他のコードは省略)


reader.initialize( trainData );
```

同様に、この処理にいくつかの加工ステップを追加するには、**例F-4** に示すように、例えばランダムに画像を反転したりトリミングしたりするような、ImageTransform クラスを ImageRecordReader の初期化に渡します。

例F-4　加工ステップ
```
int maxCropPixels = 20;

ImageTransform transform =
```

532 | 付録 F DataVec の使用方法

```
new MultiImageTransform( new Random(),
    new FlipImageTransform(), new CropImageTransform( maxCropPixels ) );


reader.initialize( trainData, transform );
```

F.4 リカレントニューラルネットワーク用の シーケンスデータのロード方法

シーケンス（時系列）データには多くの可能な表現とフォーマットが存在します。この節では、単純ですが有用なフォーマットに焦点を当てます。

- ファイルごとに1つの時系列を有する CSV データ（時系列の長さはファイルごとに異なる可能性がある）
- CSV ファイル内の各行が1つの時系列を表す
- それぞれのサンプルの特徴量とラベルがすべてのタイムステップに存在し、同じファイルに含まれる（つまり、いくつかのカラムは特徴量で、1つのカラムは分類用のラベルのインデックス）

前述の（非シーケンスの）CSV の例のように、**例F-5** ではクラスラベルがゼロから numClass - 1（この値を含む）の整数値である分類の問題を仮定します。

例F-5 DataVec を用いたシーケンスデータのロード方法

```
// 最初に、CSV ファイルを含むベースのディレクトリを指定します

File baseDir = new File("/path/to/base_directory/");

// 次に、シーケンスレコードリーダーを生成し初期化します

// ランダムな順序を生成するために乱数を使用します

InputSplit inputSplit = new FileSplit(baseDir, new Random());

int numLinesToSkip = 0;        // オプションとして、ヘッダー行をスキップすることが可能です

String delimiter = ",";        // コンマ区切りのファイル

SequenceRecordReader reader = new CSVSequenceRecordReader(numLinesToSkip, delimi
↪ ter);
```

F.5　データの加工方法：DataVec を用いたデータラングリング（操作）　**533**

```
reader.initialize(inputSplit);

// 訓練用に DataSetIterator を生成します

int minibatchSize = 10;          // 各ミニバッチのサンプル数

int labelIndex = 7;          // ラベルを含む列のインデックス

int numClasses = 5;          // クラス数（ラベルのカテゴリー）

boolean regression = false;

DataSetIterator iterator =
    new SequenceRecordReaderDataSetIterator( reader, minibatchSize, numClasses,
        labelIndex, regression );

DataSetIterator iterator =
    new SequenceRecordReaderDataSetIterator( reader, minibatchSize, labelIndex,
        numClasses );

// DataSetIterator を用いてネットワークを学習します

myNetwork.fit(iterator);
```

SequenceRecordReader は、回帰や、分割された SequenceRecordReader（例えば別々のファイル）からの特徴量とラベルのロードといった他のユースケースもサポートします。

F.5　データの加工方法：DataVec を用いたデータラングリング（操作）

多くの場合、機械学習のデータは、我々が利用する前に、ある程度の前処理をしなければならない形式です。この前処理は、データセットのいくつかの不要な列を削除するという程度の単純なものから、複数の独立したデータソースからデータを結合したりクリーニングしたりするような複雑なものまであり得ます。DataVec はこの段階のパイプラインの機能も提供し、標準データとシーケンスデータの両方に対して豊富な加工機能を提供します。

DataVec をデータラングリングとして使用する場合の一般的なワークフローは以下の通りです。

534 | 付録 F　DataVec の使用方法

1. 生の入力データに対するスキーマの定義（詳細は後述）
2. そのデータ上で実行する一連の操作の定義（列の削除、欠損値の処理など）
3. データのロード
4. 操作の実行
5. 処理されたデータの保存

　前処理が必要なデータを扱う際には、データの前処理とネットワークの学習を別々のステップに分けておくことをお勧めします。つまり、前処理を実行して、データをディスクに格納し、ネットワークの学習が必要になったときにディスクからそのデータをロードすることをお勧めします。

　データセット上の一連の操作を実行するために、Apache Spark を使用します。これによりクラスターと（Spark のローカルモードにより）単一マシンの両方で実行できます。さらに、Spark 上で処理を実行することで、（数百万レコード以上の）大規模なデータセットに対してスケールすることが可能になります。現在のところ Spark での実行が唯一の選択肢ですが、DataVec API 自体は実行プラットフォームに依存しないことを覚えておいてください。つまり、他のコンピューティングフレームワークも将来追加することが可能です。

F.5.1　DataVec の加工：重要な概念

　DataVec には、加工の機能について知っておくべきいくつかの重要な設計の考え方とクラスがあります。

　まず、DataVec のサンプルは前節と同じ流儀で表現されます。つまり、それぞれのサンプルは標準データ用の `List<Writable>` か、シーケンス用の `List<List<Writable>>` のいずれかです。それぞれの操作の後、新たなデータはそれらのフォーマットのいずれかで表現されます。つまり、加工したい生データをロードするために、`RecordReader` と `SequenceRecordReader` クラスを使用可能であるというわけです。

　DataVec のスキーマは、データに対して 3 つのことを定義するクラスです。

- 各列の名前
- 各列の型（数値、カテゴリー、文字列など）
- （もし存在する場合には）各列の許容値についての制限（例えば、その列が正数値のみを含まなければならないかどうか）

F.5 データの加工方法：DataVec を用いたデータラングリング（操作） | **535**

シーケンスデータについては、代わりに、通常のスキーマと同じ列ごとの情報を含む SequenceSchema を持っています。DataVec は、各操作のたびに変化するスキーマを追跡しています。加工操作が実行された後かまたは処理中の任意の時点で、スキーマを取得できます。

TransformProcess は、データに対して実行する一連の操作を定義します。TransformProcess は以下の 2 つのものを指定することで構成されます。

● 初期入力データのスキーマ
● 実行したい一連の操作

これらは後ほど例で見るように、ビルダーパターンを使用することで指定されます。JSON や YAML ファイルを用いて指定することも可能です。

DataVec はデータに対して実行可能なさまざまな種類の操作を提供します。**表F-1** にこれらの操作をまとめます。

表F-1　DataVec 操作の種類

名称	記述	アプリケーションの例
加工（Transform）	サンプルごともしくはシーケンスごとの一般的な操作	列の削除、算術操作、データ/時間値のパース
フィルター	条件に一致するサンプルの削除	欠損値もしくは不正値でサンプルをフィルタリング
削減（Reduce）	キーによるサンプルのグループ分けと削減	各顧客 ID の最小値、最大値、合計値
シーケンスへの変換	1 つ以上のキー列を使用して各サンプルをシーケンスにグループ分け	ログデータ：レコードを各 IP や顧客のシーケンスにグループ分け
シーケンスからの変換	シーケンスデータを各タイムステップで別々の（シーケンスでない）フォーマットに変換	顧客のトランザクションのシーケンスを別々のレコードに分割

F.5.2　DataVec の加工機能：一例

ここでは小規模のデータセットに対していくつかの一般的な操作を実行する方法について、ごく簡単な例を示します。

この例では、ラベル（詐欺/合法）を予測するためのいくつかのトランザクションデータがあると仮定します。さらに、以下の列つまり'[customerID,dateTime,amount,label]'の列がある簡単なデータセットを仮

536 | 付録 F　DataVec の使用方法

定します。

```
3420348,2016-01-01 06:55:07,150.00,legitimate
9087434,2016-01-01 15:16:18,78.10,legitimate
4530843,2016-01-02 11:39:24,780.83,fraud
```

最初のステップは、このデータのスキーマを指定することです。以下のような方法で実行できます。

```
Schema schema = new Schema.Builder()
.addColumnLong("customerID")
.addColumnString("dateTime")
.addColumnDouble("amount")
.addColumnCategorical("label", Arrays.asList("legitimate","fraud"))
.build();
```

列は、ファイル内に現れる順に指定されることに注意してください。

しかし、このデータセットはそのままでは使用できません。ニューラルネットワークで学習するためには、データを数値入力の形にする必要があります。学習用のデータを準備するために、以下のことを行います。

- 顧客 ID の列の削除
- カテゴリー（文字列）のラベルを整数（ゼロか 1）に変換
- dateTime の列をパースし、新しい特徴量の列として時間（hour）の特徴量を抽出

TransformProcess を使って、以下のようにこれらの操作すべてを指定できます。

```
TransformProcess process = new TransformProcess.Builder(schema)
.removeColumns("customerID")
.categoricalToInteger("label")
.stringToTimeTransform("dateTime","YYYY-MM-dd HH:mm:ss",
DateTimeZone.UTC)
.transform(new DeriveColumnsFromTimeTransform.Builder("dateTime")
    .addIntegerDerivedColumn("hourOfDay",
DateTimeFieldType.hourOfDay()).build())
.removeColumns("dateTime")
.build();
```

それぞれの操作は、指定した順に実行されていきます。それらの操作の大半はその名前から直観的に理解できます。より詳細な引数（stringToTimeTransform の引

数など）については、DataVec の Javadoc を参照してください。

　最後に、データをロードして定義した通りに操作を実行し、データを保存しなければなりません。これは、以下のように実行できます。

```
// Apache Spark 用にいくつかの初期設定を行います
SparkConf conf = new SparkConf();
conf.setMaster("local[*]");
conf.setAppName("DataVec Example");
JavaSparkContext sc = new JavaSparkContext(conf);

// Spark を使用してデータをロードします
String path = "/path/to/my/file.csv";
JavaRDD<String> lines = sc.textFile(path);
JavaRDD<List<Writable>> examples =
    lines.map(new StringToWritablesFunction(new CSVRecordReader()));

// 操作を実行します
SparkTransformExecutor executor = new SparkTransformExecutor();
JavaRDD<List<Writable>> processed = executor.execute(examples, process);

// 処理されたデータを保存します
JavaRDD<String> toSave = processed.map(new
WritablesToStringFunction(","));
toSave.saveAsTextFile("/path/to/save/to/");
```

これらの操作の実行後、データは以下のようになります。

```
6,150.00,0
15,78.10,0
11,780.83,1
```

　上記の出力データの列は「hourOfDay」「amount」「label」です。process.Get
FinalSchema() を使用して、出力データ用のスキーマから列の名前と型を取得できます。

　これだけです。ほんの数行で、データをロードして、とても大きなデータセットに対してスケーラビリティを持つような前処理の操作をいくつか実行し、学習で使用可能な形でデータをエクスポートできるようになりました。この例は簡単ではありますが、機械学習を準備するための DataVec の実用性と柔軟性について説明できているのではないでしょうか。

付録G
DL4Jをソースから利用

開発者の中には、カスタム拡張を構築したり、DL4Jのコアを修正したり、最新のコードベースで作業したりということを選びたいと思う方もいるかもしれません。そのような現場の方々のために、DL4Jのソースコードから直接セットアップする方法についてここで説明します。

GitHubはWebベースのリビジョン管理システムで、多くのオープンソースプロジェクトでほぼ標準として使われているホスティングサイトです。バグの修正やコードのコミットでND4JやDL4Jのプロジェクトに貢献しようとお考えであれば、GitおよびGitHubを使う必要があります。

ソースから作業する必要が本当にあるのか？
単純にコードベースを使うだけの予定なら、GitHubは不要で、ソースコードをダウンロードする必要もありません。

G.1 Gitがインストールされていることの確認

Gitがインストールされ、動作することを確認するために、コンソールに以下を入力してください。

```
$ git --version
```

コマンドが何らかのエラーを返す場合、Gitをインストールしてください。また、GitHubのアカウントを持っていない場合には、一度サインアップしてください。無料で簡単な作業です。

G.2 主要な DL4J の GitHub プロジェクトの クローン方法

ソースを使って作業する場合、ND4J や DL4J をクローンするために、コンソールから以下のコマンドを入力してください。

```
$ git clone https://github.com/deeplearning4j/nd4j
$ git clone https://github.com/deeplearning4j/datavec
$ git clone https://github.com/eclipse/deeplearning4j
```

ND4J や DL4J の事前の構築済みサンプルを使用して作業するために、DL4J のサンプルをクローンするのもよいでしょう。

```
$ git clone https://github.com/deeplearning4j/dl4j-examples
```

さらなるサンプルに関するヘルプ
Git、IntelliJ、Maven を使用してサンプルをインストールする一連の作業については、クイックスタートのページを参照してください (https://deeplearning4j.org/docs/latest/deeplearning4j-quickstart)。

G.3 ZIP ファイルを使用したソースのダウンロード方法

ソースコードを入手するためのもう 1 つの別の方法は、ND4J の GitHub ページから「Download ZIP」ボタンをクリックすることです (https://github.com/deeplearning4j/nd4j/archive/master.zip)。

G.4 ソースコードから構築するための Maven の使用方法

ND4J、DataVec、DL4J が正しく構築されたことを確かめるために、Git と併せて Maven を使用することができます。これらのライブラリの最新の動作可能なバージョンがローカルにあることを確認するために、ルートディレクトリに移動して、コンソールから次のコマンドを入力してください。

```
$ mvn clean install -DskipTests=true -Dmaven.javadoc.skip=true
```

最新のバグ修正や機能を利用するには、ND4J、DataVec、DL4J の順にクリーンインストールを実行することが最適です。

付録 H
DL4Jプロジェクトの
セットアップ方法

DL4J は、ディープラーニング用の完全なプラットフォームを提供するためのツールセットです。ディープラーニングモデルをサポートするさまざまな機能を実行するために結びつけられる複数の依存関係があります。DL4J は、プロジェクト内で依存関係を結びつける方法を制御するために、Maven を使用します。この付録では、独自のディープラーニングモデル、ツールおよび統合を構築できるようにするための、関連するいくつかの依存関係について説明します。

H.1　新たなDL4Jプロジェクトの作成方法

DL4J は、商用環境へのデプロイ、IntelliJ のような IDE、Maven のような自動ビルドツール、といったことに馴染んでいるプロフェッショナルの Java 開発者を対象とするオープンソースプロジェクトです。それらのツールを読者が習得済みなら、我々のツールは必ずや役に立つでしょう。NDJ および、我々のベクトル化ライブラリである DataVec は、以下のクイックスタートの手順に従えば自動的にインストールされます。

システム構成要件は以下の通りです。

1.　Java 1.7（developer version）かそれ以降（64 ビットバージョンのみサポート）
2.　Apache Maven（依存性の管理および自動ビルドツール）
3.　IntelliJ IDEA もしくは Eclipse
4.　Git

以下のインストールも含めたいのであれば、さらにいくつか追加手順があります。

542 | 付録 H　DL4J プロジェクトのセットアップ方法

- GPU 向けの CUDA（v9.2 以降）
- Scala 2.10.x
- Windows
- GitHub

では、環境の設定を始めましょう。まずは Java からです。

H.1.1　Java

Java は、数千のノードを持つ分散クラウドベースのシステムから低メモリのモノ
のインターネット（IoT）デバイスまであらゆるもので使われており、ND4J の主た
るインタフェースでありネットワーキング言語と言えます。まさに「一度書けばどこ
でも実行できる」言語です。

Java のどのバージョンを使っているか（もしくはすべてが入っているか）を調べ
るには、コマンドラインで以下を入力してください。

```
$ java -version
```

マシンに Java 1.7 以降がインストールされていない場合には、https://www.orac
le.com/technetwork/java/javase/downloads/jdk8-downloads-2133151.html　か
ら Java 開発環境キット（JDK）をダウンロードしてください。

macOS 用には、リンク先の"Product / File Description"の行に Mac OS X と記
載されているファイルが必要です（jdk-8u の後の数字はアップデートごとに増加し
ていきます）。以下のような形です。

```
Mac OS X x64 245.92MB jdk-8u191-macosx-x64.dmg
```

H.1.2　Maven での作業方法

Maven は、（他の用途にも使用できますが）Java プロジェクトのビルドの自動化
ツールです。ND4J と DL4J ライブラリの最新バージョン（.jar ファイル）の場所を
見つけて、自動的にダウンロードします。それらのリポジトリは Maven Central で
見つけることができます（https://search.maven.org/）。Maven を使うと、ND4J、
DL4J の両方のプロジェクトを簡単にインストールできます。IntelliJ のような統合
開発環境（IDE）でうまく動作します。

マシン上に Maven がインストールされているかどうか、および使用しているバー
ジョンを確認するために、コマンドラインから以下を入力してください。

H.1 新たな DL4J プロジェクトの作成方法 | **543**

```
$ mvn --version
```

最新の Maven のバージョン（本書日本語版の翻訳時点（2019 年 6 月）で 3.6.0）
ではない場合には、アップデートする必要があります。Maven のインストール手順
は https://maven.apache.org/install.html にあります。

　Maven の最新の安定バージョンを含む圧縮ファイルをダウンロードします。同
じページの下のほうにある「Unix-based Operating System (Linux, Solaris and
Mac OS X) Tips」などの手順に従って進めてください。

H.1.2.1　最小のプロジェクトオブジェクトモデル（POM）ファイル

　自分のプロジェクトで DL4J を実行するには、Java ユーザー向けの Apache
Maven を使うか、Scala 用の STB などのツールを使うことを強くお勧めします。一
連の基本的な依存関係とそれらのバージョンを以下に示します。

```xml
<?xml version="1.0" encoding="UTF-8"?>
<project xmlns="http://maven.apache.org/POM/4.0.0"
        xmlns:xsi="http://www.w3.org/2001/XMLSchema-instance"
        xsi:schemaLocation="http://maven.apache.org/POM/4.0.0
            http://maven.apache.org/xsd/maven-4.0.0.xsd">
    <modelVersion>4.0.0</modelVersion>

    <groupId>MyGroupID</groupId>
    <artifactId>MyArtifactId</artifactId>
    <version>1.0-SNAPSHOT</version>

    <properties>
        <nd4j.version>1.0.0-beta2</nd4j.version>
        <dl4j.version>1.0.0-beta2</dl4j.version>
        <datavec.version>1.0.0-beta2</datavec.version>
    </properties>

    <dependencies>
        <dependency>
            <groupId>org.deeplearning4j</groupId>
            <artifactId>deeplearning4j-core</artifactId>
            <version>${dl4j.version}</version>
        </dependency>

        <dependency>
            <groupId>org.nd4j</groupId>
            <artifactId>nd4j-native</artifactId>
            <version>${nd4j.version}</version>
```

544 | 付録 H　DL4J プロジェクトのセットアップ方法

```
        </dependency>


    </dependencies>
  </project>
```

プロジェクトオブジェクトモデル（POM）の説明

　プロジェクトオブジェクトモデル（POM）ファイルは複雑になりがちなので、何が起こっているのかを理解するのに役立つごく一部の重要な構成に絞って説明します。以下に、DL4J の POM の構成エントリのうち最も重要な2つと、それらがローカルの Maven リポジトリにインストールするものを示します。

　以下に、DL4J の POM の構成エントリのうち最も重要な2つと、それらがローカルの Maven リポジトリにインストールするものを示します。

`deeplearning4j-core`
　　主要な DL4J のニューラルネットワークの実装を含む。

`nd4j-native`
　　DL4J を動作可能とする ND4J ライブラリの CPU のバージョン。

H.1.3　IDE

　IDE は我々の API と連動できるようになっているので、数回クリックするだけでネットワークを構築できます。インストールされている Java バージョンと連動し、Maven と通信して依存関係を処理してくれるので、IntelliJ か Eclipse のいずれかを使用することをお勧めします。

H.1.3.1　IntelliJ を使用した DL4J プロジェクトのクイックスタート

　IntelliJ の無料のコミュニティー版には、インストール手順が用意されています。
　インストール後、起動して動作させるために以下のステップを実行してください（Windows ユーザーは、https://deeplearning4j.org/docs/latest/deeplearning4j-quickstart を参照してください）。

1.　コマンドラインで以下を入力する

```
$ git clone https://github.com/deeplearning4j/dl4j-examples.git
```

2. IntelliJ のメニューツリーの［File］→［New］→［Project］から［Existing Sources］をクリックし、Maven を使用して新たなプロジェクトを作成する
3. 前述の例のルートディレクトリを指定し、IDE でそれらを開く
4. Maven プロジェクトを動作させるために、次節で説明する pom.xml をコピー＆ペーストする
5. IntelliJ がすべての依存関係をダウンロードし終わるのを待つ（右下の水平バーが動いているのが見える）
6. 左側のファイルツリーからサンプルをどれか 1 つ選択して、［run］をクリックする

H.2 他の Maven POM の設定方法

本節では、ND4J 用に Maven の pom.xml ファイルをすばやく設定する方法について見ていきます。この一連のツール内の他のコンポーネントについても見ていきます。

H.2.1 ND4J と Maven

ND4J のバックエンドは、DL4J のニューラルネットワークを支える線形代数演算の機能を提供します。ND4J のバックエンドはチップによって異なり、CPU では x86 で最速に動作し、GPU は Jcublas で最適に動きます。Maven Central から ND4J バックエンドを探すには、以下のようにします。

1. 「Latest Version」の下にあるリンクされたバージョン番号をクリックする
2. 遷移した画面の左側の依存コードをコピーする
3. IntelliJ 内のプロジェクトのルート配下の pom.xml に、そのコードをペーストする

nd4j-native バックエンドは以下のようになるでしょう。

```
<dependency>
    <groupId>org.nd4j</groupId>
    <artifactId>nd4j-native</artifactId>
    <version>${nd4j.version}</version>
```

```
</dependency>
```

ND4J バックエンドの nd4j-native は、すべてのサンプルで動作します。追加の依存関係として OpenBLAS をインストールするには、Windows と Linux のユーザーは DL4J の Get Started ページ（https://deeplearning4j.org/docs/latest/deeplearning4j-build-from-source）を参照してください。

付録 I
DL4J プロジェクト用の GPU の設定

Vyacheslav Kokorin, Susan Eraly

ニューラルネットワークの学習は、数多くの線形代数演算を伴います。数千のコア
を備えるグラフィックスプロセッシングユニット（GPU）は、こうした計算に特化
して設計されました。GPU は、学習の高速化、そして長期的にはドルあたり・ワッ
トあたりの計算性能の向上を目的によく使われます。

I.1　バックエンドの GPU への切り替え

DL4J は現時点で CUDA 10.0 がサポートする NVIDIA GPU を利用できます
（CUDA 8.0 は対象外になりました）。DL4J はプラグアンドプレイで記述されてい
ます。つまり、計算レイヤーを CPU から GPU に切り替えるときには、`pom.ml` ファ
イルの依存関係で `nd4j` の下の `artifactId` の行を切り替えるだけ、と簡単です。

```
<dependencyManagement>
    <dependencies>
        <dependency>
            <groupId>org.nd4j</groupId>
            <artifactId>nd4j-cuda-10.0-platform</artifactId>
            <version>${nd4j.version}</version>
        </dependency>
    </dependencies>
</dependencyManagement>
```

I.1.1　GPU の選択

一般論として、ハイエンドコンシューマーグレードのモデルや、プロフェッショナ
ル向けの Tesla デバイスがお勧めです。つまり本書日本語版の翻訳時点（2019 年 6

月）では、1 組の NVIDIA GeForce RTX 2070 GPU が最初の選択として手堅いで
しょう。

GPU を購入するときに考慮すべき点は以下の通りです。

ボード上のマルチプロセッサ（もしくはコア）数
> 多いに越したことはありません。とても単純です。マルチプロセッサ数は、
> GPU が規定時間内に処理できる並列スレッド数に関係しています。

デバイス上の使用可能なメモリ
> これは、処理する際にデバイスにアップロード可能なデータ容量について定義
> します。なお、メモリの帯域幅、つまり転送速度を決定するという点で、メモ
> リの種類も重要です。最低限、GDDR5 はほしいところです。GDDR6X なら
> ばさらに良く、HBM/HBM2 が最高の選択となります。

説明しておくべき他の点は、ハイエンドの Tesla P100 デバイスおよび特定の
Tegra デバイスでは、半精度の最適化をネイティブサポートしていることです。デー
タの次元やモデルの大きさに依存しますが、この機能により、ディープラーニングの
速度を 200 パーセントから 300 パーセント高めることができます。

デバイス間で使用可能なインターコネクトのオプションについて考慮することも重
要です。執筆時点で、市場で調達可能なのは PCIe または NVLink の 2 つの選択肢
のみですが、NVLink は 160GB/s の帯域幅を供給する能力があり、圧倒的に優勢で
す。そのため、あらゆるディープラーニングの並列化モデル候補において、NVLink
がマルチ GPU システムにとって最も望ましい機能です。NVIDIA は、NVLink の
インターコネクト対応の 8 つの Tesla P100 デバイスを搭載した、DGX-1 と呼ば
れる組み込み型のサーバーを提供してさえいます。「ワンボックス型のスーパーコン
ピューター」という気の利いたキャッチコピーが付いていますがかなりの価格です。
気が効いてるかどうかはともかく、このキャッチコピーに異論はありません。

I.1.2　マルチ GPU システム上での学習

DL4J はデータ並列モードにおいて、マルチ GPU システム上での学習もサポート
しています。DL4J は、既存のモデルを並列で学習可能な形に変換するのに便利な
`ParallelWrapper` クラスを備えています。

以下に簡単な例を示します。

I.3　GPU 性能の監視方法 | **549**

```
ParallelWrapper wrapper = new ParallelWrapper.Builder(YourExistingModel)
        .prefetchBuffer(24)
        .workers(4)
        .averagingFrequency(1)
        .reportScoreAfterAveraging(true)
        .build();
```

ParallelWrapper は既存のモデルを第一引数として取得し、並列で学習を実行します。GPU の場合、ワーカー数を GPU の数と同等かそれ以上に保つのは良い考えです。正確な値は、タスクやハードウェアに依存するため、チューニングの対象となります。

ParallelWrapper 内では、初期モデルが複製され、それぞれのワーカーはモデルの自身へのコピーを学習していきます。averagingFrequency(X) で定義される全 X 回のイテレーションの後、すべてのモデルは平均化され、ワーカーにコピーされます。学習はこの方法で続けられます。

データ並列の学習では、高めの学習率が推奨であることに注意してください。出発点としては＋ 20% 前後が良い値になるはずです。

I.2　異なるプラットフォーム上の CUDA

各プラットフォームでの CUDA 拡張命令が掲載されているサイトを以下に一覧します。

- Linux 上での CUDA（http://bit.ly/2tUojGa）
- Windows 上での CUDA（http://bit.ly/2tUoqS6）
- macOS 上での CUDA（http://bit.ly/2tUojGa）

I.3　GPU 性能の監視方法

GPU 上でニューラルネットワークを学習し始めたら、GPU が動作しているか、およびどのくらいうまく動作しているかを監視したいと思えてくるでしょう。ここでは、GPU の動作のデバッグと監視に役立つリソースを示します。

I.3.1　NVIDIA システム管理インタフェース

　NVIDIA システム管理インタフェース（System Management Interface：SMI）をインストールします（http://bit.ly/2sUQ0dG）。

NVIDIA SMI の使用方法
ログはごたまぜですが、ND4J が何をしているかを仕分けるには、出力から「Java」を探すとよいでしょう。

付録J
DL4Jインストールの
トラブルシューティング

　サンプルを実行しようとしたときに何かうまくいかない場合は、トラブルシューティングの作業が必要になるでしょう。以下の節では、DL4J の新規ユーザーが経験するよくある問題のいくつかについて紹介します。

J.1　以前のインストール

　以前に DL4J をインストールしていて、現在サンプルがエラーになる場合、ライブラリをアップデートしてください。Maven を使用しているなら、pom.xml ファイルのバージョンを Maven Central (https://search.maven.org/) の最新バージョンに合わせてアップデートするだけです。ソースからインストールしているなら、ND4J、Canova、DL4J を git clone で展開し、この順に各ディレクトリ内で mvn clearn install -Disktoptest=true -Dmaven.javac.skip=true を実行することでアップデートできます。

J.2　ソースコードからインストールする際の
　　　メモリエラー

　コード量の拡大に伴って、ソースコードからのインストールにはより多くのメモリが要求されます。DL4J のビルド中に PermGen error が起こったら、より多くのヒープ空間を追加する必要があるかもしれません。これには、環境変数を bash に追加する.bash_profile という隠しファイルを探して変更しなければなりません。環境変数はコマンドラインに env と入力すれば確認できます。さらにヒープ空間を増量するために、コンソールから以下のコマンドを入力してください。

```
$ echo "export MAVEN_OPTS="-Xmx512m -XX:MaxPermSize=512m"" > ~/.bash_profile
```

J.3 Maven のバージョンが古い

Maven のバージョンが 3.3.x などのように古い場合、`NoSuchMethodError` のような例外を投げる可能性が高いです。Maven を最新バージョン（本書日本語版の翻訳時点で 3.6.x）にアップグレードすることで修正できます。Maven のバージョンを確認するには、コマンドラインに `mvn -v` と入力してください。

J.4 Maven と PATH 変数

Maven のインストール後、以下のようなメッセージを受け取るかもしれません。

```
mvn is not recognised as an internal or external command,
operable program or batch file.
```

これは、Maven の実行ファイルへのパスを `PATH` 環境変数に加える必要があることを意味しています。

J.5 誤った JDK バージョン

もし以下のように表示されたら、

```
Invalid JDK version in profile 'java8-and-higher': Unbounded range:
    [1.8, for project com.github.jai-imageio:jai-imageio-core
    com.github.jai-imageio:jai-imageio-core:jar:1.3.0
```

Maven の既知の問題にひっかかっています。3.6.x バージョンにアップデートしてください。

J.6 C++ とその他の開発ツール

ND4J 依存物をコンパイルするために、C や C++ の開発ツールをインストールしてください。

ND4J に関する具体的な手順
具体的な手順については、https://deeplearning4j.org/docs/latest/deeplearning4j-quickstart を参照してください。

J.7　GPU の監視

「付録 I　DL4J プロジェクト用の GPU の設定」で述べた通り、NVIDIA システム管理インタフェース (SMI) を使用してグラフィックプロセシングユニット (GPU) を監視できます。

GPU の監視についてさらに詳しくは、https://deeplearning4j.org/docs/latest/deeplearning4j-quickstart を参照してください。

J.8　JVisualVM の使用方法

Java を使用する大きな理由の 1 つは、あらかじめ用意された JVisualVM での診断を利用できることです。コマンドラインで `jvisualvm` と入力することで、システムはローカル CPU、ヒープ、PermGen、クラス、スレッドを視覚的に表示します。

サンプラービュー (Sampler View)
このツール内での便利なビューがサンプラービューです。右上の `Sampler` タグをクリックし、可視化する対象の CPU やメモリのボタンを選択します。

J.9　Clojure の使用方法

Clojure アプリケーションから `deeplearning4j-nlp` を使用し、Leiningen を用いて uberjar を構築する際、Akka の `reference.conf` リソースファイルが適切にマージされるように、`project.clj` に以下を指定する必要があります。

```
:uberjar-merge-with {#"\.properties$" [slurp str spit] "reference.conf"
    [slurp str spit]}
```

(`properties` ファイルに対するマップの最初のエントリは、通常のデフォルトであることに注意してください)。もしこのようになっていない場合、成果物の uberjar

554 | 付録 J　DL4J インストールのトラブルシューティング

から実行しようとすると、次の例外が投げられます。

```
Exception in thread "main" com.typesafe.config.ConfigException$Missing:
    No configuration setting found for key 'akka.version'
```

Gitter を介したオンラインサポート

　Gitter Live Chat にてエラーメッセージについてお気軽にお問い合わせください (https://gitter.im/deeplearning4j/deeplearning4j/deeplearning4j-jp)。
　質問を投稿される際は、以下の情報を含めてください（それで本当に物事が早く進みます）。

- オペレーティングシステム（Windows、macOS、Linux）とバージョン
- Java のバージョン
- Maven のバージョン
- スタックトレース

J.10　予防策

　本節では、DL4J のサンプルが構築できなかったり正しく動作しなかったりする場合にチェックすべきいくつかの事柄を一覧します。

J.10.1　他のローカルリポジトリ

　他のリポジトリがローカルにクローンされていないことを確認してください。メインの DL4J リポジトリは継続的に改善され続けていますが、最新のサンプルは十分にテストされていない可能性があります。

J.10.2　Maven の依存性のチェック

　サンプルの全依存物がローカルにあるものではなく Maven からダウンロードされていることを確認してください。古い依存物を削除するために、以下を入力してください。

```
$ rm -rf ls ~/.m2/repository/org/deeplearning4j
```

J.10.3　依存性の再インストール

ソースからサンプルを再構築し、かつそれが正しくインストールされたことを保証するために、dl4j-examples ディレクトリ内で以下を入力してください。

```
$ mvn clean install -DskipTests=true -Dmaven.javadoc.skip=true
```

J.10.4　他の何かが失敗した場合

問題がある場合、まず pom.xml ファイルをチェックしてください。

J.11　異なるプラットフォーム

特定の ND4J の依存性をコンパイルするには、gcc を含む C 用の開発ツールをいくつかインストールする必要があります。gcc があるかどうかを確認するには、端末かコマンドプロンプト上で gcc -v と入力してください。

J.11.1　macOS

Apple の開発ツール Xcode の一部のバージョンでは、gcc が自動でインストールされます。gcc がまだインストールされていない場合は、コマンドプロンプトから以下を入力してください。

```
$ brew install gcc
```

J.11.2　Windows

Windows ユーザーは無料の Visual Studio Community 2019 をインストールする必要があるかもしれません。https://visualstudio.microsoft.com/ja/vs/community/ からダウンロードできます。

PATH 環境変数の設定
PATH 環境変数に手動で Visual Studio のパスを追加する必要があります。パスは以下のようになります。

```
C:\Program Files (x86)\Microsoft Visual Studio 15.9\VC\bin
```

Visual Studio のパスが正しく設定されたか確認するために、コマンドプロンプト

で以下を入力してください。

```
$ cl
```

特定の.dllファイルが見つからないというメッセージが表示されることがあります。Visual Studioのフォルダがパスが含まれていることを確認してください（前述の警告を参照してください）。コマンドプロンプトがclコマンドの使用情報を返してきたら、正しい場所にあります。

J.11.2.1　Visual Studioの設定

Visual Studioを設定し構成するために、以下のステップを実行してください。

1. PATH 環境変数で\bin\を指すように設定する（cl.exeなどのため）
2. さらに、ND4Jのために mvn clean install を呼び出す前に、環境を設定するために bin 内にある vcvars32.bat を実行する（ヘッダーファイル群をコピーしなくて済むようになる）

vcvars32

vcvars32ははは一時的な設定なので、ND4Jで mvn install を実行しようとするときには毎回実行する必要があります。

Visual Studio 2019をインストールしてPATHの変数を設定した後、ヘッダーファイルをコピーしなくて済むように環境変数（INCLUDE、LIB、LIBPATH）を正しく設定するためのvcvars32.batを実行する必要があります。しかし、エクスプローラーから.batファイルを実行する場合、その設定は一時的なものとなるため、正しく設定されません。そこで、mvn installの実行に使うCMDウィンドウ内でまずvcvars32.batを実行しておくことで、環境変数を正しく設定するようにします。

以下に設定の例を示します。

```
INCLUDE = C:\Program Files (x86)\Microsoft Visual Studio 15.9\VC\include LIB =
    "C:\Program Files (x86)\Microsoft Visual Studio 15.9\VC\lib"
```

C++ のクリックを忘れずに
Visual Studio では、明示的に C++ サポートをインストールする必要もあります。デフォルトではもう設定されていません。

JavaCPP および Windows
さらに、JavaCPP (https://github.com/bytedeco/javacpp) のインクルードパスが Windows 上で機能するとは限りません。1 つの回避策は、Visual Studio のインクルードディレクトリからヘッダーファイルを取り出し、Java がインストールされている Java ランタイム環境 (JRE) のインクルードディレクトリに置くことです。これで standardio.h のようなファイルに反映されます。

その他の依存性
netlib-native_system-win-x86_64.dll ライブラリは、libgcc_s_seh-1.dll、libgfortran-3.dll、libquadmath-0.dll、libwinpthread-1.dll、libblas3.dll、liblapack3.dll に依存します (liblapack3.dll と libblas3.dll は libopeblas.dll の別名コピーです)。
コンパイル済みのライブラリは http://www.openblas.net/ からダウンロードできます。

J.11.3 Linux

Ubuntu または CentOS を使用する場合は、以下のそれぞれの手順を実行します。

J.11.3.1 Ubuntu

Ubuntu ではまず以下を入力します。

```
$ sudo apt-get update
```

それから以下のコマンドを実行する必要があります。

```
$ sudo apt-get install linux-headers-$(uname -r) build-essential
```

$(uname -r) の出力はお使いの Linux のバージョンによって変化します。Linux のバージョンを取得したい場合は、端末の新しいウィンドウを開いて以下のコマンドを入力してください。

558 付録 J　DL4J インストールのトラブルシューティング

```
$ uname -r
```

`4.15.0-43-generic` のようなものが見えるでしょう。

J.11.3.2　CentOS

端末（もしくは ssh のセッション）に root ユーザーで以下を入力してください。

```
# yum groupinstall 'Development Tools'
```

すると、端末上にたくさんのインストールログが流れていきます。例えば gcc がインストールされたかどうかを確認するには、以下のように入力します。

```
$ gcc --version
```

より詳細な手順については、http://www.cyberciti.biz/faq/centos-linux-install -gcc-c-c-compiler/ を参照してください。

参考文献

[1] LeCun et al. 1998, Efficient BackProp, in Muller et al. 2012: Neural Networks: Tricks of the Trade 2Ed.

[2] Orr and Muller, 1998, Regularization Techniques to Improve Generalization, in Muller et al. 2012: Neural Networks: Tricks of the Trade 2Ed.

[3] Prechelt 1998: Early Stopping - But When?, in Muller et al. 2012: Neural Networks: Tricks of the Trade 2Ed.

[4] Rognvaldsson 1998, A Simple Trick for Estimating the Weight Decay Parameter, in Muller et al. 2012: Neural Networks: Tricks of the Trade 2Ed.

[5] Larsen et al. 1998, Adaptive Regularization in Neural Network Modeling, in Muller et al. 2012: Neural Networks: Tricks of the Trade 2Ed.

[6] Horn et al. 1998, Large Ensemble Averaging, in Muller et al. 2012: Neural Networks: Tricks of the Trade 2Ed.

[7] Flake 1998, Square Unit Augmented, Radially Extended, Multilayer Perceptrons, in Muller et al. 2012: Neural Networks: Tricks of the Trade 2Ed.

[8] Caruana 1998, A Dozen Tricks with Multitask Learning, in Muller et al. 2012: Neural Networks: Tricks of the Trade 2Ed.

[9] Lawrence et al. 1998, Neural Network Classification and Prior Class Probabilities, in Muller et al. 2012: Neural Networks: Tricks of the Trade 2Ed.

[10] Moody 1998, Forecasting the Economy with Neural Nets: A Survey of Challenges and Solutions, in Muller et al. 2012: Neural Networks: Tricks

of the Trade 2Ed.

[11] Neuneier and Zimmermann 1998, How to Train Neural Networks, in Muller et al. 2012: Neural Networks: Tricks of the Trade 2Ed.

[12] Bottou 2012, Stochastic Gradient Descent Tricks, in Muller et al. 2012: Neural Networks: Tricks of the Trade 2Ed.

[13] Bengio 2012, Practical Recommendations for Gradient-Based Training of Deep Architectures, in Muller et al. 2012: Neural Networks: Tricks of the Trade 2Ed.

[14] Hinton 2012, A Practical Guide to Training Restricted Boltzmann Machines, in Muller et al. 2012: Neural Networks: Tricks of the Trade 2Ed.

[15] Bengio et al. 2016, Deep Learning https://www.deeplearningbook.org/

[16] Bengio 2009, Learning Deep Architectures for AI, https://dl.acm.org/citation.cfm?id=1658424

[17] Hinton et al. 2012, Improving neural networks by preventing co-adaptaion of feature detectors, http://arxiv.org/pdf/1207.0580v1.pdf

[18] Srivastava et al. 2014: Dropout: A Simple Way to Prevent Neural Networks from Overfitting, http://www.cs.toronto.edu/~rsalakhu/papers/srivastava14a.pdf

[19] Goodfellow et al. 2013, Maxout Networks, http://arxiv.org/pdf/1302.4389.pdf

[20] Schaul, Zhang, LeCun 2013, No More Pesky Learning Rates, http://jmlr.org/proceedings/papers/v28/schaul13.pdf

[21] Vincent et al. 2010, Stacked Denoising Autoencoders: Learning Useful Representations in a Deep Network with a Local Denoising Criterion http://jmlr.csail.mit.edu/papers/volume11/vincent10a/vincent10a.pdf

[22] Goodfellow et al. 2015, Explaining and Harnessing Adversarial Examples, http://arxiv.org/pdf/1412.6572v3.pdf

[23] Goodfellow et al. 2014, Generative Adversarial Nets, http://arxiv.org/pdf/1406.2661.pdf

[24] Mirza, Osindero 2014, Conditional Generative Adversarial Nets, http://arxiv.org/pdf/1411.1784.pdf

[25] Alain, et al. 2015, GSNs: Generative Stochastic Networks, http://arxiv.

org/pdf/1503.05571.pdf

[26] Andrej Karpathy 2015, The Unreasonable Effectiveness of Recurrent Neural Networks, http://karpathy.github.io/2015/05/21/rnn-effectiveness/

[27] Graves 2012, Supervised Sequence Labelling with Recurrent Neural Networks (PhD Thesis), http://www.cs.toronto.edu/~graves/phd.pdf

[28] Sutskever 2013, Training Recurrent Neural Networks (PhD Thesis), http://www.cs.utoronto.ca/~ilya/pubs/ilya_sutskever_phd_thesis.pdf

[29] Zaremba, Sutskever, Vinyals 2014, Recurrent Neural Network Regularization, http://arxiv.org/pdf/1409.2329v4.pdf

[30] Martens 2010, Deep learning via Hessian-free optimization, http://www.cs.toronto.edu/~jmartens/docs/Deep_HessianFree.pdf

[31] Le et al. 2010, On Optimization Methods for Deep Learning, https://ai.stanford.edu/~ang/papers/icml11-OptimizationForDeepLearning.pdf

[32] Graves, Wayne, Danihelka 2014, Neural Turing Machines, http://arxiv.org/abs/1410.5401

[33] Zaremba, Sutskever 2015, Reinforcement Learning Neural Turing Machines, http://arxiv.org/pdf/1505.00521v1.pdf

[34] Pascanu, Mikolov, Bengio 2013, On the difficulty of training Recurrent Neural Networks, http://arxiv.org/pdf/1211.5063.pdf

[35] Mikolov 2012, Statistical Language Models based on Neural Networks (PhD Thesis), http://www.fit.vutbr.cz/~imikolov/rnnlm/thesis.pdf

[36] Zaremba, Sutskever 2015, Learning to Execute, http://arxiv.org/pdf/1410.4615v2.pdf

[37] Sutskever et al. 2013, On the importance of initialization and momentum in deep learning, http://www.cs.utoronto.ca/~ilya/pubs/2013/1051_2.pdf

[38] Bengio et al. 2009, Curriculum Learning, http://www.machinelearning.org/archive/icml2009/papers/119.pdf

[39] Graves 2014, Generating Sequences with Recurrent Neural Networks, http://arxiv.org/pdf/1308.0850v5.pdf

[40] Pascanu, Gulcehre, Cho, Bengio 2014, How to Construct Deep Recurrent Neural Networks, http://arxiv.org/pdf/1312.6026.pdf

[41] Hermans, Schrauwen 2013, Training and Analyzing Deep Recurrent Neural Networks http://papers.nips.cc/paper/5166-training-and-analysing-deep-recurrent-neural-networks.pdf

[42] Chung, Gulcehre, Cho, Bengio 2015, Gated Feedback Recurrent Neural Networks, http://arxiv.org/pdf/1502.02367.pdf

[43] Cho et al. 2014, Learning phrase representations using RNN encode-decoder for statistical machine translation, http://arxiv.org/pdf/1406.1078.pdf

[44] Chung et al. 2014, Empirical Evaluation of Gated Recurrent Neural Networks on Sequence Modeling, http://arxiv.org/pdf/1412.3555.pdf

[45] Joulin, Mikolov 2015, Inferring Algorithmic Patterns with Stack-Augmented Recurrent Nets, http://arxiv.org/pdf/1503.01007.pdf

[46] Weston, Chopra, Bordes 2015, Memory Networks, http://arxiv.org/pdf/1410.3916v10.pdf

[47] Mikolov et al 2015, Learning Longer Memory in Recurrent Neural Networks, http://arxiv.org/pdf/1412.7753.pdf

[48] Li, Karpathy, CS231n: Convolutional Neural Networks for Visual Recognition (Course Notes), http://cs231n.stanford.edu/, http://cs231n.github.io/

[49] He et al 2015: Delving Deep into Rectifiers: Surpassing Human-Level Performance on ImageNet Classification, http://arxiv.org/pdf/1502.01852v1.pdf

[50] Bergstra, Bengio 2012, Random Search for Hyper-Parameter Optimization, http://www.jmlr.org/papers/volume13/bergstra12a/bergstra12a.pdf

[51] Le, Jaitly, Hinton 2015, A Simple Way to Initialize Recurrent Networks of Rectified Linear Units, http://arxiv.org/abs/1504.00941

索引

数字

1NN 検索 253
2 項ユニット 360
2 値化 380
2 値分類での出力層 109

A

A3C 497
Active Directory 412
AdaDelta 117, 118, 297
AdaGrad 112, 117, 297
Adam 117, 118, 297
AI 461
AlexNet 96, 123, 163
ApplicationMaster 416
argmax() 109, 278
AUC 319

B

batchSize 208
BFGS 113, 300
BI 369
BPTS 184
BPTT 166
Breeze 509

BRNN 173

C

Cassandra 409
CD-k 126
CDH 414, 417, 432
CIFAR-10 データセット 146
Clojure 553
CNN 144
CnnToFeedForwardPreProcessor 385
CnnToRnnPreProcessor 357
CNN のアーキテクチャー 148
ComputationGraph 279, 325
Conditional GAN 143
contrastive divergence 126, 358
ConvolutionMode 344
CSV 273
CSVNLinesSequenceRecordReader
393
CSVRecordReader 204
CSVSequenceRecordReader 392
CUDA 286, 547
cuDNN 196

D

DataNormalization 233

DataSet ························ 198, 392
DataSetIterator ·········· 199, 200, 386
DataVec ························· 194, 525
DBN ·············· 99, 123, 136, 362, 473
DCGAN ································143
Deep Belief Network ················473
DeepFace ····························281
DeepWalk ····························404
DenseLayer ······················ 205, 235
DistBelief ···························307
DL4J ·······························194
DL4J の UI ·························295
DL4J のアップデーター ·················117
Doc2Vec ····························258
Downpour SGD ·····················306
DQN ································475

E

Eclipse ····························541
ε-greedy 探索 ···························485
ETL ················369, 373, 473, 525
Evaluation ························ 208, 235

F

F1 値 ·························· 44, 319
FaceNet ····························267
FeedForwardToRnnPreProcessor ····357
FileSystem ·························198
fit() ·······························235
FP16 ·······························286
FP32 ·······························286
F 尺度 ···························· 44
F 値 ····························· 44

G

GAN ························· 103, 140
GFS ································409
Git ································541
GitHub ·····························539
Gitter ·····························554
Glorot の手法 ·······················288

GloVe ·····························257
Google File System ·················303
GoogLeNet ······················ 163, 342
Gov2Vec ····························266
GPU ························· 310, 547
ground truth ························109
GRU ·······················99, 179, 289

H

Hadoop ······················ 303, 407, 473
HBase ·····························409
HDFS ······················ 194, 408, 409
HDP ·························· 414, 417
Hessian-free ····················· 113, 114
He の手法 ·························288

I

IDE ································544
IDF ································400
ILSVRC ·····························123
ImageNet ····························140
ImageRecordReader ·················386
Inception ······················ 163, 340
Inceptionism ·······················102
INDArray ······················ 285, 286
InputStream ·························198
IntelliJ ·····························541
Item2Vec ····························267

J

Java ·······························541
JavaCPP ·····························195
Jeff Dean ····························307
jnind4j ·····························435
JVisualVM ····························553
JVM ································194

K

Kerberos ····························412
Kryo ································434

索引 | **565**

K 平均法 ························· 30

L

L-BFGS ···························113
L1 ·······················89, 282
L1 正則化 ·······················119
L2 ·······················89, 282
L2 正則化 ·······················120
LDA ·····························251
LDAP ····························412
Leaky ReLU ···········79, 290, 446
LeNet ··············· 163, 209, 212
LossFunction.MCXENT ···········226
LossLayer·······················284
LSA ·····························251
LSI ·····························251
LSTM ············· 95, 172, 225, 289
LSTM ブロック ···················176
Lucene ·························409
LU 分解 ························· 16

M

MAE ···························· 83
MAPE ···························· 84
MapReduce···········303, 305, 409
Matlab···························509
Maven ··············195, 426, 540, 541
MCXENT ························206
MDP ·····························475
Mesos ················ 408, 414, 418
min-max スケーリング ········· 375, 378
MKL·····························196
MLLib···························522
MLLibUtil ·······················522
MnistDataSetIterator ··············212
MNIST データセット ···············127
ModelSerializer ············ 197, 198
MongoDB ·······················473
MSLE ··························· 83
MultiLayerConfiguration
················· 200, 204, 212, 234, 261
MultiLayerNetwork ··············207

N

N-グラム ···················· 401, 402
ND4J ························ 195, 509
ND4S····························509
NDArray ··········106, 198, 510
NegativeLogLikelihood ···········206
Nesterovs ·······················234
Nesterov のモーメンタム ···116, 117, 297
NeuralNetConfiguration ········ 199, 200
NNLM ···························251
Node2Vec···················· 267, 404
NodeManager····················416
NumberedFileInputSplit········· 392, 393
numHiddenNodes ················206
NumPy ·························509
Nutch ··························409

O

OpenBLAS ······················196
OpenMP·························196
OutputLayer·····················205

P

ParagraphVectors···········260, 261, 265
ParallelWrapper ·············· 286, 437
Path ···························197
PCA·····························375
PhysioNet Challenge ·············· 45
POM ······················ 426, 543
pom.xml ·················· 426, 551
prior 関数 ·······················314
p 値······························ 18

Q

Q 学習 ·························479
Q 関数 ·························480

R

RBM ·················99, 122, 136

RDBMS ····················· 273, 370	TLU ······························ 52
RDD ························· 408, 409	Truncate ·······················344
RecordReader ·········· 198, 199, 200	Truncated BPTT ··········· 180, 352
RecordReaderDataSetIterator········278	

V

RegexSequenceRecordReader··········393	
ReLU ··············· 78, 149, 206, 360	VAE ························· 144, 242
ReLU の死 ················· 79, 276	vcvars32·························556
ResNet···························163	VGGNet ····················· 163, 342
RL4J ···························497	Visual Studio ···················555
RMSProp········ 112, 117, 118, 226, 297	Vowpal Wabbit ··················306
RnnOutputLayer···················· 225, 350	VSM ························· 396, 403
	V 関数 ···························480

S

W

Same ···························344	
Sandblaster ··················· 306, 307	webapp-rl4j ·····················495
Saturn ·························201	WeightInit.RELU ·················287
SAX ···························391	WeightInit.XAVIER ·········· 206, 287
Scala ···························195	Word2Vec ··················· 250, 403
SentenceIterator··················255	Writables ························435
SequenceRecordReaderDataSetIterator	
···························· 356, 392	**X**
SerDe····························435	
setInputType()·····················385	XAVIER ·························234
SGD ···························300	XOR 論理関数 ···················· 56
SIMD ···························196	
Spark ····················· 194, 407, 418	**Y**
SparkComputationGraph ·············436	
SparkDl4jMultiLayer················436	YARN···················· 408, 416, 418
Spark アプリケーション ···········408	yarn-client·······················417
Spark アプリケーションマスター ·······408	yarn-cluster······················417
Spark エグゼキューター ·············408	
Spark タスク ····················409	**Z**
Spark ドライバ ···················408	
Strict ···························344	ZF Net····························163
svmlight 形式······················ 13	

T

あ行

tanh·························· 76, 225	アクティベーション ··············· 61
TD 誤差 ····················· 482, 487	アクティベーションマップ ·············153
Tesla····························286	圧縮オートエンコーダー ·········· 131, 248
TF ·····························399	アップデーター ·················· 200, 214
TF-IDF········· 256, 369, 397, 398, 400	異常検出 ·························235

移動不変性	158
意味役割付与	251, 252
インデックス番号	278
エピソード	477
エポック	207, 311
オートエンコーダー	87, 129, 235, 358
オッズ	19
重みコスト	120
重み付き損失関数	321
重みの初期化	214
重みの直交初期化	289

か行

カーネル	159
カーネルハッシュ	402
回帰	26
回帰での出力層	108
階数	511
外積	12
階層的ソフトマックス	77, 278
回転推定	25
回転不変性	158
ガウス可視ユニット	360
ガウスの消去法	16
ガウス分布	22
過学習	30, 322
学習率	26, 73, 88, 116, 200
確率	17, 18
確率的グラフィカルモデル	38
確率的勾配降下法	17, 26, 36, 65, 112, 205
確率的サンプリング	321
確率的プーリング	318
確率とオッズの違い	19
隠れ層	63
隠れマルコフ連鎖	478
加工	512
可視層	125
可視バイアスユニット	124
可視ユニット	124
可塑性	51
活性化関数	54, 61, 74
活動電位	51

カテゴリー	370
ガベージコレクション	423
カリキュラム学習	318
カルバック・ライブラー情報量	88
間隔	370, 371
感度	42
偽陰性	42
記憶セル	95, 176
機械学習	1
技術的負債	193
記述統計学	17
機能の並列化	303
逆ガウス分布	22
逆行列化	16
逆畳み込み層	141
逆畳み込みネットワーク	142
逆文書頻度	398
共役勾配	113, 114, 300
共役勾配法	17
強化学習	93
教師なし学習	30
偽陽性	42
協調フィルタリング	30
行列	11
行列因子分解	126
行列分解	16
極限	35
局所解	49
曲線フィッティング	29
区分線形関数	57
クラスタリング	30
クリッピング	494
経験再生	490
結合	382
結合確率分布	38
欠損した値	374
決定境界	31
コアレスアクセス	310
交互最小2乗法	17
交差エントロピー	87, 279, 293
交差検証	25
更新関数	29
行動	475
勾配	35

勾配降下法	34	事前知識	314
勾配消失問題	172	ジップ分布	24
勾配の爆発と消失	354	シナプス	50
勾配爆発	354	視野	146
興奮性	51	集計	512
極小値	36	修正線形	78
コサイン距離	252	収束	32
コサイン類似度	12	従属変数	39
誤差逆伝播アルゴリズム	503	樹状突起	50
誤差逆伝播学習	48, 65	主成分分析	375, 378
コスト関数	28	出力ゲート	176
コネクショニズム	171	出力層	63
固有表現抽出	251, 252	受容野	146, 155
コンテキスト	251	順序	370, 371
混同行列	41	順伝播	61
混同表	41	準ニュートン法	37

さ行

		条件付き GAN	143
		条件付き確率	20
再現率	42, 44	条件付き確率分布	38
再構成	87, 126	状態	475
再構成での交差エントロピー	129	真陰性	42
最小点	34	人工知能	461
最大値プーリング	161	深層強化学習	93, 481
最大ノルム正則化	315	深層畳み込み GAN	143
最大マージン分類	85	真陽性	42
再抽出	25	真陽性率	44
最適化	26	信頼区間	18
最適化アルゴリズム	110, 214	推計統計学	17
最適化関数	32	スーパーサンプリング	321
最適方策	477	スカラー	10, 512
細胞体	50	スキップグラム	261
最尤推定	33	スケーリング	375
散布図	17	ステミング	396
シーケンスベクトル	261	ストップワード	396, 401
識別器ネットワーク	141	ストライド	159, 338
識別モデル	38	スパース度	90, 299
軸索	50	正解率	43
シグモイダル	74	正規化	12, 36, 374, 382
シグモイド	64, 75, 206	正規分布	22
シグモイド関数	60	正規方程式	16
事後確率	21	制限付きボルツマン機械	87, 122, 358
事前訓練	126, 362	生成的ネットワーク	141
自然言語処理	250	生成モデル	38, 101
		正則化	26, 89, 118, 214

セグメント化	396
接続の重み	60
ゼロパディング	159
遷移行列	252
線形	74
線形回帰	26
線形代数	9
全結合層	162
選択の偏り	25
センタリング	375
相関係数	18
層間の接続	64
早期停止	314
ソフトプラス	79
ソフトマックス	64, 76, 206, 226
損失関数	32, 80

た行

大域的な最小値	36
第一次 AI 冬の時代	57, 471
第 1 種過誤	42
対数正規分布	22
第二次 AI 冬の時代	74, 471
第 2 種過誤	42
ダウンサンプリング	161
多クラス分類	277
多項可視ユニット	360
多重分類の扱い	77
タスクの並列化	303
多層パーセプトロンの誤差逆伝播	505
多層フィードフォワードネットワーク	57
畳み込み	151
畳み込み層	149, 150
畳み込みニューラルネットワーク	92, 144
ダブル DQN	494
ダブル Q ラーニング	494
多様体	479
多ラベル分類	277
単語の埋め込み表現	250
単語バッグ	257, 397
単語頻度	397, 398
探索と活用のトレードオフ	485
段落ベクトル	261

中心極限定理	23
チューニングの UI	323
チューリングテスト	165
超平面	11, 31
調和平均	44
直接法	16
ディープラーニング	2, 6, 91, 461
停留点	34
データセット	519
データのクリーニング	373
データの並列化	303, 304
データの水増し	158
データマイニング	3
データマンジング	525
データラングリング	525
適合率	43
敵対的訓練	318
敵対的生成ネットワーク	103
転移学習	346
テンソル	11
倒立振り子	498
トークン化	396
特異度	42
特徴量	15
特徴量検出器	151
特徴量の学習	101, 366
特徴量の作成	366, 372
特徴量の設計	100
特徴量マップ	101, 153, 154
独立変数	39
凸最適化	33
ドット積	12
ドロップアウト	119, 282, 315
ドロップコネクト	119, 282, 318

な行

ナッシュ均衡	479
二項分布	22
ニュートン法	114
ニューラルネットワーク	1, 47
ニューラルネットワークの訓練	64
入力ゲート	176
入力層	63, 150

ノイズ除去オートエンコーダー ………131
ノイズの注入 ………………………282
ノーフリーランチ定理 ………………187
のぞき穴（peephole）接続 …………176

は行

パーセプトロン ………………49, 52
ハード tanh ……………………… 76
バイアス ………………………… 61
ハイパーパラメーター ……26, 32, 88, 114
白色化 ……………………… 375, 378
箱ひげ図 ………………………… 17
バッチ正規化 ……………………160
パディング ………………… 338, 340
パブロフ型条件付け ………………475
パラメーター ………………… 32, 106
パラメーターの共有 ………………157
パラメーターの最適化 ……………… 31
パラメーターベクトル ……………… 15
パレート分布 …………………… 24
反復法 …………………………… 16
ヒストグラム …………………… 17
ビタビアルゴリズム ………………252
微調整 ………………………………362
微調整フェーズ ……………………139
ビッグデータ ………………………304
ヒット率 ………………………… 44
非同期 N ステップ Q 学習 …………497
標準化 ……………………… 375, 382
標準偏差 ………………………… 18
標本 ……………………………… 25
「標本内・標本外」問題 …………… 24
標本分散 ……………………………376
標本平均 ……………………………376
比率 ……………………… 370, 371
ヒンジ損失 ……………………… 85
品詞タグ付け ………………… 251, 252
頻度論 …………………………… 20
フィッティング ………………… 28
フィルター ………………… 152, 159, 338
フィルタリング ……………………382
ブートストラップ法 …………… 25
プーリング層 ………………… 149, 161

不可視層 ……………………………125
不可視バイアスユニット ……………124
不可視ユニット ……………………124
複数クラスの分類での出力層 ………109
負の対数尤度 ……………86, 216, 293
分散 ……………………………………376
分散ファイルシステム ………………441
分布 ……………………………… 17, 22
分類 …………………………………… 29
平均 ……………………………… 18, 376
平均 2 乗誤差の損失 ……………… 82
平均 2 乗対数誤差 ………………… 83
平均絶対誤差 ……………………… 83
平均絶対百分誤差 ………………… 84
平均値プーリング ……………………161
ベイズ統計 ……………………… 20
ベイズの定理 …………………… 21
並列 L-BFGS ………………………306
並列化と正則化 ……………………318
ヘヴィサイド関数 ………………… 54
ヘヴィサイドの階段関数 ………… 52
べき乗則 ………………………… 24
ベクトル ………………………… 10
ベクトル化 ………… 10, 365, 396, 525
ベクトルの大きさの調整 ……………520
ヘッシアン ……………………… 37
ヘッセ行列 ……………… 111, 112, 113
ヘッセフリー ………………………300
ベルカーブ ……………………… 22
ベルマン方程式 ……………………487
偏微分 ………………………………504
変分オートエンコーダー ……… 132, 242
変分リカレントオートエンコーダー ……133
忘却ゲート ………………… 176, 177
方策 …………………………………477
方策反復 ……………………………486
報酬関数 ……………………………476
報酬のスケーリング ………………495
母集団 …………………………… 25
ポストスケーリング ………………321

ま行

マスキング ………………169, 356, 395

マックスアウト ·····························291
マルコフ決定過程 ·························475
マルコフ性 ·······························476
マルコフモデル ···························170
未学習 ···································· 30
未加工データ ······························ 13
ミニバッチ ··························37, 120
ミニバッチ確率的勾配降下法
·································· 73
名義 ·····································370
モーメンタム ··········· 90, 112, 200, 362
モデルのキャリブレーション ···········319
モデルフリー ·····························477
モデルフリー強化学習 ·····················478

や行

ヤコビアン ································ 37
ヤコビ行列 ·······························111
ユークリッド距離 ·························252
優先再生 ·································495
尤度 ·································17, 26
陽性的中率 ······························ 43
要素ごとの積 ······························ 12
抑制性 ···································· 51

ら行

リカーシブニューラルネットワーク ·····184
リカレント接続 ···························171
リカレントニューラルネットワーク
····················· 92, 103, 164, 348
離散値 ···································370
隣接行列 ·································405
累積報酬 ·····························477, 480
レコメンド ······························ 30
列挙 ·····································370
連続対数シグモイド関数 ···················· 40
レンマ化 ·································396
ロジスティック回帰 ·················38, 40
ロジスティック関数 ······················ 39
ロジスティック損失 ·················85, 293
ロジット変換 ······························ 41

わ行

割引率 ···································476
ワンホット表現 ···························206
ワンホットベクトル表現 ···················207

● 著者紹介

Josh Patterson（ジョシュ・パターソン）

Skymind でフィールドエンジニアリング部門の代表を務める。かつては、ビッグデータや機械学習そしてディープラーニングに関するコンサルタント会社を経営。Cloudera での主席ソリューションアーキテクトや、Tennessee Valley Authority での機械学習と分散システムのエンジニアも歴任。openPDC プロジェクトとともに、スマートグリッドに Hadoop を導入。テネシー大学チャタヌーガ校でコンピューターサイエンスの修士号を取得し、メッシュネットワーク（tinyOS）や社会性昆虫の最適化アルゴリズムに関する論文を発表。ソフトウェア開発に 17 年以上従事し、オープンソースコミュニティーでも積極的に活動。DL4J や Apache Mahout、Metronome、IterativeReduce、openPDC、JMotif などにコードを提供している。Twitter アカウントは @jpatanooga（https://twitter.com/jpatanooga）。

Adam Gibson（アダム・ギブソン）

ディープラーニングのスペシャリスト。サンフランシスコ在住。フォーチュン 500 の企業やヘッジファンド、PR 企業、起業支援組織などで機械学習のプロジェクトを企画。企業がリアルタイムのビッグデータを扱い解釈するのを支援した実績多数。13 歳のころからのコンピューターマニアであり、http://deeplearning4j.org を通じて活発にオープンソースコミュニティーへの貢献を続けている。Twitter アカウントは @agibsonccc（https://twitter.com/agibsonccc）。

● 監訳者紹介

本橋 利貴（もとはし かずき）

2017 年、東京工業大学大学院の博士後期課程修了。欧州原子核研究機構 CERN の LHC-ATLAS 実験における超対称性粒子探索に関する論文を執筆し博士号を取得。同年、ソフトバンク株式会社入社。ロボットと AI 関連のソフトウェアの研究開発に従事。ディープラーニング領域で社内 Technical Meister に任命。2019 年、ディープラーニングエンジニアとしてスカイマインド株式会社に入社。

● 訳者紹介

牧野 聡（まきの さとし）

ソフトウェアエンジニア。日本アイ・ビー・エム ソフトウェア開発研究所勤務。主な訳書に『実践 Deep Learning』『アイソモーフィック JavaScript』『React ビギナーズガイド』（ともにオライリー・ジャパン）。

新郷 美紀（しんごう みき）

ソリューションアーキテクト。日本電気株式会社勤務。著書に『アプリケーションエンジニアのための Apache Spark 入門』（秀和システム）がある。「実践者向けディープラーニング勉強会」ではファシリテーターを務めている。

カバーの説明

本書の表紙に描かれているのはリュウグウノツカイ（Regalecus glesne）です。アカマンボウ目（条鰭綱）の大きな魚で、温帯や熱帯の海に生息します。細長い体に、とげのある背びれを持ちます。体長が 11 メートルに達することもあり、世界中の硬骨魚の中で最長です。

リュウグウノツカイは単独で行動し、人目につくことは稀です。一生の大部分を中深海水層（水深 200 から 1,000 メートル）で過ごし、病気やけがの場合にのみ水面まで上昇します。肉食であり、主に動物プランクトンや小魚、クラゲ、イカなどが食糧です。

リュウグウノツカイの肉にはゼラチン状の柔らかさがあるため、漁の対象になることはありません。我々がリュウグウノツカイに遭遇するのは、瀕死あるいは死亡の状態で海岸に打ち上げられた場合がほとんどです。その長さや形状から、海の大蛇に関する伝説の起源だと考えられています。生息数はわかっていませんが、生存上の脅威も知られていません。

詳説 Deep Learning
── 実務者のためのアプローチ

2019年 8 月 8 日　　初版第 1 刷発行

著　　　者	Josh Patterson（ジョシュ・パターソン）、 Adam Gibson（アダム・ギブソン）	
監 訳 者	本橋 和貴（もとはし かずき）	
訳　　　者	牧野 聡（まきの さとし）、新郷 美紀（しんごう みき）	
発 行 人	ティム・オライリー	
制　　　作	株式会社トップスタジオ	
印刷・製本	日経印刷株式会社	
発 行 所	株式会社オライリー・ジャパン	
	〒160-0002　東京都新宿区四谷坂町12番22号	
	Tel　（03）3356-5227	
	Fax　（03）3356-5263	
	電子メール　japan@oreilly.co.jp	
発 売 元	株式会社オーム社	
	〒101-8460　東京都千代田区神田錦町3-1	
	Tel　（03）3233-0641（代表）	
	Fax　（03）3233-3440	

Printed in Japan（ISBN978-4-87311-880-2）
乱丁本、落丁本はお取り替え致します。

本書は著作権上の保護を受けています。本書の一部あるいは全部について、株式会社オライリー・
ジャパンから文書による許諾を得ずに、いかなる方法においても無断で複写、複製することは禁じら
れています。